"十二五"普通高等教育本科规划教材

材料成形工艺

刘万辉 主编 曲立杰 成 烨 副主编

U0376481

化学工业出版社

·北京·

本书由 8 章组成，系统介绍了金属液体成形（铸造）、焊接成形、塑性成形（锻造、冲压、挤压等）加工工艺的相关原理、工艺设计、生产设备、缺陷检测手段；同时，阐述了无机非金属材料成形工艺、高分子材料成形工艺、复合材料成形工艺，以及粉末冶金成形与新型快速成形技术等内容。本书的特点是通用性较强，并具有较强的实用性。

本书既可以作为高等院校材料类专业的教材使用，也可供相关专业科技人员参考。

图书在版编目（CIP）数据

材料成形工艺/刘万辉主编 . —北京：化学工业出版社，2014.8

"十二五"普通高等教育本科规划教材

ISBN 978-7-122-21976-3

Ⅰ.①材⋯ Ⅱ.①刘⋯ Ⅲ.①工程材料-成形-高等学校-教材 Ⅳ.①TB3

中国版本图书馆 CIP 数据核字（2014）第 231621 号

责任编辑：杨　菁　　　　　　　　　　　文字编辑：李锦侠
责任校对：陶燕华　　　　　　　　　　　装帧设计：张　辉

出版发行：化学工业出版社（北京市东城区青年湖南街 13 号　邮政编码 100011）
印　　装：大厂聚鑫印刷有限责任公司
787mm×1092mm　1/16　印张 17½　字数 457 千字　　2014 年 8 月北京第 1 版第 1 次印刷

购书咨询：010-64518888（传真：010-64519686）　　售后服务：010-64518899
网　　址：http://www.cip.com.cn
凡购买本书，如有缺损质量问题，本社销售中心负责调换。

定　　价：46.00 元

前　言

　　随着我国高等教育体制改革的不断深入，越来越多的本科院校把培养应用型人才作为人才培养的重要目标，强化培养能够充分利用专业知识和基本技能，从事现场技术指导和工程管理工作，具有较强社会适应能力和竞争能力的高素质应用型人才。应用型本科教育对促进中国经济社会发展，满足对高层次应用型人才的需要，以及推进中国高等教育大众化进程起到了积极作用。应用型本科院校的教学内容应该以培养学生的创新意识、工程实践能力和职业素质为主线，更加注重与生产实践的结合。

　　《材料成形工艺》是工科院校材料类、机械类专业所开设的课程，与工程实际有着密切的联系，主要讲解工程材料的成形加工方法、工艺技术、设计原则、生产设备等相关内容，是一门相对重要的专业课程。通过学习该门课程，不仅可使学生构筑工程技术的理论根基，还可培养学生理论联系实际，解决工程问题的能力。本教材主要为满足应用型本科院校材料专业的教学需要而编写。内容上依托于应用型人才培养方案及要求，弱化材料变形原理的分析和论证，突出工艺实践性，重点阐述材料成形领域的成形过程、加工手段、设计原则、缺陷检测，以及相关设备的操作规程等知识。各章节内容的编写力求深入浅出，依据相关实例阐述相关知识点，注重理论结合实践，重视知识体系及内容的实用性，力争做到既能很好地体现专业层次，又能促进应用型专业人才的培养。本教材除作为相关专业的本科教材外，也可作为从事材料加工、生产的专业技术人员的参考书。

　　本书由长期从事材料工程专业教学工作的教师编写，全书共分为8章。由刘万辉担任主编，曲立杰、成烨担任副主编。具体分工如下：常熟理工学院刘万辉编写第1、2、6章，佳木斯大学曲立杰编写第3章，江苏科技大学成烨编写第4、7章，袁婷编写第5、8章，王剑、鲍爱莲、孙德勤参与了部分章节内容的整理与校核。全书由刘万辉负责统稿。同时，在教材编写和出版过程中，得到了编写人员所在单位的领导及老师们的大力支持，以及常熟理工学院教材基金的资助，在此表示衷心的感谢。

　　由于编者水平有限，加之时间仓促，书中难免存在疏漏及欠妥之处，敬请广大读者批评指正。

编　者
2014.6

目 录

第1章

金属液态成形

金属液态成形，通常又称铸造，是指把符合一定化学成分要求的液态金属浇注到预制的铸型中，使之在重力或外力的作用下冷却、凝固而形成毛坯或零件。通过液态成形铸出的金属毛坯或零件称为铸件。液态金属成形在国民经济中占有极其重要的地位。液态金属成形适合制造形状复杂，特别是具有内腔的零件，易实现机械化、半自动化生产，尺寸精度高，加工余量少，可利用废旧零件和再生材料，故生产成本相对较低。通常，毛坯铸件需要经过后续的机械加工，才能成为各种机器零件；只有少数尺寸精度和表面粗糙度等达到使用要求的铸件才作为零部件直接应用。

1.1 液态金属成形工艺基础

金属液态成形一般包括金属的熔炼、造型、浇注和冷却凝固等工艺过程。液态合金的铸造性能是影响铸件成型质量和铸造工艺的重要因素，一般包括铸造合金的流动性，凝固与收缩特性，以及偏析与裂纹倾向性等。

1.1.1 液态金属的流动性及充型能力

1.1.1.1 液态金属的流动性

合金的流动性是指液态金属本身的流动能力，是金属的铸造性能之一，与合金的化学成分、温度、杂质含量及其物理性质有关。合金流动性好，易于充满薄而复杂的型腔，获得形状完整、轮廓清晰的铸件，避免出现冷隔、浇不足等缺陷；同时，液态合金中气体、夹杂物能够及时浮出，避免产生气孔和夹渣缺陷；并且，有利于充填和弥合铸件在凝固期间产生的缩孔或因收缩受阻产生的微裂纹。测试铸造合金流动性的方法很多，一般通过浇铸"流动性试样"来评价。试样的形状可以分为：螺旋线形、球形、水平直棒形、楔形、U形等。其中，螺旋线形试样应用得最普遍，以合金液的流动长度表示其流动性，如图1-1所示。

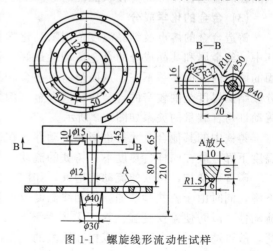

图1-1 螺旋线形流动性试样

根据液态金属浇注后所形成的螺旋线长度确定流动性的好坏。螺旋线长度越长，流动性就越好。表 1-1 所列为用螺旋线形法测得的几种常用合金的流动性，由表 1-1 可看出，常用铸造合金中，铸铁、硅黄铜的流动性最好，铸钢的流动性最差。

表 1-1　常用合金的流动性

合金种类及化学成分		铸型种类	铸型温度/℃	螺旋线长度/mm
铸铁	$w_C + Si = 6.2\%$	砂型	1300	1800
	$w_C + Si = 5.9\%$	砂型	1300	1300
	$w_C + Si = 5.2\%$	砂型	1300	1000
	$w_C + Si = 4.2\%$	砂型	1300	600
铸钢	$w_C = 0.40\%$	砂型	1600	100
			1640	200
铝硅合金（硅铝明）		金属型	680～720	700～800
锡青铜（$w_{Sn} = 9\% \sim 11\%$；$w_{Zn} = 2\% \sim 4\%$）		砂型	1040	420
镁合金（Mg-Al-Zn）		砂型	700	400～600
硅黄铜（$w_{Si} = 1.5\% \sim 4.5\%$）		砂型	1100	1000

影响铸造合金流动性的主要因素有：合金的物理性质、化学成分、结晶特点等。

（1）合金的物理性质

合金的比热容和密度越大，热导率越小，则在相同的过热度下，保持液态的时间越长，流动性就越好，反之亦然。在相同条件下，液态合金的表面张力越小，黏度越小，流动性就越好；反之，则流动性就越差。

（2）合金的结晶特点

一般来说在合金的结晶过程中放出热量越多，则液态合金保持时间就越久，流动性就越好。对于纯金属和共晶成分的合金，因其结晶潜热多，提高流动性的作用比结晶温度范围较宽的合金大。结晶晶粒的形状对流动性也有影响。在固定结晶温度，合金形成球状及规则形状晶粒的流动性比形成树枝状晶粒的好。

（3）合金的化学成分

铸造合金的熔点及结晶温度范围随其化学成分而变化，导致合金的流动性也随之不同。其中，纯金属和共晶成分的合金流动性最好。随着结晶温度范围的扩大，初生树枝晶已使凝固的硬壳内表面参差不齐，从而阻碍液态金属的流动，因此，从流动性考虑，以选用共晶成分或结晶温度范围较窄的合金作铸造合金（例如，灰口铸铁、硅黄铜等）为宜。铁碳合金的流动性与含碳量的关系如图 1-2 所示。

铸铁中的其他合金元素也影响流动性。在铸铁中硅的作用和碳相似，硅量增加，液相线温度下降，故在同样过热度下，铸铁的流动性随硅量的增加而提高，如图 1-3 所示。

磷含量增加，铸铁的流动性增大，如图 1-4 所示。这主要是由于液相线温度下降，黏度下降，同时由于磷共晶增加，固相线温度也下降。但通常不用增加含磷量的方法提高铸铁的流动性，以防使铸铁变脆。对于艺术品铸件要求轮廓清楚，花纹清晰，而又几乎不承受载荷，故可适当增加含磷量，以提高铁液的充型能力。

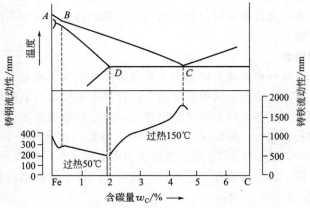

图 1-2　铁碳合金的流动性与含碳量的关系

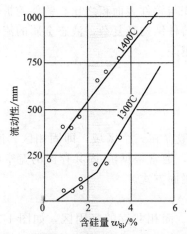

图 1-3　铸铁的流动性与含硅量的关系

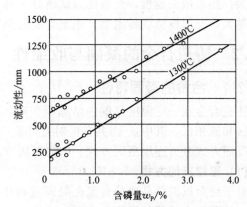

图 1-4　铸铁的流动性与含磷量的关系

1.1.1.2　液态金属的充型能力

液态金属的充型能力是指液态金属充满铸型型腔，获得形状完整、轮廓清晰的铸件的能力，在铸件生产过程中占有很重要的位置。一些铸造缺陷（如，浇不足、冷隔、砂眼等）都是在液态金属充型不利的情况下产生的。充型能力首先取决于金属本身的流动能力，同时受外界条件，如铸型性质、浇注条件、铸件结构等因素的影响，是各种因素的综合反映。

（1）金属性质方面的因素

液态金属本身的流动能力（流动性）能够显著影响铸造合金的充型能力。因此，影响液态金属流动性的合金成分、温度、杂质含量及其物理性质等因素也会对其充型能力有明显的影响。流动性好的液态金属易于充满薄而复杂的型腔，获得形状完整、轮廓清晰的铸件，避免出现冷隔、浇不足等缺陷；合金流动性好，液态金属中的气体、夹杂物能够及时浮出，避免产生气孔和夹渣缺陷。

（2）铸型性质方面的因素

铸型中，可以通过减小金属流动阻力、增加液态金属的流动速度、降低金属液的冷却速度来改善合金的充型能力。铸型的型腔过窄、直浇道过低、浇注系统截面积过小或布置不合理、型砂中水分过多或透气不足、铸型排气不顺畅、铸型材料导热性过大等，均会降低充型

能力。因此，在铸件设计时必须保证铸件的壁厚大于规定的"最小壁厚"。铸造工艺设计上，采取加高直浇道、扩大内浇道截面积、增加出气口、烘干铸型、铸型表面刷涂料等相应措施提高液态金属的充型能力。

（3）浇注条件的因素

浇注条件对液态金属的充型能力的影响主要包括浇注温度、充型压力和浇注系统等。一般情况下，浇注温度越高，液态金属的黏度越小，过热度越高，金属液所含热量越多，液态保持时间越长，充型能力越强。但是浇注温度过高，合金收缩量增加，吸气增多，氧化也更严重，铸件易形成缩孔、缩松、粘砂、气孔等缺陷。因此，在保证充型能力足够的前提下，尽可能做到"高温出炉，低温浇注"。液态金属在流动方向上所受的压力（充型压力）越大，充型能力越强，如压铸、低压铸造等工艺方法。同时，浇注系统的结构越复杂，则流动阻力越大，充型能力越差。

（4）铸件结构的因素

衡量铸件结构特点的因素主要是折算厚度和复杂程度，它们对液态金属的充型能力也有较大影响。折算厚度（也叫当量厚度或模数）为铸件体积与铸件表面积之比。铸件的折算厚度越大，热量散失越慢，充型能力就越好。另一方面，铸件结构越复杂，液态金属的流动阻力就越大，充填铸型就越困难，液态合金的充型能力就越差。

1.1.2 铸造合金的凝固与收缩性

1.1.2.1 合金的凝固特性

铸造合金在一定温度范围内结晶凝固时，其断面一般存在三个区域，即固相区、液-固共存区和液相区，其中液-固共存区对铸件质量影响最大，通常根据液-固共存区的宽窄将铸件的凝固方式分为逐层凝固方式、中间凝固方式和体积凝固方式。

（1）逐层凝固方式

对于纯金属或共晶成分合金在凝固过程中不存在液、固相共存的凝固区，如图1-5（a）所示，故断面上外层的固体和内层的液体由一条界线清楚地分开。随着温度的下降，固体层不断加厚，液体层不断减薄，固体和液体始终保持接触，直到中心层全部凝固，这种凝固方式称为逐层凝固。

（2）体积凝固方式

合金的凝固温度范围很宽或铸件断面温度分布曲线较为平坦时，在某段时间内，液、固共存的凝固区贯穿整个铸件断面，如图1-5（c）所示，这种凝固方式称为体积凝固方式或糊

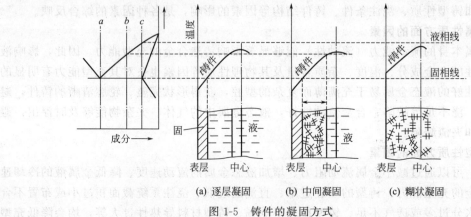

（a）逐层凝固　　（b）中间凝固　　（c）糊状凝固

图1-5　铸件的凝固方式

状凝固方式。

（3）中间凝固方式

介于逐层凝固和体积凝固之间的凝固方式称为中间凝固方式，如图 1-5（b）所示。大多数合金均属于中间凝固方式，例如，中碳钢、白口铸铁等。

如图 1-5 所示，液-固相共存区域的宽度是由合金的结晶温度范围及温度梯度两个量来决定的。凝固区域的宽度是划分凝固方式的一个准则。在 $Fe-Fe_3C$ 相图中，碳钢的结晶温度范围随碳含量的增加而增加。因此，在砂型铸造中，低碳钢近于逐层凝固方式，中碳钢为中间凝固方式，高碳钢近于体积凝固方式。由于液态合金的结晶过程不同，逐层凝固又可分为内生壳状凝固和外生壳状凝固，见表 1-2。

表 1-2　三种铸造合金的不同凝固特性

合金种类	碳素钢		灰口铸铁	球墨铸铁
凝固方式	逐层凝固			体积凝固
	外生壳状凝固	内生壳状凝固		
示意图				

碳素钢的金属溶液凝固时，外生晶粒从铸型壁处开始结晶，并形成相对光滑的凝固前沿，相向前进的凝固前沿不断向铸件中心的液相逐层推进，在铸件中心会合，结束凝固。这种凝固形式被称为外生壳状凝固方式。由于凝固初期形成的外生壳具有较高的承载能力，凝固时液相补缩通道畅通，铸件接受补缩（受补）能力高。灰口铸铁或有色金属的液态金属凝固时，晶粒在金属液内部形核、长大，按内生生长方式结晶。铸型壁处的晶粒能迅速散失热量，因此，结晶速度快，形成固体外壳和粗糙的凝固前沿，属于内生壳状凝固方式。

1.1.2.2　铸造合金的收缩性

将具有一定过热度的铸造合金液体浇入铸型，合金从高温液态冷却到固态的某一温度时所发生的体积和尺寸减小的现象称为收缩。收缩是铸造合金的物理本性，是其重要铸造性能之一，也是铸件产生缩孔、缩松、热应力、变形及裂纹等铸造缺陷的根本原因。通常，用体积改变量（体收缩 ε_L）来表示铸造合金由液态到常温的收缩；用线尺寸改变量（线收缩 ε_S）来表示合金在固态时的收缩。

铸造合金由液态冷却到常温，一般可分为三个阶段：液态收缩阶段（Ⅰ），凝固收缩阶段（Ⅱ），固态收缩阶段（Ⅲ），如图 1-6 所示。

液态收缩和凝固收缩是铸件产生缩孔、缩松缺陷的基本原因。而铸造应力是因为固态收缩受阻而引起的，甚至会产生变形和裂纹缺陷，影响铸件的尺寸精度。

（1）液态收缩

合金从浇铸温度冷却到开始凝固的液相线温度时所产生的收缩称为液态收缩。其间，合金处于液态，因而，液态收缩会引起型腔内液面下降。

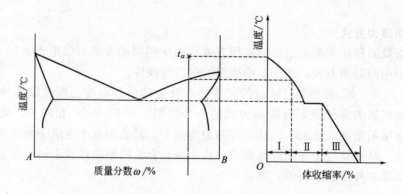

(a) 合金相图   (b) 收缩曲线

图 1-6 铸造合金收缩的三个阶段

Ⅰ—液态收缩；Ⅱ—凝固收缩；Ⅲ—固态收缩

（2）凝固收缩

合金从液相线温度（开始凝固的温度）冷却到固相线温度（凝固终止的温度）时的体积收缩称为凝固收缩。常见各种纯金属的凝固体收缩率见表 1-3，其收缩率的大小与合金的结晶温度范围及状态的改变有关。

表 1-3 各种纯金属的凝固体收缩率

金属种类	Al	Mg	Cu	Co	Fe	Zn	Ag	Sn	Pb	Sb	Bi
收缩率 ε_V/%	6.24	4.83	4.8	4.8	4.09	4.44	4.35	2.79	2.69	−0.93	−3.1

（3）固态收缩

合金从凝固终止温度冷却到室温之间的体积收缩为固态收缩，通常表现为铸件外形尺寸的减小，对铸件的尺寸精度影响较大，常用线收缩率表示。影响合金收缩的因素主要有合金的化学成分、浇铸温度等。若铸造合金的线收缩不受铸型等外部条件的阻碍，称为自由线收缩；否则，称为受阻线收缩。在常用的铸造合金中，铸钢的收缩最大，灰铸铁的最小。常用铸造合金的铸件线收缩率如表 1-4 所列。

表 1-4 常用铸造合金的铸件线收缩率

合金类别		收缩率/%	
		自由收缩	受阻收缩
灰铸铁	中小型与小型件	1.0	0.9
	中、大型铸件	0.9	0.8
	圆筒形件的长度方向	0.9	0.8
	圆筒形件的直径方向	0.7	0.5
孕育铸铁		1.0～1.5	0.8～1.0
可锻铸铁		0.75～1.0	0.5～0.75
球墨铸铁		1.0	0.8
白口铸铁		1.75	1.5
铸造碳钢和低合金钢		1.6～2.0	1.3～1.7
含铬高合金钢		1.3～1.7	1.0～1.4

合金类别	收缩率/%	
	自由收缩	受阻收缩
铸造铝硅合金	1.0~1.2	0.8~1.0
铸造铝镁合金	1.3	1.0
铝铜合金(ω_{cu}=7%~18%)	1.6	1.4
锡青铜	1.4	1.2
铸黄铜	1.8~2.0	1.5~1.7

　　铸铁结晶时，内部的碳大部分以石墨的形态析出，石墨的密度较小，析出时所产生的体积膨胀弥补了部分凝固收缩；灰铸铁中，碳是石墨的形成元素，硅是促进石墨化的元素，所以铸铁碳硅含量越高，收缩越小；硫能阻碍石墨的析出，使铸铁收缩率增大；适当地增加锰的含量，由于锰与铸铁中的硫形成 MnS，可抵消硫对石墨化的阻碍作用，使铸铁收缩率减小。一般浇注温度越高，过热度越大，合金液态收缩也越大，形成缩孔的倾向就越大。

1.1.3　铸造合金的缩孔与缩松

　　铸件在冷却凝固时所产生的液态收缩和凝固收缩远远大于固态收缩。因此，在铸件最后凝固的区域因得不到液态金属或合金的补充而产生孔洞。容积大而比较集中的孔洞称为缩孔，细小且分散的孔洞称为缩松。缩孔的形状不规则，孔壁粗糙，一般位于铸件的热节处。缩松常隐藏于铸件的内部，分散在铸件的轴线区域、厚大部位、冒口根部和内浇口附近，在铸件外观上不易被发现。当缩松与缩孔容积相同时，缩松的分布面积要比缩孔大得多。

1.1.3.1　产生缩孔与缩松的原因

　　缩孔的形成过程如图 1-7 所示。假定所浇注的合金的结晶温度范围很窄，铸件是由表及里逐层凝固的。图 1-7(a) 为铸型充满初始状态，因铸型吸热，金属液温度下降，发生液态收缩，但它可以从浇注系统中得到补充。因此，此期间型腔总是充满着金属液。当铸件外表温度下降到凝固温度时，铸件表面凝固成一层硬壳，并使内浇道凝固，如图 1-7(b) 所示。进一步冷却时，硬壳内的金属液因温度降低产生液态收缩，以及对形成硬壳的凝固收缩的补缩，从而金属液面下降。尽管，固态硬壳也会因为温度降低而使铸件尺寸缩小。但是，由于液态收缩和凝固收缩总是超过硬壳的固态收缩，因此，液面下降脱离顶部的硬壳，如图 1-7(c) 和图 1-7(d) 所示。如此进行下去，硬壳不断增厚，液面不断下降，待金属全部凝固后，在铸件上部或最后凝固的部位就形成一个倒锥形的缩孔，如图 1-7(e) 所示。

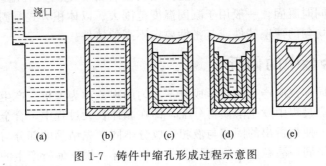

图 1-7　铸件中缩孔形成过程示意图

缩松产生的原因和缩孔一样，也是由于液态收缩和凝固收缩大于固态收缩。但是，形成缩松的基本条件是合金的结晶温度范围较宽，树枝晶发达，合金以体积方式凝固，液态和凝固收缩所形成的细小、分散孔洞得不到外部液态金属的补充，一般多分布于铸件的轴线区域、厚大部位或浇口附近。

1.1.3.2 防止缩孔和缩松的相应措施

缩孔和缩松均使铸件的力学性能、气密性、物理性能以及化学性能降低，以致成为废品。因此，要选择适宜的铸造合金，因为铸造合金的液态收缩越大，则缩孔形成的倾向越大；合金的结晶温度范围越宽，凝固收缩越大，则形成缩松的倾向也越大。

缩孔、缩松的形成除了主要受合金成分影响外，还受到浇注温度、铸型条件及铸件结构的影响。浇注温度高，合金的缩孔倾向大；湿型铸型材料比干型的冷却能力强，缩松减少，金属型铸型的冷却能力更强，则缩松显著减少；铸件结构与缩孔、缩松的关系很大，设计时应予以充分考虑，如壁厚相差不宜过大，厚壁部位应设置冒口或冷铁等。

降低浇注温度和减慢浇注速度，增加铸型的激冷能力，通过调整化学成分，增加在凝固过程中的补缩能力，对于灰口铸铁可促进凝固期间的石墨化等，都有利于减少缩孔和缩松的形成。为使铸件在凝固过程中建立良好的补缩条件，通过控制铸件的凝固顺序（如采用冒口和冷铁配合），使之符合"顺序凝固"或"同时凝固"原则，尽量地使缩松转化为缩孔，并使缩孔出现在铸件最后凝固的地方。

顺序凝固是采取一定措施，如合理选择内浇道在铸件上的引入位置和高度、开设冒口、放置冷铁等，使铸件从远离冒口的部分先凝固，然后向着冒口凝固，最后才是冒口本身凝固，形成一个顺序凝固的过程，如图1-8所示。主要用于凝固收缩大、凝固温度范围较小的合金。如铸钢、高牌号灰铸铁、球墨铸铁、可锻铸铁和黄铜等。

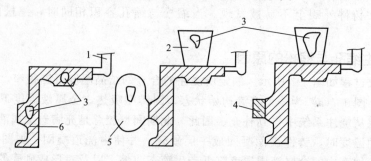

(a) 缩孔位置　　　(b) 加冒口补缩　　　(c) 用冷铁和冒口补缩
图1-8 用冒口和冷铁消除缩孔的示意图
1—浇注系统；2—顶冒口；3—缩孔；4—冷铁；5—侧冒口；6—铸件

同时凝固是从工艺上采取措施，保证铸件结构上各部分之间没有温差或使温差尽量小，使铸件各部分基本同时凝固，一般用于凝固温度范围大、以体积方式凝固的合金，容易产生缩松的合金，壁厚均匀的薄壁铸件或气密性要求不高的铸件。

1.1.4 铸造合金中的偏析

铸件截面上不同部位所产生的化学成分不均匀的现象称为偏析。产生偏析的主要原因是由于铸造合金在结晶过程中发生溶质再分配，即在晶体长大过程中，合金的结晶速度大于溶质元素的扩散速度，使先析出的固相与液相的成分不同，先结晶的部分与后结晶的部分化学成分也不相同，甚至同一晶粒内各部分的成分也不一样。根据偏析产生的范围大小可分为微观偏析和宏观偏析。在铸件较大尺寸范围内化学成分不均匀的现象称为宏观偏析，一般包括正偏析、逆偏析、重力偏析等。宏观偏析会使铸件力学性能、物理性能和化学性能降低，直接影响铸件的使用性能。微观偏析是指微小（晶粒）尺寸范围内各部分的化学成分不均匀的现象。例如，晶界偏析和晶内偏析（也叫枝晶偏析）。

晶内偏析是指一个晶粒范围内先结晶和后结晶部分的成分不均匀的现象，所以也称为枝晶偏析。它多发生在铸造非铁合金中，如 Cu-Sn 合金、Cu-Ni 合金。在铸钢组织中，初生奥氏体枝晶的枝干中心含碳量较低，后结晶的枝晶外围和多次分枝部分则含碳量较高。产生晶内偏析的倾向取决于合金的冷却速度、偏析元素的扩散能力和溶质的平衡分配系数。在其他条件相同时，冷却速度越大，偏析元素的扩散能力越弱，平衡分配系数越小，晶内偏析越严重。但当冷却速度增大到一定界限时，晶粒可以细化，晶内偏析的程度反可以减轻。

晶内偏析会使合金的强度、塑性及耐腐蚀性能下降，晶内偏析在热力学上是不稳定的。通常采用扩散退火或均匀化退火的方法，将铸件加热到低于固相线 $100\sim200℃$，进行长时间的保温，使偏析元素进行充分扩散从而消除晶内偏析。

晶界偏析是指铸件在结晶过程中，将低熔点的物质排除在固液界面处。当两个晶粒相对生长、相互接近并相遇时，在最后凝固的晶界处一般会有较细溶质或其他低熔点物质。晶界偏析会使合金的高温性能降低，合金凝固过程中易产生热裂纹，一般采用细化晶粒或减少合金中氧化物和硫化物以及某些碳化物等措施来预防和消除。

1.1.5 铸件的内应力、变形与裂纹

1.1.5.1 铸造内应力

铸件在凝固和冷却过程中，发生收缩，有些合金还发生固态相变，引起体积的收缩或膨胀。由于受到外界的约束或铸件各部分之间的相互制约，铸件体积并不能自由改变，从而在铸件内部产生内应力，称为铸造应力。铸造应力是铸件产生变形和裂纹的基本原因。按其产生的原因可分为三种应力：热应力、相变应力和收缩应力。

（1）热应力

热应力是铸件在凝固或冷却过程中，不同部位由于不均衡的收缩而引起的应力。下面用图 1-9 所示的框形铸件（杆Ⅰ较粗，杆Ⅱ较细）来分析热应力的形成。

当铸件处于高温阶段（$T_0\sim T_1$ 阶段），尽管两杆的冷却速度不同，收缩不一致，但两杆均处于塑性状态，瞬时应力均可通过塑性变形而自行消失。继续冷却至 $T_1\sim T_2$ 阶

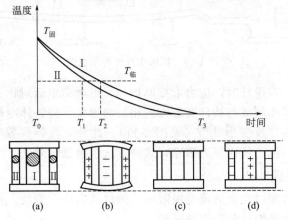

图 1-9　热应力的形成示意图（＋表示拉应力，－表示压应力）

段，冷速较快的细杆Ⅱ已进入弹性状态，粗杆Ⅰ仍处于塑性状态。冷却初期，由于相对冷却速度快，细杆Ⅱ的收缩量大于粗杆Ⅰ，形成暂时内应力。细杆Ⅱ受拉应力，粗杆Ⅰ受压应力，如图1-9（b）所示。该暂时内应力随着粗杆Ⅰ的微量塑变（压短）而消失，如图1-9（c）所示。当进一步冷却到更低温度时（$T_2 \sim T_3$阶段），已被塑性压短的粗杆Ⅰ也处于弹性状态。此时，尽管两杆长度相同，但所处的温度不同。由于温度较高的粗杆Ⅰ会产生较大的收缩，而温度较低的细杆Ⅱ收缩已趋于停止。因此，粗杆Ⅰ的收缩必然受到细杆Ⅱ的强烈阻碍，使细杆Ⅱ受压缩，粗杆Ⅰ受拉伸，直到室温，形成了残余内应力，如图1-9（d）所示。

不均匀冷却使铸件的厚壁或心部受拉应力，薄壁或表层受压应力。铸件的壁厚差别越大、合金的线收缩率越高、弹性模量越大，热应力也越大。防止热应力的根本途径是尽量减少铸件各部位的温差，使其均衡凝固，具体工艺措施为在工艺上采用冷铁，加快厚大部分的冷却，尽量使铸件形成同时凝固；在满足使用要求的条件下，减小铸件的壁厚差，分散或减小热节；提高铸型温度，以减小各部分的温差。

（2）相变应力

相变应力是铸件在凝固或冷却过程中发生固态相变，各部分体积发生不均衡变化而引起的应力。消除相变应力的方法一般是采用人工时效和振动时效。人工时效是将铸件重新加热到合金的临界温度以上，使铸件处于塑性状态的温度范围内，在此温度下保温一定时间，使铸件各部分的温度均匀，让应力充分消失，然后随炉缓慢冷却以免重新形成新的应力，人工时效的加热速度、加热温度、保温时间和冷却速度等一系列工艺参数，要根据合金的性质、铸件的结构以及冷却条件等因素来确定。

（3）收缩应力

收缩应力是铸件的固态收缩受到铸型、型芯、浇铸系统、冒口或箱挡的阻碍而产生的应力。防止产生收缩应力的措施是控制合适的型芯紧实度，添加退让性较好的材料（如木屑等）以改善铸型和型芯的退让性；铸件提早打箱或松砂，以减小收缩时的阻力。

1.1.5.2　铸件的变形

存在残留内应力的铸件是不稳定的，它将自发地通过变形来减缓其内应力，以便趋于稳定状态，快冷部分凸起，慢冷部分凹下，图1-10为机床床身变形示意图。

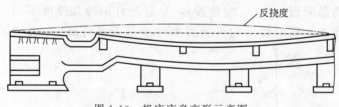

图1-10　机床床身变形示意图

为防止铸件变形，在设计时，应力求壁厚均匀、形状简单而对称。对于细而长、大而薄的易变形铸件，可将模样制成与铸件变形方向相反的形状，待铸体冷却后变形正好与相反的形状抵消，此方法称为"反变形法"（见图1-11）。此外，将铸件置于露天场地一段时间，使其缓慢地发生变形，从而使内应力消除，这种方法叫自然时效法。

1.1.5.3　铸件的裂纹

当铸件中的内应力超过合金的强度极限时，铸件就会产生裂纹。根据裂纹产生的温度不同，又可以把裂纹分为热裂纹和冷裂纹两种。

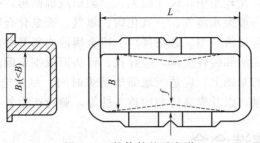

图 1-11　箱体件的反变形

(1) 热裂纹

热裂纹是铸件在高温下形成的裂缝，裂口沿晶粒边界产生和发展，外形形状曲折而不规则，断口严重氧化，无金属光泽。铸钢件裂口表面近似黑色，铝合金则呈暗灰色。热裂纹是铸件在凝固末期形成的，是铸钢尤其合金钢中常见的一种缺陷。在凝固的末期，温度固相线附近，铸件中结晶的骨架已经形成并开始收缩。但是，在晶粒间还存在一定量的液相（如低熔点共晶物）。同时，铸件强度和塑性相对较低，当收缩受阻时发生开裂。

铸造合金的结晶特点和化学成分对热裂纹的产生均有明显的影响。合金的结晶温度范围越宽，凝固收缩量越大，合金的热裂纹倾向也越大。铸钢、某些铸铝合金、白口铸铁的热裂纹倾向较大。灰铸铁和球墨铸铁的凝固收缩较小，故它们的热裂纹倾向也较小。S 元素能够显著增加合金钢和铸铁的热脆性；铸型阻力、铸型及型芯的退让性对热裂纹的形成有着重要影响。退让性越好，机械应力越小，形成热裂纹的可能性也越小。

(2) 冷裂纹

冷裂纹是在较低温度下（如室温），铸造合金件处于弹性状态，其热应力和机械应力的值超过自身强度极限时产生的。冷裂纹常常穿过晶粒延伸到整个断面，外形呈连续直线状或圆滑曲线状，断口干净，具有金属光泽或轻微氧化色。脆性大、塑性差的合金，如白口铸铁、高碳钢及某些合金钢，最易产生冷裂纹。冷裂纹往往出现在铸件受拉应力（尤其是应力集中）的部位。

铸造合金的化学成分和杂质含量对冷裂纹的形成影响很大，如钢中的 C、Cr、Ni 等元素均会降低钢的热导率，当其含量过高时，冷裂纹倾向于增大。若 P 元素含量较高，合金的冷脆性增加，塑性和冲击韧度降低，形成冷裂纹的倾向也会增大。因此，防止冷裂的方法主要是尽量减小铸造内应力和降低合金的脆性。例如，铸件壁厚要均匀；增加型砂和芯砂的退让性；降低钢和铸铁中的含磷量。

1.1.6　铸件中的夹渣与气孔

铸造合金在熔炼和浇注过程中常常会吸收一定数量的气体，如果在金属液冷却凝固时，液态金属内部的气体来不及逸出，铸件就会出现气孔、白点等缺陷。此外，当高温的液体金属与空气接触时，会迅速发生氧化，生成氧化物，容易在铸件内形成夹渣缺陷。

气孔是气体在铸件中形成的孔洞，其内壁较光滑、明亮或带轻微氧化色，是铸件中较常见的缺陷之一。按气体的来源，气孔可分为析出性气孔、侵入性气孔和反应性气孔三类。

析出性气孔是由于金属液在凝固过程中，随着温度的下降，合金熔体内气体溶解度下降，导致气体过饱和析出、长大，形成气泡，在凝固过程中气泡未能及时排出而形成气孔。这种气孔分布面积较广，热节处分布较密集，铝合金铸件中常见。

侵入性气孔是由铸型、型芯、涂料、芯撑等外部因素产生的气体侵入铸件而形成的。多位于铸件表层或近表层，比较集中，尺寸较大，呈梨形或椭圆形，孔壁光滑，表面常呈氧化色或蓝色。侵入的气体一般为水蒸气、一氧化碳、氮气、碳氢化合物等。

反应性气孔是由于金属液与型、芯在接口上或金属液内部某些成分之间发生化学反应而形成的，一般位于铸件表层和铸件上部，呈针孔、针头形或细长圆的特征。

因此，在满足要求的基础上，应适当地缩短熔炼时间，尽量选用烘干过的炉料和铸型，降低造型材料中的含水量，以及提高铸型的透气性等，避免产生气孔和夹渣缺陷。

1.2 常用的铸造合金

常用的铸造合金主要包括铸铁、铸钢和铸造有色合金等。铸铁的含碳量大于2.11%，也是最常用的铸造合金。用于浇注铸件的铁碳合金被称为铸钢，其含碳量小于2.11%。铸钢的冲击韧性和疲劳强度比铸铁要高得多，主要用于强度、韧性、塑性要求较高、冲击载荷较大或有特殊性能要求的铸件，如起重运输机械中的一些齿轮、挖掘机斗齿等。

1.2.1 铸铁

根据碳在铸铁中存在的不同形式，铸铁可分为白口铸铁、灰口铸铁和麻口铸铁。灰口铸铁（又称灰铸铁）中的碳以石墨的形式存在，断口呈暗灰色，应用范围较广。白口铸铁中的碳以渗碳体的形式存在，断口呈银白色，脆性大，应用领域较少。麻口铸铁中的碳以自由渗碳体和石墨的形式混合存在，断口为黑白相间的麻点，脆性大。灰铸铁根据石墨的不同形态又可分为普通灰铸铁、可锻铸铁、球墨铸铁和蠕墨铸铁等。各种铸铁的力学性能和用途如表1-5～表1-7所列。

表1-5 常用普通灰口铸铁的牌号、性能及用途

类别	牌号	铸件壁厚 /mm	抗拉强度 /MPa	硬度 /HBS	特性及应用
普通灰口铸铁	HT100	2.5～10	130	110～167	铸造性能好，工艺简便，铸造应力小，不需人工时效处理，减震性好，适用于制造只承受轻载的简单铸件，如防护罩、盖板、油盘、手轮、高炉平衡锤、炼钢炉重锤等
		10～20	100	93～140	
		20～30	90	87～131	
		30～50	80	82～122	
	HT150	2.5～10	175	136～205	性能与HT100相似，适用于承受中等载荷的零件，如机座、箱体、轴承座、法兰、阀体、泵体、机油壳等
		10～20	145	119～179	
		20～30	130	110～167	
		30～50	120	105～157	
孕育铸铁	HT200	2.5～10	220	157～236	强度较高，耐磨、耐热性较好，减震性好；铸造性能较好，但必须进行人工时效处理，适用于承受中等或较大载荷和要求有一定气密性或耐蚀性等的较重要的零件，如衬套、齿轮、飞轮、底架、机体、汽缸体、汽缸盖、活塞环、油缸、凸轮、阀体、联轴器等
		10～20	195	148～222	
		20～30	170	134～200	
		30～50	160	129～192	
	HT250	4～10	270	174～262	
		10～20	240	164～247	
		20～30	220	157～236	
		30～50	200	150～225	
	HT300	10～20	290	182～272	强度和耐磨性很好，但白口倾向大，铸造性能差，必须进行人工时效处理，适用于要求保持高度气密性的零件，如压力机、自动机车床和其他重型机床的床身、机座、主轴箱、曲轴、汽缸体、汽缸盖、缸套等
		20～30	250	168～251	
		30～50	230	161～241	

表 1-6 常用可锻铸铁的牌号、性能及用途

名称	牌号	抗拉强度 /MPa	伸长率 /%	硬度 /HB	应用
铁素体可锻铸铁	KT300-06	300	6	120～163	三通、管件、中压阀门
	KT330-09	330	8	120～163	输电线路件,汽车、拖拉机的前后轮壳,差速器壳,转向节轮,制动器,农机件及冷暖器接头等
	KT350-10	350	10	120～163	
	KT370-12	370	12	120～163	
珠光体可锻铸铁	KTZ450-5	450	5	152～219	曲轴、凸轮轴、连杆、齿轮摇臂、活塞环、轴套、犁片、耙片、闸、万向接头、棘轮、扳手、传动链条、矿车轮
	KTZ500-4	500	4	179～241	
	KTZ600-3	600	3	201～269	
	KTZ700-2	700	2	240～270	

表 1-7 常用球墨铸铁的牌号、性能及应用举例

牌号	抗拉强度/MPa	屈服极限/MPa	伸长率/%	主要特性及应用举例
QT400-17	400	250	17	焊接性及切削加工性能好,韧性高。主要应用于汽车、拖拉机底盘零件
QT420-10	420	270	10	焊接性及切削加工性能好,韧性略低,强度高,适用于阀体、高低压汽缸
QT500-5	500	350	5	中等强度与韧性,切削加工性尚可,适用于机油泵齿轮、座架、传动轴等
QT600-2	600	420	2	中高强度,塑性低,耐磨性好,主要用于大型发动机曲轴、凸轮轴、连杆
QT800-2	800	560	2	较高的强度和耐磨性,塑性和韧性较低,主要适用于中小型机器的曲轴、缸体等
QT1200-1	1200	840	1	高的强度和耐磨性,较高的弯曲疲劳强度、接触疲劳强度和一定的韧性,可用于汽车、拖拉机的减速齿轮,汽车后桥螺旋锥齿轮、曲轴、凸轮

1.2.2 铸钢

铸钢按化学成分可分为碳素铸钢和合金铸钢两大类。碳素铸钢应用最广,占铸钢总产量的 80% 以上,牌号以 "ZG" 加两组数字表示,第一组数字表示厚度为 100mm 以下的铸件室温时的屈服强度,第二组数字表示铸件的最低抗拉强度。用于制造零件的碳素铸钢主要是含碳量在 0.25%～0.45% 的中碳钢。表 1-8 列出了几种常用碳素铸钢的牌号及用途。

表 1-8　常用碳素铸钢的牌号及用途

牌号	化学成分的质量分数/%				应用举例
	C	Si	Mn	P、S	
ZG200~400	0.20	0.50	0.80	0.04	用于受力不大、要求韧性高的各种机械零件,如机座、箱体等
ZG230~450	0.30	0.50	0.90	0.04	用于受力不大、要求韧性高的各种机械零件,如外壳、轴承盖、阀体、砧座等
ZG270~500	0.40	0.50	0.90	0.04	用于轧钢机机架、轴承座、连杆、曲轴、缸体等
ZG310~570	0.50	0.60	0.90	0.04	用于负荷较高的零件,如大齿轮、缸体、动轮、棍子等
ZG340~640	0.60	0.60	0.90	0.04	用于齿轮、棘轮、连接器、叉头等

合金铸钢按合金元素的含量分为低合金铸钢和高合金铸钢两类。低合金铸钢中合金元素的总质量分数小于或等于 5%,力学性能比碳钢高,因而能减轻铸钢重量,提高铸件使用寿命,主要用于制造齿轮、转子及轴类零件。高合金铸钢中合金元素的总质量分数通常大于10%,具有良好的耐磨性、耐热性和耐腐蚀性,可用来制造特殊场合下的零件。

铸钢的浇注温度高,易氧化,流动性差、收缩大,因此铸造困难,容易产生粘砂、缩孔、冷隔、浇不足、变形和裂纹等缺陷。铸钢件造型用的型砂及芯砂的透气性、耐火性、强度和退让性都要好一些。为了减少气体来源,提高合金流动性和铸型强度,一般多用干型或快干型。为了防止粘砂,铸型表面还要使用石英粉或锆砂粉涂料。铸件大部分安置相当数量的冒口、冷铁,采用顺序凝固原则,以防止缩孔、缩松缺陷的产生。对于壁厚均匀的薄件,可采用同时凝固的原则,开设多道内浇口,让钢液均匀、迅速地填满铸件,同时必须严格控制浇注温度,防止温度过高或过低致使铸件产生缺陷。为了细化晶粒、消除应力、提高铸钢件的力学性能,铸钢铸后要进行退火或正火热处理。

1.3　砂型铸造

铸造方法很多,主要可分为砂型铸造和特种铸造两大类。砂型铸造为铸造生产中最基本的方法,其生产工序主要包括型砂和芯砂的配制、模样和芯盒的制作、造型、造芯、合箱、熔炼、浇注、落砂、清理等,如图 1-12 所示。

其中,熔炼是指使金属由固态转变成熔融状态的过程。其主要任务是提供化学成分和温度都合格的熔融金属。浇注是将熔融金属从浇包注入铸型的操作。落砂是指用手工或机械使铸件与型砂、砂箱分开的操作。清理是指落砂后从铸件上清除表面粘砂、型砂、多余金属(包括浇冒口、氧化皮)等过程的操作。

1.3.1　造型与制芯

1.3.1.1　造型材料

型砂及芯砂是制造铸型和型芯的造型材料,它主要由原砂、黏结剂、附加物和水按一定比例配制而成。为防止铸件产生粘砂、夹砂、砂眼、气孔和裂纹等缺陷,型(芯)砂应具备良好的成型性、透气性、退让性、足够的强度和高的耐火性等性能。按使用的黏结剂不同,

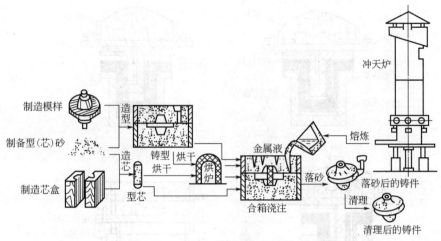

图 1-12　砂型铸造工艺过程

型（芯）砂可分为黏土砂、水玻璃砂、树脂砂等。

(1) 黏土砂

黏土砂由原砂（如硅砂，主要成分为 SiO_2）、黏土、水及附加物按一定比例配制而成，是铸造生产中应用最广泛的型砂。可用于制造铸铁件、铸钢件的铸型和不重要的型芯。

(2) 水玻璃砂

水玻璃砂是以水玻璃（硅酸钠 $Na_2O \cdot mSiO_2$ 的水溶液）为黏结剂配制成的化学硬化砂。它是除黏土砂外用得最广的型砂。水玻璃砂铸型或型芯无需烘干，硬化速度快，生产周期短，易于实现机械化，工人劳动条件好。

(3) 树脂砂

树脂砂是以树脂为黏结剂配制成的型砂。树脂砂又分为热硬树脂砂、壳型树脂砂、覆膜砂等。用树脂砂造型或制芯，铸件质量好、生产率高、节省能源和工时费用、工人劳动强度低、易于实现机械化和自动化、适宜于成批大量生产。

1.3.1.2　造型与制芯方法

造型是砂型铸造最基本的工序，造型方法选择是否合理，对于铸件质量和成本具有重要影响。砂型铸造根据完成造型工序的不同，分为手工造型和机器造型两大类。

(1) 手工造型

手工造型是指用手工完成紧砂、起模、修整、合箱等主要操作的造型、制芯过程。它操作灵活，适应性强，工艺设备简单，成本低。但手工造型铸件质量差、生产率低、劳动强度大、技术水平要求高，故手工造型主要用于单件小批生产，特别是重型和形状复杂的铸件。手工造型方法很多，生产中应根据铸件的尺寸、形状、生产批量、使用要求以及生产条件，合理地选择造型方法。这对保证铸件质量、提高生产率、降低生产成本是很重要的。

(2) 机器造型

机器造型是将紧砂和起模等主要工序实现机械化，提高劳动生产率。制出铸件的尺寸精确、表面光洁、加工余量小。但设备投资大，适用于中、小型铸件的成批大量生产。造型机的种类繁多，其紧砂和起模方式也有所不同。

① 震压式造型　顶杆起模式震压造型机的工作过程如图 1-13 所示。

a. 填砂　打开砂斗门，向砂箱中放满型砂。

b. 震击紧砂　先使压缩空气从进气口 1 进入震击汽缸底部，活塞在上升过程中关闭了

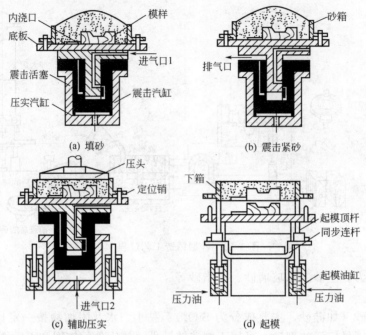

图 1-13 顶杆起模式震压造型机的工作原理

进气口,接着又打开排气口,使工作台与震击汽缸顶部发生撞击,如此反复进行震击,使型砂在惯性力的作用下被初步紧实。

c. 辅助压实 由于震击后砂箱上层的型砂紧实度仍然不足,还必须进行辅助压实。此时,压缩空气从进气口 2 进入压实汽缸底部,压实活塞带动砂箱上升,在压头的作用下,压实型砂。

d. 起模 当压缩空气推动压力油进入起模油缸后,四根顶杆平稳地将砂箱顶起,从而使砂型与模型分离。

震压式造型机主要用于制造中、小铸型,其主要缺点是噪声大、工人劳动条件较差,且生产率不够高。在现代化的铸造车间,震压式造型机已逐步被机械化程度更高的造型机(如微震压实造型机、高压造型机、射压造型机、气冲造型机和静压造型机等)所取代。

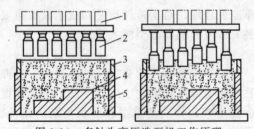

图 1-14 多触头高压造型机工作原理
1—油箱;2—触头;3—填砂筐;4—模样;5—砂箱

② 高压造型 压实比压大于 0.7MPa 的机器造型称为高压造型。与微振压实造型的区别在于比压高,并采用多触头压头,如图 1-14 所示。造型时,先启动微振机构进行预振。压振时,当压实活塞向上推动时,触头将型砂从余砂框压入砂箱,而自身在多触头箱体相互连通的油腔内浮动,使砂型各部位的紧实度均匀。高压造型铸件精度高,表面质量好,但设备结构复杂,对工艺装备及维修保养要求高,投资大,仅适用于大批量的自动化造型生产线。

③ 射压造型 射压造型紧实度高而均匀,铸件尺寸精确,造型不用砂箱,工装投资少,占地面积小,生产率高,生产小型铸件每小时高达 300 型以上,噪声低,劳动条件好,易于实现自动化,是目前较先进的造型方法之一。图 1-15 所示为垂直分型无箱射压造型过程。

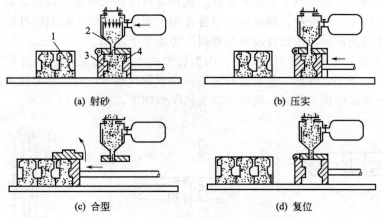

(a) 射砂   (b) 压实

(c) 合型   (d) 复位

图 1-15　无箱射压造型机工作原理

1—砂型；2—射砂头；3—左模板；4—右模板

射砂机构将型砂高速射入造型室内，如图 1-15（a）所示，再由液压系统进行高压压实，形成两面都带有型腔的型块，如图 1-15（b）所示，然后，反压板退出造型室，压实板推动已造好的型块向前并合型，如图 1-15（c）所示，接着压实板后退，反压板放下，闭合造型室，进入下一个造型循环，如图 1-15（d）所示，最后在浇注平台上形成一串垂直分型且无砂箱的铸型。

（3）制芯方法

当浇注空心、外壁内凹的铸件，或铸件具有影响起模的外凸时，经常要用到芯子。制作芯子的工艺过程称为制芯。砂芯可用手工制造，也可用机器制造。手工制芯主要用于单件小批生产及产品的试制。为了提高芯子的刚度和强度，手工制芯时需在芯子中放入芯骨。机器制芯除可采用前述的震击、压实等紧砂方法外，最常采用的是吹芯机或射芯机。

近些年来，由于采用以合成树脂为黏结剂的树脂砂来制芯，使机器制芯工艺发生了变革。它采用电热的芯盒（或其他硬化措施）使射入芯盒内的树脂砂快速硬化，不仅省去了型芯骨和烘干工序，还降低了型芯的成本。

1.3.2　工艺设计

铸造工艺设计就是根据铸造零件的结构特点、技术要求、生产批量和生产条件等，确定铸造方案和工艺参数，绘制铸造工艺图，编制工艺卡等技术文件的过程。铸造工艺设计可以有效地控制铸件的形成过程，减少铸型制造的工作量、降低铸件成本，达到优质高产的效果。铸造工艺设计的好坏，对铸件品质、生产率和成本起着重要作用。

1.3.2.1　工艺方案的确定

在砂型铸造的生产准备过程中，必须制订出合理的铸造工艺方案，绘制出铸造工艺图。铸造工艺图是在零件图上用各种工艺符号表示出铸造工艺方案的图形，其中包括：铸件的浇铸位置、铸型分型面、型芯的形状与数量、型芯固定方法、加工余量、拔模斜度、收缩率、浇铸系统、冒口、冷铁的尺寸和布置等。铸造工艺图是指导模样（芯盒）和模板设计、生产准备、铸型制造和铸件检验的基本工艺文件。依据铸造工艺图，结合所选定的造型方法，便可绘制出模样图、模型图及合箱图。

（1）浇铸位置的选择原则

浇铸位置是指浇注时铸件在型内所处的空间位置，浇铸位置的确定是铸造工艺设计中重要的一环，关系到铸件的质量能否得到保证，也涉及铸件的尺寸精度以及造型工艺过程。一般是在铸造方法选定之后进行。确定浇注位置在很大程度上着眼于控制铸件的凝固顺序，是以保证铸件的质量为依据，故选择浇铸位置时应考虑如下原则。

① 铸件的重要加工面应朝下或侧立。因为铸件的上表面容易产生砂眼、气孔、夹渣等缺陷，组织也不如下表面致密，如果这些加工面难以做到朝下，则应尽力使其位于侧面，当一个铸件有几个重要的加工面时，则应将较大的平面朝下，如图1-16所示。

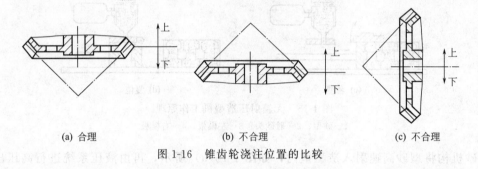

(a) 合理　　　　　　　　(b) 不合理　　　　　　　　(c) 不合理

图1-16　锥齿轮浇注位置的比较

图1-16(a)是合理的，它将齿轮要求较高并需要进行机械加工的齿面朝下。图1-16(b)将齿面朝上，难保其质量。图1-16(c)将齿面立放，会导致齿轮周围质量不均。

② 铸件的大平面应朝下。型腔的上表面除了容易产生砂眼、气孔、夹渣等缺陷外，大平面还常产生夹砂缺陷。这是由于在浇铸过程中金属液对型腔上表面有强烈的热辐射，型砂因急剧热膨胀和强度下降而拱起或开裂，于是金属液进入表层裂缝之中，形成了夹砂缺陷。因此，对平板、圆盘类铸件大平面应朝下，如图1-17所示。

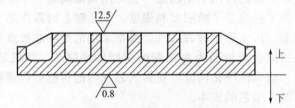

图1-17　平板类铸件的合理浇注位置

③ 应有利于实现顺序凝固。对于容易产生缩孔的铸件，应使厚的部分放在分型面附近的上部或侧面，以便在铸件厚实处（热节处）直接安置冒口，使之实现自下而上的顺序凝固，如图1-18所示。

④ 应避免产生浇不足和冷隔缺陷。为防止铸件薄壁部分产生浇不足或冷隔缺陷，应将面积较大的薄壁部分置于铸型下部或使其处于垂直或倾斜位置。浇注薄壁件时要求金属液到达薄壁处所经过的距离或所需的时间越短越好，使金属液在静压力的作用下平稳地充填型腔的各个部分，以保证金属液的充填，避免出现浇不足和冷隔缺陷。如图1-19所示。

（2）铸型分型面的选择原则

制造铸型时，为方便取出模样，将铸型做成几部分，其结合面被称为分型面（两半个铸型相互接触的表面）。一般来说，分型面在浇注位置确定后再选择。铸型分型面如果选择不当，不仅影响铸件质量，而且还会使制模、造型、制芯、合箱或清理等工序复杂化，甚至还可增大切削加工的工作量。因此，分型面的选择应能在保证铸件质量的前提下，尽量简化工艺，节省人力物力。分型面的选择是以方便起模为出发点，故选择分型面时应考虑如下原则。

① 应便于起模，使造型工艺简化。尽量使分型面平直、数量少，避免不必要的活块和型芯等。应尽量使铸型只有一个分型面，以便采用工艺简便的两箱造型，同时也是因为多一个分型面，铸型就增加一些误差，会使铸件的精度降低。如图1-20所示。

铸件的内腔一般是由型芯来形成的，有时还可用型芯来简化模型的外形，以免制出妨碍起模的凸台、凹槽等，如图1-21所示。但制造型芯需要专门的型芯盒和型芯骨，还需烘干、下芯等工序，增加了铸件成本，因此选择分型面时应尽量避免不必要的型芯。

② 应尽量使铸件全部或大部分置于同一砂箱，或使主要加工面与加工的基准面处于同一砂型中，以保证铸件的精度。

图1-22为管子堵头的分型面，铸件加工是以四方头中心线为基准加工外螺纹。若四方头与带螺纹的外圆不同心，就会给加工带来困难，甚至无法加工。

③ 分型面应尽量平直。图1-23为摇臂铸件，若

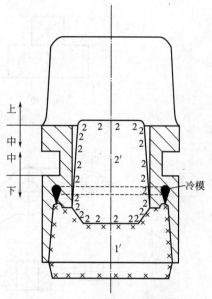

图 1-18　铸钢链轮的浇注位置

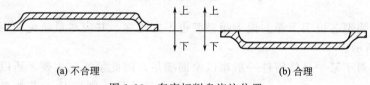

(a) 不合理　　　　　　　　(b) 合理

图 1-19　车床切削盘浇注位置

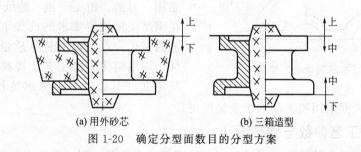

(a) 用外砂芯　　　　　　　　(b) 三箱造型

图 1-20　确定分型面数目的分型方案

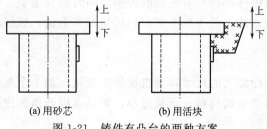

(a) 用砂芯　　　　　　　　(b) 用活块

图 1-21　铸件有凸台的两种方案

分型面不平直，成为曲面分型时，会使制模和造型困难。

④ 要便于下芯、合箱及检查型腔尺寸。为便于造型、下芯、合箱和检验铸件壁厚，应

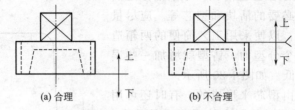

(a) 合理　　　　　　　　(b) 不合理

图 1-22　堵头铸件的分型方案

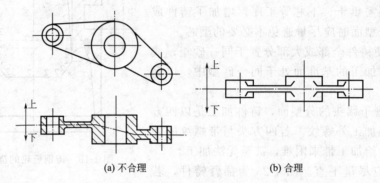

(a) 不合理　　　　　　　　(b) 合理

图 1-23　摇臂铸件的分型方案

尽量使型腔及主要型芯位于下箱。但下箱型腔也不宜过深，并应尽量避免使用吊芯和大的吊砂。如图 1-24 所示。

上述原则，对于某个具体铸件一般难以全面满足，因此须抓住主要矛盾以全面考虑，对于次要矛盾，则应从工艺措施上设法解决。例如，质量要求很高的铸件（如机床床身、立柱、刀架、钳工平板、造纸机烘缸等），应在满足浇铸位置要求的前提下再考虑造型工艺的简化。对于没有特殊质量要求的一般铸件，则以简化铸造工艺、提高经济效益为主要依据，不必过多地考虑铸件的浇铸位置，仅对朝上的加工表面采用稍大的加工余量即可。

图 1-24　减速器箱盖手工造型方案

1.3.2.2　铸造工艺参数与砂芯设计

铸造工艺参数是指铸造工艺设计时需要确定的某些工艺数据，这些工艺数据一般都与模样及芯盒尺寸有关，即与铸件的精度有密切的关系，同时也与造型、制芯、下芯及合箱的工艺过程有关。这些常用的铸造工艺参数主要包括机械加工余量、拔模斜度、收缩率、型芯头尺寸等具体工艺参数。

（1）机械加工余量

在铸件上为切削加工而加大的尺寸称为机械加工余量。加工余量必须慎重选取，余量过大，切削加工费时，且浪费金属材料；余量过小，制品会因残留黑皮而报废，或者因铸件表面过硬而加速刀具磨损。

一般要求的机械加工余量（RMA）等级有 A、B、C、D、E、F、G、H、J 和 K 共 10级。确定铸件的机械加工余量之前，需要先确定机械加工余量等级，推荐用于各种铸造合金及铸造方法的 RMA 等级列于表 1-9 中，加工余量的具体数值按表 1-10 选取。

表 1-9　推荐用于各种铸造合金及铸造方法的 RMA 等级（GB/T 6414—1999）

单位：mm

最大尺寸		要求的机械加工余量等级							
大于	上限	C	D	E	F	G	H	J	K
—	40	0.2	0.3	0.4	0.5	0.5	0.7	1	1.4
40	63	0.3	0.3	0.4	0.5	0.7	1	1.4	2
63	100	0.4	0.5	0.7	1	1.4	2	2.8	4
100	160	0.5	0.8	1.1	1.5	2.2	3	4	6
160	250	0.7	1	1.4	2	2.8	4	5.5	8
250	400	0.9	1.3	1.4	2.5	3.5	5	7	10
400	630	1.1	1.5	2.2	3	4	6	9	12
630	1000	1.2	1.8	2.5	3.5	5	7	10	14
1000	1600	1.4	2	2.8	4	5.5	8	11	16

表 1-10　毛坯铸件典型的机械加工余量等级（GB/T 6414—1999）

造型方法	钢	灰铁	球铁	可锻铸铁	铜合金	锌合金	轻合金
砂型手工造型	G~K	F~H	F~H	F~H	F~H	F~H	F~H
机器造型和壳体	F~H	E~G	E~G	E~G	E~G	E~G	E~G
金属型(重力铸造和低压铸造)	—	D~F	D~F	D~F	D~F	D~F	D~F

机械加工余量的具体数值取决于铸件生产批量、合金的种类、铸件的大小、加工面与基准面的距离及加工面在浇铸时的位置等。大量生产时，因采用机器造型，铸件精度高，故加工余量可减小；反之，手工造型误差大，余量应加大。铸钢件表面粗糙，余量应加大；有色合金铸件价格昂贵，且表面光洁，所以余量应比铸钢小。铸件的尺寸越大或加工面与基准面的距离越大，铸件的尺寸误差也越大，故余量也应随之加大。此外，浇铸时朝上的表面因产生缺陷的概率较大，其加工余量应比底面和侧面大。

(2) 起模斜度

为了使模型（或型芯）易于从砂型（或芯盒）中取出，凡垂直于分型面的立壁，制造模型时必须留出一定的倾斜度，此倾斜度称为起模斜度或铸造斜度。起模斜度的大小取决于立壁高度、造型方法、模型材料等因素，立壁越高，斜度越大。

起模斜度的三种形式见图 1-25。一般在铸件加工面上采用增加铸件厚度法，如图 1-25(a)所示；在铸件不与其他零件配合的非加工表面上，可采用三种形式中的任何一种；在铸件与其他零件配合的非加工表面上，采用减少铸件厚度法，如图 1-25(c)所示，或增加和减少铸件厚度法，如图 1-25(b)所示。原则上，在铸件上留出起模斜度后，铸件尺寸不应超出铸件的尺寸公差。

(3) 铸造收缩率

铸造收缩率又称铸件线收缩率，是铸件从线收缩开始温度冷却至室温的线收缩率。铸造收缩率用模样与铸件的长度差占铸件长度的百分数表示。

$$\varepsilon = \frac{L_1 - L_2}{L_2} \times 100$$

式中　ε——铸造收缩率，%；

$\qquad$ L_1——模样长度；mm；

$\qquad$ L_2——铸件长度；mm。

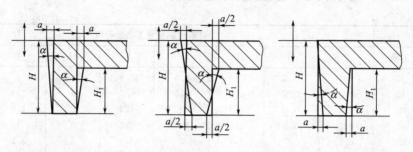

| (a) 增加铸件厚度法 | (b) 增加和减少铸件厚度法 | (c) 减少铸件厚度法 |

图 1-25　起模斜度的三种形式

因为铸件在冷却过程中各部分尺寸都要缩小，所以必须将模样及芯盒的工作面尺寸根据铸件收缩率来加大，加大的尺寸称为缩尺。铸造收缩率主要与合金的收缩大小及铸件收缩时的受阻条件有关，如合金种类、铸型种类、砂芯退让性、铸件结构、浇冒口等。在生产中制造模样时，为了方便起见，常用特制的缩尺，缩尺的刻度比普通尺长，其加长的量等于收缩量。常用的有 0.8%、1.0%、1.5%、2.0%等缩尺。

（4）最小铸出孔及槽

铸件的孔及槽是否铸出，不仅取决于工艺上的可能性，还必须考虑其必要性。一般来说，较大的孔、槽应当铸出，以节约金属和机械加工工时，同时也可减小铸件上的热节。较小的则不必铸出，留待后加工反而更经济。一般灰铸铁件成批生产时，最小铸出孔直径为 15～30mm，单件小批量生产时为 30～50mm；铸钢件最小铸出孔直径为 30～50mm，薄壁铸件取下限，厚壁铸件取上限。对于有弯曲形状等特殊的孔，无法机械加工时，则应直接铸造出来。需用钻头加工的孔（中心线位置精度要求高的孔）最好不铸出。难以加工的合金材料，如高锰钢等铸件的孔和槽应铸出。铸件的最小孔和槽的数值可查相关手册。

（5）型芯设计

型芯的功用是形成铸件的内腔、孔和铸件外形不能出砂的部位。型芯设计需满足一定的要求，主要包括型芯的形状、尺寸以及在砂型中的位置应符合铸件要求，具有足够的强度和刚度，在铸件形成过程中砂芯所产生的气体能及时排出型外，铸件收缩时阻力小和容易清砂。型芯设计的内容主要包括型芯数量及形状、芯头结构、芯子的排气等。一个铸件所需的型芯数量及各个型芯的形状主要取决于铸件结构及分型面的位置，应尽量减少型芯数量。芯头是型芯的重要组成部分，起定位、支撑型芯、排除型芯内气体的作用，其具体尺寸一般是根据生产经验并参考有关手册决定的。

1.3.2.3　铸造成形工艺设计示例

下面以发动机汽缸套为例，进行工艺过程综合分析。

（1）生产批量

大批量生产。

（2）技术要求

图 1-26（a）为汽缸套零件图，材质为铬钼铜耐磨铸铁。零件的轮廓尺寸为 ϕ143mm×274mm，平均壁厚为 9mm，铸件重量为 16kg。汽缸套工作环境较差，要承受活塞环上下的反复摩擦及燃气爆炸后的高温和高压作用，其内圆柱表面是铸件要求质量最高的部位。汽缸套质量的好坏，在很大程度上将决定发动机的使用寿命。

① 不得有裂纹、气孔、缩孔和缩松等缺陷。

② 粗加工后，需经退火消除应力，硬度为 190～248HBS，同一工件硬度差不大于 30HBS。

③ 组织致密。加工完毕后，需做水压试验，在 50MPa 压力下保持 5min，不得有渗漏和浸润现象。

(3) 铸造工艺方案的选择

主要是分型面的选择和浇注位置的选择。该件可供选择的分型面主要如下。

① 图 1-26(b) 所示方案Ⅰ。此方案采用分开模两箱造型，型腔较浅，因此造型、下芯很方便，铸件尺寸较准确。但分型面通过铸件圆柱面，会产生披缝，毛刺不易清除干净，若有微量错型，就会影响铸件的外形。

② 图 1-26(b) 所示方案Ⅱ。此方案造型、下芯也比较方便，铸件无披缝，该方案型面在铸件一端，毛刺易清除干净，不会发生错型缺陷。

浇注位置的选择也有两种方案，具体如下。

① 水平浇注。此方案易使铸件上部产生砂眼、气孔、夹渣等缺陷，且组织不致密，耐磨性差，很难满足汽缸套的工作条件和技术要求。

② 垂直浇注。此方案易使铸件主要加工面处于铸型侧面，而将次要的较小的凸缘放在上面，采用雨淋式浇口垂直浇注，如图 1-26(c) 所示，可以控制金属液呈现细流流入型腔，减小冲击力，铁液上升平稳；铸件定向凝固，补缩效果好；气体、熔渣易于上浮，不易产生夹渣、气孔等缺陷；铸件组织均匀、致密、耐磨性好。

根据以上分析，相比之下汽缸套分型面的选择应采用方案Ⅱ，浇注位置的选择应采用垂直浇注和机器造型的工艺方案。

(4) 主要工艺参数的确定

浇注温度为 1360～1380℃；线收缩率为 1%；开箱时间为 2～3h；加工余量较大，这是因为铸件质量要求较高，加工工序较多，其数值为：顶面 14mm，底面和侧面为 5mm；热处理采取 650～680℃退火工艺。

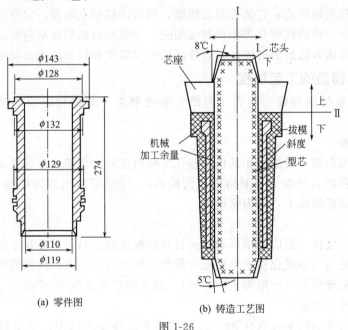

(a) 零件图　　　　　(b) 铸造工艺图

图 1-26

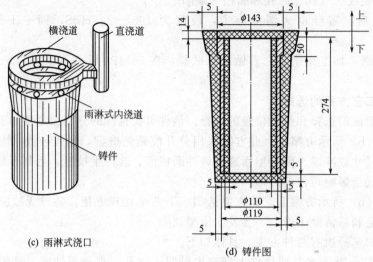

(c) 雨淋式浇口

(d) 铸件图

图 1-26　汽缸套铸造工艺图

(5) 绘制铸造工艺图

分型面确定后，铸件芯头的形状和尺寸、加工余量、起模斜度及浇注系统等就可以确定了，根据这些资料则可绘制出铸造工艺图，如图 1-26(b) 所示。

1. 4　特种铸造

特种铸造包括熔模铸造、离心铸造、金属型铸造、压力铸造、低压铸造、挤压铸造和消失模铸造等。

1.4.1　熔模铸造

熔模铸造又称失蜡铸造，它是先制造蜡模，然后在蜡模上涂覆一定厚度的耐火材料，待耐火材料层固化后，将蜡模熔化去除而制成型壳，型壳经高温焙烧后进行浇铸获得铸件的铸造方法。用熔模铸造方法制造的铸件具有较高的尺寸精度和较好的表面质量。

1.4.1.1　熔模铸造的工艺过程

熔模铸造通常包括制模、制壳、脱蜡、熔烧型壳、浇铸和脱壳与清理等工艺过程，如图 1-27 所示。

(1) 制造蜡模

蜡模材料常用石蜡、硬脂酸和其他一些化工原料配制，以满足工艺要求为准。首先将具有一定温度的蜡料压入压型（压制熔模用的模具），冷凝后取出即为蜡模。为提高生产率，常把数个蜡模熔焊在蜡棒上，成为蜡模组。

(2) 结壳

在蜡模组表面浸挂一层以黏结剂和耐火材料粉配制的涂料，然后在上面撒一层较细的耐火砂，并放入固化剂（如氯化铵水溶液）中硬化。如此反复多次，使蜡模组外面形成由多层耐火材料组成的坚硬型壳（一般为 4～10 层），型壳的总厚度为 5～7mm。

(3) 熔化蜡模（脱蜡）

通常将带有蜡模组的型壳放在 80～90℃ 的热水或高温蒸汽中，使蜡料熔化后从浇铸系

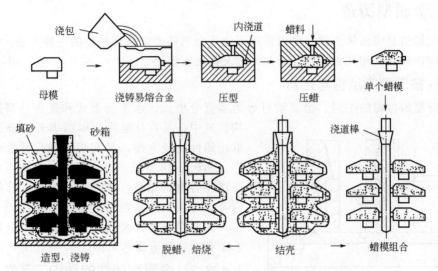

图 1-27 熔模铸造的工艺过程

统中流出。

（4）型壳的熔烧

把脱蜡后的型壳放入加热炉中，加热到 $800\sim950℃$，保温 $0.5\sim2h$，烧去型壳内的残蜡和水分，并使型壳强度进一步提高。

（5）浇注

将型壳从熔烧炉中取出后，周围堆放干砂，加固型壳，然后趁热（$600\sim700℃$）浇入合金液，并凝固冷却。

（6）脱壳和清理

用人工或机械方法去掉型壳并切除浇冒口，清理后即得铸件。

1.4.1.2 熔模铸造铸件的结构工艺性

熔模铸造铸件的结构，除应满足一般铸造工艺的要求外，还具有其特殊性。铸孔一般应大于 $2mm$，若铸孔太小或太深，则不得不采用陶瓷芯，这就使得工艺复杂，清理困难。铸件壁厚不可太薄，一般为 $2\sim8mm$。熔模铸造工艺一般不用冷铁，少用冒口，多用直浇道直接补缩，故铸件的壁厚应尽量均匀，不能有分散的热节。

1.4.1.3 熔模铸造的特点和应用

① 熔模铸造的铸件精度高、表面质量好。铸件尺寸精度可达 IT 11～IT 14，表面粗糙度为 $Ra\ 2.5\sim6.3\mu m$。如熔模铸造的涡轮发动机叶片，铸件精度已达到无加工余量的要求。

② 可制造形状复杂的铸件。其最小壁厚可达 $0.3mm$，最小铸出孔径为 $0.5mm$，对由几个零件组合成的复杂部件，可用熔模铸造一次铸出。

③ 可铸造各种合金。用于高熔点和难切削合金，更具显著的优越性。

④ 生产批量基本不受限制。既可成批、大批量生产，又可单件、小批量生产。

⑤ 熔模铸造工序繁杂，生产周期长，原辅材料费用高，生产成本较高。

由于受蜡模与型壳强度、刚度的限制，熔模铸造铸件一般不宜太大、太长，主要用于生产汽轮机及燃气轮机的叶片、泵的叶轮、切削刀具以及飞机、汽车、拖拉机、风动工具和机床上的小型零件。

1.4.2 金属型铸造

金属型铸造是将液体金属在重力作用下浇入金属铸型以获得铸件的一种方法。铸型用金属制成，可以反复使用几百次到几千次，故又称硬模铸造。

1.4.2.1 金属型的结构与材料

根据分型面位置的不同，金属型可分为垂直分型式、水平分型式和复合分型式三种结构。其中，垂直分型式金属型因开设浇注系统和取出铸件比较方便，易实现机械化，故而应用较广，如图1-28所示。金属型的材料熔点一般应高于浇注合金的熔点。如浇注铅、锡、锌等低熔点合金，可用灰铸铁制造金属型；浇注铝、铜等合金，则要用合金铸铁或钢制金属型。金属型用的芯子有砂芯和金属芯两种。

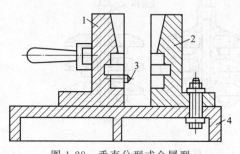

图1-28 垂直分型式金属型
1—动型；2—定型；3—定位销；4—底座

1.4.2.2 金属型铸件的结构工艺性

① 金属型无退让性，铸件结构要保证能顺利出型，铸件结构斜度比砂型铸件大。

② 铸件壁厚要均匀，以防出现缩松或裂纹。同时，为防止浇不足、冷隔等缺陷，铸件的壁厚不能过薄，如铝硅合金铸件最小壁厚为2～4mm，铝镁合金为3～5mm，铸铁为2.5～4mm。

③ 铸孔的孔径不能过小、过深，以便于金属型芯的安放和抽出。

1.4.2.3 金属型铸造工艺措施

金属型导热速度快，没有退让性和透气性，为了确保获得优质铸件和延长金属型的使用寿命，必须采取下列工艺措施。

① 加强金属型的排气。在金属型腔上部设排气孔、通气塞，在分型面上开通气槽等。

② 在型腔表面喷刷涂料。金属型与高温金属液直接接触的工作表面上应喷刷耐火涂料，以保护金属型，并可调节铸件各部分的冷却速度，提高铸件质量。

③ 预热金属型。金属型浇铸前需预热，预热温度一般为200～350℃，目的是防止金属液冷却过快而造成浇不到、冷隔和气孔等缺陷。

④ 开型。金属型无退让性，如果浇铸后铸件在铸型中停留时间过长，易引起过大的铸造应力而导致铸件开裂，因此，应及时从铸型中取出。通常铸铁件出型温度为780～950℃，开型时间为10～60s。

1.4.2.4 金属型铸造的特点及应用范围

① 尺寸精度可达IT 12～IT 16，表面粗糙度为Ra 2.5～6.3μm，机械加工余量小。

② 由于金属型的导热性好，冷却速度快，铸件的晶粒较细，力学性能好。

③ 一型多铸，劳动生产率高。节省造型材料，环境污染小，劳动条件好。金属型制造成本高，不宜生产大型、形状复杂和薄壁的铸件。受金属型材料熔点的限制，熔点高的合金不适宜用金属型铸造。

1.4.3 压力铸造

压力铸造（简称压铸）是将熔融合金在高压（5～150MPa）条件下高速充型，并冷却凝固成型的精密铸造方法。压力铸造需要使用压铸机和金属铸型。压铸所用的压射比压为30～70MPa，金属液充满铸型的时间为0.01～0.2s，所以高压和高速是压力铸造的重要特点。

1.4.3.1　压铸设备和压铸工艺过程

压铸机是压铸生产的基本设备，根据压室工作条件不同，可分为冷室压铸机和热室压铸机两种类型。热室压铸机的压室与坩埚连成一体，而冷室压铸机的压室与坩埚是分开的。冷室压铸机可压铸熔点较高的非铁金属，如铜、铝、镁和锌合金等。冷室压铸机又可分为立式和卧式两种，目前以卧式冷压室压铸机应用较多，其工作原理如图1-29所示。

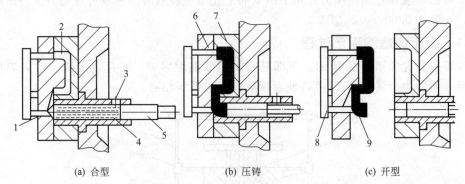

(a) 合型　　　　　　　　　(b) 压铸　　　　　　　　　(c) 开型

图 1-29　卧式冷压室压铸机工作原理

1—浇道；2—型腔；3—浇入金属液处；4—液态金属；5—压射冲头；6—动型；7—定型；8—顶杆；9—铸件及余料

压铸型由定型和动型两部分组成，分别固定在压铸机的定模板和动模板上，动模板可做水平移动。动型与定型合型后，将定量金属液浇入压室，柱塞向前推进，金属液经浇道压入压铸模型腔中，凝固后开型，顶杆将铸件推出。

1.4.3.2　压铸件的结构工艺性

① 压铸件上应消除内侧凹陷，以保证压铸件从压型中顺利取出。

② 压力铸造可铸出细小的螺纹、孔、齿和文字等。

③ 压力铸造应尽可能采用薄壁并保证壁厚均匀。由于压铸工艺的特点，金属浇注和冷却速度都很快，厚壁处不易得到补缩而形成缩孔和缩松。压铸件适宜的壁厚为：铝合金1.5～5mm，锌合金 1～4mm，铜合金 2～5mm。

④ 对于复杂而无法取芯的铸件或局部有特殊性能（如耐磨、导电、导磁和绝缘等）要求的铸件，可采用嵌铸法，把镶嵌件先放在压型内，然后和压铸件铸合在一起。

1.4.3.3　压力铸造的特点及其应用范围

① 高压和高速充型是压力铸造的最大特点，因此，它可以铸出形状复杂、轮廓清晰的薄壁铸件，如铝合金压铸件的最小壁厚可为 0.5mm，最小铸出孔直径为 0.7mm。

② 铸件的尺寸精度高（公差精度等级可达 IT 11～IT 13），表面质量好（表面粗糙度为 Ra 5.6～3.2μm），一般不需机械加工可直接使用；而且组织细密，铸件强度高。

③ 压铸件中可嵌铸其他材料（如钢、铁、铜合金、金刚石等）的零件，以节省贵重材料和机械加工工时。有时嵌铸还可以代替部件的装配过程。

④ 生产率高，劳动条件好，压力铸造是所有铸造方法中生产率最高的。

压力铸造存在的不足之处主要是：压铸机造价高、投资大，铸型结构复杂、成本费用高、生产周期长。由于液态金属高速充型，液流中易卷入大量气体，最后以气孔的形式留在压铸件中，因此压铸件机械加工的余量不能过大，以免气孔暴露于表面，影响铸件的使用性能。压铸件一般也不能进行热处理，因为在高温时，铸件内部的气体会膨胀而使表面鼓泡。

压力铸造主要适用于大批量生产非铁合金（铝合金、镁合金、锌合金等）的中小型铸件，如汽缸盖、箱体、发动机汽缸体、化油器、发动机罩、管接头、仪表和照相机的壳体与支架、齿轮等，在汽车、拖拉机、仪表、电器、航空、医疗器械等领域获得广泛的应用。

1.4.4 低压铸造

低压铸造是液体金属在压力作用下由下而上充填型腔后凝固形成铸件的方法。所用的压力较低，一般为 0.02～0.06MPa。

1.4.4.1 低压铸造的工艺过程

低压铸造装置如图 1-30 所示。下部是密闭的保温坩埚炉，贮存金属液。坩埚炉顶部紧固着铸型（通常为金属型），升液管使金属液与浇注系统相通。

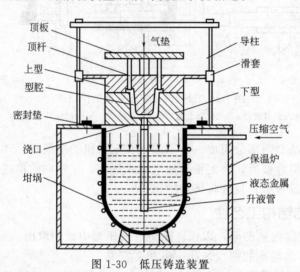

图 1-30　低压铸造装置

具体工艺过程是：先预热铸型，而后向型腔内喷刷涂料。压铸时，先缓慢地向坩埚炉内通入干燥的压缩空气，金属液受压力作用，沿升液管和浇注系统充满型腔。这时将气压上升到规定值，使金属液在压力下结晶。凝固后，使大气与坩埚相通，液面压力恢复到大气压，在升液管及浇注系统中尚未凝固的金属液回流到坩埚中。然后开启铸型，取出铸件。

1.4.4.2 低压铸造的特点及应用

低压铸造金属液充型平稳，对铸型的冲刷力小，故可适用于各种不同的铸型，如砂型或金属型；金属在压力下结晶，而且浇口内的金属液在压力作用下保持着一定的补缩作用，故铸件组织致密，力学性能高；金属液在外界压力作用下强迫流动，提高了其充型能力，铸件的成形性好，合格率高。此外，低压铸造设备投资少，便于操作，易于实现机械化和自动化。低压铸造主要适用于对铸造质量要求较高的铝合金、镁合金铸件，也可用于形状复杂或薄壁壳体类铸铁件，如汽缸体、汽缸盖、曲轴、活塞、曲轴箱等。

1.4.5 离心铸造

离心铸造是指将熔融金属浇入高速旋转的铸型中，使液体金属在离心力的作用下充填铸型并凝固成形的一种铸造方法。

1.4.5.1　离心铸造设备与工艺过程

离心铸造是将液体金属浇入旋转的铸型中，在离心力的作用下完成金属液的充填和凝固成形的一种铸造方法。离心铸造必须在专门的设备——离心铸造机上完成。根据铸型旋转轴在空间位置的不同，离心铸造机可分为卧式离心铸造机和立式离心铸造机两种类型，分别如图1-31和图1-32所示。

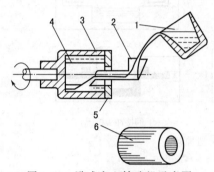
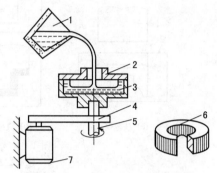

图1-31　卧式离心铸造机示意图　　　　图1-32　立式离心铸造机示意图
1—浇包；2—扇形浇道；3—铸型；　　　　1—浇包；2—挡板；3—金属液；4—传动带；
4—液体金属；5—端盖；6—铸件　　　　5—旋转轴；6—铸件；7—电动机

卧式离心铸造机的铸型是绕水平轴或与水平线成一定夹角（小于15°）的轴线旋转的。它主要用来生产长度大于直径的套筒类或管类铸件，在铸铁管和汽缸套的生产中应用极广。立式离心铸造机的铸型是绕垂直轴旋转的。它主要用于生产高度小于直径的圆环类铸件，如轮圈和合金轧辊等，有时也可在这种离心机上浇注异形铸件。由于在立式铸造机上安装及稳固铸型比较方便，因此，不仅可采用金属型，也可采用砂型、熔模型等非金属型。

离心铸造工艺主要是确定铸型转速、控制浇铸温度以及金属液的定量。铸型转速的快慢决定离心力的大小，没有足够大的离心力，就不可能获得形状正确和性能良好的铸件。一般情况下，铸型转速在250～1500r/min的范围内。浇铸筒状或环状铸件时，铸件的孔将由金属液的自由表面形成，铸件壁厚的大小取决于金属液的多少，一般可根据定容积法和定重量法来控制。

1.4.5.2　离心铸造的特点及应用范围

① 液体金属在铸型中能形成中空的自由表面，不用型芯即可铸出中空铸件，大大简化了套筒、管类铸件的生产过程。

② 液体金属受离心力作用，离心铸造提高了金属充填铸型的能力，因此一些流动性较差的合金和薄壁铸件都可用离心铸造法生产。

③ 由于离心力的作用，改善了补缩条件，气体和非金属夹杂物也易于自金属液中排出，产生缩孔、缩松、气孔和夹渣等缺陷的倾向较小。

④ 无浇注系统和冒口，可节约金属。

由于离心力的作用，金属中的气体、熔渣等因密度较小而集中在铸件内表面，所以内孔尺寸不精确，质量较差，必须增加加工余量。铸件有成分偏析和密度偏析。

1.4.6　挤压铸造

挤压铸造是将符合一定化学成分要求的定量金属液浇入铸型型腔并施加较大的机械压力，使其在压力下凝固、成形后获得毛坯或零件的一种工艺方法。目前，挤压铸造已经用来生产活塞、汽缸体、轮毂、阀体等。挤压铸造按液体金属充填的特性和受力情况可分为柱塞挤压、直接冲头挤压、间接冲头挤压，如图 1-33 所示。

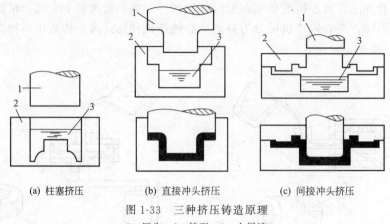

(a) 柱塞挤压　　　　(b) 直接冲头挤压　　　　(c) 间接冲头挤压

图 1-33　三种挤压铸造原理

1—压头；2—铸型；3—金属液

挤压铸造的基本工艺过程如下。

将铸型预热到一定温度后，在型腔表面喷涂料，然后进行浇铸。当定量的金属液浇入到型腔后，再进行合型加压，将上、下型锁紧，依靠冲头压力使金属液充满型腔，进而升压到预定的压力并保持一定时间，使金属液在压力下凝固，最后卸压、开型、取出铸件。

挤压铸造的特点有以下几方面：

① 挤压铸造生产的铸件尺寸精度高，表面粗糙度低，加工余量小；

② 铸件冷却速度快，晶粒细小，力学性能好；

③ 无须设置浇冒口系统，金属利用率高；

④ 工艺过程较简单，生产率较高，易于实现机械化和自动化；

⑤ 与压力铸造相比，挤压铸造时金属液充型平稳，补缩效果好，因而铸件的气孔和缩孔倾向小，致密度高。同时，挤压铸件允许的厚度和重量也大于压铸件。

1.4.7　消失模铸造

消失模铸造又称气化模铸造或实型铸造，是一种液态金属精确成形技术。它是采用聚苯乙烯泡沫塑料模样代替普通模样紧实造型，造好铸型后不取出模样，直接浇入金属液，在高温金属液的作用下，模样受热气化、燃烧而消失，金属液取代原来泡沫塑料模样占据空间位置，冷却凝固后即获得所需的铸件。近年来，随着消失模铸造中的关键技术不断取得突破，其应用的增长速度加快。消失模铸造的工艺过程如图 1-34 所示。

消失模铸造与砂型铸造相比具有如下特点。

① 简化了铸件生产工序，提高了劳动生产率，容易实现清洁生产。消失模铸件的尺寸精度高、表面粗糙度低。因铸型紧实后不用起模、分型，没有铸造斜度和活块，取消了砂芯，因此避免了普通砂型铸件尺寸误差和错箱等缺陷；同时由于泡沫塑料模样的表面粗糙度较低，故消失模铸件的模表面粗糙度也较低。铸件的尺寸精度可达 CT 5～6 级、表面粗糙度可达 Ra 6.3～12.5μm。

② 增大了铸件结构设计的自由度。消失模铸造由于没有分型面，也不存在下芯、起模等问题，许多在普通砂型铸造中难以铸造的铸件结构在消失模铸造中不存在任何困难。

模铸造不用砂芯，省去了芯盒制造、芯砂配制、砂芯制造等工序；型砂不需要黏结剂，

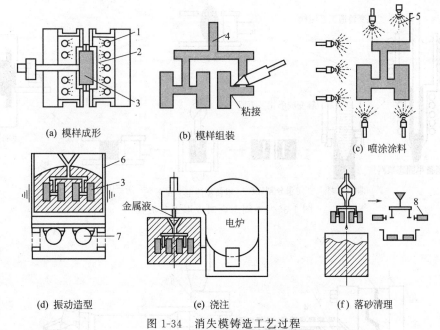

(a) 模样成形 (b) 模样组装 (c) 喷涂涂料

(d) 振动造型 (e) 浇注 (f) 落砂清理

图 1-34 消失模铸造工艺过程

1—水冷通道；2—模具；3—泡沫塑料模样；4—浇道；5—涂料；6—砂箱；7—振动台；8—铸件

铸件落砂及砂处理系统简便；同时，劳动强度降低、环境改善。

③ 减少了材料消耗，降低了铸件成本。因消失模铸造采用无黏结剂干砂造型，可节省大量型砂黏结剂，旧砂可以全部回用。型砂紧实及旧砂处理设备简单，所需的设备也较少。

1.5 金属液态成形技术的发展

1.5.1 半固态金属铸造成形技术

半固态金属铸造成形是将经加热熔炼的合金原料液体通过机械搅拌、电磁搅拌或其他复合搅拌，在结晶凝固过程中形成半固态浆料，再利用流变成形或触变成形工艺生产出所需制品的工艺技术。其中，流变成形将半固态浆料直接压入模具腔，进而压铸成形或对半固态浆料进行直接轧制、挤压等加工方式成形；触变成形是指将半固态浆料制成锭坯，经过重新加热至半固态温度，再进行成形加工的方法。工艺过程如图 1-35 所示。

半固态金属成形工艺生产出的制品与普通加工方法相比质量更好，这是由于触变材料比液态金属的黏度大，成形温度低。以压铸为例，半固态金属是以"较黏的固态前端"充填铸型，不容易卷入气体和夹杂物，减少了缺陷的产生；同时，由于半固态金属凝固收缩比全液态金属明显减少，使零件完整性得以改善，尺寸更近净形化。

目前，采用半固态成形的铝和铝合金件已经成功地应用于汽车工业的特殊零件上。生产出的汽车零件主要有：汽车轮毂、主制动缸体、反锁阀体、盘式制动钳、动力换向壳体、离合器总泵体、发动机活塞、液压管接头、空压机本体、空压机盖等。

半固态金属触变注射成形工艺近乎采用了塑料注射成形的方法和原理，其结构如图 1-36 所示。目前该设备系统主要用于镁合金零件的半固态注射成形。

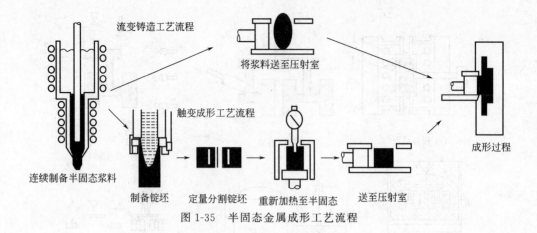

图 1-35 半固态金属成形工艺流程

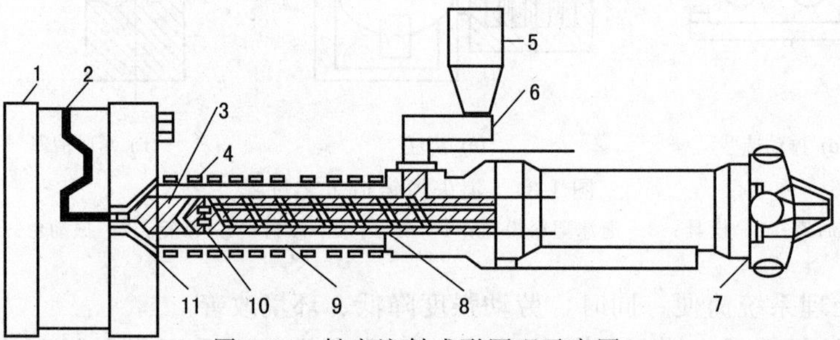

图 1-36 触变注射成形原理示意图

1—模具架；2—模型；3—半固态镁合金累积器；4—加热器；5—镁粒料斗；6—给料器；
7—旋转驱动及注射系统；8—螺旋给进器；9—筒体；10—单向阀；11—射嘴

其成形过程为被制成粒料、梢料或细块料的镁合金原料从料斗中加入；在螺旋进给器的作用下，镁合金材料被向前推进并加热至半固态；一定量的半固态金属在螺旋进给器的前端累积；最后在注射缸的作用下，半固态金属被注射入模具内成形。

该成形方法的优点是成形温度低（比镁合金压铸温度低约 100℃），成形时不需要气体保护，制件的气孔隙率低（低于 0.069%），制件的尺寸精度高等。此方法是目前国外成功地用于实际生产的唯一的"一步法"半固态金属成形工艺方法。该方法的缺点是所用原材料为粒料或细块料，原材料成本高；由于半固态金属的工作温度较高，机器内螺杆及内衬等构件材料的使用寿命短；以及高温下构件材料的耐磨、耐蚀性问题等。

1.5.2　喷射沉积成形技术

喷射沉积成形技术、薄板坯连铸（厚度 40～100mm、带钢连铸，厚度小于 40mm）等均属于近净成形技术。其中，喷射沉积技术为金属成形工艺开发了一条特殊的工艺路线，适用于复杂材料的凝固成形，是可代替带钢连铸或粉末冶金的一种生产工艺。

喷射沉积成形技术的工艺原理如图 1-37 所示。喷射沉积过程大体上可以分为五个阶段：金属释放阶段、雾化阶段、喷射阶段、沉积阶段、沉积体凝固阶段。

液态金属的喷射流从中间包底部的耐火材料喷嘴喷出，金属被强劲的气体流雾化，形成高速运动的液滴。雾化液滴与基体接触前，温度介于固、液相温度之间。随后液滴冲击在基体上，完全冷却和凝固，形成致密的产品。根据基体的几何形状和运动方式，可以生产各种形状的产品，如小型材、圆盘、管子和复合材料等。当喷射锥的方向沿平滑的循环钢带移动

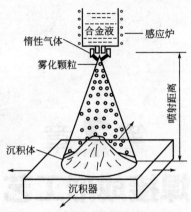

图 1-37　喷射沉积成形过程示意图

时，便可得到扁平状的产品。多层材料可由几个雾化装置连续喷雾成形，空心的产品也可采用类似的方法制成，将液态金属直接喷射到旋转的基体上，可制成管坯、圆坯和管子。以上讨论的各种方式均可在喷射射流中加入各种颗粒，制成颗粒复合材料。

第2章

焊接成形工艺

焊接指的是通过加热或加压，或两者兼用，并且用或不用填充材料，使焊件达到原子结合的一种加工方法。焊接是一种生产不可拆卸的结构的工艺方法。在机械制造中焊接是一种十分重要的加工工艺。焊接与螺钉连接、铆接，铸件及锻件相比，具有加工与装配工序简化，生产周期短，生产效率高，结构强度高，接头密封性好等优点。并且，焊接工艺过程为结构设计提供了较大的灵活性，容易实现机械化和自动化，减轻结构重量，经济效益好。但是，焊接结构容易引起较大的残余变形和焊接内应力，焊接接头性能存在较大的不均匀性，易产生一定数量的缺陷。焊接过程中也会产生高温、强光及一些有毒气体，对人体有一定的损害，故需加强劳动保护。

2.1 焊接成形理论基础

2.1.1 焊接分类

焊接时的工艺特点和母材金属所处的状态，可以把焊接方法分成熔焊、压焊和钎焊三类。熔焊在连接部位需加热至熔化状态，一般不加压，它是目前应用最广泛的焊接方法，最常用的有焊条电弧焊、埋弧焊、CO_2 气体保护焊及钨极氩弧焊等；压焊必须施加压力，加热是为了加速实现焊接；钎焊时，母材不熔化，只有起连接作用的填充材料（钎料）被熔化。图 2-1 所示为常用的焊接方法。

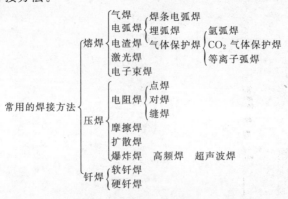

图 2-1　常用的焊接方法

所选用的焊接方法必须能保证焊接质量达到产品设计的技术要求；同时应能提高焊接生产率，降低制造成本和改善劳动条件。选择的一般方法是，针对产品的材料性能和结构特征（如结构的几何形状和尺寸、焊件厚度、焊接位置等），根据各种焊接方法的特点（如原理、适用范围等），结合产品的生产类型和生产条件等因素，做综合分析后选定。

2.1.2 焊接电弧

2.1.2.1 焊接电弧的形成

在焊接时，将电极材料（如焊条等）与焊件接触后很快拉开，在电极材料端部和焊件间会产生强烈弧光，即焊接电弧，它是在一定条件下电荷通过两电极间气体空间的一种导电过程，是一种气体放电现象。如图 2-2 所示。

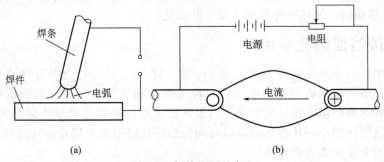

(a)   (b)

图 2-2　焊接电弧的产生

电弧在两电极之间的压降称为电弧电压，它等于阴极区电压降、阳极区电压降和弧柱区电压降之和，而弧柱区电压降与焊接电弧长度成正比，因此电弧越长，弧柱区电压降越大，则电弧电压亦越高。引起电弧燃烧的过程称为电弧引燃，常见的电弧引燃方法有高频高压引弧法和接触短路引弧法。焊接电弧因其温度高、能量集中而作为所有电弧焊接方法的能量载体，在电弧焊中占有重要地位。如图 2-3 所示，电弧主要由三部分构成。

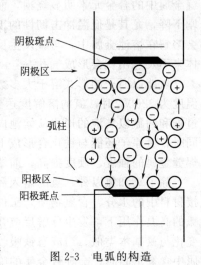

图 2-3　电弧的构造

靠近负电极的区域称为阴极区，该区很窄，温度一般为 2130～3230℃，在阴极区的阴极表面有一个明显的光斑点，它是阴极表面上集中发射电子的区域，称为阴极斑点；紧靠正电极的区域称为阳极区，该区较阴极区宽，温度略高于阴极区，一般为 2330～3930℃，在阳极区的阳极表面也有光亮的斑点，它是正电极表面集中接收电子的区域，称为阳极斑点。对于交流电弧，因其电源的极性呈周期性改变，两电极区的温度基本一致。电弧在阴极区与阳极区之间的部分称为弧柱区，该区长度基本等于电弧长度，该区中心温度高达 5730～7730℃，且随焊接电流的增加而增加。

2.1.2.2 焊接电弧的稳定性

焊接电弧的稳定性是指电弧保持稳定燃烧而不产生断弧、漂移和磁偏吹等现象，焊接电弧的稳定性直接影响焊接质量的好坏，其影响因素主要有以下几个方面。

（1）焊接电源

焊接电源作为电弧的供电系统，应符合相应焊接电弧的特性。

（2）电源种类

直流焊接电源比交流弧焊电源的电弧稳定性好。

（3）空载电压

弧焊电源的空载电压越高，引弧越容易，电弧燃烧的稳定性越好，但空载电压过高时，对焊工人身安全不利。

2.1.2.3 电弧焊的焊接过程特点

① 加热温度高，而且使局部加热。焊缝附近金属受热极不均匀，可能造成工件变形、产生残余应力以及组织转变与性能变化的不均匀。

② 加热速度快，温度分布不均匀，可能出现在热处理中不应出现的组织和缺陷。

③ 热源是移动的，加热和冷却的区域不断变化。

2.1.3 焊接熔池的化学冶金

熔焊过程中，一些有害杂质元素（如 O、N、H、S、P 等）会因各种原因溶入液态金属，影响焊缝金属的化学成分和力学性能。焊接熔池的化学冶金与一般的钢铁冶金过程比较，焊接电弧和熔池的温度比一般冶金炉的温度高，所以金属元素发生强烈的蒸发和烧损。并且，焊接熔池的体积小，从熔化到凝固时间很短，所以熔池金属在焊接过程中温度变化很快，各种化学冶金反应难以充分进行。

电弧焊时，若焊接区保护不好，空气中的氧气和氮气会发生强烈的分解反应。反应结果形成氧原子和氮原子。氧原子与熔融的金属液相互接触，必然发生氧化反应。氧化反应使焊缝金属中的合金元素明显烧损，而含氧量则大幅度提高，导致金属的强度、塑性和韧性都急剧下降，尤其是低温冲击韧性的下降，可能会引起冷脆等质量问题。此外，一些金属氧化物会溶解在熔池金属中，与碳发生反应，产生不溶于液态金属的 CO，在熔池金属结晶时，气体来不及逸出就会形成气孔。

氮能以原子的形式溶于大多数金属中，它在液态铁中的溶解度随温度的升高而增大，当温度为 2200℃时，氮的溶解度达到最大值；当液态铁结晶时，氮的溶解度急剧下降。这时过饱和的氮以气泡的形式从熔池向外逸出，若来不及逸出熔池表面，便在焊缝中形成气孔。同时，氮原子还能与铁化合形成 Fe_4N 化合物，以针状夹杂物的形态分布在晶界和晶内，使焊缝金属的强度、硬度提高，而塑性、韧性下降，特别是低温韧性急剧降低。

除了氧和氮以外，氢的熔入和对焊缝金属的有害作用也是值得注意的。氢主要来源于焊接材料中的水分、含氢物质，工件和焊丝表面上的铁锈、油污，空气中的水分等。在焊接电弧的高温作用下，发生分解反应几乎全部形成原子氢。氢能溶解于所有金属之中，其溶解度变化与氮基本类似。当液态铁吸收了大量氢以后，在熔池冷却结晶时会引起气孔；当焊缝金属中含氢量高时，会导致金属的脆化（称氢脆）、冷裂纹等问题。

焊缝金属中的硫和磷主要来自焊条药皮和焊剂中的一些原材料。当焊缝金属中含硫量高时，会导致热脆性和热裂纹，降低金属的塑性和韧性。磷的有害作用主要是引起金属脆化，严重地降低金属的低温韧性。

为了保证焊缝金属的质量，降低焊缝金属中各种有害杂质的含量，熔焊时必须对焊接区熔化金属采取机械保护和气体保护，防止空气污染熔化金属。对于已经进入熔池中的有害杂质，在焊条药皮或焊剂中加入铁合金等对熔化金属进行脱氧、脱硫、脱磷、去氢和渗合金等，以保证和调整焊缝金属的化学成分。常见的脱氧、脱硫方程式如下。

脱氧反应：
$$Mn + FeO \longrightarrow Fe + MnO$$
$$Si + 2FeO \longrightarrow 2Fe + SiO_2$$

脱硫反应：
$$Mn + FeS \longrightarrow Fe + MnS$$
$$MnO + FeS \longrightarrow FeO + MnS$$
$$CaO + FeS \longrightarrow FeO + CaS$$
$$MgO + FeS \longrightarrow FeO + MgS$$

2.1.4 焊接接头的组织与性能

熔焊时，焊件局部经历加热和冷却的热过程。用焊接方法连接的接头叫焊接接头，通常由三个部分组成：焊缝区、熔合区和焊接热影响区。在焊接热源的作用下，焊接接头上某点的温度随时间变化的过程称为焊接热循环。焊接接头上不同位置的点所经历的焊接热循环是不相同的，故所引起的组织和性能的变化也不相同。

(1) 焊缝区

焊接接头金属及填充金属熔化后，并以较快的速度冷却凝固后形成焊缝。焊缝组织是从液体金属结晶的铸态组织，晶粒较粗大，存在偏析成分，组织致密性差。但是，由于焊接熔池小，冷却快，化学成分控制严格，C、S、P 等杂质元素含量都较低，还可以通过合金元素调整焊缝内的化学成分，使其满足力学性能要求。

(2) 熔合区

熔合区是焊接接头上熔化区和非熔化区之间很窄的过渡区域。熔合区的化学成分不均匀，往往是粗大的过热组织或粗大的淬硬组织，性能常常是焊接接头中最差的。熔合区和热影响区中的过热区（或淬火区）是焊接接头中机械性能最差的薄弱部位。

(3) 焊接热影响区

热影响区是指被焊缝区的高温循环加热，造成组织和性能改变的区域。低碳钢的热影响区可分为过热区、正火区和部分相变区等。其组织分布如图 2-4 所示。

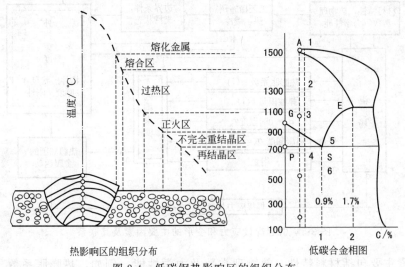

图 2-4 低碳钢热影响区的组织分布

① 过热区 最高加热温度 1100℃ 以上的区域，晶粒粗大，甚至产生过热组织。过热区的塑性和韧性明显下降，是热影响区中机械性能最差的部位。

② 正火区 最高加热温度从 Ac_3 至 1100℃ 的区域，焊后空冷得到晶粒较细小的正火组

织，正火区的机械性能较好。

③ 部分相变区　最高加热温度从 Ac_1 至 Ac_3 的区域，只有部分组织发生相变，此区晶粒不均匀，性能也较差。

对于低合金钢，其焊接接头热影响区的组织不但与加热温度有关，还与冷却速度有关。淬火倾向小的低合金钢，如 16Mn、15MnV 钢等，其热影响区与低碳钢相似，而淬火倾向大的低合金钢，将出现马氏体组织。

2.1.5　焊接应力与变形

焊接应力是焊接过程中及焊接结束后，存在于焊件中的内应力。焊接应力也是从焊接一开始就产生了，并且随着焊接的进行而不断改变其在构件中的分布。按应力作用时间的不同，焊接应力可分为焊接瞬时应力和焊接残余应力，此外，金属在加热或冷却过程中局部组织发生转变（如马氏体相变）会引起组织应力，即相变应力。焊接应力和变形的存在会降低结构的使用性能，引起结构形状和尺寸的改变，影响结构精度，甚至会引起焊接裂纹，造成事故，还会影响焊后机械加工的精度。减小焊接应力和变形，可以改善焊接质量，大大提高焊接结构的承载能力。

2.1.5.1　引起焊接应力和变形的主要因素

图 2-5 给出了引起焊接应力和变形的主要因素及其内在联系。焊接时的局部不均匀热输入是产生焊接应力与变形的决定因素。热输入是通过材料因素、制造因素和结构因素所构成的内拘束度和外拘束度而影响热源周围的金属运动，最终形成了焊接应力和变形。

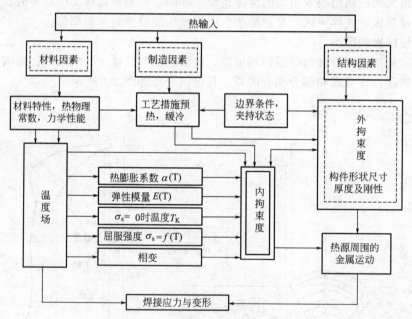

图 2-5　引起焊接应力和变形的主要因素及其联系

材料因素主要包括材料特性、热物理常数及力学性能。例如，热膨胀系数、弹性模量、屈服强度、力学熔化温度以及相变等。在焊接温度场中，这些特性呈现出决定热源周围金属运动的内拘束度。制造因素（工艺措施、夹持状态）和结构因素（构件形状、厚度及刚性）则更多地影响着热源周围金属运动的外拘束度。

平板对接时应力和变形的形成过程如图 2-6 所示。

图中虚线表示接头横截面的温度分布，也表示金属若能自由膨胀的伸长量分布。实际上接头是个整体，无法进行自由膨胀，平板只能在宽度方向上整体伸长 ΔL，造成焊缝及邻近区域的伸长受到远离焊缝区域的限制而产生压应力，而远离焊缝区的部位则产生拉应力，当焊缝及邻近区域的压应力超过材料的屈服点时，便会产生压缩的塑性变形，塑性变形量为图2-6（a）中虚线包围的空白部分。焊后冷却时，金属若能自由收缩，由于焊缝及邻近区域高温时已产生的压缩变形会保留下来，故会缩至图 2-6（b）中的虚线位置，两侧则恢复到焊接前的原长，但这种自由收缩同样无法实现，由于整体作用，平板的端面将共同缩短至比原始长度短 $\Delta L'$ 的位置，这样焊缝及邻近区域受拉应力作用，而其两侧受到压应力的作用。

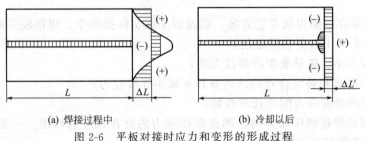

(a) 焊接过程中　　　　(b) 冷却以后

图 2-6　平板对接时应力和变形的形成过程

焊接残余应力的存在将直接影响焊接构件的使用性能，其承载能力大为降低，甚至在韧性较低的材料或韧性储备较低区域出现脆性断裂的危险后果。对于承受疲劳载荷的焊接构件，残余应力的存在降低了构件的使用寿命。若焊件工作环境接触腐蚀性介质，焊接残余拉应力会使应力腐蚀现象加剧，甚至出现开裂问题，将缩短焊件使用期限。同时对结构刚度、压杆稳定性和尺寸稳定性等均有一定影响。

焊接结构多用熔焊方法制造，而熔焊时的焊接应力与变形问题最为突出，电阻焊次之，钎焊的不均匀加热或不均匀冷却也会引起构件中的残余应力和变形，但相对较小。由于焊接应力与变形问题的复杂性，在工程实践中，往往采用实验测试与理论分析和数值计算相结合的方法，掌握其规律，以期能达到预测、控制和调整焊接应力与变形的目的。

2.1.5.2　控制焊接应力的工艺措施

通过采用合理的构件设计方案和工艺措施调节焊接结构的内应力。尽量降低焊接残余应力的峰值，避免在大面积内产生较大的拉应力，并使内应力分布更为合理，适当控制焊接残余应力，有效地防止焊接裂纹的出现。通常，焊接构件所遵循的基本设计原则包括以下几点。

① 尽量减小焊缝的尺寸以及减少焊缝的数量。

② 避免焊缝过分集中和交叉，焊缝间应保持足够的距离（见图 2-7）。

③ 采用刚性较小的接头形式，如用翻边连接代替插入式连接（见图 2-8），可降低焊缝的拘束度。

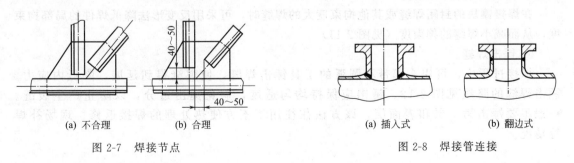

(a) 不合理　　　　(b) 合理

图 2-7　焊接节点

(a) 插入式　　　　(b) 翻边式

图 2-8　焊接管连接

④ 在残余应力为拉应力的区域内，应该避免几何不连续性，减少应力集中（见图 2-9）。

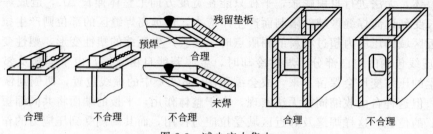

图 2-9　减少应力集中

焊接工艺人员在编制焊接工艺方案，以及焊工在实际操作中，应积极采取相应措施来减小焊接应力。主要采用的工艺措施包括：

a. 使用热输入小、能量集中的焊接方法；

b. 采用预热措施和确定合理的预热参数来减小焊接应力；

c. 制订合理的消除应力的热处理参数；

d. 采用合理的焊接顺序和方向，调整焊接应力的分布和应力峰值。一般先焊收缩量较大的焊缝，使焊缝能较自由地收缩。

如图 2-10(a) 所示，应先焊 1（对缝），后焊 2（角缝）。先焊错开的短焊缝，后焊直通长焊缝，使焊缝有较大的横向收缩余地。

如图 2-10(b) 所示，先焊在工作时受力较大的焊缝，使内应力分布合理。

如图 2-10(c) 所示，接头两端留出一段翼缘角焊缝不焊，先焊受力最大的翼缘对接焊缝 1，然后再焊腹板对接焊缝。最后焊翼缘与腹板的角焊缝。这样使翼板内存在压应力。同时也有利于在焊接翼缘对接缝时，采取反变形措施以防止产生角变形。

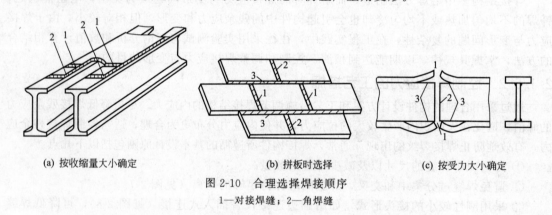

(a) 按收缩量大小确定　　　　　(b) 拼板时选择　　　　　(c) 按受力大小确定

图 2-10　合理选择焊接顺序

1—对接焊缝；2—角焊缝

⑤ 降低焊缝的拘束度。

在焊接镶块的封闭焊缝或其他拘束度大的焊缝时，可采用反变形法降低焊件的局部拘束度，从而减小焊缝的拘束度（见图 2-11）。

⑥ 锤击焊缝。

焊接过程中，可用头部带小圆弧的工具锤击焊缝，使焊缝得到延展，降低内应力。锤击焊缝的路线见图 2-12。锤击应保持均匀适度，避免锤击过分，以防止产生裂缝。一般不要锤击第一层和表面层，该方法往往用于不方便热处理的焊接返修、现场补焊等情况。

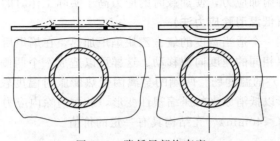

图 2-11　降低局部拘束度

⑦ 加热减应法。

对焊接结构的适当部位进行加热使之伸长，以减小焊接时对焊接部位伸长的约束，焊后冷却时，加热部位与焊接处一起收缩，焊缝就可以比较自由地收缩，从而减小内应力。被加热的部位称为减应区，这种方法叫做加热减应区法，见图 2-13。利用这个原理也可以焊接一些刚度比较大的焊缝。

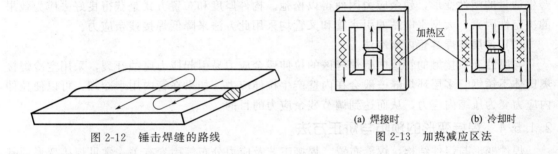

图 2-12　锤击焊缝的路线

(a) 焊接时　　(b) 冷却时

图 2-13　加热减应区法

2.1.5.3　消除焊接残余应力的方法

由于焊接残余应力将影响焊件的结构强度、使用性能，因此对于很多重要结构，特别是锅炉压力容器、核安全设备等，均要求进行焊后消除应力处理。焊后减小内应力的方法可分为：整体热处理、局部热处理、机械拉伸、温差拉伸以及振动法等几种。前两种方法在降低内应力的同时还可以改善焊接接头的性能，提高其塑性。

（1）整体热处理

该方法是将整个焊接构件加热到一定的温度，然后保温一段时间，再冷却。加热温度按材料种类选择，保温时间按厚度来确定，厚度越大，保温时间越长，内应力减小随时间的延长而迅速降低。保温时间一般按 $1\sim2\mathrm{min/mm}$ 计算，对具有再热裂纹倾向的钢材的厚大结构，应注意控制加热速度和加热时间。对于一些重要结构，如锅炉、化工压力容器和核安全设备等，消除内应力的热处理措施及必要性、有专门的规程予以规定。

（2）局部热处理

局部热处理只对焊缝及其附近的局部区域进行加热，用于比较简单的、拘束度小的焊接接头，如长的圆筒容器、管道接头、长构件的对接接头等。

（3）机械拉伸法

对焊接构件进行加载，使焊接压缩塑性变形区得到拉伸，可减少由焊接引起的局部压缩塑性变形量，从而使内应力降低，压力容器的机械拉伸，可通过液压试验来实现。液压试验采用一定的过载系数，所用试验介质一般为水。试验时，应严格控制介质的温度，使之高于材料的脆性临界温度，以免在加载时发生脆断。在确定加载压力时，必须充分估计焊接构件工作时可能出现的各种附加应力，使加载时的应力高于实际工作时的应力。

（4）温差拉伸法（低温消除应力法）

是在焊缝两侧各用一个适当宽度的氧－乙炔焰炬加热，在焰炬后方一定距离处采取喷水冷却。焰炬和喷水管以相同的速度向前移动。这样可以造成一个两侧高（峰值约为200℃）、焊缝区低（约为100℃）的温度场。两侧的金属因受热膨胀对温度较低的焊缝区进行拉伸，使之产生拉伸塑性变形以抵消原来的压缩塑性变形，从而消除内应力。该方法对于焊缝比较规则且厚度不大的板（<40mm）、壳结构具有一定的价值。

（5）振动法

是利用偏心轮和变速电动机组成的激振器使结构发生共振，所产生的循环应力来降低内应力。其效果取决于激振器和构件支点的位置、激振频率和时间。本方法所用设备简单、廉价、处理费用低、时间短，也没有焊后热处理的金属表面氧化问题。我国已在一些重要结构上应用并取得了一定效果，但是在锅炉压力容器和核安全设备上还未见使用。

（6）爆炸法

是通过引爆布置在焊缝及其附近的炸药带产生的冲击波与残余应力的交互作用，使金属产生适量的塑性变形，残余应力因而得以松弛。构件厚度和布置方式是获得良好去应力效果的决定性因素。大型水电站的引水管和叉管均采用此方法来降低焊接残余应力。

（7）多层环焊缝管内水冷法

与腐蚀介质接触的管道内壁焊缝区的拉伸残余应力易引起应力腐蚀开裂，采用空冷焊接奥氏体不锈钢管多层环焊缝一般会在内壁产生拉伸应力。如果在管内用水冷却，可以使拉伸内应力变为压缩内应力，从而达到调节残余应力的目的。

2.1.5.4 焊接变形的预防与矫正方法

焊件变形与焊件结构、焊缝布置、焊接工艺及应力分布等因素有关。常见焊接变形的基本形式大致上有五种，见表2-1。

表2-1 常见焊接变形的基本形式

变形形式	示意图	产生原因
收缩变形：构件焊后发生收缩	纵向收缩 横向收缩	由焊接后焊缝的纵向（沿焊缝长度方向）和横向（沿焊缝宽度方向）收缩引起。收缩变形往往也通过预放收缩余量来控制
角变形：焊后构件的平面围绕焊缝产生的角位移	a a	由焊缝横截面形状上下不对称，焊缝横向收缩不均引起。角变形往往通过反变形法、刚性固定法来加以控制
弯曲变形：构件焊后发生弯曲	挠度	T形梁焊接时，焊缝布置不对称，由焊缝纵向收缩引起。另外，即使焊缝对称分布，也会因焊接顺序原因，存在先后焊接而产生弯曲变形。此类变形往往通过刚性固定、反变形等方法来控制

变形形式	示意图	产生原因
扭曲变形:焊后在构件上出现扭曲		工字梁焊接时,由于焊接顺序和焊接方向不合理引起结构上出现扭曲。扭曲变形很难矫正,应尽量通过正确的焊接顺序来避免此变形
波浪变形:焊后构件呈波浪形		薄板焊接时,焊接应力使薄板局部失稳而引起。这种变形很难通过热矫正的方法来消除,应通过选用合理的焊接方法,控制热输入量,或采用刚性固定等方法加以控制

在焊接结构生产中,焊接应力和焊接变形往往既是同时存在的,又是相互制约的。当结构拘束度较小,焊接过程中能够比较自由地膨胀和收缩时,焊接应力较小,而焊接变形较大;若结构拘束度较大或外加较大刚性拘束,焊接过程中难以自由膨胀和收缩,则焊接变形较小而焊接应力较大。

由于焊件的变形往往是由于焊接应力的存在而引起的。通常能够减小焊接应力的方法都可以抑制焊件变形。在满足使用要求的基础上,尽可能减少焊缝数量,并通过设计合理的焊缝尺寸、接头形式、焊接位置和焊接顺序可以减小焊接应力和焊件变形;可以采用加热减应法或锤击焊缝法使焊缝能自由收缩,减小残余应力和变形;采用焊前预热(一般为 400℃以下)小焊件上各部分的温差,降低焊缝区的冷却速度,从而减小焊接应力和变形。此外,采用分散对称焊工艺,长焊缝可采用分段退焊或跳焊的方法进行焊接,加热时间短、温度低且分布均匀,可减小焊接应力和变形,如图 2-14 所示。

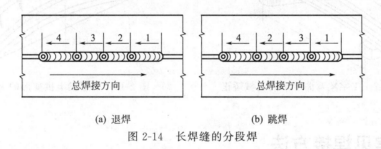

(a) 退焊　　　　　　　　　　(b) 跳焊

图 2-14　长焊缝的分段焊

除了上述方法外,还可以采用反变形法、刚性固定法、散热法预防和减小焊件的变形。

(1) 反变形法

焊接前预测焊接变形量和变形方向,在焊前组装时将被焊工件向与焊接变形相反的方向进行人为的变形,以达到抵消焊接变形的目的,如图 2-15 所示。

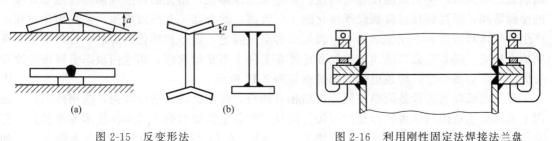

(a)　　　　　　　　　　(b)

图 2-15　反变形法　　　　　　　　图 2-16　利用刚性固定法焊接法兰盘

（2）刚性固定法

这个方法是在没有反变形的情况下，将构件加以固定来限制焊接变形，用这种方法来预防构件的挠曲变形，只能在一定程度下减小这种变形，效果远不如反变形。但对角变形和波浪变形有效。例如，图 2-16 所示的利用刚性固定法消除焊接而产生的角变形。

（3）散热法

散热法是通过强迫冷却，使焊缝附近的材料所受的热量大大减少，缩小焊接热场的分布，从而减小焊接变形。散热法可以通过正面或背面水冷却，或在水中施焊来达到减小焊接变形的目的。散热法不适合于焊接易淬火钢材，否则将会引发焊接裂纹。

2.1.5.5 矫正焊接变形的方法

（1）机械矫正

利用机械力产生塑性变形来矫正焊接变形，如图 2-17 所示。这种方法适用于塑性较好、厚度不大的焊件。

（2）火焰矫正

利用金属局部受热后的冷却收缩来抵消已发生的焊接变形。这种方法主要用于低碳钢和低淬硬倾向的低合金钢。火焰矫正一般采用气焊焊炬，不需专门设备，其效果主要取决于火焰加热的位置和加热温度。加热温度范围通常在 600～800℃。图 2-18 所示为 T 形梁上拱变形的火焰矫正方法。

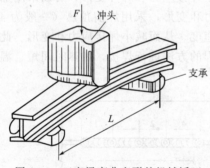

图 2-17　工字梁弯曲变形的机械矫正

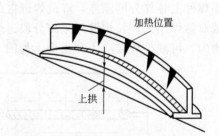

图 2-18　T 形梁上拱变形的火焰矫正

2.2　常见焊接方法

2.2.1　焊条电弧焊

焊条电弧焊是利用手工操纵焊条进行焊接的方法。焊条电弧焊时，在焊条末端和工件之间燃烧的电弧所产生的高温使焊条药皮、焊芯及工件熔化，熔化的焊芯端部迅速地形成细小的金属熔滴，通过弧柱过渡到局部熔化的工件表面，融合在一起形成熔池。药皮熔化过程中产生的气体和熔渣，不仅使熔池与电弧周围的空气隔绝，而且和熔化的焊芯、母材发生一系列冶金反应。随着电弧以适当的弧长和速度在工件上不断地前移，熔池内液态金属逐步冷却凝固结晶，形成焊缝。焊条电弧焊的过程如图 2-19 所示。

焊条电弧焊所需设备简单轻便，价格相对便宜，操作灵活，适应性强，应用范围广，适用于大多数工业用的金属和合金的焊接。但是，焊条电弧焊对焊工的操作技术要求较高，劳动条件差，生产效率低。并且，不适用于 Ti、Nb、Zr 等活泼金属材料，以及难熔合金（如

Ta、Mo 等）的焊接。

2.2.1.1 焊条

焊条就是带有涂层的供手工电弧焊使用的熔化电极。焊条由焊芯和涂层（药皮）两部分组成，如图 2-20 所示。

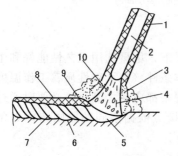

图 2-19　焊条电弧焊示意图

1—药皮；2—焊芯；3—保护气；4—电弧；5—熔池；
6—母材；7—焊缝；8—渣壳；9—熔渣；10—熔滴

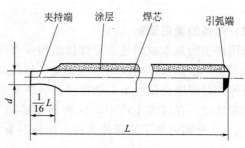

图 2-20　焊条的组成

焊芯是被涂层覆盖的金属芯，其作用是传导电流，产生电弧，并且在熔化后作为填充金属与被熔化的母材熔合形成焊缝。焊芯金属约占整个焊缝金属的 50%～70%，因此焊芯的化学成分直接影响焊缝质量。涂覆在焊芯表面的有效成分称为药皮，是由铁合金粉、矿石粉末、有机物和化工制品等原料按一定比例配制后压涂在焊芯表面上的一层涂料。药皮的作用主要包括：①机械保护，焊条药皮熔化或分解后产生气体和熔渣，隔绝空气，防止熔滴和熔池金属与空气接触。熔渣凝固后的渣壳覆盖在焊缝表面，可防止高温的焊缝金属被氧化或氮化，并可减慢焊缝金属的冷却速度；②冶金处理，通过熔渣和铁合金进行脱氧、去硫、去磷、去氢和渗合金等焊接冶金反应，可去除有害元素，增添有用元素，使焊缝具备良好的力学性能；③改善焊接工艺性能，药皮可保证电弧容易引燃并稳定地连续燃烧，同时减少飞溅，改善熔滴过渡和焊缝成形等；④渗合金，焊条药皮中含有的合金元素熔化后过渡到熔池中，可改善焊缝金属的性能。

（1）电焊条的分类

我国现行的焊条分类方法主要是依据国家标准和原机械工业部编制的《焊接材料产品样本》，将焊条型号分为碳钢焊条、低合金钢焊条、不锈钢焊条、堆焊焊条、铸铁焊条、镍及镍合金焊条、铜及铜合金焊条、铝及铝合金焊条共 8 类；按用途分为结构钢焊条（J）、钼及铬钼耐热钢焊条（R）、低温钢焊条（W）、不锈钢焊条（G 或 A）、堆焊焊条（D）、铸铁焊条（Z）、镍及镍合金焊条（Ni）、铜及铜合金焊条（T）、铝及铝合金焊条（L）、特殊用途焊条（TS）共 10 类；按焊接熔渣的碱度（碱性氧化物与酸性氧化物的比例）分为酸性焊条和碱性焊条；按药皮类型可分为氧化钛型、钛钙型、钛铁矿型、氧化铁型、纤维素型、低氢钾型、低氢钠型、石墨型和盐基型共 9 种。此外，还有药皮中含有大量铁粉的铁粉焊条，按其特殊使用性能而制造的专用焊条，如超低氢焊条、低尘低毒焊条、立向下焊条、躺焊焊条、打底层焊条、高效铁粉焊条、防潮焊条、水下焊条、重力焊条等。

（2）焊条型号、牌号

焊条型号指的是国家规定的各类标准焊条的代号。焊条型号（E XX XX）是以焊条的国家标准为依据，反映焊条主要特征的一种表示方法，例如，E5015 焊条。型号应包括以下含义：焊条、焊条类别、焊条特点（如熔敷金属抗拉强度、使用温度、焊芯金属类型、熔敷金属化学组成类型等)、药皮类型及焊接电源。不同类型的焊条,型号表示方法不同。焊条的牌号是根据焊条的主要用途及性能特点对焊条产品的具体命名,并由焊条厂制定。

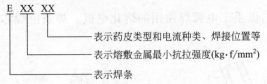

(3) 焊条的选用原则

选用焊条的基本原则是确保焊接结构安全使用的前提下,尽量选用工艺性能好和生产效率高的焊条。根据被焊构件的结构特点、母材性质和工作条件(如承载性质、工作温度、接触介质等)对焊缝金属提出安全使用的各项要求,所选焊条都应使之满足,必要时通过焊接性试验来选定。在现实生产中,同种钢焊接和异种钢焊接应依据不同的原则选择焊条。表2-2和表2-3分别列举了这两种条件下选择焊条的基本要点。

表 2-2 同种钢焊接时焊条选择要点

选择依据	焊条选择要点
力学性能和化学成分要求	(1)对于碳素结构钢,依据等强度原则,即熔敷金属抗拉强度等于或略高于母材; (2)对于合金结构钢,要求焊缝熔敷金属力学性能与母材匹配,同时要求其化学成分与母材接近; (3)在结构刚度大、接头应力高、焊缝易产生裂纹的条件下,应考虑选用强度比母材低一级的焊条; (4)当母材金属中硫、磷等杂质元素含量较高时,应选用抗裂性能好的焊条
焊件的使用性能和工作条件要求	(1)对承受动载荷和冲击载荷的结构,除满足强度要求外,主要满足焊缝金属有较高的冲击韧性和塑性,可选用塑性及韧性好的低氢型焊条; (2)工作于腐蚀环境的结构,应根据母材性质选择相应的不锈钢焊条; (3)工作于高温或低温环境的结构,应选择合适的耐热钢焊条或低温钢焊条
焊件的结构特点和受力状况	(1)对于结构复杂、刚度大和厚板焊接结构,焊接过程中会产生较大的应力,容易产生各种裂纹,应选择抗裂能力强的低氢型焊条; (2)对于焊接部位难以清理干净的结构,应选用氧化性强,对铁锈、氧化皮、油污不敏感的酸性焊条; (3)对于受条件限制无法翻转的焊件,有些焊缝处于非平焊位置,需要选择适合全位置焊接的焊条
施工条件及设备条件	(1)在没有直流电源,而焊接接头又需要采用低氢型焊条时,应选用交直流两用的低氢型焊条; (2)在狭小的通风条件差的环境中施焊时,应选择酸性焊条或低毒低尘焊条
工艺性能	在满足结构使用性能的前提下,尽量选用工艺性能好的酸性焊条

表 2-3 异种钢焊接时焊条选择原则

异种金属	焊条选择要点
强度级别不同的碳钢、低合金钢	(1)熔敷金属抗拉强度不低于母材中强度较低的一种钢,而其塑性及韧性不低于母材中强度较高的一种钢; (2)为防止裂纹等缺陷的产生,应按照焊接性差的一种钢来选择焊接工艺参数,包括焊前预热、焊后缓冷和焊后热处理
低合金钢与不锈钢	以焊条化学成分为主要依据选择与不锈钢成分接近的焊条,且要考虑熔敷金属的塑性、抗裂性

2.2.1.2 焊接设备与工具

焊条电弧焊的基本电路由交流或直流弧焊电源、焊钳、电缆、焊条、电弧、工件及地线等组成，如图 2-21 所示。

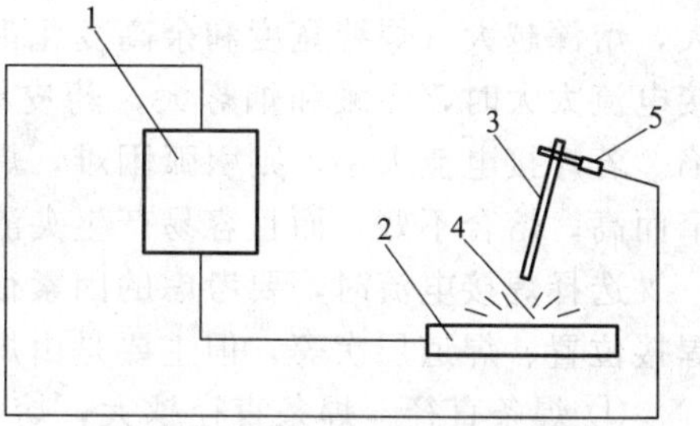

用直流电源焊接时，工件和焊条与电源输出端正、负极的接法，称极性。工件接直流电源正极，焊条接负极时，称正接或正极性；工件接负极，焊条接正极时，称反接或反极性。交流电源焊接时，极性在不断变化，所以不用考虑极性接法。为保证在焊条电弧焊的过程中，电弧燃烧稳定，不发生断弧，焊条电弧焊用焊机应该满足下列基本要求。

图 2-21 焊条电弧焊的基本电路
1—弧焊电源；2—工件；3—焊条；
4—电弧；5—焊钳

① 为满足引燃焊接电弧要求，空载电压一般在 80～90V。

② 能承受焊接回路短时间的持续短路，要求焊机能限制短路电流值，使之不超过焊接电流的 50%，防止焊机因短路过热而烧坏。

③ 具有良好的动特性。短路时，电弧电压等于零，要求恢复到工作电压的时间不超过 0.05s，与此同时，要求短路电流的上升速度在 15～18kA/s。

④ 具有足够的电流调节范围和功率，以适应不同的焊接需要。

⑤ 使用和维修方便。

2.2.1.3 焊条电弧焊工艺

焊条电弧焊的焊接参数主要包括：焊条种类、型号和直径，焊接电流的种类、极性和大小，电弧电压，焊接速度，焊道层次等。选择合适的焊接参数，对于提高焊接质量和生产效率是十分重要的。下面分别介绍选择这些焊接参数的一些基本原则。

（1）焊条种类和型号的选择

实际工作中主要依据母材的性能、接头的刚性和工作条件来选择焊条。焊接一般碳钢和低合金结构钢主要是按等强度原则选择焊条的强度级别，一般结构选用酸性焊条，重要结构选用碱性焊条。

（2）焊接电源种类和极性的选择

通常根据焊条类型决定焊接电源的种类，除低氢钠型焊条必须采用直流反接外，低氢钾型焊条可采用直流反接或交流；所有酸性焊条通常都采用交流电源焊接，但也可以用直流电源；焊厚板时用直流正接，焊薄板时用直流反接。

（3）焊条直径

焊条直径是根据焊件厚度、焊接位置、接头形式、焊接层数等进行选择的。厚度较大的焊件，搭接和 T 形接头的焊缝应选用直径较大的焊条。对于小坡口焊件，为了保证根部的熔透，宜采用较小直径的焊条。例如，打底焊时一般选用 $\phi2.5mm$ 或 $\phi3.2mm$ 的焊条。不同焊接位置，选用的焊条直径也不同，通常平焊时，选用较粗的 $\phi4.0～6.0mm$ 的焊条；立焊和仰焊时，选用 $\phi3.2～4.0mm$ 的焊条；横焊时，选用 $\phi3.2～5.0mm$ 的焊条。对于特殊钢材需要小焊接参数时，可选用小直径焊条。焊条直径与焊件厚度的关系见表 2-4。

表 2-4 焊条直径与焊件厚度的关系

焊件厚度 d/mm	2	3	4～5	6～12	12
焊条直径 ϕ/mm	2	3.2	3.2～4.0	4～5	4～6

(4) 焊接电流

焊接电流是焊条电弧焊最重要的工艺参数，也可以说是唯一独立的参数。因为焊工在操作过程中需要调节的只有焊接电流，而焊接速度和电弧电压都是由焊工控制的。焊接电流越大，熔深越大（焊缝宽度和余高变化都不大），焊条熔化越快，焊接效率也越高，但是，焊接电流太大时，飞溅和烟雾大，药皮易发红和脱落，而且容易产生咬边、焊瘤、烧穿等缺陷。若焊接电流太小，则引弧困难，焊条容易粘连在工件上，电弧不稳，熔池温度低，焊缝窄而高，熔合不好，而且容易产生夹渣、未焊透等缺陷。

选择焊接电流时，要考虑的因素很多，如焊条直径、药皮类型、工件厚度、接头类型、焊接位置、焊道层次等，但主要是由焊条直径、焊接位置和焊道层次来决定的。

① 焊条直径　焊条直径越大，熔化焊条所需的热量越大，必须增大焊接电流。每种直径的焊条都有一个最合适的电流范围。通常，碳素钢的焊接结构可以按下列公式根据焊条直径来确定焊接电流。

$$I = kd$$

式中　I——焊接电流，A；

$\quad\quad d$——焊条直径，mm；

$\quad\quad k$——经验系数，可以按表 2-5 确定。

表 2-5　常见焊条直径的 k 值

焊条直径 ϕ/mm	1.6	2~2.5	3.2	4~6
k	20~25	25~30	30~40	40~50

根据上面经验公式计算出的焊接电流，只是大概的参考值，在实际使用的时候还应根据具体情况灵活掌握。

② 焊接位置　在平焊位置进行焊接时，可选择偏大一些的焊接电流；采用横焊、立焊、仰焊位置进行焊接时，焊接电流应比平焊位置时小 10%~20%。

③ 焊道层次　通常，焊接打底焊时，特别是焊接单面焊双面成形的焊道，使用的焊接电流应该较小，以便于操作和保证背面焊道的质量；焊接填充焊道时，为提高效率及保证熔合良好，通常使用较大的焊接电流；而在焊接盖面焊时，为防止咬边、获得较美观的焊道，使用的电流一般都稍小些。

(5) 电弧电压

焊条电弧焊的电弧电压是由电弧长度来确定的，一般不作为独立的焊接工艺参数，电弧长则电弧电压高，反之则低。正常的弧长是小于或等于焊条直径，即所谓的短弧焊；超过焊条直径的弧长为长弧焊。在使用酸性焊条时，为了预热待焊部位或降低熔池的温度和加大熔宽，有时将电弧稍微拉长施焊。在使用碱性低氢性焊条时，应用短弧焊以减少气孔等缺陷。

(6) 焊接速度

焊接速度是指焊接过程中焊条沿焊接方向移动的速度，即单位时间内完成的焊缝长度。焊接速度过快会造成焊缝变窄，严重凹凸不平，容易产生咬边及焊缝波形变尖；焊接速度过慢会使焊缝变宽，余高增加，效率降低。焊接速度还直接决定着热输入量的大小，一般可根据钢材的淬硬倾向来选择。手工电弧焊时，在保证焊缝具有所要求的尺寸和外形，保证熔合良好的条件下，焊接速度由焊工根据具体情况灵活掌握。

(7) 焊接层数

厚板焊接常常要开坡口，并采用多层焊或多层多道焊。增多层数对提高焊缝的塑性和韧性有利。因为后道焊缝对前道焊缝有回火的作用，使热影响区显微组织变细，尤其对易淬火钢的效果更明显。焊接层数的增多，使生产效率下降，焊接变形也随之增加。层数过少，每层焊缝厚度过大，接头易过热引起晶粒粗化。一般每层厚度以不大于 4~5mm 为好。

2.2.2　埋弧焊

埋弧焊也是以电弧作为热源的一种机械化焊接方法。埋弧焊的机构主要由 4 个部分组成，如图 2-22 所示：①焊接电源接在导电嘴和工件之间用来产生电弧；②焊丝由焊丝盘经送丝机构和导电嘴送入焊接区；③颗粒状焊剂由焊剂漏斗经软管均匀地堆敷到焊缝接口区；④焊丝及送丝机构、焊剂漏斗和焊接控制盘等通常装在一台小车上，以实现焊接电弧的移动。

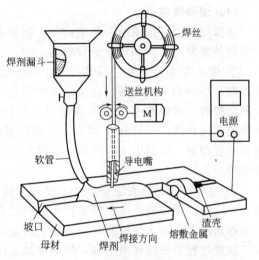

图 2-22　埋弧焊过程示意图

2.2.2.1　埋弧焊焊缝形成过程

如图 2-23 所示。埋弧焊时，连续送进的焊丝在一层可熔化的颗粒状焊剂覆盖下引燃电弧。当电弧热使焊丝、母材和焊剂熔化以致部分蒸发后，在电弧区便由金属和焊剂蒸气构成一个空腔，电弧就在这个空腔内稳定燃烧。空腔底部是熔化的焊丝和母材形成的金属熔池，顶部则是熔融焊剂形成的熔渣。电弧附近的熔池在电弧力的作用下处于高速紊流状态，气泡快速溢出熔池表面，熔池金属受熔渣和焊剂蒸气的保护不与空气接触。随着电弧向前移动，电弧力将液态金属推向后方并逐渐冷却凝固成焊缝，熔渣则凝固成渣壳覆盖在焊缝表面。

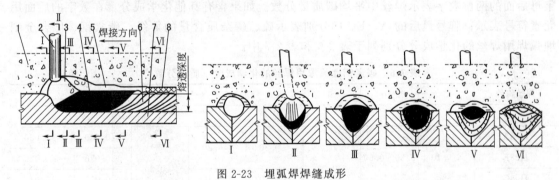

图 2-23　埋弧焊焊缝成形
1—焊剂；2—焊丝；3—电弧；4—熔池；5—熔渣；6—焊缝；7—焊件；8—渣壳

焊接时焊丝连续不断地送进，其端部在电弧热作用下不断地熔化，焊丝送进速度和熔化速度相互平衡，以保持焊接过程的稳定进行。依据应用场合和要求的不同，焊丝有单丝、双丝和多丝，有的应用中还以药芯焊丝代替裸焊丝，或用钢带代替焊丝。

埋弧焊焊剂的作用与焊条药皮相似。埋弧焊过程中熔化焊剂产生的渣和气，有效地保护了电弧和熔池，同时还可起到脱氧和渗合金的作用。焊剂与焊丝配合保证焊缝金属的化学成分和力学性能，防止焊缝中产生裂纹和气孔等缺陷，焊后未熔化的焊剂另行清理回收。

埋弧焊具有生产效率高、焊接质量好、劳动条件好等优点。由于埋弧焊采用颗粒状焊剂进行保护，故一般只适用于平焊和平角焊位置的焊接。如果采用特殊装置来保证焊剂对焊缝区的覆盖和防止熔池金属的漏淌，也可以实现其他位置的焊接。

埋弧焊主要焊接各种钢板结构。可以对碳素结构钢、低合金结构钢、低合金高强钢、不锈钢及耐热钢等进行焊接。此外，用埋弧焊堆焊耐磨、耐蚀合金或用于焊接镍基合金及铜合金也是比较理想的。但是，埋弧焊使用电流较大，不适宜焊厚度小于 1mm 的薄板。

2.2.2.2 焊剂与焊丝

（1）埋弧焊焊剂

埋弧焊焊剂可按用途、化学成分、制造方法、物理特性及颗粒结构等进行分类。我国目前主要是按制造方法和化学组分分类。

① 按化学组分分类　按其组分中酸性氧化物和碱性氧化物的比例可分成酸性焊剂和碱性焊剂。焊剂的碱度愈高，合金元素的渗合率愈高，焊缝金属的纯度亦愈高，缺口冲击韧性也随之提高。按焊剂中的 SiO_2 含量可将其分成低硅焊剂和高硅焊剂。质量分数在 35% 以下者称为低硅焊剂；质量分数大于 40% 者称为高硅焊剂。按焊剂中的 MnO 含量可分为无锰焊剂和有锰焊剂。焊剂中 Mn 的质量分数小于 1% 者称为无锰焊剂，含锰量超过此值者称为有锰焊剂。

② 按焊剂的制造方法分类　主要分为熔炼焊剂、烧结焊剂和黏结焊剂 3 大类。熔炼焊剂成分均匀、颗粒强度高、吸水性小、易贮存，是国内生产中应用得最多的一类焊剂，其缺点是焊剂中无法加入脱氧剂和铁合金，这是由于熔炼过程中烧损十分严重所致。非熔炼焊剂由于制造过程中未经高温熔炼，焊剂中加入的脱氧剂和铁合金等几乎没有损失，可以通过焊剂向焊缝过渡合金成分，补充焊丝中合金元素的烧损，常用来焊接高合金钢或进行堆焊。

（2）埋弧焊焊丝

在埋弧焊中焊丝是作为填充金属的，也是焊缝金属的组成部分，对焊缝质量有直接影响。根据焊丝的成分和用途可将其分为碳素结构钢焊丝、合金结构钢焊丝和不锈钢焊丝三大类。焊丝牌号按 GB/T 14957—1994 和 GB/T 3429—2002 定义。第一字母"H"表示焊丝，字母后面的两位数字表示焊丝中平均碳质量分数。如果含有其他化学成分，在数字的后面用元素符号表示；牌号最后的 A、E、C 分别表示硫、磷杂质含量的等级。碳素钢、低合金钢埋弧焊用焊丝的化学成分分别列于表 2-6 和表 2-7 中。

表 2-6　碳素钢埋弧焊用焊丝的化学成分（质量分数）　　　　　单位：%

焊丝牌号	C	Mn	Si	Cr	Ni	Cu	S	P
低 锰 焊 丝								
H08A	≤0.10	0.30~0.60	≤0.03	≤0.20	≤0.30	≤0.20	≤0.030	≤0.030
H08E	≤0.10	0.30~0.60	≤0.03	≤0.20	≤0.30	≤0.20	≤0.020	≤0.020
H08C	≤0.10	0.30~0.60	≤0.03	≤0.10	≤0.10	≤0.20	≤0.015	≤0.015
H15A	0.11~0.18	0.35~0.65	≤0.03	≤0.20	≤0.20	≤0.20	≤0.030	≤0.030
中 锰 焊 丝								
H08MnA	≤0.10	0.80~1.10	≤0.07	≤0.20	≤0.30	≤0.20	≤0.030	≤0.030
H15Mn	0.11~0.18	0.80~1.10	≤0.03	≤0.20	≤0.30	≤0.20	≤0.035	≤0.035
高 锰 焊 丝								
H10Mn2	≤0.20	1.50~1.90	≤0.07	≤0.20	≤0.30	≤0.20	≤0.035	≤0.035
H08Mn2Si	≤0.11	1.70~2.10	0.65~0.95	≤0.20	≤0.30	≤0.20	≤0.035	≤0.035
H08Mn2SiA		1.80~2.10	0.65~0.95	≤0.20	≤0.30	≤0.20	≤0.030	≤0.030

表 2-7　低合金钢埋弧焊用焊丝的化学成分（质量分数）　　　　单位：%

焊丝牌号	C	Mn	Si	Cr	Ni	Cu	Mo	V、Ti、Zr、Al	S	P
H08MnA	≤0.10	0.80~1.10	≤0.07	≤0.20	≤0.30	≤2.0	—	—	≤0.030	≤0.030
H15Mn	0.11~0.18	0.80~1.10	≤0.03	≤0.20	≤0.30	≤0.20	—	—	≤0.035	≤0.035
H08MnMoA	≤0.10	1.20~1.60	≤0.25	≤0.20	≤0.30	≤0.20	0.30~0.50	Ti:0.15	≤0.030	≤0.030
H08CrNi2MoA	0.05~0.10	0.50~0.85	0.10~0.30	0.70~1.00	1.40~1.80	≤0.20	0.20~0.40	—	≤0.025	≤0.030
H10Mn2	≤0.12	1.50~1.90	≤0.07	≤0.20	≤0.30	≤0.20	—	—	≤0.035	≤0.035
H10Mn2MoA	0.80~0.13	1.70~2.00	≤0.40	≤0.20	≤0.30	≤0.20	0.60~0.80	Ti:0.15	≤0.030	≤0.030
H10Mn2A	≤0.17	1.80~2.20	≤0.05	≤0.20	≤0.30	—	—	—	≤0.030	≤0.030

随着埋弧焊技术的发展，可焊金属种类的增加，焊丝的品种也在不断增加。目前生产中已在应用高合金钢焊丝、有色金属焊丝和堆焊用的特殊合金焊丝等新品种焊丝。

2.2.2.3　焊剂及焊丝的选择原则

（1）焊丝的选择原则

在选择埋弧焊用焊丝时，最主要的是考虑焊丝中锰、硅和合金元素的含量。无论是单道焊还是多道焊，应考虑焊丝向熔敷金属中过渡的锰、硅和合金元素对熔敷金属力学性能的影响。

① 埋弧焊焊接低碳钢时，选用的焊丝牌号有 H08A、H08E、H08C、H15Mn 等，其中以 H08A 的应用最为普遍。当焊件厚度较大或对力学性能的要求较高时，可选用含 Mn 量较高的焊丝，如 H10Mn2。

② 在对合金结构钢或不锈钢等合金元素含量较高的材料进行焊接时，则应考虑材料的化学成分和其他方面的要求，选用成分相似或性能上可满足材料要求的焊丝。

③ 熔敷金属中必须保证最低的锰含量，防止产生焊道中心裂纹。特别是使用低 Mn 焊丝匹配中性焊剂易产生焊道中心裂纹，此时应改用高锰焊丝和活性焊剂。

④ 某些中性焊剂，采用 Si 代替 C 和 Mn，并将其含量降到规定值。使用这样的焊剂时，不必采用 Si 脱氧焊丝。对于其他不添加 Si 的焊剂，要求采用 Si 脱氧焊丝，以获得合适的润湿性和防止气孔的产生。

⑤ 在单道焊焊接被氧化的母材时，特别当在有氧化皮的母材上焊接时，由焊剂、焊丝提供充分的脱氧成分，可以防止产生气孔。一般来讲，Si 比 Mn 具有更强的脱氧能力，因此必须使用 Si 脱氧焊丝和活性焊剂。

（2）焊丝-焊剂的组合原则

在埋弧焊中，焊剂和焊丝的正确选用及二者之间的合理配合，是获得优质焊缝的关键，所以必须按焊件的成分、性能和要求，正确、合理地选配焊剂和焊丝。推荐采用的各种常用钢材埋弧焊焊丝-焊剂组合列于表 2-8 中。

表 2-8　钢材埋弧焊用焊丝-焊剂组合

焊剂类别	焊剂牌号	焊剂类型	用途	配用焊丝	电流种类	使用前烘焙/h×℃
熔炼型	HJ130	无锰高硅低氟	低碳钢、普低钢	H10Mn2	交、直流	2×250
	HJ151	无锰中硅中氟	奥氏体不锈钢	相应钢种焊丝	直流	2×300
	HJ230	低锰高硅低氟	低碳钢、普低钢	H08MnA、H10Mn2	交、直流	2×250
	HJ250	低锰中硅中氟	低合金高强钢	相应钢种焊丝	直流	2×350
	HJ251	低锰中硅中氟	珠光体耐热钢	CrMo 钢焊丝	直流	2×350
	HJ260	低锰高硅低氟	不锈钢、轧辊堆焊	不锈钢焊丝	直流	2×400
	HJ330	中锰高硅低氟	重要低碳钢、普低钢	H08Mn2、H10Mn2SiA、H10MnSi	交、直流	2×250
	HJ350	中锰中硅中氟	重要低合金高强钢	MnMo、MnSite 及含 Ni 高强钢焊丝	交、直流	2×400
	HJ430	高锰高硅低氟	重要低碳钢、普低钢	H08A、H08MnA	交、直流	2×250
	HJ431	高锰高硅低氟	重要低碳钢、普低钢	H08A、H08MnA	交、直流	2×250
	HJ433	高锰高硅低氟	重要低碳钢、普低钢	H08A	交、直流	2×250
	HJ433	高锰高硅低氟	低碳钢	H08A	交、直流	2×350
烧结型	SJ101	碱性（氟碱型）	重要低合金钢	H08MnA、H08MnMoA、H08Mn2MoA	交、直流	2×350
	SJ301	中性（硅钙型）	低碳钢、锅炉钢	H08MnA、H10Mn2、H08MnMoA	交、直流	2×350
	SJ401	酸性（锰硅型）	低碳钢、低合金钢	H08A	交、直流	2×350
	SJ501	酸性（铝钛型）	低碳钢、低合金钢	H08A、H08MnA	交、直流	2×350
	SJ502	酸性（铝钛型）	低碳钢、低合金钢	H08A	交、直流	1×300

2.2.2.4　埋弧焊焊接工艺

　　埋弧焊焊接参数分主要参数和次要参数。主要参数是指焊接电流、焊接电压、焊接速度、焊丝和焊剂的成分与配合、电流种类及极性、预热温度等明显影响焊接质量和生产效率的参数。对焊缝质量产生有限影响或无多大影响的参数为次要参数，如焊丝伸出长度、焊丝倾角、焊丝与焊件的相对位置、焊剂粒度、焊剂堆积高度和多丝焊的丝间距离等。

　　焊接参数从两个方面决定了焊缝质量。一方面，焊接电流、电弧电压和焊接速度3个参数合成的焊接热输入影响着焊缝的强度和韧性；另一方面，这些参数分别影响到焊缝的成形，也就影响到焊缝的抗裂性、对气孔和夹渣的敏感性。只有这些参数的合理匹配才能焊出高质量的焊接接头。表2-9为开坡口平板对接双面埋弧焊焊接参数，以供在制订工艺时参考。

表 2-9　开坡口平板对接双面埋弧焊焊接参数

工件厚度/mm	焊丝直径/mm	焊接顺序	坡口尺寸		焊接电流/A	电弧电压/V	焊接速度/(m/h)
			α /(°)	H 或 P/mm			
14	5	正反	80	6	830～850 600～620	36～38 36～38	25 45

工件厚度 /mm	焊丝直径 /mm	焊接顺序	坡口尺寸		焊接电流 /A	电弧电压 /V	焊接速度 /(m/h)
			α /(°)	H 或 P/mm			
16	5	正 反	70	7	830~850 600~620	36~38 36~38	20 45
18	5	正 反	60	8	850~870 600~620	36~38 36~38	20 45
22	6 5	正 反	55	13	1050~1150 600~620	38~40 36~39	18 45
24	6 5	正 反	40 40	4	1000~1100 750~800	38~40 36~38	24 28
30	6	正 反	80 60	4	1000~1100 900~1000	36~40 36~38	18 20

2.2.3 CO_2气体保护焊

CO_2气体保护电弧焊是采用CO_2气体作为保护介质的电弧焊接方法，简称CO_2焊，是一种常用的焊接方法。它具有焊接质量好、效率高、成本低、易于实现过程自动化等一系列优点。近些年来，它在国内外焊接领域中发展很快，实际生产中的应用日趋广泛，已成为一种重要的弧焊方法。其焊接过程如图 2-24 所示。

CO_2焊是以连续送进的焊丝作为电极，靠焊丝与焊件之间产生的电弧熔化金属和焊丝，以自动或半自动方式进行焊接。焊接时焊丝由送丝机构通过软管经导电嘴送进，CO_2气体以一定的流量从环形喷嘴中喷出。电弧引燃后，焊丝末端、电极及熔池被CO_2气体所包围，使之与空气隔绝，起到保护作用。

2.2.3.1 CO_2焊熔滴过渡形式

在电弧焊中焊丝作为外加电场的一极，被电弧热熔化而形成熔滴向母材熔池过渡，其过渡形式有多种，对于CO_2气体保护焊而言，主要存在三种熔滴过渡形式，即短路过渡、颗粒过渡、喷射过渡，如图 2-25 所示。

① 短路过渡 是在细焊丝、低电压和小电流情况下发生的。焊丝熔化后由于斑点压力对熔滴有排斥作用，使熔滴悬挂于焊丝端头并积聚长大，甚至与母材的深池相连并过渡到熔池中，这就是短路过渡形式，短路过渡形式一般适用于薄钢板的焊接。

② 颗粒过渡 是在电弧稍长，电压较高时产生的，此时熔滴受到较大的斑点压力，熔滴在CO_2气氛中一般不能沿焊丝轴向过渡到熔池中，而是偏离焊丝轴向，甚至于上翘。由于产生较大的飞溅，因此滴状过渡形式在生产中很难采用。只有在富氩混合气焊接时，熔滴才能形成和过渡，以及得到稳定的电弧过程。

③ 喷射过渡 是一种自由过渡的形式，过渡时熔化金属从焊丝末端以很细的颗粒和很高的速度射向熔池。一般在 $\phi 1.6 \sim 3.0mm$ 的焊丝、大电流条件下产生，是一种稳定的电弧过程。由于喷射过渡的电弧功率较大，电弧稳定，焊缝成形良好，穿透力强，熔深大，所以适用于中厚度和大厚度板的平焊位置的焊接。

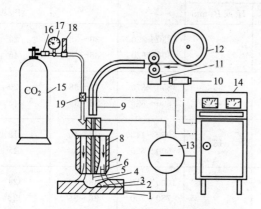

图 2-24 CO₂焊焊接过程示意图

1—工件；2—焊缝；3—熔池；4—电弧；5—焊丝；
6—CO₂保护气体；7—喷嘴；8—导电嘴；9—软管；
10—送丝电动机；11—送丝机构；12—焊丝盘；
13—直流电源；14—控制箱；15—CO₂气瓶；
16—干燥预热器；17—压力表；
18—流量计；19—电磁气阀

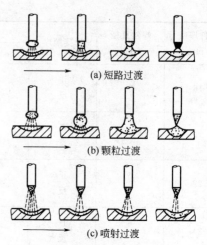

(a) 短路过渡

(b) 颗粒过渡

(c) 喷射过渡

图 2-25 熔滴过渡形式示意图

2.2.3.2 焊接气体与焊丝

CO_2虽然起到隔绝空气的保护作用，但它是一种氧化性气体。在焊接高温下，会分解成 CO 和 O_2。O_2进入熔池，使 Fe、C、Mn、Si 等合金元素氧化、烧损，降低焊缝的力学性能。生成的 CO 来不及逸出，会形成气孔。因此，焊接时必须采用含有 Si、Mn 等脱氧元素的焊丝。即使焊接低碳钢也要使用合金钢焊丝，如 H08MnSiA。

从近几年国内外焊丝发展情况看，很多新品种焊丝中进一步降低了含碳量（含碳量为 0.03%～0.06%），而添加了钛、铝、锆等合金元素。降低含碳量可减少飞溅，添加钛、铝、锆等合金元素，不仅可减少飞溅，还有利于提高抗气孔能力及焊缝力学性能。

表 2-10 所列为 CO_2气体保护焊常用焊丝的化学成分及用途。

表 2-10 CO_2气体保护焊常用焊丝的化学成分及用途

焊丝牌号	合金元素（质量分数）/%								用途
	C	Si	Mn	Cr	Ni	Mo	S,≤	P,≤	
H10MnSi	≤0.14	0.60～0.90	0.8～1.10	≤0.20	≤0.30	—	0.030	0.040	焊接低碳钢、低合金钢
H08MnSi	≤0.10	0.70～1.0	1.0～1.30	≤0.20	≤0.30		0.030	0.040	
H08MnSiA	≤0.10	0.60～0.85	1.40～1.70	≤0.02	≤0.25		0.030	0.035	
H08Mn2SiA	≤0.10	0.70～0.95	1.80～2.10	≤0.02	≤0.25		0.030	0.035	
H04Mn2SiTiA	≤0.04	0.70～1.10	1.80～2.20	—	—	钛 0.20～0.40	0.025	0.025	
H04MnSiAlTiA	≤0.04	0.40～0.80	1.40～1.80	—	≤0.30	钛 0.95～0.65 铝 0.20～0.40	0.025	0.025	焊接低合金高强钢
H10MnSiMo	≤0.14	0.70～1.10	0.90～1.20	≤0.02		0.15～0.25	0.030	0.040	
H08Cr3Mn2MoA	≤0.10	0.30～0.50	2.00～2.50	2.50～3.0		0.35～0.50	0.030	0.030	焊接贝氏体钢

CO_2焊采用的焊丝有实心焊丝、药芯焊丝及活化处理焊丝。所谓活化处理，就是在焊丝表面涂一薄层碱金属、碱土金属或稀土金属的化合物，来提高焊丝发射电子的能力和降低弧柱的有效电离势，这样可细化金属熔滴，减少飞溅，改善焊缝成形。

药芯焊丝是由08A冷轧薄钢带（经光亮退火）经轧机纵向折叠加粉后拉拔而成的。而截面形状种类颇多，但简要地可以分成两大类：简单断面的"O"形和复杂断面的折叠形。折叠形中又分为"T"形、"E"形、"梅花"形和"中间填丝"形等，见图2-26。

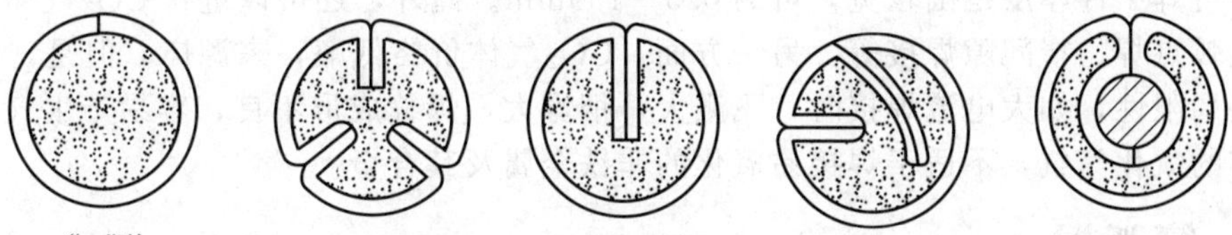

"O"形　　"梅花"形　　"T"形　　"E"形　　"中间填丝"形

图2-26　药芯焊丝的截面形状

由于药芯成分改变了纯CO_2电弧气氛的物理化学性质，因而飞溅减少，且飞溅颗粒细，容易清除。此外，熔池表面有熔渣覆盖，所以焊缝成形类似于手弧焊，比用纯CO_2焊时美观。焊接不同成分钢材的适应性强，只要调整药芯的成分和比例，就可提供所要求的焊缝金属化学成分，而不像冶炼实心焊丝那样复杂。在堆焊研究试验和生产中尤其方便。同时，由于焊接熔池受到CO_2气体和熔渣两方面的保护，抗气孔能力比实心焊丝CO_2焊强。

2.2.3.3　CO_2气体保护焊工艺

CO_2气体保护焊接的主要工艺参数有电弧电压、焊接电流、焊接速度、气体流量以及焊丝伸出长度等。焊接工艺参数的选择正确与否会直接影响焊接过程的稳定性。

(1) 电弧电压与焊接电流

与其他电弧焊接方法相同，当电流大时焊缝熔深大，余高大；当电压高时熔宽大，熔深浅；同时，焊接电流大，送丝速度快，熔敷速度快，生产效率高。

(2) 焊接速度

焊接速度对焊缝成形、接头的力学性能以及气孔等缺陷的产生都有影响。随着焊接速度的增大，焊缝熔宽减小，熔深及余高也有一定减小。焊接速度过快会引起焊缝两侧咬肉。焊接速度过慢，则容易产生烧穿和焊缝组织粗大等缺陷。此外，焊接速度影响焊接线能量，在焊接高强度钢等材料时，为了防止裂缝，保证焊缝金属的韧性，需要选择合适的焊接速度来控制焊接线能量。

(3) 焊丝伸出长度

其他工艺参数不变时，随着焊丝伸出长度增加，焊接电流下降，熔深亦减小。直径越细、电阻率越大的焊丝这种影响越大。此外，随着焊丝伸出长度增加，焊丝上的电阻热增大，焊丝熔化加快，从提高生产率上看这是有利的。但是，当焊丝伸出长度过大时，焊丝容易发生过热而成段熔断，飞溅严重，焊接过程不稳定。

(4) 气体流量

细丝小线能量焊接时，气体流量的范围通常为5～15L/min；中等规范焊接时约为20L/min；在焊接电流较大，焊接速度较快，焊丝伸出长度较长以及在室外作业等情况下，气体流量要适当加大，以使保护气体有足够的挺度，提高其抗干扰的能力。

(5) 电源极性

CO_2电弧焊一般都采用直流反极性。因为反极性时飞溅小，电弧稳定，成形较好，而且焊缝金属含氢量低，焊缝熔深大。

CO_2 气体保护焊接具有焊丝自动送进，焊接速度快，电流密度大，熔深大，焊后没有熔渣，节省清渣时间，生产率较高等特点。另外，由于焊接过程保护气氛中的氧化气氛较浓，焊缝氢含量低，焊丝中 Mn 含量高，脱硫效果好，同时焊接热量集中，焊接热影响区小，焊接接头品质良好。目前已广泛用于汽车、机车和车辆制造、造船、航空航天、石油化工机械、农机和动力机械等部门，主要用于焊接低碳钢和低合金高强钢，也可用于焊接耐热钢和不锈钢。可焊工件厚度范围较宽，可为 $0.5\sim150mm$。此外，还可以进行 CO_2 气体保护电弧堆焊、电弧点焊、窄间隙焊接等。另一方面，CO_2 气体价格低廉，来源广。但是，该方法也存在一些局限性，如大电流焊接时，飞溅大，烟雾大，焊缝成形不良，容易产生气孔等；由于其特有的氧化气氛，不适于焊接易氧化的非铁金属及其合金。

2.2.4 氩弧焊

氩弧焊是使用氩气作为保护气体的电弧焊。氩气是一种单原子惰性气体，不与其他物质发生化学反应，在高温下也不溶于液态金属，可作为焊接用的保护气体。氩弧焊时，氩气从喷嘴喷出后，形成密闭而连续的气体保护层，使电弧和熔池与空气隔离，防止焊区的有害气体侵入，可获得品质优良的焊缝，特别是对活泼性较强的有色金属焊接，更能显示其优越性。氩弧焊按照电极的不同分为熔化极氩弧焊和非熔化极氩弧焊两种，如图 2-27 所示。

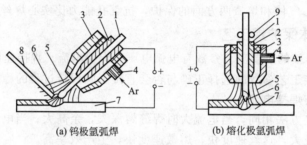

图 2-27 氩弧焊示意图

1—焊丝或电极；2—导电嘴；3—喷嘴；4—进气管；5—氩气流；
6—电弧；7—工件；8—填充焊丝；9—送丝滚轮

氩弧焊电弧受氩气冷却和压缩作用，电弧的热量集中，且氩弧的温度高，故热影响区很窄，工件焊后变形小，成形美观，尤其焊接薄件有优越性。但是，因氩气没有脱氧和去氧作用，焊前清理要求严格。氩弧焊设备与气体价格较高，故氩弧焊焊接成本较高。

2.2.4.1 非熔化极氩弧焊

非熔化极氩弧焊是以钨棒作为电弧一极的气体保护电弧焊方法，如图 2-27(a) 所示。钨棒在电弧中是不熔化的，故又称不熔化极氩弧焊或惰性气体保护焊，简称 TIG 或 GTA 焊。它以燃烧于非熔化电极与焊件间的电弧作为热源，从焊枪喷嘴中喷出的氩气流在焊接区形成厚而密的气体保护层，使之与空气隔离从而获得性能较好的焊接接头。

对于非熔化极氩弧焊，因其焊接生产率较低，使其在实际生产中受到影响，常用于薄件和打底焊接。钨极氩弧焊用钨电极常用纯钨、钍钨和铈钨极。纯钨极的熔点是 3410℃，沸点也很高，在焊接过程中钨极端部为球形尖头，在低电流时电弧稳定，低至 5A 时也能很好地焊接铝、镁及其合金。但纯钨极发射电子要求电压较高，要求焊机有较高的空载电压。此外，在使用大电流和长时间焊接时，纯钨极的烧损较明显，易使焊缝夹钨。钍钨极电子发射率提高，增大了许用电流范围，降低了空载电压，改善了引弧和稳弧性能，但是具有微量放射性。铈钨极比钍钨极更容易引弧，使用寿命长，放射性极低，是目前推荐使用的电极材料。因而铈钨极得到了越来越广泛的使用。

2.2.4.2　熔化极氩弧焊

熔化极氩弧焊的焊接过程如图 2-27（b）所示，它利用焊丝作为电极，同时兼作焊缝填充金属，焊接时，在氩气保护下，焊丝通过送丝机构经导电嘴不断送进，在母材与焊丝之间产生电弧，使焊丝和母材熔化，冷却后形成焊缝。由于焊丝作为电极，可采用较大的焊接电流，适用于焊接厚度为 3～25mm 的焊件。

熔化极氩弧焊用焊丝的选择主要是根据母材的牌号和规格来确定焊丝的牌号和直径。一般情况下，结构钢用焊丝的熔敷金属应该和母材具有同样的力学性能，抗拉强度和屈服强度应该等于或略高于母材，在低温下服役时，延展性可能是最重要的，由夏比冲击值确定韧性，高温服役则要求有较好的抗蠕变性能，一般向焊丝中添加钼元素来达到这一目的。焊丝的化学成分应该和母材相匹配，特别是对于 GTAW、不锈钢、镍和高合金的大规范工艺，化学成分决定了其耐蚀性和抗热性。异种钢材焊接时选用的焊丝，应考虑焊接接头的抗裂性和碳扩散等因素。如两侧钢材为奥氏体不锈钢，所选用的焊丝合金成分含量为低侧或介于两者之间的成分，如一侧为奥氏体不锈钢，应选用含镍量较高的焊丝。

同时，随着熔化极氩弧焊技术的应用，保护气体已由单一的氩气发展成多种混合气体的广泛应用，如 Ar 80％＋$CO_2$20％的富氩保护气。通常前者称为 MIG，后者称为 MAG。从其操作方式看，目前应用最广的是半自动熔化极氩弧焊和富氩混合气保护焊。

2.2.5　等离子弧焊接

一般电弧焊中的电弧并不受外界约束，可称为自由电弧。在电弧区内的气体尚未完全电离，其能量也达到高度集中。若采用一些方法使自由电弧的弧柱受到压缩（称为压缩效应），弧柱中的气体就会完全电离，产生温度、电离度比自由电弧高得多的等离子弧。等离子弧焊就是利用等离子弧作为热源的焊接方法。

等离子弧焊时（如图 2-28 所示），在钨极与工件之间加一较高电压，经高频振荡引燃电弧，此电弧通过细孔道的喷嘴时，弧柱被强迫缩小，此作用称为"机械压缩效应"。当通入一定压力和流量的氩气或氮气时，冷气流使弧柱外围受到强烈冷却，迫使带电粒子流往弧柱中心集中，弧柱被进一步压缩，这种压缩作用称为"热压缩效应"。带电粒子流在弧柱中运动，可看成是电流在一束平行的"导线"内流过，其自身磁场所产生的电磁力，使弧柱再次进一步被压缩，这种压缩作用称为"电磁收缩效应"。电弧在上述三种

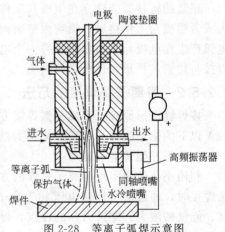

图 2-28　等离子弧焊示意图

压缩效应的作用下，被压缩得很细，能量高度集中，弧柱内的气体完全电离成电子和离子，即称为等离子弧，它具有较大的熔透力和焊接速度，可用于焊接、喷涂、堆焊及切割。

2.2.5.1　等离子弧焊接的类型

等离子弧按电源的供电方式不同分为非转移型、转移型及联合型三种形式，其中非转移弧及转移弧是基本的等离子弧形式。

(1) 非转移型等离子弧

电弧建立在电极与喷嘴之间，离子气强迫等离子弧从喷嘴喷出，也称等离子焰，见图 2-29(a)。非转移弧主要用于非金属材料的焊接与切割。

(2) 转移型等离子弧

电弧建立在电极与工件之间，见图 2-29(b)。一般要先引燃非转移弧，然后再将电弧转移至电极与工件之间。这时工件成为另一个电极，所以转移弧能把较多的能量传递给工件，金属材料的焊接及切割一般都采用转移弧。

(3) 联合型弧

非转移弧和转移弧同时存在的等离子弧，如图 2-29(c) 所示。联合弧需用两个独立电源供电，主要用于电流小于 30A 的微束等离子弧焊接。

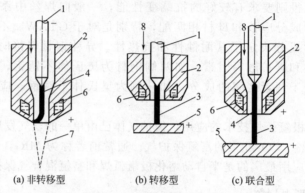

(a) 非转移型　　　(b) 转移型　　　(c) 联合型

图 2-29　等离子弧的类型

1—钨极；2—喷嘴；3—转移弧；4—非转移弧；5—工件；6—冷却水；7—弧焰；8—离子气

(4) 双弧现象

正常的转移弧应建立在电极与工件之间，但对于某一个喷嘴，如离子气流过小、电流过大或者喷嘴与工件接触，喷嘴内壁表面的冷气膜便容易被击穿而形成串联双弧。此时，一个电弧产生在电极与喷嘴之间，另一个电弧产生在喷嘴与工件之间。出现双弧将会破坏正常的焊接与切割，严重时还会烧毁喷嘴。

2.2.5.2　等离子弧焊接的方法

按焊缝成形原理，等离子弧焊接方法分为小孔型等离子弧焊及熔透型等离子弧焊，其中 30A 以下的熔透型等离子弧焊又称为微束等离子弧焊。

(1) 小孔型等离子弧焊

利用小孔效应实现等离子弧焊的方法称为小孔型等离子弧焊，亦称穿透性焊接法。该方法焊接时，通过增加焊接电流和等离子气流速度，可产生强有力的等离子束，利用它温度高、能量密度大、穿透力强的特点，焊接时等离子弧把焊件完全熔透，并在等离子流的作用下形成一个穿透焊件的小孔（小孔背面露出等离子弧），形成正反面都有波纹的焊缝，即所谓的"小孔效应"，焊接时一般不填充金属。适用于 3~8mm 的不锈钢、12mm 以下的钛合金、2~6mm 的低碳钢低合金钢以及铜、黄铜和镍及镍合金的焊接。

(2) 熔透型等离子弧焊

当离子气流量较小，弧柱受压缩程度较弱时，这种等离子弧在焊接过程中只熔化工件而不产生小孔效应，焊缝成形原理与氩弧焊类似。主要用于薄板焊接及厚板多层焊。

微束等离子通常采用如图 2-29(c) 所示的联合弧。由于非转移弧的存在，焊接电流小至

1A 以下电弧仍具有较好的稳定性，能够焊接细丝及箔材。这时的非转移弧又称维弧，而用于焊接的转移弧又称主弧。

等离子弧焊实质上是一种具有压缩效应的钨极氩弧焊，等离子弧焊除具有氩弧焊的优点外，还具有能量密度大、温度高、穿透力强、焊接速度快、应力变形小和焊缝成形美观等优点，等离子弧焊焊接厚度 10～12mm 的钢材可不开坡口，单面焊双面成形，因此也大大提高了焊接生产率。同时，微束等离子弧焊能够焊接细丝及箔材，进一步扩大了等离子弧焊的应用范围，尤其是在国防工业及尖端技术中用以焊接特殊难焊构件。但缺点是等离子弧焊设备较复杂，气体消耗量大，焊接成本较高。

2.2.6　电渣焊

电渣焊是利用电流通过液体熔渣时所产生的电阻热使电极（焊丝或板极）和焊件熔化而形成焊缝。电渣焊具有一些独特的优越性，能有效地解决大型铸锻件的焊接问题，尤其适用于大厚度焊件的焊接。根据所使用电极形状的不同，电渣焊可分为丝极、板被和熔嘴电渣焊等。电渣焊过程如图 2-30 所示。

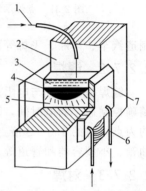

图 2-30　电渣焊过程示意图
1—电极（焊丝）；2—焊件；
3—渣池；4—金属熔池；
5—焊缝；6—冷却水管；
7—冷却滑块

电渣焊原理是把电源的一端接在电极上，另一端接在焊件上。电流经过电极、渣池和焊件。由于渣池中的液态熔渣电阻较大，通过电流时就产生大量的电阻热，将渣池加热到很高的温度，高温的渣池把热量传递给电极与焊件，使与渣池接触的电极和焊件发生熔化，熔化的液态金属沉到下部，形成金属熔池，而熔渣始终浮于金属熔池的上部。在整个焊接过程中，焊缝处于垂直位置，焊丝不断地被送进，渣池和熔池不断升高，而熔池金属的底部温度则逐渐降低，并在冷却成形滑块的作用下，强迫凝固形成焊缝。为保证电渣焊过程的稳定，在焊接过程中，焊丝在渣池内与熔池金属表面保持一定距离，而不产生电弧。

电渣焊与一般电弧焊相比有以下优点。

① 电渣焊可以一次焊接很厚的工件，从而提高焊接生产率。

② 电渣焊时，工件不需要开坡口。只要使工件边缘之间保持一定的装配间隙即可，因而可以节省大量金属和加工时间。

③ 由于电渣焊时金属熔池上面始终存在着一定体积的高温渣池，使熔池中的气体和杂质较易析出，故电渣焊焊缝一般不易产生气孔和夹渣等缺陷。

④ 由于电渣焊焊接速度缓慢，其热源的热量集中程度远较电弧焊为弱，所以使焊缝热影响区加热和冷却速度缓慢。因此，焊接易淬火的钢种（如高强度钢）时，焊缝热影响区也不易产生淬火裂纹。

⑤ 可以在很大范围（10%～70%）内调整焊缝金属中的填充金属和母材金属的比例，从而调整焊缝金属的化学成分，降低焊缝金属中的有害杂质的含量。

但是，电渣焊热源的特点和焊接速度缓慢，使焊缝及热影响区在高温（1000℃以上）停留时间长，易引起晶粒粗大，造成焊接接头冲击韧性大大降低。往往要求焊后对工件进行正火处理，以细化晶粒，提高冲击韧性。因此，对热处理设备提出了较高的要求。

2.2.7　电阻焊

电阻焊是指利用电流通过焊件及其接触处产生的电阻热，将焊件局部加热至塑性或熔化状态，然后在压力下形成焊接接头的焊接方法。按其接头型式可分为电阻点焊（简称点焊）、缝焊和对焊。

2.2.7.1 点焊

电阻点焊是利用柱状电极加压通电，在搭接工件接触面之间焊成一个个焊点的焊接方法，如图 2-31 所示。

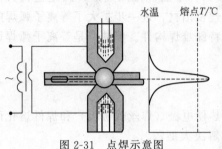

图 2-31　点焊示意图

电阻点焊的过程是：柱状电极压紧在工件上，此时在压紧部位接通电流，由于工件接触表面的接触电阻产生电阻热，使接触处温度升高形成液态熔核，断电后，继续保持压力或加大压力，使液态熔核在压力下凝固结晶，形成焊点。当焊接下一个焊点时，有一部分电流会流经已焊好的焊点，称为分流现象，因此两个相邻焊点之间应有一定距离。

电阻点焊常用于薄板冲压结构及线材的焊接，制造汽车、车厢、飞机等薄壁结构及罩壳和轻工、生活用品等。

2.2.7.2 缝焊

缝焊基本原理与电阻点焊相似。不同的是缝焊用旋转的圆盘状滚动电极代替柱状电极，精确控制通、断电时间，形成连续重叠焊点。较电阻点焊而言，缝焊的分流现象严重，电流约为点焊时的 1.5～2 倍。但其接头的密封性好，可用于制造有密封性要求的薄壁结构，如油箱、小型容器和管道等。只适用于厚度在 3mm 以下的薄板结构。

2.2.7.3 对焊

对焊是利用电阻热使两个工件在整个接触面上焊接起来的一种方法，常见的对焊方法有电阻对焊和闪光对焊。

(1) 电阻对焊

两个工件接头平滑→施加预压力→端面紧密接触→压紧→通电→产生电阻热→工件接触处迅速加热到塑性状态→接头产生塑性变形而焊接起来。

电阻对焊要求工件端面清洁，光滑，无毛刺。该方法常用来用于焊接断面简单、直径小于 20mm 和强度要求不高的工件。

(2) 闪光对焊

由于工件接头不平（即点接触），通电后接触点处金属迅速熔化，蒸发。在蒸汽压力和电磁力作用下，液体金属发生爆破，并以火花形式从接触处飞出而形成"闪光"。继续送进工件，保持一定闪光时间，待焊件端面全部加热熔化时，迅速对焊件施加顶镦力，并切断电源，焊件在压力作用下产生塑性变形而焊在一起。

闪光对焊的接头形式为对接接头，接头断面尽量相同。焊件接头质量好，强度高，但金属损耗较大。广泛用于刀具、钢筋、锚炼、自行车轮圈、钢轨和管道的焊接。

2.2.8　火焰焊接

火焰焊接又叫气焊，是利用燃气与氧气的混合气体燃烧形成的火焰加热熔化材料进行焊接的方法。设备简单，无需电源，运行成本低。技术简单易学，应用灵活。但存在热量不集中，加热慢，热影响区宽，组织粗化严重，变形大的缺点。火焰气氛具有一定氧化性，不利于熔池、焊缝的保护。气体具有易燃易爆特性，对安全要求高。该方法常用于单件、小批量生产和修补等，能焊碳钢、铸铁、铝、铜等材料，适合焊接 6mm 以下的板。

焊接工艺参数包括火焰类型、火焰能率、焊丝直径、焊嘴倾角、焊接速度等。

(1) 火焰类型

根据被焊材料的性质选择,主要考虑材料的熔点、热导率、对氧化的敏感性等因素。焊接低碳钢时,要用中性火焰;焊接高碳钢和铸铁,用碳化火焰;焊接铜等导热性好的材料,用氧化火焰。

(2) 火焰能率

指单位时间内火焰消耗的混合气体量。可根据板厚、材料熔点、焊接位置进行选择。通常,工件越厚、熔点越高、导热性越好,所需能率越大。而火焰能率的大小则是由焊炬型号和焊嘴号码决定的。

(3) 焊丝直径

根据工件厚度来选择焊丝直径。板厚越大,焊丝直径越大。表 2-11 所列为推荐的工件厚度与焊丝直径的关系。

表 2-11　工件厚度与焊丝直径的关系

工件厚度 /mm	1.0~2.0	2.0~3.0	3.0~5.0	5.0~10	10~15
焊丝直径 /mm	1.0~2.0 或不需填丝	2.0~3.0	3.0~4.0	3.0~5.0	4.0~6.0

(4) 焊嘴倾角

如图 2-32 所示,焊嘴的倾角 α 与热输入有密切关系,α 越大,热输入越大,越适合厚板的焊接。表 2-12 给出了生产实际总结的焊嘴倾角与工件厚度的关系。

表 2-12　焊嘴倾角与工件厚度的关系

工件厚度 /mm	≤3	1~3	3~5	5~7	7~10	10~15	≥15
焊嘴倾角 /(°)	20	30	40	50	60	70	80

(5) 焊接速度

焊接速度要与火焰能率、焊丝直径等配合,保证熔透,在不出现缺陷的情况下,尽量提高焊接速度,以提高生产效率。

2.2.9　钎焊

钎焊是采用比母材熔点低的金属材料作钎料,将焊件和钎料加热到高于钎料熔点,低于母材熔化温度,利用液态钎料润湿母材,填充接头间隙并与母材相互扩散实现连接焊件的方法。钎焊中钎剂的作用是去除钎料及被焊金属表面的氧化膜、油污,改善钎料的润湿性,保护钎料及焊件不被氧化。

按照钎焊时的焊接温度可将钎焊分为硬钎焊和软钎焊。钎料熔点高于 450℃ 的钎焊方法称为硬钎焊,其焊接接头强度能达在 200MPa 以上。常用钎料有镍基、铝基、银基和铜基等。硬钎焊主要用于受力较大的钢铁铜合金结构件、工具以及刀具的焊接。钎料熔点低于 450℃ 的钎焊方法称为软钎焊,其焊接接头强度一般不超过 70MPa。常用钎料是锡铅合金,所以也称锡焊。主要用于受力不大的常温工作的仪表、导电元件的连接。

钎焊的接头形式常采用搭接和套接,接头有较大钎接面,间隙适当,如图 2-33 所示。

钎焊的加热方式主要有火焰加热、电阻加热、感应加热、炉内加热、盐浴加热以及烙铁加热等,烙铁加热的加热温度低,只适用于软钎焊。

钎焊工件加热温度低,组织和力学性能变化小,变形小,接头光滑美观,工件尺寸精确，适合于焊接精密、复杂和由不同材料组成的构件，如蜂窝结构板、透平叶片、硬质合金刀具和印刷电路板等。钎焊可以焊接性能差异很大的异种金属，对工件厚度的差别没有严格的限制。设备简单，投资少，生产率高。但是，钎焊前对工件必须进行细致的加工和严格的清洗，除去油污和过厚的氧化膜，保证接口装配间隙。间隙一般要求在 0.01～0.1mm。

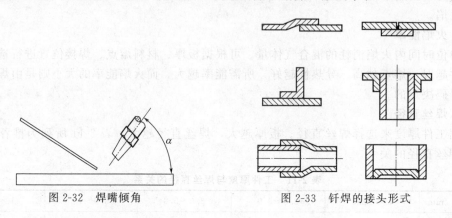

图 2-32　焊嘴倾角　　　　　　　　图 2-33　钎焊的接头形式

2. 3　常用金属材料的焊接

2.3.1　钢的焊接性

2.3.1.1　焊接性的概念

金属的焊接性是指金属材料对焊接加工的适应性，主要指在一定的焊接工艺条件下获得优质焊接接头的难易程度。它包括以下两个方面的内容。

① 接合性能　在一定的焊接工艺条件下，一定金属形成焊接缺陷的敏感性。

② 使用性能　在一定的焊接工艺条件下，一定金属的焊接接头对使用要求的适应性。

金属焊接性的内容是多方面的。对于不同材料和不同工作条件下的焊件，焊接性的主要内容亦不同。例如，普通低合金结构钢，对于淬硬和冷裂纹比较敏感。因此，在焊接这种材料时，如何解决淬硬和冷裂纹问题就成为焊接性的主要内容；又如焊接奥氏体不锈钢时，晶间腐蚀和热裂纹问题又成为了焊接性的主要内容。对于同一金属材料，当采用不同焊接方法、焊接材料及不同的工作条件时，其焊接性也可能有很大的差别。焊接性好的材料，在焊接时不需采用其他附加工艺措施就能获得无焊接缺陷，并有良好力学性能的焊接接头。因此，焊接性只是相对比较的概念。

2.3.1.2　影响焊接性的主要因素

金属材料焊接性的好坏主要取决于材料的化学成分，但也与焊接结构的复杂程度、刚性、焊接方法、焊接材料、焊接工艺条件及使用条件有密切关系。

(1) 材料因素

材料因素包括焊件本身和使用的焊接材料，如焊条电弧焊时的焊条、埋弧焊时的焊丝和焊剂、气体保护焊时的焊丝和保护气体等。它们在焊接时都参与熔池或半熔化区内的冶金过程，直接影响焊接质量。母材或焊接材料选用不当时，会造成焊缝金属化学成分不合格，力学性能和其他使用性能降低，还会出现气孔、裂纹等缺陷，使结合性能变差。由此可见，正确选用焊件和焊接材料是保证焊接性良好的重要基础，必须十分重视。

（2）工艺因素

对于同一焊件，当采用不同的焊接工艺方法和工艺措施时，所表现的焊接性也不同。例如。铁合金对氧、氮、氢极为敏感，用气焊和焊条电弧焊不容易焊好，而用氢弧焊或真空电子束焊，防止了氧、氮、氢等侵入焊接区，焊接就相对容易了。

焊接方法对焊接性的影响首先表现在焊接热源能量密度大小、温度高低及热输入量多少。如对于有过热敏感性的高强度钢，从防止过热出发，适宜选用窄间隙焊接、等离子弧焊接、电子束焊接等方法，有利于改善焊接性。

工艺措施对防止焊接接头缺陷、提高使用性能也有重要的作用。如焊前预热、焊后缓冷和去氢处理等，对防止热影响区淬硬变脆、降低焊接应力、避免氢制冷裂纹是比较有效的措施。另外，合理安排焊接顺序也能减小应力及变形。

（3）结构因素

焊接接头的结构设计会影响应力状态，从而对焊接性也有影响。应使焊接接头处于刚度较小的状态，能够自由收缩，有利于防止焊接裂纹的出现。缺口、截面突变、焊缝余高过大、交叉焊缝等都容易引起应力集中，要尽量避免。不必要地增大焊件厚度或焊缝体积，会产生多向应力，也应注意防止。

（4）使用条件

焊接结构的使用条件是多种多样的，如在高温、低温下工作和腐蚀介质中工作及在静载或动载条件下工作等。当在高温下工作时，可能产生蠕变；低温工作或冲击载荷工作时，容易发生脆性破坏；在腐蚀介质中工作时，接头要求具有耐腐蚀性。总之，使用条件越不利，焊接性就越不容易保证。

2.3.1.3 焊接性的判断方法

（1）间接判断法

判断焊接性最简便的间接法是碳当量鉴定法。

钢材的化学成分是决定焊接热影响区是否淬硬的基本条件。在钢材的各种化学元素中，对焊接性影响最大的是碳。碳是引起淬硬的主要元素，故常把钢中含碳量的多少作为判别钢材焊接性的主要标志。钢中含碳量越高，其焊接性越差。钢中除了碳元素以外，其他元素如锰、铬、镍、铜、铝等对淬硬都有影响，故可将这些元素根据它们对焊接性影响的大小折合成相当的碳元素含量，即碳当量，来判别焊接性的好坏。

碳当量的估算公式有很多种形式，下列碳当量公式是国际焊接协会推荐的估算碳钢及低合金钢的碳当量公式：

$$C_E = C + Mn/6 + (Cr + Mo + V)/5 + (Ni + Cu)/15$$

式中，元素的符号表示其在钢中含量的百分数。

根据经验，当 $C_E < 0.4\%$ 时，钢材的淬硬倾向不明显，焊接性优良，焊接时不必预热；当 $C_E = 0.4\% \sim 0.6\%$ 时，钢材的淬硬倾向逐渐明显，需要采取适当预热、控制线输入量等工艺措施；当 $C_E > 0.6\%$ 时，淬硬倾向更强，属于较难焊的材料，需采取较高的预热温度和严格的工艺措施。

用上述方法来判断钢材的焊接性只能作近似的估计，并不能完全代表材料的实际焊接性。例如，16锰钢的碳当量为 $0.34\% \sim 0.44\%$，焊接性尚好，但当厚度增大时焊接性变差。

（2）直接试验法

采用新材料制造焊接产品，必须知道这种材料的特点及产品在焊接和使用中可能出现的问题，以便在焊接时采取相应的工艺措施。通过焊接性的直接试验，能够以较小的代价获得进行生产准备和制订焊接工艺措施的初步依据。直接焊接性试验包括抗裂性和焊接接头使用性能试验两个方面。常用的直接（抗裂性）试验方法及其应用范围见表 2-13。

表 2-13　常用的直接（抗裂性）试验方法及其应用范围

实验方法	产生的主要裂纹类型	也可反映的裂纹
小铁研实验	热影响区冷裂纹	焊缝冷裂纹和热裂纹
刚性固定对接实验	焊缝金属的冷或热裂纹	热影响区冷裂纹
可变刚性实验	焊缝根部的冷或热裂纹	热影响区冷裂纹
十字接头实验	热影响区冷裂纹	焊缝金属裂纹

2.3.2　碳素钢的焊接工艺

2.3.2.1　碳素钢的焊接性

碳素钢是工业应用最广的金属材料。碳素钢以铁为基础，以碳为合金元素，碳的质量分数一般不超过 1.0%，其他常存元素因含量较低都不作为合金元素。碳素钢按其含碳量分为低碳钢（$\omega_c \leqslant 0.25\%$）、中碳钢（$\omega_c = 0.25\% \sim 0.60\%$）和高碳钢（$\omega_c \geqslant 0.60\%$）。碳素钢焊接性的优劣主要取决于其含碳量的高低。随着含碳量的增加，焊接性逐渐变差，见表 2-14。

表 2-14　碳素钢焊接性与含碳量的关系

名称	$\omega_c/\%$	硬度	典型用途	焊接性
低碳钢	≤0.15	60HBS	板材、型材、薄板、带材、焊丝	优
	0.15～0.25	90HBS	结构用型材、板材和棒材	良
中碳钢	0.25～0.6	25HBS	机器部件和工具	中（通常需要预热和后热）
高碳钢	≥0.6	40HRC	弹簧、模具、钢轨	劣（必需低氢焊接，预热和后热）

2.3.2.2　碳素钢的焊接工艺

（1）低碳钢焊接

由于低碳钢中含碳及其他元素较少，碳当量一般不超过 0.4%，因而其焊接性良好，几乎可采用各种焊接方法进行焊接，并均能获得良好的焊接质量。常用的焊接方法有气焊、焊条电弧焊、埋弧自动焊、电渣焊及 CO_2 气体保护焊等。其中，以焊条电弧焊的应用最广泛。

除了焊前准备、焊接工艺参数外，正确选择焊接材料也是关键内容，主要是根据母材的强度等级及焊接结构的工作条件来确定。焊接低碳钢常用的焊接材料见表 2-15。

表 2-15　焊接低碳钢常用的焊接材料

焊接方法	焊接材料	应用情况
焊条电弧焊	4304(J422)、E4315(J427)	焊接强度等级较低的低碳钢或一般的低碳钢结构
	E5016(J506)、E5015(J507)	焊接强度等级较高的低碳钢或重要的低碳钢结构或在低温下工作的结构
埋弧焊	H08、H08A、HJ430、HJ431	焊接一般的结构件
	H08MnA、HJ431	焊接重要的低碳钢结构件
电渣焊	H10Mn2、H08Mn2Si、HJ431、HJ360	
CO_2 气体保护焊	H08Mn2Si、/H08Mn2SiA	

低碳钢的焊接一般不会遇到什么特殊困难，焊后一般也不需要进行热处理（除电渣焊外）。但是当焊件较厚或刚度很高，且对接头性能要求较高时，则要进行焊后热处理。一方

面可以消除焊接应力，另一方面可以改善局部组织及平衡接头各部分的性能。例如锅炉汽包，即使用20g和22g等焊接性良好的低碳钢，由于板厚较大，仍然要进行600～650℃的焊后热处理。

（2）中碳钢焊接

中碳钢的含碳量为0.25%～0.6%，与低碳钢相比，其含碳量较高。随着钢中含碳量的增加，钢材的强度和硬度增加，塑性和韧性下降，焊接性变差。其主要焊接缺陷是：热裂纹、冷裂纹、气孔和接头脆性，有时热影响区的强度还会下降。当钢中的杂质较多、焊件刚度较高时，焊接缺陷会更加突出。

中碳钢焊接时，应该采用相应强度等级的碱性焊条。在焊前不能预热的条件下，可以采用不锈钢焊条。焊条的选择见表2-16。

表2-16 中碳钢焊接用焊条的选择

钢号	焊条选择		
	要求等强度的构件	要求不等强的构件	特殊情况
35、ZG270—500	J506、J507、J556、J557	J422、J423、J426、J427	A102、A302、A307、A402、A407
45、ZG310—570	J556、J557、J606、J607		
55、ZG340—640	J606、J607	J422、J423、J426、J506、J507	

大多数情况下，焊接中碳钢需要预热并控制层间温度，预热温度取决于碳当量、母材厚度、结构刚度、焊条类型和工艺方法。通常35钢、45钢预热温度可为150～250℃。刚度很大时，可将预热温度提高至250～400℃。焊接电源一般选用直流弧焊电源的反极性接法，这样可以使熔深减小，起到降低裂纹倾向和气孔敏感性的作用。焊后尽量立即进行消除应力的热处理，特别是厚度大或刚度大的工件。消除应力热处理的温度一般为600～800℃。如果焊后不能进行消除应力热处理，也要采取保温、缓冷措施，以减少裂纹的产生。

2.3.3 低合金结构钢的焊接

2.3.3.1 低合金钢的焊接性

低合金钢是指合金元素含量低于5%的钢。许多重要的产品，由于使用了低合金结构钢，不仅大量节约了钢材，减轻了重量，同时也大大提高了产品的质量和使用寿命。由于强度等级较低的（如屈服强度为300～400MPa的钢）的焊接性能接近于普通低碳钢，在焊接时不必采取特殊的工艺措施。因而，低合金钢的焊接主要是针对低合金高强度钢的焊接。对于强度等级大于500MPa且厚度较大或结构刚度较大的焊件，焊接时就必须采用一定的工艺措施。低合金高强度钢焊接时常发生以下问题。

（1）热轧正火钢

① 粗晶区脆化。热影响区中被加热到1100℃以上的粗晶区是焊接接头的薄弱区。热轧正火钢焊接时，如线能量过大或过小都可能使粗晶区脆化。

② 冷裂纹。热轧钢虽然含少量的合金元素，但其碳当量比较低，一般情况下其冷裂倾向不大。

③ 热裂纹。一般情况下，热轧正火钢的热裂倾向小，但有时也会在焊缝中出现热裂纹。

④ 层状撕裂。大型厚板焊接结构，如在钢材厚度方向承受较大的拉伸应力，可能沿钢材轧制方向发生阶梯状的层状撕裂。

（2）低碳调质钢

在焊接热影响区，特别是焊接热影响区的粗晶区有产生冷裂纹和韧性下降的倾向，一般低碳调质钢产生热裂纹的倾向较小。

(3) 中碳调质钢

① 焊接热影响区的脆化和软化。中碳调质钢由于含碳量高、合金元素多，钢的淬硬倾向大，在淬火区产生大量脆硬的马氏体，导致严重脆化。

② 冷裂纹。中碳钢的淬硬倾向大，近缝区易出现马氏体组织，增大了焊接接头的冷裂倾向，在焊接中常见的低合金钢中，中碳调质钢具有最大的冷裂纹敏感性；中碳调质钢的碳及合金元素含量高，偏析倾向较大，因而焊接时具有较大的热裂纹敏感性。

2.3.3.2 低合金结构钢的焊接工艺

(1) 焊接方法的选择

热轧正火钢主要有焊条电弧焊、埋弧焊、气电焊、电渣焊、压焊等，低碳调质钢主要有焊条电弧焊、熔化极气体保护焊、埋弧焊、药芯焊丝电弧焊及钨极氩弧焊等，中碳调质钢主要有气电焊、埋弧焊、焊条电弧焊、点焊等。

(2) 焊条、焊丝及焊剂的选择

强度用钢应按照"等强原则"选择焊条，常见的热轧正火钢（如 16Mn）的屈服强度为 343MPa，碱性焊条选自 E5016、E5015；酸性焊条选自 E5003、E5001、E5503、E5501；对强度等级要求不太高的焊件也可选用 E4316、E4315。

(3) 预热

预热是防止产生冷裂纹、热裂纹和热影响区淬硬性组织的有效措施。具有良好的焊接性，一般不需要预热；对于 15MV（15MnTi），当板厚小于 32mm 时一般不需要预热，当板厚大于 32mm 时焊接时应预热到 100～150℃；18MnMoNb 的焊接性较差，一般需预热，预热温度为 200～250℃。

(4) 焊后热处理

多数情况下，低合金钢不需要焊后热处理，只有在钢材强度等级较高、厚壁容器、电渣焊接头等时才采用焊后热处理。但是，焊后热处理应注意不要超过母材的回火温度，以免影响母材的性能。对于有回火脆性的材料，应避开出现脆性的温度区间，以免脆化。对于含有一定量铜、钼、钒、钛的低合金钢，应注意防止产生再热裂纹。

2.3.4 不锈钢的焊接

2.3.4.1 不锈钢的焊接性

不锈钢的主要外加元素铬（铬含量一般高于 12%）易使钢材处于钝化状态，呈现良好的化学稳定性。不锈钢中以奥氏体不锈钢最为常见，本文主要介绍奥氏体不锈钢的焊接。奥氏体不锈钢的热导率约为碳钢的 1/3，电阻率约为碳钢的 5 倍，线膨胀系数约是碳钢的 1.5 倍。奥氏体不锈钢的塑性和韧性很好，具有良好的焊接性，焊接时一般不需要采取特殊的焊接工艺措施。但是，如果焊接材料选用不当或焊接工艺不合理，会使焊接接头出现晶间腐蚀、应力腐蚀以及热裂纹（由于含镍量较高，奥氏体不锈钢产生热裂纹的倾向要比低碳钢大得多）。此外，奥氏体不锈钢的焊缝在后续加热一段时间后，常会出现冲击韧性下降的现象。

2.3.4.2 奥氏体不锈钢的焊接

(1) 焊接方法的选择

奥氏体不锈钢具有较好的焊接性，可以采用焊条电弧焊、埋弧焊、惰性气体保护焊和等离子弧焊等熔焊方法，并且焊接接头具有相当好的塑韧性。因为电渣焊受热过程的特点，会使奥氏体不锈钢接头的抗晶间腐蚀能力降低，并且在熔合线附近产生严重的刀蚀，所以一般不采用电渣焊。

（2）焊接材料的选择

选择焊接材料时，应尽量使焊缝金属的合金成分与母材成分基本相同，并降低焊缝金属中的含碳量和 S、P 等杂质的含量。奥氏体不锈钢焊接材料的选用见表 2-17。

表 2-17　奥氏体不锈钢焊接材料的选用

钢号	焊条型号（牌号）	氩弧焊焊丝	埋弧焊焊丝	埋弧焊焊剂
1Cr18Ni9	E308－16（A101） E308－15（A107）	H1Cr19Ni9	—	—
1Cr18Ni9Ti	E308－16（A101） E308－15（A107）	H1Cr19Ni9	H1Cr19Ni9 H0Cr20Ni10Ti	HJ260 HJ172
1Cr18Ni9Se 1Cr18Ni9Si3	E316－15（A207） E316－16（A202）	H0Cr19Ni12Mo2	—	—
00Cr17Ni14Mn2	E316－16（A202）	H00Cr19Ni12Mo2	H00Cr19Ni12Mo2	HJ260

（3）焊前准备

奥氏体不锈钢中有较多的铬，用一般的氧-乙炔切割有困难，可用机械切割、等离子切割及碳弧气刨等方法进行下料或坡口加工。机械切割最常用的有剪切、刨削等。当板厚≥3mm 时要开坡口，坡口两侧 20～30mm 内用丙酮或酒精擦净清理。对表面要求特别高的焊件，应在适当范围内涂上用白垩调制的糊浆，以防飞溅金属损伤表面。并且，注意避免损伤钢材表面，以免使产品的耐蚀性降低。不允许用利器划伤钢板表面，不允许随意引弧等。

（4）焊接工艺

奥氏体不锈钢焊接时尽量采用小规范参数，防止出现晶间腐蚀、热裂纹及变形等缺陷。同样直径的焊条电弧焊焊接电流值应比低碳钢的焊接电流值低 20% 左右。为保证电弧稳定燃烧，焊条电弧焊最好采用直流反接法；钨极氩弧焊一般采用直流正接，以防因电极过热而造成焊缝中渗钨的现象。短弧焊时收弧要慢，要填满弧坑。与腐蚀介质的接触面要最后焊接。多层焊要控制层间温度（<60℃）。焊后可采取强制冷却。焊后变形只能用冷加工矫正。

不锈钢复合钢板由不锈钢覆层和碳钢、低合金钢基层共同组成，可用来制造化工、石油等工业的容器和管道。焊接不锈钢复合钢板时，应对覆层和基层分别进行焊接，以保证两者原有的性能。但是，当用结构钢焊条焊接基层时，可能熔化到不锈钢覆层，由于合金元素渗入焊缝，焊缝硬度增加、塑性降低，易产生裂纹。当用不锈钢焊条焊接覆层时，可能熔化到结构钢基层，使焊缝合金成分稀释而降低焊缝的塑性和耐蚀性。为防止上述两种不良后果，在基层和覆层的焊接之间必须采用过渡层的方法。

2.3.5　异种钢的焊接

珠光体钢与奥氏体钢焊接时的主要问题有焊缝成分的稀释、熔合区凝固过渡层的形成、碳迁移扩散层以及接头的应力状态。图 2-34 为珠光体钢和奥氏体钢进行异种金属焊接接头示意图。焊接材料的合金元素含量既不和 A 相同，也不和 B 相同。

一般珠光体钢和奥氏体钢都采用高合金焊接材料进行

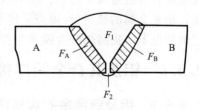

图 2-34　异种钢焊接示意图

焊接，母材的合金化程度低，填充材料的合金化程度高，焊接时合金化程度低的母材进入焊缝，就会造成焊缝的合金化程度低于填充金属的合金化程度，这种现象就是母材对焊缝的稀释作用。稀释程度可以用稀释率来表示，它是母材在整个焊缝中的百分率。稀释会降低焊缝的合金化程度，可能使焊缝的奥氏化元素含量不足导致焊缝出现马氏体组织，从而恶化接头性能，甚至引起裂纹的产生。

异种钢焊接时可以根据舍夫勒组织图确定焊缝金属的成分和组织。如图 2-35 所示。

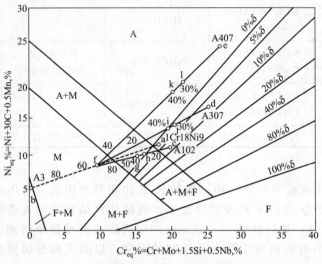

图 2-35　利用舍夫勒图确定异种钢焊缝组织

例如，1Cr18Ni9 和 A3 钢进行焊接，其成分点见图 2-35。如果用 TIG 焊，不用填充材料，且两种母材熔化数量相当，则焊缝的成分点对应 a、b 连线中间点 f，对应组织是马氏体。如果用 A102 不锈钢焊条（其当量成分为 c 点）来焊接上述两种母材，假定两种母材的熔化量相同，则混合后的当量成分相当于 f 点，焊缝便可视为当量成分为 f 点的母材与焊条熔合而成。当母材熔合比变化时，焊缝当量成分将沿 fc 线上各点变化。如熔合比为 40% 时，焊缝当量成分假设为 g 点，那么 g 点的位置就是 gc/gf＝0.4，焊缝组织为奥氏体＋马氏体。在相同条件下（假定两种母材的熔化量相同），若用 A307 焊条（d 点），当熔合比为 40%（焊缝成分 i 点，在 df 线上，di/fi＝0.4）时，焊缝为纯奥氏体组织；熔合比为 30%（j 点）时，焊缝为含 2% 铁素体的双相组织。若用 A407 焊条（e 点），则熔合比为 30%、40%（k、l 点）时，焊缝为单相奥氏体组织。

由此可见，异种钢焊接时，母材的稀释作用会使焊缝的组织和填充材料的组织不一样，而且熔合比不同，获得的焊缝组织也不同。所以，为确保焊缝成分合理（保证塑性、韧性及抗裂性），必须做到正确选择高合金化的材料以及适当控制熔合比或稀释率。实验证明，填充金属或焊缝金属中的铬、镍当量对凝固过渡层中马氏体的形成有明显影响，对同一母材来讲，填充金属的铬当量/镍当量越小，马氏体脆化层宽度越小。一般来说，在铬含量大体一定的情况下，提高焊缝含镍量是有利的。

2.3.6　铝及其合金的焊接

2.3.6.1　铝及铝合金的焊接性

铝及铝合金具有易氧化、线膨胀系数大、熔点低、高温强度小，以及焊接热敏感性强等特点，因而给焊接工艺带来了一定困难。铝及铝合金在焊接时存在的主要问题如下。

（1）氧化

铝和氧的化学结合力很强，常温下表面就能生成一层致密的氧化铝薄膜。氧化膜的熔点可达 2050℃（而铝只有 600℃）。在焊接过程中，这层难熔的氧化膜容易在焊缝中造成夹渣；氧化膜不导电，影响焊接电弧的稳定性；同时氧化膜还吸附一定量的结晶水，使焊缝产生气孔。因此，焊前必须清除氧化膜。但在焊接过程中，铝会在高温下继续氧化，所以必须采取破坏和清除氧化膜的措施，如气焊时加气焊粉、TIG 焊时采用交流焊等。

（2）气孔

液态铝及铝合金溶解氢的能力强，在焊接高温下熔池会熔入大量的氢，加上铝的导热性好，熔池很快凝固，气体来不及析出，而形成氢气孔。因此，焊接时应加强保护。

（3）热裂纹

铝的热膨胀系数约是碳钢的 2 倍，凝固收缩率约是碳钢的 3 倍，焊接时会产生较大的焊接应力。当成分中的杂质超过规定范围时，在熔池凝固过程中将形成较多的低熔点共晶相。两者的共同作用使焊缝更容易产生热裂纹。为了防止热裂纹的产生，焊前有时应进行预热。

（4）塌陷

铝及铝合金的熔点低，高温强度低，而且熔化时没有显著的颜色变化。因此，焊接时，常因无法察觉到温度过高，而导致塌陷。为了防止塌陷，可在焊件坡口下面放置垫板，并控制好焊接工艺参数。

（5）接头不等强

铝及铝合金焊接时，由于热影响区受热而发生软化，强度降低而使焊接接头和母材不能达到等强度。为了减小接头不等强的影响，焊接时可采用小线能量焊接，或焊后热处理。

2.3.6.2 铝及铝合金的焊接工艺

（1）焊接材料

① 专用焊丝。专用于焊接与其成分相同或相近的母材，可根据母材成分选用。若无现成焊丝，也可从母材上切下窄条作为填充金属。

② 通用焊丝。HS311（铝硅焊丝）是一种通用焊丝，主要成分为 Al＋Si（5％）。用这种焊丝焊接时，焊缝金属流动性好，抗裂性能好，并能保证一定的接头性能。但用它焊接铝镁合金时，焊缝中会出现脆性相，降低接头的塑性和耐腐蚀性，因此可用来焊接除铝镁合金以外的其他各种铝合金。

③ 特种焊丝。为焊接各种硬铝、超硬铝而专门冶炼的焊丝，这类焊丝的成分与母材相近。与专用焊丝相比，焊缝金属既有良好的抗裂性，又有较高的强度和塑性。

④ 气焊熔剂。气焊熔剂的主要作用是去除焊接时的氧化膜及其他杂质，改善熔池金属的流动性，使用时应注意：焊前将焊接部位擦刷干净；用水将熔剂调成糊状，涂于焊丝旋焊；焊后将残存工件表面熔剂用热水洗掉。

（2）焊接方法的选择

由于铝及铝合金多用于化工设备上，要求焊接接头不但有一定强度，而且具有耐腐蚀性。目前，常用的焊接方法主要有钨极氩弧焊、熔化极氩弧焊、脉冲焊等。虽然气焊在诸多方面不如氩弧焊，但由于其使用设备简单、方便，所以在工地或修理行业中还有一些应用。此外，还有等离子弧焊、真空电子束焊、电阻焊、钎焊、激光焊等。

（3）焊前准备及焊后清理

焊前准备主要是清除焊件及焊丝表面的油污和氧化膜、加垫板和预热。

焊前清理分为机械清理和化学清理。焊前机械清理先用有机溶剂（丙酮或酒精）擦拭表面以除油，然后用细铜丝刷或不锈钢丝刷刷净，刷到露出金属光泽为止。也可以用刮刀清理，一般不宜用砂轮打磨，因为砂粒留在金属表面，焊接时会产生缺陷。化学清理的方法是将焊件放在质量分数为10%的硝酸溶液中浸洗，分为处理温度为15～20℃、时间为15～20min或处理温度为60～65℃、时间为15～20min两种。浸洗后，用冷水冲洗，然后用热空气吹干或在100℃的干燥箱内烘干。

焊后清理的目的是清除留在焊缝及邻近区域的焊渣。这些焊渣在空气、水分的参与下会腐蚀焊件，因此焊后必须及时清理干净。

2.3.7　铜及铜合金的焊接

根据所含的合金元素不同，铜及铜合金可以分为紫铜、黄铜、青铜及白铜等。纯铜的色泽呈紫红色，故称紫铜。它具有很高的导电性、导热性、耐蚀性和良好的塑性，易于热压或冷压加工，广泛地用于电气及化工等工业中制造导体、散热器、耐蚀零件等。铜和锌的合金称为黄铜（普通黄铜）。黄铜的耐腐蚀性高，冷、热加工性能好，力学性能和铸造性能比紫铜好，成本也较低，因此广泛用于各种结构零件。铜合金中主要加入的元素不是锌，而是锡、铝、铅等其他元素时通称为青铜，如锡青铜、铝青铜、硅青铜等。青铜具有高的耐磨性及良好的力学性能、铸造性能和耐腐蚀性能，常用于制造各种耐磨零件及与酸、碱、蒸气等腐蚀介质接触的零件。铜和镍的合金称为白铜。由铜和镍组成的合金叫普通白铜，加有锰、铁、锌、铝等元素的合金称为锰白铜、铁白铜、锌白铜和铝白铜。

铜及铜合金在焊接时存在的主要问题及解决措施如下。

(1) 难熔合

铜及铜合金的导热性比钢好得多，铜的热导率约是钢的7倍，随着温度的升高，差距还要加大。大量的热被传导出去，焊件难以局部熔化，必须采用功率大、热量集中的热源，有时还要预热。热影响区很宽。

(2) 铜的氧化

铜在常温时不易被氧化，但是随着温度的升高，当超过300℃时，其氧化能力很快增大。当温度接近熔点时，其氧化能力最强。氧化的结果是生成氧化亚铜（Cu_2O）。焊缝金属结晶时，氧化亚铜和铜形成低熔点（1064℃）的共晶，分布在铜的晶界上，大大降低了焊接接头的力学性能。因此，铜的焊接接头的性能一般低于焊件。

(3) 气孔

铜及铜合金产生气孔的倾向远比钢严重。原因是气体在铜及铜合金中的溶解度随温度降低而急剧下降，以及化学反应也会产生一定数量的气体，又由于铜导热性好，焊接熔池凝固速度快，液态熔池中气体上浮的时间短，来不及逸出，易造成气孔。

铜合金中的气孔分两种类型，分别是氢造成的扩散气孔和水蒸气造成的反应气孔。铜及铜合金液态金属能溶解氢，高温时溶解很多，随着温度的下降，溶解度也降低。铜的溶解度降低幅度比碳钢大得多。在焊缝凝固前，会有很多的氢要逸出，但是由于铜焊缝的凝固速度比较快，氢来不及逸出便要形成气孔，即扩散气孔。

高温时，铜与氧亲和力较大，形成Cu_2O，在1200℃以上可溶于液态铜中，低于1200℃便要游离出来，与氢元素发生化学反应而形成的水蒸气，并不溶于液态铜，若来不及逸出也会形成气孔，这便是反应气孔。

防止产生气孔的主要措施如下。

① 防止焊缝金属吸氢及氧化，焊件表面在焊前应去除油污、水分等，焊条、焊剂要烘干使用，焊丝表面不得有水分。

② 对焊缝加强脱氧，加入硅、铝、钛、锰等脱氧元素。

③ 焊接时加强保护效果。

④ 选择合适的焊接工艺参数，降低冷却速度，焊缝有效厚度不可过大。

（4）热裂纹

铜及铜合金焊接时，在焊缝及熔合区易产生热裂纹。形成热裂纹的原因主要有以下几个方面。

① 铜及铜合金的线膨胀系数几乎比低碳钢大 50% 以上，由液态转变到固态时的收缩率也较大，对于刚性大的焊件，焊接时会产生较大的内应力。

② 熔池结晶过程中，在晶界易形成低熔点的氧化亚铜-铜的共晶物（$Cu+Cu_2O$）。

③ 凝固金属中的过饱和氢原子向铜及铜合金的显微缺陷中扩散，或者它们与偏析物（如 Cu_2O）反应生成 H_2O，致使金属中存在很大的压力。

④ 焊件中的铋、铝等低熔点杂质在晶界上形成偏析。

为了防止热裂纹的产生，必须严格限制焊件和焊接材料的氧、铅、铋、硫等有害元素的含量。焊接时加强对熔池的保护，采取减少焊接应力的工艺措施。例如，选用热量集中的热源、焊前预热、选择合理的焊接顺序、焊后缓冷等。

（5）接头性能低

焊接铜及铜合金时，由于存在合金元素的氧化及蒸发、有害杂质的侵入、焊缝金属和热影响区组织的粗大，再加上一些焊接缺陷等问题，接头的强度、塑性、导电性、耐腐蚀性等往往低于母材。常采用的改善和防止办法是选择合适的焊接材料，严格控制工艺参数，有可能时要作焊后热处理。

2.3.8 铸铁的焊接

铸铁是含碳量大于 2.11% 的铁碳合金。铸铁中除了含有铁和碳以外，还含有硅、锰、磷、硫等元素。在某些特殊用途的合金铸铁中，还分别含有铜、镁、镍、铝或铝等元素，这些元素的存在在很大程度上影响了铸铁的焊接性能。

铸铁目前常以铸件的形式应用于生产。由于铸造工艺的特点，铸件往往存在着各种不同程度的缺陷，在生产中也有许多因各种原因而损坏的铸铁件。所以，铸铁的焊接实际上就是对存有缺陷或者损坏的铸铁件进行补焊，这样就能为国家节约大量的人力、物力和财力，所以铸铁补焊具有很大的经济意义。

2.3.8.1 灰铸铁的焊接性

灰铸铁的焊接性不良，特别是在电弧焊时，如果焊条选用不当或者未采取特殊的工艺措施，则在焊接过程中会产生一系列的缺陷，大致有以下几种。

（1）焊后产生白口组织

在焊补灰铸铁时，往往会在熔合线处生成一层白口组织，严重时会使整个焊缝断面全部白口化。由于白口组织硬而脆，极难进行机械加工，给焊后机械加工带来很大的困难。

生白口的原因主要是由于冷却速度快和石墨化元素不足。在一般的焊接条件下，焊补区的冷却速度比铸件在铸造时快得多，特别是在熔合线附近，是整个焊缝冷却速度最快的地方，而且其化学成分又和基体金属相接近，所以首先在该处形成白口组织。

防止产生白口组织的方法包括以下几种。

① 减慢焊缝的冷却速度。延长熔合区处于红热状态的时间，可使石墨能充分析出。通常采取将焊件预热到 400℃（半热焊）左右或 600～700℃（热焊）后进行焊接，也可在焊接后将焊件保温冷却，减慢焊缝的冷却速度，减少焊缝处的白口倾向。

② 改变焊缝化学成分。增加焊缝中石墨化元素的含量，可在一定条件下防止焊缝金属产生白口。例如，在焊条或焊丝中加入大量的碳、硅元素，以便在一定的焊接工艺条件配合下，使焊缝更容易形成灰口组织。此外，还可采用非铸铁焊接材料（镍基、铜钢、高钒钢），来避免焊缝金属产生白口或其他脆硬组织的可能性。

（2）产生裂纹

由于灰铸铁的塑性接近于零，抗拉强度又较低，当焊接时，因局部快速加热或冷却，造成较大的内应力，则易造成裂纹。此外，当焊缝处产生白口组织时，因白口组织硬而脆，它的冷却收缩率又比基本金属（铸铁）大得多，促使焊缝金属在冷却时易于开裂。

防止裂纹的方法包括以下两点。

① 焊前预热和焊后缓冷。焊前将焊件整体或局部预热和焊后缓冷，不但能减小焊缝的白口倾向，并能减小焊接应力和防止焊件开裂。

② 采用电弧冷焊减小焊接应力。其措施如下：选用塑性较好的焊接材料，如用镍、铜、镍铜、高钒钢等作为填充金属，使焊缝金属可通过塑性变形松弛应力，防止裂纹的产生；选用细直径焊条，采用小电流、断续焊（间歇焊）或分散焊（跳焊）的方法，可减小焊缝处和基本金属的温度差，从而减小焊接应力；通过锤击焊缝，可以消除应力，防止裂纹的产生。

（3）其他措施

在基本金属坡口内钻孔攻螺纹后，把螺钉拧在坡口上，然后进行补焊。这样的做法可以使熔合区附近的应力主要由螺钉承受，从而防止了焊缝处产生裂纹。

2.3.8.2 灰铸铁的补焊

灰铸铁的补焊方法主要是采用电弧焊或气焊，也可采用钎焊或电渣焊。根据焊件在焊接前是否预热，把焊条电弧焊法又分为冷焊法、半热焊法（预热温度在 400℃以下）和热焊法（预热温度为 400～700℃）。

（1）冷焊法

是指焊件在焊前不预热，焊接过程中也不辅助加热，因此可以大大加速焊补生产率，降低焊补成本，改善劳动条件，减少焊件因预热时受热不均匀而产生的变形和焊件已加工面的氧化。因此，在可能的条件下应尽量采用冷焊法。目前，冷焊法正在我国推广使用，并获得了迅速的发展。

但是冷焊法在焊接后因焊缝及热影响区的冷却速度很大，极易形成白口组织，此外因焊件受热不均匀，常形成较大内应力，会造成裂纹。从减少焊件熔化、避免混入更多的碳及硫、尽量减小热影响区宽度出发，在冷焊时应注意以下几点。

① 焊前应彻底清理油污，裂纹两端要打止裂孔，加工的坡口形状要保证便于焊补及减少焊件的熔化量。

② 采用钢芯或铸铁芯以外的焊条时，小直径焊条应尽量用小的焊接电流，以便减小内应力和热影响区的宽度。

③ 采用短焊道焊接法，一般每次焊 10～14mm，待其充分冷却后再焊。

④ 采用逐步退焊法，这样可以大大降低拉应力，对防裂有好处。

⑤ 每焊一短焊道后，立即用圆头锤快速锤击焊缝。

冷焊焊条按焊接后焊缝的可加工性分为两类：一类用于焊后不需要机械加工的铸件，如钢芯铸铁焊条（EZCQ），只适用于小型薄壁铸件刚度不大部位的缺陷焊补；另一类用于焊后需要机械加工的铸件，如纯镍焊条（EZNi-1）、镍铁铸铁焊条（EZNiFe-1）、镍铜铸铁焊条（EZNiCu-1）等。

（2）热焊法

是在焊接前将焊件全部或局部加热到 600～700℃，并在焊接过程中保持一定温度，焊后在炉中缓冷的焊接方法。

热焊法的焊件冷却缓慢，温度分布均匀，有利于消除白口组织，减小应力，防止产生裂纹。但热焊法成本高、工艺复杂、生产周期长、焊接时劳动条件差，因此应尽量少用。只有当缺陷被四周刚性大的部位所包围，在焊接时不能自由热胀冷缩，用冷焊易造成裂纹的焊件才采用热焊。热焊时，焊条型号用 EZCQ 采用大电流（焊接电流可为焊条直径的 50 倍），连续焊。把预热温度为 300～400℃ 的焊补，称为半热焊。采用石墨化能力强的焊接材料，也可成功地进行焊补，但消除裂纹问题没有热焊有把握。

（3）气焊

气焊火焰温度比电弧温度低得多，因而焊件的加热和冷却比较缓慢，这对防止灰铸铁在焊接时产生白口组织和裂纹都很有利。所以，用气焊焊补的铸件质量一般都比较好，因而气焊成为焊补铸铁的常用方法。但气焊与电弧焊相比，其生产率低、成本高、焊工的劳动强度大、焊件变形也较大，焊补大型铸件时难以焊透。因此，目前许多工厂已逐步采用电弧焊代替气焊焊补铸铁件。但由于气焊铸件的质量较好，易于切削加工，在许多工厂中的中小型灰铸铁件，还是较多地用气焊焊补。

2.4 焊接件的结构工艺性

结构工艺性是指在一定的生产规模条件下，如何选择零件加工和装配的最佳工艺方案，因而焊接件的结构工艺性是焊接结构设计和生产中一个比较重要的问题，是经济原则在焊接结构生产中的具体体现。在焊接结构的生产制造中，除考虑使用性能之外，还应考虑制造时焊接工艺的特点及要求，才能保证在较高的生产率和较低的成本下，获得符合设计要求的产品质量。焊接件的结构工艺性应考虑到各条焊缝的可焊到性、焊缝质量的保证，焊接工作量、焊接变形的控制、材料的合理应用、焊后热处理等因素，具体主要表现在焊缝的布置、焊接接头和坡口形式等几个方面。

2.4.1 焊缝布置

焊缝位置对焊接接头的质量、焊接应力和变形以及焊接生产率均有较大影响，因此在布置焊缝时，应考虑以下几个方面。

（1）焊缝位置应便于施焊，有利于保证焊缝质量

施焊操作最方便、焊接质量最容易保证的是平焊缝。因此在布置焊缝时应尽量使焊缝能在水平位置进行焊接。除焊缝空间位置外，还应考虑各种焊接方法所需的施焊操作空间。图 2-36 所示为考虑手工电弧焊施焊空间时，对焊缝的布置要求；图 2-37 所示为考虑点焊或

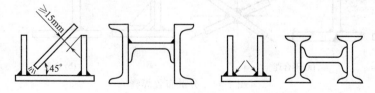

(a) 合理　　　　　　　　(b) 不合理

图 2-36　手工电弧焊对操作空间的要求

缝焊施焊空间（电极位置）时，对焊缝的布置要求。另外，还应注意焊接过程中对熔化金属的保护情况。气体保护焊时，要考虑气体的保护作用，如图 2-38 所示。埋弧焊时，要考虑接头处有利于熔渣形成封闭空间，如图 2-39 所示。

(a) 合理　　　　　　　　　　　　　　　(b) 不合理

图 2-37　电阻点焊和缝焊时的焊缝布置

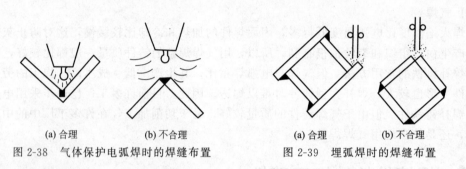

(a) 合理　　(b) 不合理　　　　　　　(a) 合理　　(b) 不合理

图 2-38　气体保护电弧焊时的焊缝布置　　　图 2-39　埋弧焊时的焊缝布置

（2）焊缝布置应有利于减小焊接应力和变形

通过合理布置焊缝来减小焊接应力和变形主要有以下途径。

① 尽量减少焊缝数量。可采用型材、管材、冲压件、锻件和铸钢件等作为被焊材料。这样不仅能减小焊接应力和变形，还能减少焊接材料消耗，提高生产率。如图 2-40 所示的箱体构件，如采用型材或冲压件［见图 2-40(b)］焊接，可较板材［见图 2-40(a)］减少两条焊缝。

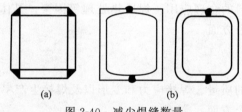

(a)　　　　　　　　(b)

图 2-40　减少焊缝数量

② 尽可能分散布置焊缝。如图 2-41 所示。焊缝集中分布容易使接头过热，材料的力学性能降低。两条焊缝的间距一般要求大于三倍或五倍的板厚。

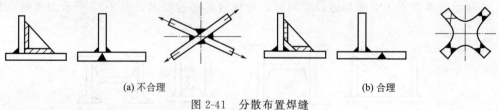

(a) 不合理　　　　　　　　　　　　　(b) 合理

图 2-41　分散布置焊缝

③ 尽可能对称分布焊缝。如图 2-42 所示。焊缝的对称布置可以使各条焊缝的焊接变形相抵消，对减小梁柱结构的焊接变形有明显的效果。

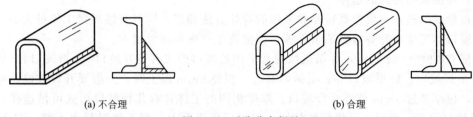

(a) 不合理   (b) 合理

图 2-42   对称分布焊缝

（3）焊缝应尽量避开最大应力和应力集中部位

防止焊接应力与外加应力相互叠加，造成应力过大而开裂。不可避免时，应附加刚性支承，以减小焊缝承受的应力。如图 2-43 所示。

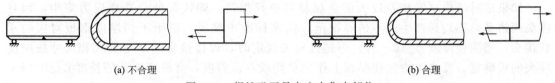

(a) 不合理   (b) 合理

图 2-43   焊缝避开最大应力集中部位

（4）焊缝应尽量避开机械加工面

一般情况下，焊接工序应在机械加工工序之前完成，以防止焊接损坏机械加工表面。此时，焊缝的布置也应尽量避开需要加工的表面，因为焊缝的机械加工性能不好，且焊接残余应力会影响加工精度。如果焊接结构上某一部位的加工精度要求较高，又必须在机械加工完成之后进行焊接工序，应将焊缝布置在远离加工面处，以避免焊接应力和变形对已加工表面精度的影响，如图 2-44 所示。

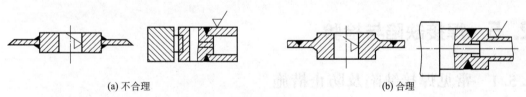

(a) 不合理   (b) 合理

图 2-44   焊缝远离机械加工表面

2.4.2   焊接接头形式和坡口形式的选择

（1）焊接接头形式的选择

在结构设计时，设计者应综合考虑结构形状、使用要求、焊件厚度、变形大小、焊接材料的消耗量、坡口加工的难易程度等因素，以确定接头形式和总体结构形式。

手工电弧焊焊接碳钢和低合金钢的基本焊接接头形式有对接接头、角接接头、搭接接头和 T 形接头四种。其中对接接头是焊接结构中使用得最多的一种形式，接头上应力分布比较均匀，焊接质量容易保证，但对焊前准备和装配质量要求相对较高。角接接头便于组装，能获得美观的外形，但其承载能力较差，通常只起连接作用，不能用来传递工作载荷。搭接接头便于组装，常用于对焊前准备和装配要求简单的结构，但焊缝受剪切力作用，应力分布不均，承载能力较低，且结构重量大，不经济。T 形接头也是一种应用非常广泛的接头形式，在船体结构中约有 70% 的焊缝采用 T 形接头，在机床焊接结构中的应用也十分广泛。

（2）焊接坡口形式的选择

坡口形式的选择主要根据板厚和采用的焊接方法确定，同时兼顾焊接工作量大小、材料消耗、坡口加工成本和焊接施工条件等，以提高生产率和降低成本。

根据 GB 985—88 规定，焊条电弧焊常采用的坡口形式有不开坡口（I 形坡口）、Y 形坡口、双 Y 形坡口、U 形坡口等。电弧焊对接，板厚 6mm 以上时，一般要开设坡口，对于重要结构，板厚超过 3mm 就要开设坡口。厚度相同的工件常有几种坡口形式可供选择，Y 形和 U 形坡口只需一面焊，可焊到性较好，但焊后角变形大，焊条消耗量也大些。双 Y 形和双面 U 形坡口两面施焊，受热均匀，变形较小，焊条消耗量较小，在板厚相同的情况下，双 Y 形坡口比 Y 形坡口节省焊接材料 1/2 左右，但必须两面都可焊到，所以有时受到结构形状的限制。U 形和双面 U 形坡口根部较宽，容易焊透，且焊条消耗量也较小，但坡口制备成本较高，一般只在重要的、受动载的厚板结构中采用。

如果是对两块厚度相差较大的金属材料进行焊接，则接头处会造成应力集中，而且接头两边受热不均易产生焊不透等缺陷。国家标准中规定，对于不同厚度钢板对接的承载接头，当两板厚度差（$\delta-\delta_1$）不超过相关规定时，焊接接头的基本形式和尺寸按厚度较大的板确定。反之，则应在厚板上作出单面或双面斜度，有斜度部分的长度 $L \geqslant 3（\delta-\delta_1）$，如图 2-45 所示。

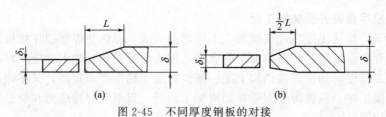

图 2-45　不同厚度钢板的对接

2.5　焊接缺陷与检验

2.5.1　常见焊接缺陷及防止措施

焊接接头中的不连续性、不均匀性及其他不健全的情况，均属于焊接缺欠。其中不符合焊接产品使用性能要求的缺欠称为焊接缺陷。

GB/T 6417.1—2005《金属熔化焊接头缺欠分类及说明》把熔化焊的缺欠按其性质分为六大类：裂纹、孔穴、固态夹杂、未焊透与未熔合、形状缺陷，以及上述以外的其他缺欠。若焊接缺欠能减少或避免产生，可能就不会发生一些破坏事故。实际焊接生产中，产生焊接缺欠的因素是多方面的。不同的缺欠，影响因素也不同。

表 2-18 列出了常见焊接缺陷产生的原因及预防措施。

表 2-18　常见焊接缺陷产生的原因及预防措施

缺陷	原因	措施
未焊透	1. 坡口角度太小，钝边太厚。 2. 焊接速度太快。 3. 焊接电流太小。 4. 运条方法不当	1. 加大坡口角度，减小钝边厚度，增加根部间隙。 2. 降低焊接速度。 3. 在不影响熔渣覆盖的前提下加大电流，短弧操作，使焊条保持近于垂直的角度。 4. 掌握正确的运条方法

缺陷	原因	措施
咬边	1. 焊接电流过大。 2. 运条方法不当。 3. 焊接速度过快。 4. 电弧太长。 5. 焊条选择不当	1. 减小焊接电流。 2. 掌握正确的运条方法。 3. 降低焊接速度。 4. 短弧操作。 5. 根据焊接条件选择合适的焊条型号和直径
焊瘤	1. 焊接电流过小。 2. 焊接速度太慢。 3. 电弧过大。 4. 运条方法不正确。 5. 焊条选择不当	1. 调整合适的焊接电流。 2. 加快焊接速度。 3. 短弧操作。 4. 正确掌握运条方法。 5. 根据焊接条件选择合适的焊条型号和直径
焊缝外观不良	1. 焊接电流过大或过小。 2. 焊接速度不当使熔渣覆盖不良。 3. 运条方法不当。 4. 焊接接头过热。 5. 焊条选择不当	1. 调整合适的电流。 2. 调整焊接速度。 3. 掌握正确的运条方法。 4. 避免焊接过热。 5. 根据焊接条件、母材及板厚选择合适的焊条型号和直径
夹渣	1. 前一层焊道的熔渣清理不净。 2. 焊接速度过慢,熔渣前淌。 3. 坡口角度过小。 4. 焊条角度和运条不当	1. 仔细清理熔渣。 2. 稍微提高焊接电流,加快焊速。 3. 加大坡口角度,增加根部间隙。 4. 正确掌握运条方法
气孔	1. 电流过大。 2. 电弧过长。 3. 焊接区表面有油、锈等污物。 4. 焊条过潮。 5. 焊接接头冷却速度过快。 6. 母材含硫过高。 7. 焊条选择不当。 8. 引弧方法不当	1. 使用适当的电流。 2. 短弧操作。 3. 清理焊接区表面。 4. 焊前将焊条烘干。 5. 摆动、预热等,以降低冷却速度。 6. 使用低氢型焊条。 7. 选择气孔敏感性小的焊条。 8. 采用引弧板或用回弧法操作
热裂纹	1. 接头刚度过大。 2. 母材含硫过高。 3. 根部间隙过大	1. 采用低氢型焊条。 2. 使用含锰高的低氢型焊条,使用含碳、硅、硫、磷低的焊条。 3. 保持合适的间隙,收弧时要把弧坑填满
冷裂纹	1. 母材中含合金元素量高。 2. 接头刚度过大。 3. 接头冷却速度过快。 4. 焊条吸潮	1. 预热,使用低氢型焊条,使用碳当量低、韧性高、抗裂性好的焊条。 2. 预热,正确安排焊接顺序。 3. 进行预热和后热,控制层间温度,选择合适的焊接规范。 4. 焊前焊条烘干,选用难吸潮焊条或超低氢焊条
烧穿	1. 坡口形状不良。 2. 焊接电流过大。 3. 焊接速度过慢。 4. 母材过热。 5. 电弧过长	1. 减小根部间隙及加大钝边高度。 2. 使用较小的电流或选用电弧吹力小的焊条。 3. 适当加快焊接速度。 4. 避免接头过热。 5. 短弧操作
变形	1. 焊接接头设计不当。 2. 接头下部过热。 3. 焊接速度过慢。 4. 焊接顺序不当。 5. 缺乏约束的条件	1. 设计时预先考虑到接头的膨胀、收缩。 2. 使用小电流、选用熔深浅的焊条。 3. 适当加快焊接速度。 4. 正确安排焊接顺序。 5. 使用夹具等进行充分约束,但必须注意防止产生裂缝

缺陷	原因	措施
凹坑	1. 焊条吸潮。 2. 焊接区表面脏物太多。 3. 焊条过热发红。 4. 母材含硫过高。 5. 母材的碳、锰含量过高	1. 焊前焊条烘干。 2. 清除表面油、锈、油漆等污物。 3. 使用小电流、避免焊条过热。 4. 使用低氢型焊条。 5. 使用碱度高的焊条
飞溅	1. 电流过大。 2. 焊接时产生磁偏吹。 3. 碱性焊条错用正极性。 4. 焊条吸潮。 5. 电弧过大	1. 使用合适的电流。 2. 尽量防止磁偏吹。 3. 改用反接(即焊条接正极)。 4. 焊前焊条烘干。 5. 用短弧施焊

2.5.2 焊接接头的检验

焊接结构(件)中一般都存在着焊接缺欠,这将影响到焊接结构(件)的安全使用。对焊接缺欠进行分析,一方面找出其产生原因,从而采取有效措施,防止缺欠的产生;另一方面是在焊接结构(件)的制造或使用过程中,正确地选择焊接检验的技术手段,及时地发现缺欠,从而定性或定量地评价焊接结构(件)质量,使焊接检验达到预期目的。

焊接检验的方法有非破坏性检验、破坏性检验、工艺性检验等。表 2-19 所列为焊接质量检验的方法分类。下面着重介绍压力检验、致密性检验和无损检验方法。

表 2-19　焊接检验方法分类

类别	特点	内容	
非破坏性检验	检验过程不破坏被检结构和材料	外观检验	母材、焊材、坡口、焊缝表面质量,成品、半成品外观几何形状和尺寸
		压力检验	水压试验,气压试验
		致密性检验	气密性试验,吹气试验,载水试验,水冲试验,煤油试验,渗漏试验,氨检漏试验
		无损检验	射线探伤,磁粉探伤,超声波探伤,渗透探伤检验残余应力、内部缺陷
破坏性检验	检验过程须破坏被检结构和材料	力学性能试验	拉伸,弯曲,冲击,硬度,疲劳等试验
		化学分析试验	晶间腐蚀试验,铁素体含量测定
		金相与断口分析	宏观组织分析,显微组织分析,断口检验
工艺性检验	为确保工艺的正确性进行的事前检验	焊接工艺评定试验,工艺装备检验,辅机及工具检验,结构装配质量检验,焊接工艺参数检查,预热、焊后热处理检验	

2.5.2.1 压力检验

压力试验方法用以检验锅炉、压力容器、管道等结构的整体强度、变形量和有无渗漏,有气压试验法和水压试验法。水压试验用于检验高压容器,以水为介质,充满容器内腔,用高压泵将水加压,用两块同等量程且经过校验的压力表显示水压。气压试验法一般用于检验低压容器、管道和不适合进行水压试验的容器。气压试验必须严格按照《固定式压力容器安全技术监察规程》(TSG R0004—2009)进行。

2.5.2.2 致密性检验

致密性检验又称密封性检验，用于检验焊缝是否有漏气、漏水、漏油等情况。目前工程上常用的方法有气密性试验、氨气试验和煤油试验等。其原理是利用容器内外压力差检验焊缝有无渗漏。

2.5.2.3 无损探伤

无损探伤又称无损检测（NDT），是在不损伤、不破坏材料和结构的情况下检测内在缺欠的方法。NDT 不仅能判断出是否有内在缺欠，而且能判断出缺欠的性质、形状、大小、位置、取向等。目前常用的无损探伤方法有射线、超声波、磁粉、渗透、涡流等。

（1）超声波探伤（UT）

超声波是频率高于 20kHz、人耳不易听到的机械波，与光类似具有指向性，故可用于探伤。超声波探伤是利用超声波的反射原理，即利用焊缝中的缺欠与正常组织具有不同的声阻抗和声波在不同的声阻抗介质界面上会产生反射的原理。探伤过程是由探头中的压电换能器发射超声波，通过声耦合介质（水、油、甘油、糊糊等）传播到焊件中，遇到缺欠、板材界面产生反射波，经过换能器转换成电信号放大后打印出来或显示在屏幕上。根据探头的位置和声波的传播时间可以知道缺欠的位置，观察反射波的幅度可以近似地估计缺欠的大小。UT 法适合检测表面及内部缺欠，比如气孔、裂纹、夹渣等。

（2）射线探伤（RT）

射线探伤是利用 X 射线或 γ 射线照射检验对象以检查内部缺欠的方法。目前工业上常用的方法有照相法、透视法（荧光屏直接观察法）和工业 X 射线电视法。其工作原理是：射线穿过工件时，缺欠部分和无缺欠部分对射线的吸收不同，在工件对面的底片或显示屏上产生强度不同的曝光，以判断缺欠的位置、投影大小。射线探伤法对体积缺欠敏感，其缺欠影像清晰并可永久保存，工业上应用广泛。在没有电源的情况下，可以选用放射性同位素产生 γ 射线进行探伤。

焊接常见的缺欠如气孔、裂纹、夹渣、未熔合、未焊透等在 X 射线照相底片上显示各自的特征，如表 2-20 所列。

表 2-20 常见焊接缺欠的 X 射线影像特征

缺欠种类	影像特征
气孔	多为圆形、椭圆形黑点，中心黑度较大，也有针状、柱状的。有密集分布、单个出现、链状分布等
裂纹	一般呈直线或略带锯齿状的细纹，轮廓清晰，两端尖锐，中部较宽。有时呈树枝状
夹渣	形状不规则，有点状、块状、条状等。黑度也不均匀，一般条状夹渣大体与焊缝平行，或者与未焊透、未熔合同时出现
未熔合	坡口未熔合一般一侧平直，另一侧弯曲，黑度淡而均匀，常伴有夹渣；层间未熔合影响不规则且不易分辨
未焊透	呈现规则的直线状的条纹，常常伴有气孔和夹渣

（3）磁粉探伤（MT）

磁粉探伤的原理是利用在强磁场作用下，铁磁性材料表面缺欠产生的漏磁场会吸附磁粉而检验表面缺欠。

铁磁性材料（铁、钴、镍）表面或近表面有缺欠（气孔、裂纹、夹渣）时，一旦被磁化，就会有磁力线在此处外溢形成漏磁场。如果在试件表面播撒磁粉则会在此处被吸附，显示出缺欠的情况。根据磁粉的痕迹（磁痕）就可以判断缺欠的位置、大小、形状。缺欠的长度、取向、位置和被测面的磁化强度反映出漏磁场的强度和分布。当缺欠取向与磁化方向垂直时，检测灵敏度和准确性较高，缺欠取向与磁化方向平行时经常会没有显示。

（4）渗透探伤（PT）

利用某些液体的渗透性来发现和检验缺欠的方法叫渗透探伤。PT法用于检验试件表面露头缺欠，如裂纹、气孔等。

渗透探伤原理是以物理学中液体对固体的润湿能力和毛细现象为基础，先将含有染料且具有高渗透能力的液体渗透剂涂覆到被检工件表面，由于液体的润湿作用和毛细作用，渗透液便渗入表面开口缺欠中，然后去除表面多余的渗透剂，再涂一层吸附力很强的显像剂，将缺欠中的渗透剂吸附到工件表面上来，在显像剂上便显示出缺欠的痕迹，通过痕迹的观察，对缺欠进行评定。渗透探伤法有着色渗透法和荧光渗透法。着色渗透法通过目测即可判断缺欠情况，而荧光渗透法需要借助紫外线灯使荧光剂显像才能进行检测。

焊接结构中可能存在各种各样的焊接缺陷，因此需合理选择无损检测方法，表2-21所列为焊接结构中常用无损检测方法的对比。

表2-21　焊接结构（件）常用无损检测方法的对比

名称	适用对象	不适用对象	优缺点
射线探伤(RT)	(1)焊缝内部体积型缺陷气孔、夹渣、未焊透； (2)对于焊缝内部面积型缺陷裂纹和未熔合必须与透照方向一致才有较高检出率	由于射线透照方向不易与裂纹、未熔合方向一致，故较难发现	(1)透照厚度$\delta<400mm$； (2)防辐射安全措施严格； (3)影像直观，底片可存档； (4)设备一次性投资大； (5)要有素质高的操作和评片人员
超声波探伤(UT)	(1)特别适合焊缝内部面积型缺陷裂纹、未熔合； (2)对体积型缺陷也有较高检出率	难以探出小、细裂纹	(1)厚度基本不受限制； (2)安全、方便、成本低； (3)缺陷定性困难； (4)奥氏体粗晶焊探伤困难； (5)要有素质高的检验人员
磁粉探伤(MT)	(1)坡口表面(夹层缺陷)； (2)焊缝及附近表面裂纹； (3)厚焊缝中间检查(裂纹)； (4)焊接附件拆除后检查表面裂纹	非铁磁性材料,如奥氏体钢、铜、铝等	(1)相对经济、简便； (2)能确定缺陷位置、大小和形状，但难以确定深度； (3)探伤结果直观，易于解释
涡流探伤(ET)	表面及近表面缺陷(裂纹、气孔、未熔合)	非导电材料	(1)经济、简便、易于实现自动化； (2)缺陷难以定性
渗透探伤(PT)	表面开口缺陷(裂纹、针孔)	疏松多孔性材料	同磁粉探伤

2.5.3　焊接检验的依据

焊接生产中必须按图样、技术标准和检验文件规定进行检验。

图样是生产中使用的最基本资料，加工制作应按图样的规定进行。图样规定了原材料、焊缝位置、坡口形式和尺寸及焊缝的检验要求等。

技术标准包括有关的技术事项。它规定焊接产品的质量要求和质量评定方法，是从事检验工作的指导性文件。常用焊接标准如下。

检验文件包括工艺规程、检验规程、检验工艺等，它们具体规定了检验方法和检验程序，指导现场检验人员进行工作。此外还包括检查过程中收集的检验单据：检验报告、不良品处理单、更改通知单，如图样更改、工艺更改、材料代用、追加或改变检验要求等所使用的书面通知。用户对产品焊接质量的要求在合同中有明确标定的，也可作为图样和技术文件的补充规定。

第3章

塑性成形工艺

利用金属在外力作用下产生的塑性变形，来获得具有一定形状、尺寸和力学性能的毛坯或零件的生产方法，称为金属塑性加工成形，也称为压力加工。金属经塑性变形之后，所成形的零件具有完整的流线，便于获得优良的力学性能。由于金属塑性加工是通过金属的塑性变形与流动获得所需要的形状与尺寸，而不需要进行大量的切削加工，故成形中的废料较少，材料利用率较高。金属塑性加工主要是利用模具进行生产，便于生产实现机械化和自动化，生产成本相对较低，生产率高，并且产品尺寸稳定，互换性好。利用塑性加工能够生产形状复杂的零件，如汽车覆盖件等薄板壳类零件，以及曲轴、连杆等复杂形状零件。因此，塑性加工被广泛应用在机械、电器、仪表、汽车、航空航天、轻工日用品等各个领域。

3.1 塑性加工概论

3.1.1 塑性变形对金属组织和性能的影响

金属变形时的温度对其组织和性能有重大的影响。因此，金属的塑性变形分为冷变形和热变形两种。

在再结晶温度以下的变形叫冷变形。变形过程中无再结晶现象，变形后的金属具有加工硬化现象，可获得较高的强度、硬度和低粗糙度值，但易发生破裂，变形程度一般不宜过大。工业生产中的板料冲压、冷轧、冷拔、冷挤压都属于冷变形。因冷变形有加工硬化现象产生，故每次的冷变形程度不宜过大，否则，变形金属将产生断裂破坏。为防止加工硬化后的金属继续变形而产生断裂破坏现象，应在冷变形一定程度后，在中间安排再结晶退火，消除加工硬化现象，然后继续进行冷变形，直到达到所要求的变形程度。

在再结晶温度以上的变形叫热变形。热变形时加工硬化和再结晶现象会同时出现，不过加工硬化过程随时被再结晶过程消除，所以变形后具有再结晶组织，无加工硬化现象。由于金属的热变形温度是在再结晶温度以上，使金属的屈服强度降低而塑性增加，因此，它能以较小的力和能量产生较大的变形而不断裂，同时又能获得具有高力学性能的再结晶组织。

金属压力加工采用的坯料（铸锭）内部组织很不均匀，晶粒较粗大，并存在气孔、缩松、含有非金属夹杂物等缺陷。铸锭加热后经过压力加工，在塑性变形及再结晶的共同作用下，改变了粗大、不均匀的铸态结构［见图3-1(a)］，获得细化了的再结晶组织。同时铸锭中的气孔、缩松等被压合在一起，使金属更加致密，力学性能得到很大提高。此外，铸锭在压力加工中产生塑性变形时，基体金属的晶粒形状和沿晶界分布的杂质形状都发生了变形，它们往往沿着变形方向被拉长，呈纤维形状，这种结构叫纤维组织［见图3-1(b)］。

(a) 变形前的原始组织　　　(b) 变形后的纤维组织

图 3-1　铸锭热变形前后的组织

纤维组织使金属在性能上具有了方向性，对金属变形后的质量也有影响。纤维组织越明显，金属在纵向（平行纤维方向）的塑性和韧性越大，而在横向（垂直纤维方向）的塑性和韧性越小。纤维组织的明显程度与金属的变形程度有关。变形程度越大，纤维组织越明显。

纤维组织的稳定性很高，不能用热处理方法完全加以消除。经过压力加工使金属变形后能够改变其方向和形状。因此，为了获得具有最好力学性能的零件，在设计和制造零件时，都应使零件在工作中产生的最大正应力方向与纤维方向重合，最大切应力方向与纤维方向垂直。并使纤维分布与零件的轮廓相符合，尽量使纤维组织不被切断。

3.1.2　金属的可锻性

金属的可锻性是衡量材料在经受压力加工时获得优质制品难易程度的工艺性能。金属的可锻性好，表明该金属适合于采用压力加工方法成形；可锻性差，表明该金属不宜选用压力加工方法成形。

可锻性常用金属的塑性和变形抗力来综合衡量。塑性越好，变形抗力越小，则金属的可锻性越好；反之则越差。金属的塑性用金属的断面收缩率ψ、伸长率δ等来表示。变形抗力是指在压力加工过程中变形金属作用于施压工具表面单位面积上的压力。变形抗力越小，则变形中所消耗的能量越少。金属的可锻性取决于金属的内在因素和加工条件（外在因素）。

3.1.2.1　内在因素

（1）化学成分的影响

不同化学成分的金属的可锻性不同。一般情况下，纯金属的可锻性比合金好；碳钢的含碳量越低，可锻性越好；当钢中含有形成碳化物的元素（如铬、钼、钨、钒等）时，其可锻性会显著下降。

（2）金属组织的影响

金属的组织不同，可锻性也会有很大差别。纯金属及单一固溶体（如奥氏体）组成的合金的可锻性好；而金属间化合物（如渗碳体）的可锻性差；由多种性能不同的相组成的合金，锻造时由于各相的变形程度不同，容易导致产生裂纹，故可锻性差；铸态柱状组织和粗晶粒结构不如晶粒细小而均匀的组织的可锻性好。

3.1.2.2　加工条件（外在因素）

（1）变形温度的影响

提高金属变形时的温度是改善金属可锻性的有效措施，并对生产率、产品质量及金属的有效利用等均有极大的影响。金属在加热过程中，随温度的升高，金属原子的运动能力增强（热能增加，处于极为活泼的状态中），很容易进行滑移，因而塑性提高，变形抗力降低，可锻性明显改善，更加适宜进行压力加工。但温度过高，对钢而言，必将产生过热、过烧、脱碳和严重氧化等缺陷，甚至使锻件报废，所以应该严格控制锻造温度。

锻造温度范围是指始锻温度（开始锻造的温度）和终锻温度（停止锻造的温度）间的温度区间。锻造温度范围的确定以合金相图为依据。碳钢的锻造温度范围如图 3-2 所示。其始锻温度比 AE 线低 200℃左右，终锻温度为 800℃左右。终锻温度过低，金属的可锻性急剧变差，使加工难以进行，若强行锻造，将导致锻件破裂报废。

（2）变形速度的影响

变形速度即单位时间的变形程度，它对可锻性的影响是矛盾的。一方面随着变形速度的增大，回复和再结晶过程不充分，来不及完全消除金属变形引起的冷变形强化，于是残留的冷变形强化作用逐渐积累，使金属的塑性下降，变形抗力增大（图 3-3 中 a 点以左），可锻性变差。另一方面，金属在变形过程中，消耗于塑性变形的能量有一部分转化为热能（称为热效应现象），改善着变形条件。变形速度越大，热效应现象越明显，使金属的塑性提高、变形抗力下降（图 3-3 中 a 点以右），可锻性变得更好。但这种热效应现象除在高速锤等设备的锻造中较明显外，一般压力加工的变形过程中，因变形速度慢，不易出现。

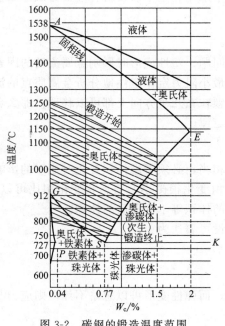

图 3-2　碳钢的锻造温度范围

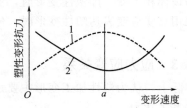

图 3-3　变形速度对塑性及变形抗力的影响
1—变形抗力曲线；2—塑性变化曲线

（3）应力状态的影响

金属在经受不同方法变形时，所产生的应力性质（压应力或拉应力）和大小是不同的。例如，挤压变形时（见图 3-4）为三向受压状态，而拉拔时（见图 3-5）则为两向受压、一向受拉的状态。

实践证明，三个方向的应力中，压应力的数目越多，则金属的塑性越好；拉应力的数目越多，则金属的塑性越差。金属在变形过程中承受同号应力状态时的变形抗力大于承受异号应力状态时的变形抗力。拉应力使金属原子间距增大，尤其当金属的内部存在气孔、微裂纹等缺陷时，在拉应力作用下，缺陷处易产生应力集中，使裂纹扩展，甚至达到破坏报废的程度。压应力使金属内部原子间距离减小，不易使缺陷扩展，故金属的塑性会增加。但压应力使金属内部摩擦阻力增大，变形抗力亦随之增大，所以拉拔加工比挤压加工省力。

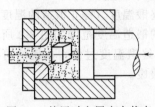 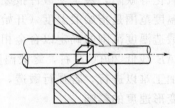

图 3-4　挤压时金属应力状态　　　　　　　图 3-5　拉拔时金属应力状态

因此，在选择具体加工方法时，应考虑应力状态对金属可锻性的影响。对于本质塑性较好的金属，变形时出现拉应力是有利的，可以减少变形能量的消耗。对于本质塑性较差的金属，则应尽量在三向压应力下变形，以免产生裂纹。

3.1.3　塑性成形基本规律

金属在外力作用下产生塑性变形，掌握其基本规律和基本假设对合理安排成形工艺及其参数具有重要意义。

3.1.3.1　最小阻力定律

金属塑性成形问题实质上是金属的塑性流动问题。塑性成形时影响金属流动的因素十分复杂，要定量描述流动规律非常困难，可以应用最小阻力定律定性地分析金属质点的流动方向。金属受外力作用发生塑性变形时，如果金属颗粒在几个方向上都可以移动，那么金属颗粒就沿着阻力最小的方向移动，这就叫最小阻力定律。

3.1.3.2　体积不变假设

金属弹性变形时，体积变化与形状变化比例相当，必须考虑体积变化对变形的影响。但在塑性变形时，由于金属材料连续而且致密，体积变化很微小，与形状变化相比可以忽略，因此假设体积不变。即塑性变形时，变形前金属的体积等于变形后的体积。

采用真实应变表达塑性变形时，体积不变假设可表达为：

$$\varepsilon_1 + \varepsilon_2 + \varepsilon_3 = 0 \qquad (3-1)$$

3.1.3.3　应力应变关系

实际上，认为塑性加工变形主要是塑性变形，而弹性变形可以忽略不计，则应力与应变之间关系表达为：

$$\frac{\varepsilon_1 - \varepsilon_2}{\sigma_1 - \sigma_2} = \frac{\varepsilon_2 - \varepsilon_3}{\sigma_2 - \sigma_3} = \frac{\varepsilon_3 - \varepsilon_1}{\sigma_3 - \sigma_1} = \frac{3\varepsilon_i}{2\sigma_i} \qquad (3-2)$$

式中，ε_1，ε_2，ε_3 为三个主方向的主应变；σ_1，σ_2，σ_3 为三个主方向的主应力；ε_i 为综合应变；σ_i 为综合应力。

3.1.3.4　变形硬化模型

在塑性加工中，材料随着变形的增加其流动应力也增加，这种现象称为应变硬化现象。常用幂指数模型来表达，即：

$$\sigma = K\varepsilon^n \qquad (3-3)$$

式中，σ 为应力；K 为系数；ε 为应变；n 为硬化指数。

3.1.3.5 薄板材成形时的平面应力假设

在薄板材冲压成形中，由于板平面的尺寸远大于板厚尺寸，即使在板厚方向受到较大的压力（如压边力、凸模作用力等），但其应力值却远远小于板平面内的主应力值，其绝对值也很小。因此，在分析板材冲压成形时的受力状态时，一般按平面应力处理，即板厚方向的应力为零。但厚板弯曲成形时，板厚方向的应力对变形有较大影响，故不能作平面应力处理。

3.1.3.6 板材拉深成形时的面积不变假设

在板材拉深成形时，由于不同部位的应力状态不同，必然会存在有的部位板厚增加，而有的部位板厚减小，但这种板厚的变化所引起的板平面面积的变化却非常小。因此，在拉深成形时，一般假设板材在拉深成形之前毛坯的面积等于拉深成形之后拉深件的表面积。

3.2 锻造与冲压

锻造与冲压是机械制造的基础工艺之一，是机械产品加工不可缺少的重要手段，近年来，锻压技术有了飞速的发展，已经突破了主要提供毛坯的范畴，部分或全部取代切削加工，向直接大量生产机械零件的方向发展。

3.2.1 自由锻

利用简单通用的工具如平砧、型砧等，在自由锻设备的冲击或压力作用下，使加热好的坯料变形，获得所需几何形状及性能的锻件的方法称为自由锻成形。自由锻成形适合于单件、小批量生产，也是大型锻件唯一的生产方法。自由锻工艺灵活，由锻工控制金属的变形方向，可锻制各种各样的锻件，如：模块、齿轮坯、大型连杆、多拐曲轴、起重机吊钩、空心长筒、护环、转子、轧辊等复杂锻件。这些锻件质量最小的不到1kg，大的甚至可达到几百吨。

自由锻造的工艺方法包括基本工序、辅助工序和修整工序。基本工序有镦粗、拔长、冲孔、扩孔、弯曲、扭转、错移、切割和锻焊等。辅助工序是为了配合基本工序使坯料预先变形的工序，如钢锭倒棱、预压钳把、分段压痕。修整工序安排在基本工序之后，用来修整锻件尺寸和形状。

3.2.1.1 自由锻工艺方法

(1) 镦粗

是指用压力使坯料高度减小，而直径（或横向尺寸）增大的锻造工序称为镦粗。镦粗分完全镦粗和局部镦粗两种。在坯料的局部进行的镦粗叫局部镦粗。根据镦粗部位不同，局部镦粗可分为两端镦粗和中间镦粗两种。如图3-6所示。

坯料在下砧和锤头之间镦粗时，随着高度减小，金属自由地向四周流动。镦粗后的坯料

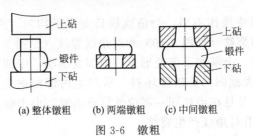

(a) 整体镦粗　　(b) 两端镦粗　　(c) 中间镦粗

图 3-6　镦粗

侧表面将变成鼓形，内部变形分布也不均匀。按变形程度大小可分为三个区（见图3-7），第Ⅰ区变形程度最小，第Ⅱ区变形程度最大，第Ⅲ区变形程度居中。这种变形不均匀主要是因为受到工具与毛坯端面之间摩擦的影响，以及坯料的温度不均。坯料的上、下端由于与工具接触，降温快，变形抗力大，故较中间处的金属变形困难。Ⅰ区和Ⅱ区为三向压应力状态，Ⅲ区为两压一拉。由于拉应力的出现，当镦粗低塑性材料时，坯料侧表面易出现裂纹。

坯料高度与直径之比称为高径比。当高径比 $H_0/D_0 \approx 3$ 时，坯料镦粗后常常产生双鼓形（见图3-8），这是由于打击能量首先被上下两端金属的塑性变形所吸收，导致上部和下部变形大、中部变形小。当毛坯高径比 $H_0/D_0 > 3$ 时，坯料易产生纵向弯曲，弯曲了的坯料如不及时校正而继续镦粗则要产生折叠。通常，坯料高径比为 $H_0/D_0 = 0.8 \sim 2.0$，在此范围内镦粗，变形较均匀，鼓形度也较小。

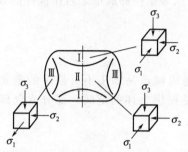

图3-7　镦粗时按变形程度分区和各区应力情况

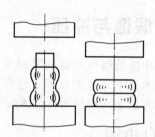

图3-8　双鼓形成示意图

镦粗主要用于锻造齿轮坯、圆饼类锻件。镦粗可以有效地改善坯料组织，可以提高锻件的力学性能，减小力学性能的异向性。镦粗是塑性成形工艺中最基本的成形方式，拔长、冲孔、模锻、挤压以及轧制等工序，都有镦粗的作用在里面。例如，冲孔前增大坯料横截面积和平整端面；或者提高下一道拔长工序的锻造比。

（2）拔长

使坯料横截面积减小，而长度增加的锻造工序称为拔长。拔长有平砧和型砧或摔子拔长之分。对于塑性较高的合金可采用平砧拔长，对于塑性较低的合金应采用型砧或摔子拔长。

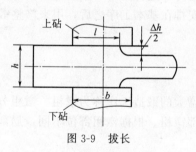

图3-9　拔长

拔长的主要工艺参数是送进量（l）和压下量（Δh），主要问题是生产率和质量。按坯料截面形状不同分为矩形断面拔长、圆断面拔长和芯轴拔长三种。

① 矩形截面拔长　矩形截面拔长如图3-9所示。矩形截面坯料在平砧间拔长，当相对送进量（送进长度与坯料宽度之比）较小时金属沿轴向流动多，沿横向流动少，但相对送进量太小时，送进次数增多。因此，为了提高拔长效率，一般取绝对送进量 $l = (0.4 \sim 0.8)b$，b 为平砧宽度。

若绝对送进量不合理或操作不当，会造成拔长变形不均匀。在平砧上拔长低塑性材料时，坯料易产生内部横向裂纹（见图3-10）和对角线裂纹（见图3-11）。

当绝对送进量过小时，上部和下部变形大，中部变形小，中部沿轴向受附加拉应力（见图3-12），在拔长锭料和大截面的低塑性坯料，易产生内部横向裂纹；当绝对送进量较大，拔长高合金工具钢材料，并且在毛坯同一部位反复重击时，由于金属沿对角线的激烈的相对流动（见图3-13），常易沿对角线产生裂纹。

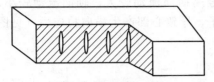

图 3-10 内部横向裂纹

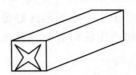

图 3-11 对角线裂纹

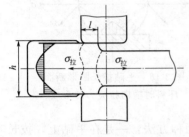

图 3-12 小送进量拔长时的变形和应力情况

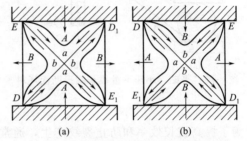

图 3-13 拔长时坯料横截面上金属流动情况

如图 3-13(a) 所示，A 区（难变形区）的金属带着 a 区金属向轴心方向移动，B 区金属带着 b 区金属向增宽方向流动。因此，a、b 两区的金属向着两个相反的方向流动；当毛坯翻转再锻打时，两区金属的流动情况相互调换 ［见图 3-13(b) ］，但是仍沿着两个相反的方向流动。DD' 和 EE' 就称为两部分金属最大的相对移动线，其附近金属的变形量最大。当反复多次锻打时，两区金属的温度剧升，导致过热，甚至发生局部熔化现象。因此，在剪应力作用下，很快沿对角线产生破坏。有时当毛坯质量不好，锻件加热时间较短，内部温度较低或打击过重时，由于沿对角线上金属流动过于剧烈，产生严重的加工硬化现象，这也促使了金属很快地沿对角线开裂。拔长时，若送进量过大，沿长度方向流动的金属减少；沿横断面上金属的变形就更为剧烈，沿对角线产生纵向裂纹的可能性也就更大。

综上所述，可以看出送进量过大和过小都是不好的，因此，正确地选择送进量极为重要。根据试验和生产实践表明，$l/h＝0.5～0.8$ 较合适。

常见的拔长翻料方法如图 3-14 所示。拔长过程中要将毛坯料不断反复地翻转 90°，并沿轴向送进 ［见图 3-14(a) ］。螺旋式翻转拔长 ［见图 3-14(b) ］，是将毛坯沿一个方向作 90° 翻转，并沿轴向送进。单面顺序拔长 ［见图 3-14(c) ］，是将毛坯沿整个长度方向锻打一遍后，再翻转 90°，同样依次沿轴向送进。用这种方法拔长时，应注意工件的宽度和厚度之比不要超过 2.5，否则再次翻转继续拔长时容易产生折叠。拔长操作过程中应注意使前后各遍拔长时的进料位置相互错开，使变形较为均匀，锻件的组织和性能也较均匀，并且能获得平整的表面。

② 圆断面坯料的拔长 在平砧上拔长圆截面坯料时 ［见图 3-15(a) ］，当压下量较小

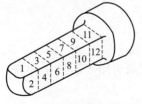

(a) 反复翻转拔长

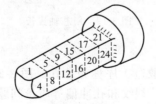

(b) 螺旋式翻转拔长

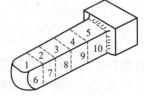

(c) 单面顺序拔长

图 3-14 拔长翻料方法

时，则接触面较窄较长［见图 3-15（b）］，金属横向流动较大，轴向流动较小，拔长效率低。并且，由于上下难变形区好像刚性的楔子，导致心部产生横向拉应力（见图 3-16），常易在锻件内部产生纵向裂纹（见图 3-17）。

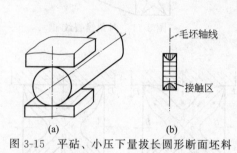

图 3-15　平砧、小压下量拔长圆形断面坯料　　　　图 3-16　平砧拔长圆形断面
坯料时横向拉应力的形成

为了提高拔长效率和防止裂纹产生，通常采用下述两种方法：一是在平砧上，拔长时先将圆截面坯料压成矩形，再将矩形断面毛坯拔长到一定尺寸，然后再压成八角形，最后再锻成圆形；二是在型砧内进行拔长（见图 3-18），金属受工具侧表面的阻力而向轴向流动，拔长效率提高了。而且，金属在较强的三向压应力作用下变形，裂纹不易产生。

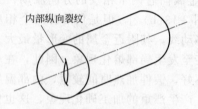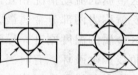

图 3-17　平砧拔长圆形断面　　　　　　图 3-18　型砧拔长圆断面毛坯
坯料时产生的纵向裂纹

③ 芯轴拔长　为了获得长筒形锻件，工厂常采用芯轴拔长的方法。芯轴拔长时的主要质量问题是内孔壁（尤其是端部孔壁）裂纹和壁厚不均匀。为了提高拔长效率和防止孔壁裂纹的产生，一般采用上平下 V 形砧，并且按图 3-19 所示的顺序进行拔长。

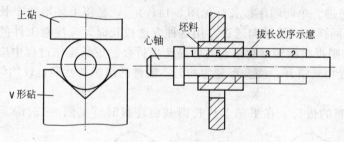

图 3-19　用芯轴拔长

（3）冲孔

将坯料冲出透孔或不透孔的锻造工序称为冲孔。图 3-20 所示为用实心冲子冲孔。用实心冲子冲孔时，主要会产生走样、裂纹和孔冲偏等质量问题。

① 走样　冲孔时毛坯高度减小，外径上小下大，而且上端面凹进，下端面凸出，这些现象统称为"走样"，如图 3-21 所示。D/d 越小，"走样"越显著。生产中为减小"走样"，

一般取 $D/d \approx 3$。

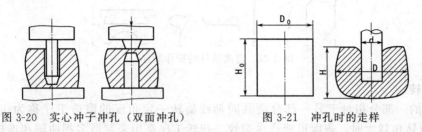

图 3-20 实心冲子冲孔（双面冲孔）   图 3-21 冲孔时的走样

② 裂纹 实心冲子冲孔时，低塑性坯料的内孔圆角处和外侧表面容易产生裂纹（见图3-22）。冲孔时内孔圆角处温度降低较多，塑性较低，当带锥度的冲子往下移动时，此处便胀裂，故冲头的锥度不宜过大。冲孔时冲头下面的金属向外流动，使外层金属受到切向拉应力，导致外侧表面产生裂纹。D/d 越小，最外层金属的切向伸长变形越大，越易产生裂纹，为避免外侧表面产生裂纹，通常取 $D/d \geqslant 2.5 \sim 3$。

（4）扩孔

减小空心坯料壁厚而增加其内外径的锻造工序称为扩孔。常用的扩孔方法有冲头扩孔（见图3-23）和在马杠上扩孔（见图3-24）。冲头扩孔时，坯料沿切向受拉应力作用，容易胀裂，因此，每次扩孔量不宜太大。在马杠上扩孔时，由于变形区金属受三向压应力作用，故不易产生裂纹。

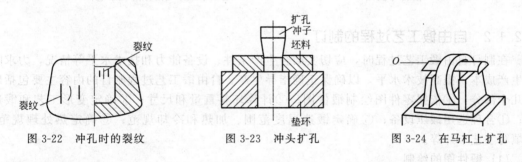

图 3-22 冲孔时的裂纹   图 3-23 冲头扩孔   图 3-24 在马杠上扩孔

（5）弯曲

将毛坯弯成所规定的形状的锻造工序称为弯曲。弯曲的方法有角度弯曲和成形弯曲（见图3-25），弯曲过程中变形区的内边金属受压缩，外边受拉伸，内边可能产生折叠，外边可能产生裂纹（见图3-26），弯曲半径越小，弯曲角度越大，则上述现象越严重。

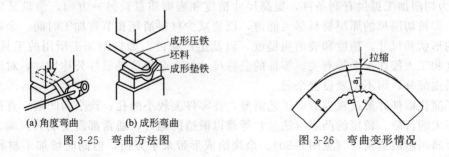

(a) 角度弯曲   (b) 成形弯曲
图 3-25 弯曲方法图   图 3-26 弯曲变形情况

当锻件需要多处弯曲时，弯曲的顺序是先弯端部及弯曲部分与直线部分交界的地方，然后再弯其余圆弧部分（见图3-27）。

第 3 章 塑性成形工艺

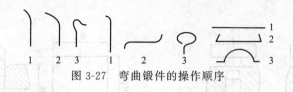

图 3-27　弯曲锻件的操作顺序

（6）扭转

将坯料的一部分相对于另一部分绕共同轴线旋转一定角度的锻造工序称为扭转（见图 3-28）。当扭转角较大时，表面可能产生裂纹。扭转工序常用来制造多拐曲轴和连杆。

（7）错移

使坯料的一部分相对于另一部分错开，但仍保持轴线平行的工序称为错移。错移工序用以锻造双拐或多拐曲轴锻件（见图 3-29）。

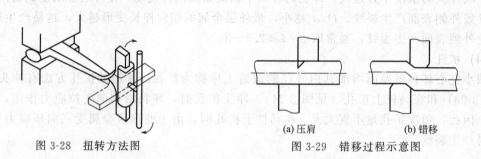

图 3-28　扭转方法图　　　　　　(a) 压肩　　　　(b) 错移

图 3-29　错移过程示意图

3.2.1.2　自由锻工艺过程的制订

在制订自由锻工艺过程时，应切实结合生产条件、设备能力和技术水平等情况，力求降低生产成本，提高技术水平，以确保正确指导生产。自由锻工艺过程制订的内容主要包括以下几个部分：①依据零件图绘制锻件图；②计算坯料重量和尺寸；③确定变形工艺和锻造比；④合理选用锻压设备；⑤确定锻造温度范围、加热和冷却规范；⑥确定热处理规范；⑦填写工艺卡片等。

（1）锻件图的绘制

锻件图是锻造生产过程中的重要技术资料，它是在零件图的基础上考虑了加工余量、锻件公差、锻造余块、检验试样及工艺卡头等绘制而成的。

锻件表面需要进行切削加工的金属层称为机械加工余量（以下简称余量）。一方面，切削加工表面应有足够的余量，以便能消除表面缺陷（如，氧化皮压入、凹痕、脱碳层和氧化层），也为切削加工提供有利条件，提高尺寸精度和表面质量；另一方面，余量又应该尽可能地少，即被切削掉的那层材料尽可能薄，以便减少材料消耗和节省加工时间。余量的大小与零件的形状和尺寸、精度和表面粗糙度，以及生产条件，如切削加工所用的工具、辅具、设备精度和工人操作水平等有关。零件的公称尺寸加上余量就是锻件公称尺寸，对于非加工表面的黑皮部分，则不需要设置余量。

为了简化锻件外形或根据锻造工艺需要，在零件上较小的孔、狭窄的凹陷、直径差较小而长度不大的台阶、较短的凸缘（法兰）等难以锻造的地方，通常都需要填满金属。这部分附加的金属叫做锻造余块（见图 3-30）。余块给成形带来了方便，但同时增加了材料消耗和切削加工工时，因此，是否设置余块，应根据零件形状、锻造难易程度、金属材料消耗、加工工时、生产批量和工具制造等综合考虑确定。对于需要检验内部组织和力学性能的锻件，必须在适当位置添加试样余块，对于需要进行垂直热处理的大型锻件，要求留有吊挂锻件的热处理夹头。另外，有的锻件要求留有切削加工夹头。

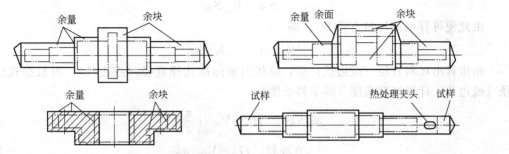

图 3-30　锻件的各种余块

在确定余量、公差和余块等之后，便可绘制锻件图。锻件图上的锻件形状用粗实线描绘。为了便于了解零件的形状和锻后实际余量的检查，在锻件图内用假想线画出零件的简单形状。锻件的尺寸和公差标注在尺寸线上面。零件的尺寸加括号标注在尺寸线下面。如锻件带有检验试样、热处理夹头，在锻件图上应注明其尺寸和位置。在图上无法表示的某些条件，可以技术条件的方式加以说明。

(2) 确定坯料的质量和尺寸

自由锻用原材料有两种：一种是钢材、钢坯，多用于中小型锻件；另一种是钢锭，主要用于大中型锻件。

① 坯料质量的计算　坯料质量 $m_坯$（单位为：kg）应包括锻件质量和各种损耗的质量，可按下式计算：

$$m_坯 = (m_锻 + m_芯 + m_切)(1 + \delta\%) \tag{3-4}$$

式中　$m_锻$——锻件质量，kg，可根据锻件公差尺寸算出其体积，再乘以密度而求得；

　　　$m_芯$——冲孔芯料损失，kg，其取决于冲孔方式、冲孔直径和坯料高度；

　　　$m_切$——锻件拔长端部由于不平整而应切除的料头质量，kg，其与锻件拔长后的直径或截面宽度及高度有关，在采用钢锭锻造时，为保证锻件质量，还应考虑必须切去的钢锭冒口和锭底的质量；

　　　δ——钢料加热烧损率，与所用加热设备类型等因素有关，可按表 3-1 选取。

表 3-1　采用不同加热方法时钢的一次烧损率

炉型	燃煤炉	油炉	煤气炉	电阻炉	接触电加热和感应加热
烧损率 δ/%	2.5~4	2~3	1.5~2.5	1~1.5	<0.5

② 坯料尺寸计算　坯料尺寸的确定与所用工序有关，当所采用的锻造工序不同时，计算坯料尺寸的方法也不同。由于坯料的质量已求出，再除以密度 ρ 即可算出体积 $V_坯$，即

$$V_坯 = m_坯 / \rho \tag{3-5}$$

当头道工序采用镦粗法锻造时，为避免产生弯曲，坯料的高径比应小于 2.5；为便于下料，高径比则应大于 1.25，即：$1.25 \leqslant H_0/D_0 \leqslant 2.5$

根据上述条件，便可导出计算坯料直径 D_0（或方形边长 a_0）的公式：

$$D_0 = (0.8 \sim 1.0)\sqrt[3]{V_坯} \tag{3-6}$$

$$a_0 = (0.75 \sim 0.9)\sqrt[3]{V_坯} \tag{3-7}$$

当头道工序为拔长时，原坯料直径应按锻件最大面积 $S_锻$，并考虑锻造比 K_L 和修整量

等要求来确定。从满足锻造比要求的角度出发，原坯料截面积 $S_{坯}$ 按下式计算：

$$S_{坯} = K_L S_{锻} \tag{3-8}$$

由此便可算出原坯料直径 D_0，即

$$D_0 = 1.13 \sqrt{K_L S_{锻}} \tag{3-9}$$

初步算出坯料直径（或边长）后，应按国家标准选择直径（或边长），再根据选定的直径（或边长）计算坯料高度（即下料长度）：

$$圆坯料 \quad H_0 = V_{坯} / \left(\frac{\pi}{4} D_0^2 \right) \tag{3-10}$$

$$方坯料 \quad H_0 = V_{坯} / a_0^2 \tag{3-11}$$

（3）确定变形工艺和锻造比

制订变形工艺的内容包括：确保锻件成形必需的基本工序、辅助工序和修整工序，决定工序顺序、设计工序尺寸等。各类锻件所需变形工序及工序顺序应根据锻件形状、尺寸和技术要求，并结合各锻造工序的变形特点等确定。工序尺寸设计是与工序、工序顺序选择同时进行的，在确定工序尺寸时应注意下列各点。

① 工序尺寸必须符合工艺特点。

② 必须保持各部分有足够的体积。例如台阶尺寸相差较大的轧辊形锻件的辊身，可按其公称长度下料，或按其计算质量（直径应加正公差）下料。

③ 多火次锻打大件时必须注意中间各火次加热的可能性。

④ 有些长轴类锻件的轴向尺寸要求精确，且沿轴向又不能镦粗（例如曲轴），必须预计到轴向在修整时会略有伸长。

锻造比是表示变形程度的一种方法，是衡量锻件质量的一个重要指标。锻造过程锻造比的计算方法是按拔长或镦粗前后锻件的截面比或高度比计算，即 $K_L = \dfrac{S_0}{S_1} = \dfrac{D_0^2}{D_1^2}$ 或 $K_L = \dfrac{H_0}{H_1}$（S_0、S_1、D_0、D_1、H_0、H_1 分别是锻造前、后的截面积、直径和高度）。如果采用两次镦粗、拔长，或者两次镦粗间有拔长时，按总锻造比等于两次分锻造比之和计算，即 $K_{L总} = K_{L_1} + K_{L_2}$。

锻造比大小反映了锻造对锻件组织和力学性能的影响，一般规律是：锻造过程随着锻造比增大，由于内部孔隙焊合，铸态树枝晶被打碎，锻件的纵向和横向的力学性能均得到明显提高。当锻造比超过一定数值后，由于形成纤维组织，横向力学性能（塑性、韧性）急剧下降，导致锻件出现各向异性。因此，在制订锻造工艺规程时，应合理地选择锻造比的大小。

对于用钢材锻制的锻件（莱氏体钢锻件除外），由于钢材经过了大变形的锻或轧，其组织和性能已得到改善，一般不用考虑锻造比；用钢锭（包括有色金属铸锭）锻制的大型锻件，必须考虑锻造比，可参照表 3-2 选用。

（4）确定锻造设备吨位

在制订锻造工艺规程时，设备吨位的选择很重要。若设备吨位选得过小则锻件内部锻不透，而且生产率低，反之，若设备吨位选得过大，不仅浪费动力，而且由于大设备工作速度低，同样也影响生产率和锻件成本。因此，锻造设备吨位大小要适当。

在自由锻中，锻造所需设备吨位，主要与变形面积、材料流动应力等因素有关。变形面积由锻件大小和变形工序的性质而定。由于镦粗时的变形面积最大，并且很多锻造过程与镦粗有关，因此，常以镦粗力（或镦粗功）的大小来选择设备。

表 3-2　典型锻件的锻造比

锻件名称	计算部位	总锻造比	锻件名称		计算部位	总锻造比
碳素钢轴类锻件	最大截面	2.0～5.0	曲轴	曲拐		≥2.0
合金钢轴类锻件	最大截面	2.5～3.0		轴颈		≥3.0
热轧辊	辊身	2.5～3.0①	锤头		最大截面	≥2.5
冷轧辊	辊身	3.5～5.0②	模块		最大截面	≥3.0
齿轮轴	最大截面	2.5～3.0	高压封头		最大截面	3.0～5.0
船用尾轴、中间轴	法兰	≥1.5	汽轮机转子		轴身	3.5～6.0
推力轴	轴身	≥3.0	发电机转子		轴身	3.5～6.0
水轮机主轴	法兰	≥1.5	汽轮机叶轮		轮毂	4.0～6.0
	轴身	≥2.5	旋翼轴、涡轮轴		法兰	6.0～8.0
水压机立柱	最大截面	≥3.0	航空用大型锻件		最大截面	6.0～8.0

① 一般取 3.0,对小型轧辊可取 2.5。

② 支承辊锻造比可减小到 3.0。

　　确定设备吨位的方法有:理论计算法和经验类比法两种。下面仅介绍后者。

　　经验类比法是在统计分析生产实践数据的基础上,总结归纳出的经验公式或图表来估算锻造所需设备吨位的一种方法,应用时只需根据锻件的某些主要参数(如质量、尺寸、材质)便可迅速确定设备吨位。

　　锻锤吨位(单位为:kg)可按如下公式计算:

　　镦粗时,

$$m = (0.002 \sim 0.003)KS \tag{3-12}$$

式中　K——与钢材抗拉强度 σ_b 有关的系数,按表 3-3 确定;

　　　　S——锻件镦粗后的横截面积,cm^2。

表 3-3　钢材的抗拉强度 σ_b 与系数 K

σ_b/MPa	K
400	3～5
600	5～8
800	8～13

　　拔长时,

$$m = 2.5S \tag{3-13}$$

式中　S——坯料横截面积,cm^2。

　　自由锻用锻锤的锻造能力范围可参考表 3-4。

表 3-4　自由锻锤的锻造能力范围

锻件类型	设备吨位/t	0.25	0.5	0.75	1.0	2.0	3.0	5.0
圆饼	D/mm	<200	<250	<300	≤400	≤500	≤600	≤750
	H/mm	<35	<50	<100	<150	<250	≤300	≤300
圆环	D/mm	<150	<350	<400	≤500	≤600	≤1000	≤1200
	H/mm	≤60	≤75	<100	<150	≤200	<250	≤300

锻件类型	设备吨位/t	0.25	0.5	0.75	1.0	2.0	3.0	5.0
圆筒	D/mm	<150	<175	<250	<275	<300	<350	≤700
	d/mm	≥100	≥125	>125	>125	>125	>150	>500
	H/mm	≤150	≤200	≤276	≤300	≤350	≤400	≤550
圆轴	D/mm	<80	<125	<150	≤175	≤225	≤275	≤350
	m/kg	<100	<200	<300	<500	<750	≤1000	≤1500
方块	H/mm	≤80	≤150	≤175	≤200	≤250	≤300	450
	m/kg	<25	<50	<70	<100	<350	≤800	≤1000
扁方	B/mm	≤100	≤160	<175	≤200	<400	≤600	≤700
	H/mm	≥7	≥15	≥20	≥25	≥40	≥50	≥70
锻件成形	m/kg	5	20	35	50	70	100	300
吊钩	起重量/t	3	5	10	20	30	50	75
钢锭直径/mm		125	200	250	300	400	450	600
钢坯边长/mm		100	175	225	275	350	400	550

3.2.2 模锻

将坯料加热后放在上、下锻模的模腔内，施加冲击力或压力，坯料产生塑性变形从而获得与模腔形状相同的锻件，这种锻造方法称为模型锻造，简称模锻。模锻生产效率高、材料消耗低、操作简单，易实现机械化和自动化，特别适宜于中批量和大批量生产。模锻的生产率和锻件的精度都比自由锻高得多。但是，模具制造成本高，需要吨位较大的模锻锤，只适用于中、小型锻件的大批量生产。模锻通常按模具特征可以分为开式模锻和闭式模锻两种。

开式模锻应用很广，一般用在锻造较复杂的锻件上。开式模锻时，在模腔周围的分模面处多余的金属形成毛边。也正因毛边的作用，才促使金属充满整个模腔，作用力垂直于毛边；而在锻造过程中间隙的大小是变化的。

闭式模锻在整个锻造过程中模腔是封闭的，又称无飞边模锻。在闭式模锻时，由于坯料在完全封闭的受力状态下变形，所以从坯料与模壁接触的过程开始，侧向主应力值就逐渐增大，这就促使金属的塑性大大提高。因此，闭式模锻可以减少飞边材料损耗，节省原材料，简化工序以及有利于精密模锻，有利于低塑性材料成形。

胎模锻是在自由锻设备上使用可移动模具生产模锻件的一种方法。胎模不固定在锤头或砧座上，只是在使用时才放上去，它介于自由锻和模锻之间，在我国应用广泛。胎模成形工艺灵活，既可制坯，又可成形，既可整体成形，也可局部变形，不但能锻造形状简单的锻件，也可成形形状较为复杂的锻件，因而胎模的结构既简单又变化多样。

固定模锻的上、下锻模是分别固定在锻压设备的锤头（或滑块）及下砧（或工作台）上的。由于所用设备的刚度好，导向精度较高，还有防止上、下模错移的装置等，所以锻件的精度及生产率进一步提高。固定模锻根据所用设备不同可分为锤上模锻和压力机上模锻两种。锤上模锻是我国当前模锻生产的基本方法。采用多模腔锻模可锻制形状复杂的锻件。但由于设备及模具都很昂贵，只适合于成批大量生产中、小型锻件。

3.2.2.1 开式模锻

开式模锻变形过程如图 3-31 所示，模锻过程可以分为三个阶段。

第一阶段为镦粗变形阶段（若型腔中有凹槽，则称为镦挤阶段），从开始模压到金属与模具侧壁接触为止；第二阶段为充满模膛阶段；第三阶段为打靠阶段，金属充满模膛后，多余的金属由桥口流出，上、下模打靠（接触）。

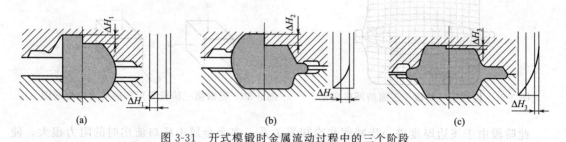

图 3-31　开式模锻时金属流动过程中的三个阶段

(1) 开式模锻各阶段的应力应变分析

① 第一阶段　第一阶段坯料的变形与垫环间镦粗相似（见图 3-32）。变形金属可分为 A、B 两区。A 区的受力情况犹如环形件镦粗，故又可分为内、外两区，即 $A_内$ 和 $A_外$，其间有一个流动分界面。应当指出，这时由于 B 区金属的存在使 A 内区金属向内流动的阻力增大，故与单纯的环形件镦粗相比流动分界面的位置要向内移。B 区内金属的变形犹如在圆形砧内拔长。

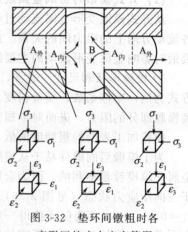

图 3-32　垫环间镦粗时各变形区的应力应变简图

图 3-32 给出了 A、B 各区的应力应变情况。各区金属主要沿最大主应力的增大方向流动（箭头所示），即 $A_外$ 区的金属向外流动；$A_内$ 区和 B 区的金属向内流动，流入模孔内。在坯料内每一瞬间都有一个流动的分界面，分界面的位置取决于两个方向金属流动的阻力大小。

② 第二阶段　第二阶段，金属也有两个流动方向。金属一方面充填模膛，另一方面由桥口处流出形成飞边，并逐渐减薄。由于模壁阻力，特别是飞边桥口部分的阻力作用，迫使金属充满模膛。由于这一阶段金属向两个方向流动的阻力都很大，使其处于明显的三向压应力状态，变形抗力迅速增大。

根据对第二阶段变形试验结果的应力应变分析，这一阶段凹圆角充满后变形金属可分为五个区，如图 3-33 所示。A 区和 B 区类似于第一阶段的垫环间镦粗。C 区为弹性变形区，D 区内金属的变形犹如外径受限制的环形件镦粗。图 3-33 也给出了各区的应力应变简图和金

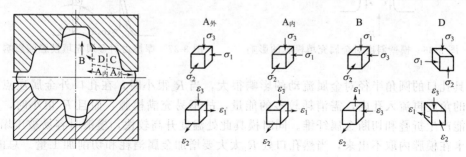

图 3-33　开式模锻时各变形区的应力应变简图

第 3 章　塑性成形工艺

属流动方向。

③ 第三阶段　第三阶段主要是将多余金属排入飞边槽，上下模打靠。此时变形仅发生在分模面附近的一个区内（见图 3-34），其他部位则处于弹性状态。变形区的应力状态与薄件镦粗一样，如图 3-35 所示。

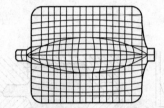

图 3-34　模锻第三阶段子午面的网格变化

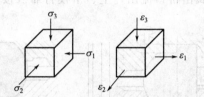

图 3-35　模锻第三阶段变形区的应力应变简图

此阶段由于飞边厚度进一步减薄和冷却等关系，多余金属由桥口流出时的阻力很大，使变形抗力急剧增大。第三阶段是锻件成形的关键阶段，是变形力最大的阶段，从减小模锻所需的能量来看，希望第三阶段尽可能短些。因此研究锻件的成形问题，主要研究第二阶段，而计算变形力时，则应按第三阶段。

（2）开式模锻时影响金属成形的主要因素

从开式模锻变形金属流动过程的分析中可以看出，变形金属的具体流动情况主要取决于各流动方向上的阻力间的关系。此外，载荷性质（即设备工作速度）等也有一定影响。开式模锻时影响金属变形流动的主要因素有以下几点。

① 模膛形状和尺寸　通常，金属以镦粗方式比以压入方式容易充填模膛。以压入成形方式为例，摩擦系数、模壁斜度、圆角半径、模膛宽度与深度以及模具温度等因素都会关系到模膛部分的阻力，进而对金属充填模膛过程产生一定影响。

模膛加工表面的粗糙度值低、润滑较好，以及摩擦阻力小，都有利于金属充满模膛。

为了模锻后的锻件易于从模膛内取出，模膛常要求具有一定的斜度。但是，模壁斜度对金属充填模膛是不利的。因为金属充填模膛的过程实质上是一个变截面的挤压过程，金属处于三向压应力状态（见图 3-36）。为了使充填过程得以进行，必须使 $|\sigma_3| > \sigma_s$（在上端面 $\sigma_1 = 0$，$\sigma_3 = \sigma_s$）。为保证获得一定大小的 σ_3，当模壁斜度愈大时所需的挤压力 F 也愈大。在不考虑摩擦的条件下，所需的压挤力 F 与 $\tan\alpha$ 成正比，即 $F \propto \sigma_3 \tan\alpha$。但是，如果考虑摩擦的影响，尤其当摩擦阻力较大时，所需挤压力的大小或充填的难易程度就不与 $\tan\alpha$ 成正比关系了，因为摩擦力在垂直方向的分力 $\tau_s\cos\alpha$ 随 α 角的增大而减小（见图 3-37）。

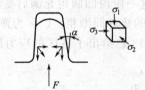

图 3-36　模壁斜度对金属充填模膛的影响

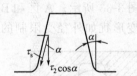

图 3-37　摩擦力对金属充填模膛的影响

模具孔口的圆角半径对金属流动的影响很大，当 R 很小时，在孔口外金属质点要拐一个很大的角度再流入孔内，需消耗较多的能量，故不易充满模膛，而且 R 很小时，对某些件还可能产生折叠和切断金属纤维。同时模具此处温度升高较快，模锻时容易被压塌，结果使锻件卡在模膛内取不出来，当然孔口处 R 太大要增加金属消耗和切削加工量。总的来看，从保证锻件质量出发，孔口的圆角半径应适当地大一些。

模膛愈窄，在其他条件相同的情况下，金属向孔内流动时的阻力将愈大，孔内金属温度的降低也愈严重，故充满模膛困难。

模膛愈深，在其他条件相同的情况下，充满也愈困难。

模具温度较低时，金属流入孔部后，温度很快降低，变形抗力增大，使充填模膛困难，尤其当孔口窄时更为严重。在锤和水压机上模锻铝合金、高温合金锻件时，模具一般均预热到 $200\sim300℃$。但是，模具温度过高也会损伤模具，使其寿命缩短。

② 飞边槽　常见的飞边槽形式如图 3-38 所示。它包括桥口和仓部。桥口的作用是阻止金属外流，迫使金属充满模膛。另外，使飞边厚度减薄，以便于切除。仓部的作用是容纳多余的金属，以免金属流到分模面上，影响上、下模打靠。

飞边槽桥口阻止金属外流的作用主要是由于沿上、下接触面摩擦阻力作用的结果，这一摩擦阻力的大小为 $2b\tau_s$（设摩擦力达最大值，等于 τ_s，见图 3-39）。

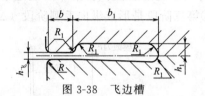

图 3-38　飞边槽

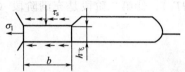

图 3-39　飞边槽桥口处的摩擦阻力

由该摩擦力在桥口处引起的径向压应力（或称桥口阻力）为 $\sigma_1 = \dfrac{2b\tau_s}{h_飞} = \dfrac{b}{h_飞}\sigma_s$。即桥口阻力的大小与 b 和 $h_飞$ 有关。桥口愈宽，高度愈小，亦即 $b/h_飞$ 愈大时，阻力也愈大。

从保证金属充满模膛出发，希望桥口阻力大一些。但是，桥口阻力过大，变形抗力将会很大，可能造成上、下模不能打靠等。因此，应当根据模膛充满的难易程度来确定阻力的适当大小。当模膛易充满时，$b/h_飞$ 取小一些，反之取大一些。例如对镦粗成形的锻件［见图 3-40(a)］，因金属容易充满模膛，$b/h_飞$ 应取小一些；对压入成形的锻件［见图 3-40(b)］，金属较难充满模膛，$b/h_飞$ 应取大一些。

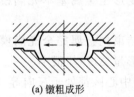

(a) 镦粗成形　　　　　　　　(b) 压入成形

图 3-40　金属充满模膛的形式

桥口部分的阻力除了与 $b/h_飞$ 有关外，还与飞边部分的变形金属的温度有关，变形过程中，如果此处金属的温度降低得很快，则此处金属的变形抗力较锻件本体部分的高，从而使桥口处的阻力增大。

在具体设计上，仅考虑 b 与 $h_飞$ 的相对比值也是不够的，还应考虑 b 与 $h_飞$ 的绝对值。在实际生产中 b 取得太小是不合适的，太小了容易被打塌或很快被磨损掉，具体数据可参考有关资料。

同一锻件的不同部分充满的难易程度也不一样，有时可以在锻件上较难充满的部分加大桥口阻力，即增大 b 或减小 $h_飞$。此外，对锻件中难充满的地方，还常常在桥口部分加一个制动槽，即图 3-41 所示的形式。

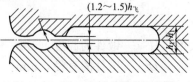

图 3-41　桥口有制动槽的飞边槽

此外，当加工设备工作速度较快时，金属变形流动的速度也较快，必然使锻模的摩擦系数有所降低，金属流动的惯性和变形热效应的作用也显得突出了。因此，适当提高设备工作速度有利于锻件的成形。

3.2.2.2 闭式模锻

闭式模锻在整个锻造过程中模膛是封闭的，无横向飞边，仅有少量纵向毛刺。其优点在于：①减少飞边材料损耗（飞边金属约为锻件重量的 10%～50%，平均约为 30%）；②节省切边设备；③有利于金属充满模膛，有利于进行精密模锻；④闭式模锻时金属处于明显的三向压应力状态，有利于低塑性材料的成形等。

闭式模锻能够正常进行的必要条件主要是：①坯料体积准确；②坯料形状合理并能在模膛内准确定位；③能够较准确地控制打击能量或模压力；④有简便的取件措施或顶料机构。

闭式模锻的变形过程如图 3-42 所示，可以分为三个变形阶段：①第一阶段是基本成形阶段（ΔH_1）；②第二阶段是充满阶段（ΔH_2）；③第三阶段是形成纵向毛刺阶段（ΔH_3）。

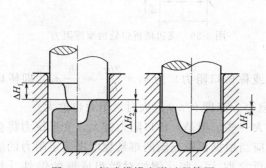

图 3-42　闭式模锻变形过程简图

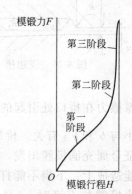

图 3-43　闭式模锻各阶段模压力的变化情况

各阶段模膛压力的变化如图 3-43 所示。

① 第一阶段——基本成形阶段，是由开始变形至金属基本充满模膛，此阶段变形力的增加相对较慢，而继续变形时变形力将急剧增加。

② 第二阶段——充满阶段，是由第一阶段结束到金属完全充满模膛为止。此阶段结束时的变形力比第一阶段末可增大 2～3 倍，但变形量 ΔH_2 却很小。

第二阶段开始时，坯料端部的锥形区和坯料中心区都处于三向等（或接近等）压应力状态，不发生塑性变形。此阶段作用于上模和模膛侧壁的正应力 σ_Z 和 σ_R 的分布情况如图 3-44 所示。坯料的变形区位于未充满处附近的两个刚性区之间（图 3-44 中阴影处），并且随着变形过程的进行逐渐缩小，最后消失。

模压力 F 和模膛侧壁作用力 F_Q 分别为

$$F = 2 \int_0^R \pi R \sigma_Z \mathrm{d}R \tag{3-14}$$

式中　R——锻件的半径，mm。

$$F_Q = \int_0^H D \sigma_R \mathrm{d}H \tag{3-15}$$

式中　H——锻件的高度，mm。

　　　　D——锻件的直径，mm。

锻件的高径比 H/D 对 F_Q/F 的影响如图 3-45 所示。

　材料成形工艺

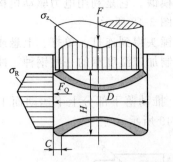

图 3-44 充满阶段变形特点示意图

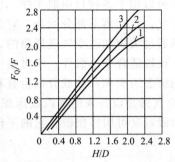

图 3-45 锻件高径比（H/D）对 F_Q/F 的影响
1—$C/D=1/20$；2—$C/D=1/100$；3—$C/D=1/200$

③ 第三阶段——形成纵向毛刺阶段，此时，坯料基本上已成为不变形的刚性体，只有在极大的模压力作用下，或在足够的打击能量作用下，才能使端部的金属产生变形流动，形成纵向毛刺。毛刺的厚度越薄、高度越大，模膛侧壁的压应力 σ_R 也越大。例如，在模锻锤上闭式模锻的低碳钢锻件（如图 3-46 所示），当毛刺为 0.3mm×6.3mm 时，σ_{Rmax} 可达 1300MPa；若毛刺增大到 0.3mm×(35~45)mm，σ_{Rmax} 可达 2000~2500MPa，这样大的 σ_R 将使模膛迅速损坏。

这个阶段的变形对闭式模锻有害无益，是不希望出现的。它不仅影响模具的寿命，而且容易产生过大的纵向毛刺，清除比较困难。

综上所述，闭式模锻变形过程宜在第二阶段末结束，即在形成纵向毛刺之前结束，应该允许在分模面处有少量充不满或仅形成很矮的纵向毛刺。模壁的受力情况与锻件的 H/D 有关，H/D 越小，模壁受力状况越好；坯料体积的精确性能够更好地控制锻件尺寸和减少纵向毛刺；合适的打击能量或模压力有利于闭式模锻成形；同时，坯料形状、尺寸比例，以及在模膛中定位对金属分布的均匀性有重要影响，坯料形状不合适和定位不正确，将可能使锻件一边已产生毛刺而另一边尚未充满（见图 3-47）。

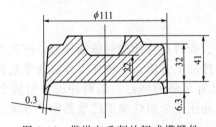

图 3-46 带纵向毛刺的闭式模锻件

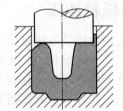

图 3-47 闭式模锻时金属分布不均的情况

生产中，整体都变形的坯料一般以外形定位，而仅局部变形的坯料则以不变形部位定位。为防止模锻过程中产生纵向弯曲引起的"偏心"流动，对局部镦粗成形的坯料，应使变形部分的高径比 $H_0/D_0 \leqslant 1.4$；对冲孔成形的坯料，一般使 $H_0/D_0 \leqslant 0.9~1.1$。

3.2.3 锻造设备

自由锻和模锻常用的设备有锻锤、液压机、螺旋压力机和机械压力机，其中每种均有不同的结构形式。在锻造设备中，锻锤是应用最广的一类。锻锤包括空气锤、蒸汽-空气锤和高速锤等。蒸汽-空气锤是普遍应用的模锻锤。锻锤规格以落下部分的重量或打击能量来表示，落下部分包括锤头、锤杆和活塞等。

空气锤可以用于各种自由锻工序,也可以用作胎模锻。它是利用电力驱动机构的作用产生的压缩空气,推动落下部分做功。它的工作原理如图3-48所示。

空气锤通过关闭和改变气道通路的大小,就能使锤头得到连打、单打、上悬或下压等不同的动作,比较适合于小锻件、小批量生产,适合锻制加工温度窄的一些钢种。冲击力对于破除钢锭的铸态组织和各种成分偏析有利。

蒸汽-空气锤是以外来的蒸汽或压缩空气为动力,推动落下部分上下运动而工作的,既可用作自由锻,又可用作模锻。它的工作原理如图3-49所示。

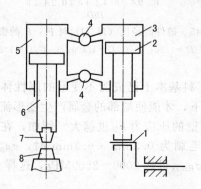

图 3-48　空气锤工作原理

1—曲轴连杆机构;2—活塞;3—压缩汽缸;
4—阀室;5—工作汽缸;6—工作活塞杆;
7—上砧;8—下砧

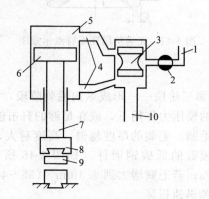

图 3-49　蒸汽-空气锤工作原理

1—进气管;2—节气阀;3—气阀;4—气道;
5—汽缸;6—活塞;7—锤杆;8—锤头;
9—上砧;10—排气管

液压机以油或乳化液为传动介质。它的工作特点是:活动横梁行程较大,在全行程中都能发出最大压力,并可以保压;行程速度调节方便,传动平稳。

螺旋压力机适用于模锻、精密模锻、镦锻、挤压、精压、校正、切边等,按结构不同可以分为摩擦压力机和液压螺旋压力机两类。

3.2.4　板料冲压

冲压是用冲压设备通过模具对板坯、带材、管材及其他型材施加外力,使其产生塑性变形,从而获得一定形状、尺寸和性能的一种零件加工方法。这种加工方法通常是在常温下进行的,因此又叫冷冲压。它要求冲压的金属具有足够的塑性,板料冲压常用的金属有铜合金、铝合金、镁合金、低碳钢及合金钢材料。冲压作为塑性加工的重要生产方法之一,广泛应用于汽车、航空、电器及仪表等行业。

板料冲压工艺的特点如下。

① 生产设备及生产工艺简单,能加工其他方法难以生产的复杂形状的制件,如弹壳、行军水壶和高压气瓶等。

② 制件的形状和尺寸精度高,互换性好,一般不需要大量的机械加工就能获得强度高、刚性好、质量轻和外表光滑美观的零件。

③ 生产效率高,可利用廉价的板材和带材,成本低廉。

④ 有利于实现机械化与自动化,减轻工人的劳动强度和改善劳动条件。

由于对冲压加工的零件形状、尺寸和精度的要求不同,批量大小和原材料性能不同,生产中所采用的冲压加工方法也不同。根据材料的变形特点,冲压的基本工序可分为分离工序与成形工序两大类。分离工序是使冲压件与板料沿要求的轮廓线相互分离,并获得一定断面

　材料成形工艺

质量的冲压加工方法，主要包括剪切、冲裁和修整；成形工序是使冲压毛坯在不被破坏的条件下发生塑性变形，以获得所要求的形状、尺寸和精度的冲压加工方法。冲压加工主要包括冲裁、弯曲、拉延、翻边和胀形。

3.2.4.1 冲裁

冲裁是利用模具使金属板料产生分离的冲压工艺，它包括冲孔、切断、落料、冲孔切边、切口等工序。冲裁可以直接产出成品零件，也可以为弯曲、拉深和翻边等工序准备坯料。冲裁后板料就分成两部分，即落料部分和冲孔部分。从板料上冲下所需形状的零件（或坯料）叫做落料；在工件上冲出所需形状的孔（冲去的部分为废料）叫做冲孔。如图 3-50 所示。

利用凸模和凹模的上下刃口对板料进行冲裁，坯料放在凹模上，凸模逐步下降使金属材料产生变形，直至全部分离，完成冲裁过程。随着冲裁

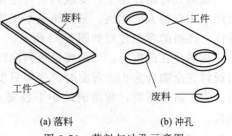

(a) 落料　　　　　(b) 冲孔

图 3-50　落料与冲孔示意图

过程的进行，坯料经过了弹性变形、塑性变形和断裂分离三个阶段后，坯料被拉断分离。冲裁变形过程如图 3-51 所示。

第一阶段：弹性变形阶段。凸模接触材料，材料受压产生弹性压缩、拉伸和弯曲变形。

第二阶段：塑性变形阶段。凸模继续压入，材料弯曲产生塑性变形，同时还有弯曲与拉伸变形。冲裁变形力不断增大，直到刃口附近的材料出现微裂纹时，冲裁变形力达到最大值。塑性变形阶段结束。

第三阶段：断裂分离阶段。凸模继续压入，凸模刃口附近应力达到破坏应力时，先后在凹模、凸模刃口侧面产生裂纹，裂纹产生后沿最大剪应力方向向材料内层发展，使材料最后被剪断分离。

冲裁件的断面具有明显的区域性特征。断面上可以明显地区分为光亮带、剪裂带、塌角和毛刺四个部分。图 3-52 中 a 为塌角，是凸模压入材料时，刃口附近的材料被牵连拉入变形的结果；b 为光亮带，是塑性变形的结果，其表面光滑，断面质量最佳；c 为剪裂带，是剪断分离时产生的，其表面粗糙并略带斜度，不与板平面垂直；d 为毛刺，是在出现微裂纹时形成的。当凸模继续下行时已形成的毛刺拉长，并残留在冲裁件上。

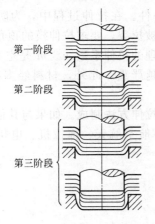

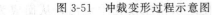

图 3-51　冲裁变形过程示意图

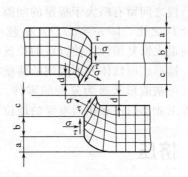

图 3-52　冲裁区应力与应变情况
a—塌角；b—光亮带；c—剪裂带；
d—毛刺；σ—正应力；τ—切应力

普通冲裁所得到的尺寸精度在 5～6 级以下，如果要提高精度，可进行修整。修整是利用修整模对冲裁件外缘或内孔的剪裂带和毛刺进行修剪，从而提高冲裁件的尺寸精度的一种工艺。它分为外形修整和内缘修整。对于大间隙落料件，单边修整量一般为材料厚度的 10%，对于小间隙落料件，单边修整量在材料厚度的 8% 以下。

3.2.4.2 弯曲

板料在弯矩作用下，变成具有一定角度、曲率和形状的成形方法叫做弯曲。弯曲在冲压生产中占有很大的比例，是冲压基本工序之一，可以生产支架、电器仪表外壳和门窗铰链等零件。坯料的弯曲过程如图 3-53 所示。

板料放在凹模上，当凸模把板料向凹模压下时，材料弯曲半径逐渐减小，直至凹、凸模与板料完全吻合为止。弯曲时，变形只发生在圆角部分，其内侧受压易变皱，外侧受拉易开裂。为了防止弯裂，弯曲的最小半径要有限制。此外，弯曲时应尽量使弯曲线与流线方向垂直。

3.2.4.3 拉延

拉延（拉伸）是将冲裁后得到的平板坯料通过模具变形成为开口空心零件的冲压工艺方法。拉伸过程如图 3-54 所示。

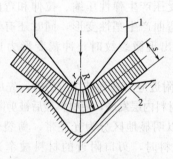

图 3-53　坯料弯曲过程
1—凸模；2—凹模；R—外侧弯曲半径；
r—内侧弯曲半径；s—板料厚度

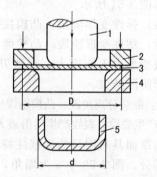

图 3-54　拉伸过程
1—凸模；2—压边圈；3—板料；4—凹模；5—空心件；
D—坯料直径；d—空心件直径

板料在凸模作用下，逐渐被压入凹模内，形成空心件。在拉伸过程中，为防止工件起皱，必须以适当的压力将坯料压在凹模上。为防止工件被拉裂，要求拉伸模的顶角以圆弧过渡，凹、凸模之间留有略大于板厚的间隙，以及确定合理的拉伸系数 m。m 是空心件直径 d 与坯料直径 D 之比，即 $m=d/D$。m 越小，坯料变形越严重。此外，材料经多次拉伸后，需进行中间退火恢复塑性，使以后的拉延能继续进行。

筒形、锥形、回转体及不规则的薄壁零件均可以用拉伸方法制成。如果与其他冲压成形工艺配备还可制造形状极为复杂的零件，因此在汽车、航空航天、拖拉机、电机电器、仪表、电子等工业部门占有相当重要的地位。

3.3 挤压

挤压是对放在挤压筒内的锭坯一端施加挤压力，使之从挤压模孔中流出，从而成为具有一定形状、尺寸和性能的金属制品的一种压力加工方法。图 3-55 所示为挤压过程原理。

如图 3-55 所示，先将加热到热加工温度的金属锭坯送入挤压筒中，挤压筒的一端用模子封住，再通过另一端的挤压垫片将挤压轴上的压力传递给锭坯，锭坯金属开始从模孔中流出，并得到与模孔形状、尺寸相同的产品。挤压结束时，把制品与挤压筒内的残料（也称压余）切断，用挤压轴推出挤压残料。然后，由垫片分离机构把挤压残料与垫片分离。挤压机的各工具和各部件退回原始状态，进行下一个挤压周期。挤压和轧制、拉拔等一样，是生产有色金属及其合金管、棒、型材的常用的压力加工方法。

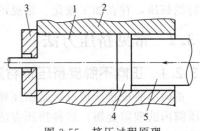

图 3-55　挤压过程原理
1—坯料；2—挤压筒；3—模子；
4—挤压垫片；5—挤压轴

3.3.1　挤压的特点和分类

挤压同其他压力加工方法相比，具有以下优点。

① 挤压过程中金属始终处于强烈的三向压应力状态，有利于发挥金属塑性。这不仅可以采用较大的变形程度，而且有利于加工难变形和低塑性的金属。

② 挤压不仅可以生产简单断面制品，还可以生产复杂断面制品。

③ 挤压除用锭坯作原料外，还可以用金属粉末、颗粒作原料挤压成材。

④ 挤压灵活性大，只需要更换少数挤压工具就可改变产品的规格和形状，适合小批量、多品种制品的生产。

⑤ 挤压制品尺寸精确，表面质量较好，并且组织致密，力学性能较好。

但是，挤压生产中产生的废料较多，如挤压管材的穿孔废料、挤压残料（压余）和制品精整的切头去尾，因此，挤压成品率低；又由于挤压过程中金属与挤压工具之间存在着摩擦，容易使制品的组织和性能沿其截面和长度分布不均匀；此外，挤压机需配备许多辅助设备，投资较大，工具易损耗，能耗大，生产成本高。

按照挤压时金属流动方向与挤压杆运动方向的关系，挤压主要分为正向挤压和反向挤压两种。正向挤压时，金属的流动方向与挤压杆的运动方向相同，挤压筒与锭坯之间有较大的摩擦力；反向挤压时，金属的流动方向与挤压杆的运动方向相反，由于挤压筒壁与锭坯之间无相对运动，因此挤压力较小。图 3-56 为挤压的基本方法示意图。

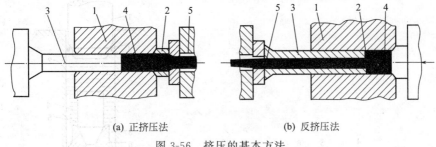

(a) 正挤压法　　　　　　　　(b) 反挤压法

图 3-56　挤压的基本方法
1—挤压筒；2—模子；3—挤压轴；4—铸锭；5—挤压制品

按照挤压制品的断面形状，挤压又可以分为空心制品（空心型材和管材）的挤压和实心制品（实心型材和棒材）的挤压。用挤压法生产空心制品时，锭坯可以是实心的，也可以是空心的。按挤压时锭坯的温度，挤压可分为热挤压和冷挤压。热挤压是在金属再结晶温度以上进行挤压，再结晶可以消除加工过程中产生的加工硬化；冷挤压是在金属再结晶温度以下进行的挤压，存在加工硬化。常见的挤压大多数是热挤压。

3.3.2 常见挤压方法

3.3.2.1 正向不脱皮挤压棒材法

正向不脱皮挤压棒材法是挤压棒材最常用的方法。挤压时要求润滑挤压筒，并及时清理挤压筒内的残留金属。这种挤压方法对锭坯的表面质量要求较高，否则锭坯表面的缺陷金属会流到制品表面。

3.3.2.2 正向脱皮挤压棒材法

正向脱皮挤压棒材法是为了防止锭坯的表面缺陷金属流到制品中去，采用比挤压筒直径小1～3mm 的挤压垫将锭坯表层金属切离而滞留在挤压筒内的挤压方法，如图 3-57 所示。每次脱皮挤压结束后，必须将残留在挤压筒中的残皮清除干净，以备下次挤压。

3.3.2.3 正向挤压管材法

正向挤压管材法是挤压有色金属及其合金管材的主要方法。若用实心锭坯挤压，则在锭坯填充满挤压筒后，先用穿孔针对锭坯进行穿孔，待穿孔针与模孔形成一环行间隙后，再推动挤压杆，使金属从环行间隙中流出，形成管材。正向挤压的管材质量较好，但是穿孔时有较多的穿孔残料，金属的成材率低。

3.3.2.4 反向挤压法

反向挤压法就是指在挤压时金属的流动方向与挤压杆的运动方向相反的挤压方法。采用反向挤压法的突出优点是挤压力比正向挤压时少 30%～40%（因挤压筒与锭坯之间无摩擦力），并且金属流动均匀，制品的性能好。在反向挤压棒材时，挤压杆和挤压垫是空心的，如图 3-56 所示；而在反向挤压管材时，利用挤压杆前端的挤压垫直径控制管材的内径，管材的壁厚则由挤压垫和挤压筒之间的间隙控制。

3.3.2.5 静液挤压法

静液挤压法又称为高压液体挤压法，它是指在挤压时挤压筒内通入高压液体（压力高达1000～3000MPa），金属锭坯借助于挤压筒内的高压液体压力，从挤压模孔中被挤出，从而获得所需要的形状和尺寸的挤压制品的方法，如图 3-58 所示。

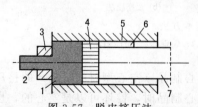

图 3-57 脱皮挤压法

1—坯料；2—制品；3—挤压模；4—挤压垫；
5—锭的表皮；6—挤压筒；7—挤压杆

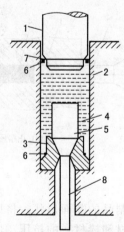

图 3-58 静液挤压法工作原理

1—挤压杆；2—挤压筒；3—模子；4—高压液体；5—锭坯；6—O 形密封环；7—斜切密封环；8—制品

静液挤压法可以在常温下进行，也可以在较高温度甚至高温下进行，比如静液挤压耐热合金时的温度为 1000～1300℃。现在的静液挤压技术已经发展得非常成熟。目前很多西方国家都能制造工业化的静液挤压设备。其制造规模已经达到了 500T、630T、1000T、1200T、1650T、2500T 以至更高的 6300T、17000T 级别的静液挤压工业化设备。

静液挤压法与通常的挤压方法相比有很多优点：金属锭坯与挤压筒壁不直接接触，无摩擦，因而金属的变形极为均匀，产品质量好；可采用较长的锭坯，锭坯长度与直径的比值最大可达 40，挤压时锭坯不会产生弯曲；制品表面光洁；挤压力小，一般比通常的正向挤压力小 20%～40%；可以实现高速挤压。但是目前还有一些需要解决的问题，比如高压下液体的密封、挤压工具的强度以及传压介质的选择等。

3.3.2.6 全润滑无压余挤压法

图 3-59 为全润滑无压余挤压法示意图。采用锥形挤压垫和挤压模，在与金属锭坯接触的工具比如挤压筒、挤压模和穿孔针的表面上，涂润滑剂以改善表面摩擦条件。全润滑无压余挤压时，由于表面摩擦条件的改善，金属流动比较均匀，因此可减少和消除挤压缩尾现象。在挤压末期只留下很薄的压余，这样就可以大大提高金属的成材率。

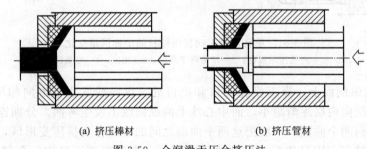

(a) 挤压棒材　　　　　　(b) 挤压管材

图 3-59　全润滑无压余挤压法

3.3.3　挤压过程中金属的变形

挤压时金属变形的特点是通过总结金属的流动规律得到的，而研究金属流动规律最常用的方法是坐标网格法。通常挤压过程可以分为开始挤压阶段、基本挤压阶段和终了挤压阶段。下面以正向挤压圆棒材为例，应用坐标网格法介绍挤压过程中金属的变形特点。

3.3.3.1　开始挤压阶段

为了便于将加热的锭坯放入挤压筒中，锭坯直径应小于挤压筒直径 2～10mm，因此锭坯和挤压筒之间存在间隙。开始挤压时，锭坯在挤压力的作用下，首先填充此间隙，充满挤压筒，同时有部分金属会流出模孔，这一阶段称为开始挤压阶段，也称填充挤压阶段。此阶段金属的变形特点为，锭坯受压缩发生镦粗变形，其长度缩短，直径增大。挤压力呈直线上升，如图 3-60 的Ⅰ区所示。

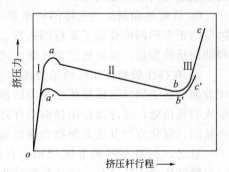

图 3-60　挤压力在挤压过程中的变化
oabc—正向挤压曲线；oa'b'c'—反向挤压曲线；
Ⅰ—充填挤压阶段；Ⅱ—平流挤
压阶段；Ⅲ—紊流挤压阶段

填充挤压阶段流出模孔的部分金属，几乎没有发生塑性变形，仍保留锭坯的铸造组织，力学性能低下，精整时必须切除。需要指出的是，采用实心锭坯挤压管材时，必须先填充，后穿孔，否则将导致管材偏心。

3.3.3.2 基本挤压阶段

基本挤压阶段又称平流挤压阶段，它是指把充满挤压筒的锭坯挤压成金属制品的阶段。该阶段金属的变形特点是锭坯各层金属发生的流动基本是层流，即锭坯的外层仍然构成制品的外层，锭坯的内层仍然构成制品的内层。但由于金属与工具之间存在摩擦，使得在金属的同一断面上，外层金属的流动速度小于内层，形成不均匀变形。摩擦使得在金属的同一断面上，外层金属的流动速度小于内层，形成不均匀变形。

从图 3-61 中坐标网格的变化，可以看出基本挤压阶段金属的不均匀变形表现在以下几个方面。

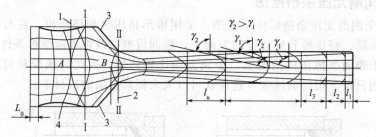

图 3-61　单孔锥模正向挤压棒材的坐标网格变化
1—开始压缩部位；2—压缩终了部位；3—死区；4—堆聚区

① 在金属的纵剖面上，靠近模孔入口和出口处，纵向线发生了方向相反的两次弯曲，弯曲的程度由外层向内层逐渐减小，而中心线上的纵向线不发生弯曲。分别连接纵向线的两次弯曲点，可得到两个曲面。一般把这两个曲面之间的区域称为挤压变形区，如图中 A、B 两曲面之间的区域，它因呈锥形，又称锥形变形区。在锥形变形区中，金属的变形很不均匀，变形程度在纵向上由入口端到出口端逐渐减小，在径向上由锭坯外层向中心逐渐减小。

② 变形前垂直于挤压中心线的直线在挤压后变成了向前弯曲的弧线，弧线弯曲的程度由制品的前端向后端逐渐增大。这说明制品中心层的流动速度大于周边层，而且这种流速差由制品前端向后端逐渐增大。

③ 从锭坯和制品的坐标网格来看，中心层的正方形网格变成了矩形或近似矩形，而周边层的正方形网格变成了平行四边形。这说明在挤压过程中，中心层金属受到的是径向压缩和轴向延伸变形，而周边层金属除此之外，还受到了附加剪切变形。

④ 在挤压筒和挤压模的结合部存在着一个难变形区，称为死区。死区形成的原因是锭坯前端金属受到挤压模端面摩擦力的作用，流动受阻，又因这部分金属处在挤压筒和挤压模形成的死角处，受冷却作用强而塑性降低、强度升高，不易流动。在挤压过程中，锭坯的表面缺陷、氧化皮和其他夹杂物会逐渐聚集在死区中，这对于提高制品的表面质量极为有利。

总之，如图 3-60 的 Ⅱ 区所示，在基本挤压阶段，金属的流动不均匀，变形也不均匀，同时随挤压的不断进行，锭坯长度减小，锭坯与挤压筒的接触面积减小，摩擦阻力减小，因而正向挤压力逐渐减小。

3.3.3.3 终了挤压阶段

终了挤压阶段是指挤压筒内的锭坯长度减小到变形区压缩锥高度时的金属流动阶段。该阶段变形的特点是，由于中心层金属流量不足，而边缘层金属的流动受阻转向中心作剧烈的横向流动，同时死区中的金属也向模孔作回转的紊乱流动，形成挤压所特有的缺陷——挤压缩尾。若在终了挤压阶段进行挤压，不仅产生挤压缩尾，严重影响制品的质量，而且使挤压力大大增大（如图 3-60 的 Ⅲ 区所示），因此应适时停止挤压。此时，留在挤压筒中的金属称为压余。

3.3.4 挤压时影响金属流动的因素

从挤压过程中金属的流动特点可知，挤压生产中金属流动不均匀，变形不均匀，这种不均匀会严重影响制品质量。因此，掌握挤压过程中影响金属流动的因素，对改善挤压条件，减轻金属流动的不均匀性，提高产品质量具有重要意义。

3.3.4.1 外摩擦的影响

挤压时，在金属与挤压工具之间产生的摩擦力中，挤压筒壁的摩擦力对金属的流动影响最大。这种摩擦力越大，内外层金属的纵向流动速度差就越大，加剧了金属流动的不均匀。生产中润滑挤压筒可有效地减小摩擦力，提高金属流动的均匀性。

在挤压管材时，锭坯内部金属受穿孔针摩擦力的阻碍和冷却作用而流速减慢，结果是挤压管材金属流动比挤压棒材均匀。在挤压型材时，模子工作带的摩擦力对金属流出速度也有阻碍作用，因此，可利用调整模子各部分的工作带长度来减小金属流动的不均匀性。

3.3.4.2 锭坯与挤压筒温度

锭坯和工具温度对金属流动的影响，一般通过以下几个方面的因素起作用。

(1) 冷却作用

加热均匀的锭坯在送往挤压筒的过程中，由于空气和挤压筒的冷却作用，其表层温度低于内层，而变形抗力则是表层高于内层。这使挤压时内层金属易于流动而外层金属难以流动，加剧了金属流动的不均匀性。为了减小锭坯内外温差，提高金属流动的均匀性，挤压前要求预热挤压筒。

(2) 导热作用

金属的导热性也会影响挤压时金属的流动性。例如，由于紫铜的导热性比黄铜好，其锭坯内外温差较小，而黄铜锭坯内外温差较大，这必然导致紫铜内外变形抗力差小于黄铜，故挤压时紫铜流动要比黄铜均匀。

(3) 相变

由于温度变化引起某些金属发生相变，以致挤压时金属流动受到影响。例如 HPb59-1 铅黄铜在 720℃ 以上为 α 组织，在此温度之上挤压，金属流动较均匀。在 720℃ 以下该铅黄铜为 α+β 两相组织，在此温度以下挤压，由于两相变形抗力不同，导致金属流动不均匀。

3.3.4.3 金属与合金的性质

金属与合金的性质对挤压金属流动的影响体现在以下两个方面。

(1) 高温黏性

金属的高温黏性是通过挤压时黏结工具增大摩擦系数来影响流动性的。挤压过程中高温黏性大的金属（如铝合金、黄铜）的流动很不均匀。

(2) 高温变形抗力

高温变形抗力大的金属，强度高，受工具的摩擦阻力作用相对较小，内外金属流速差也小，金属流动较均匀。这就是说，高温强度大的金属阻碍不均匀变形的能力要强于高温强度小的金属。如此说来，即使挤压同一金属，若提高挤压温度，则变形抗力减小，会增大金属流动的不均匀性。

3.3.4.4 工具结构与形状

工具结构与形状对金属流动性的影响主要是挤压模的模角。生产中常用的挤压模是锥模和平模。锥模模角小于 90°，平模模角为 90°。模角增大，死区变大，外层金属不仅受到的摩擦阻力增大，而且进入模孔产生的非接触变形也增大，加大了金属流动的不均匀性，同时挤压力也增大。而模角小，死区就小，制品表面质量差。为了保证制品质量，锥模合理的模角通常为 60°~65°。

3.3.5 挤压变形参数和挤压力

3.3.5.1 挤压变形参数

挤压变形参数主要有挤压比和变形程度，它们反映了挤压过程中金属变形量的大小。挤压比是挤压筒断面积与流出模孔的制品断面积之比，用 λ 表示：

$$\lambda = \frac{F_t}{F} \tag{3-16}$$

式中 F_t —— 挤压筒的断面积，mm^2；

F —— 挤压制品的断面积，mm^2。

在实际生产中，挤压比主要受挤压机的挤压力和挤压工具强度的限制。选择的挤压比不能超过设备允许能力。为了使制品获得比较均匀的组织和较好的力学性能，选择的挤压比应该大一些，一般不小于 10。

变形程度是挤压筒断面积与制品断面积之差，与挤压筒断面积之比的百分数，用 ε 表示：

$$\varepsilon = \frac{F_t - F}{F_t} \times 100\% \tag{3-17}$$

挤压比和变形程度之间存在如下关系：

$$\lambda = \frac{1}{1 - \varepsilon} \tag{3-18}$$

在实际生产中，为了保证挤压制品横断面上内外层金属组织和力学性能均匀一致，变形程度一般取 90% 以上，对应的挤压比不小于 10，而对于二次挤压坯料可不受限制。

3.3.5.2 挤压力

挤压力是指通过挤压杆迫使金属流出模孔的力，其大小随挤压行程而变化。挤压力是制定挤压工艺、选择挤压机和检验挤压工具强度的重要依据。影响挤压力的因素有以下几个方面。

(1) 挤压温度的影响

所有金属和合金的变形抗力都随温度的升高而降低，因此挤压力也随挤压温度的升高而降低。所以，对于所有的金属和合金，只要条件许可，都应该在尽可能高的温度下进行挤压。

(2) 变形程度的影响

随变形程度或挤压比的增大，挤压力也增大。

(3) 锭坯长度

正向挤压时，锭坯和挤压筒有相对运动，两者之间存在很大的摩擦阻力。这种摩擦阻力随锭坯长度的增加而增大。因此，锭坯越长，摩擦阻力越大，挤压力就越大。而反向挤压时，锭坯和挤压筒无相对运动，两者之间不存在摩擦阻力。因此，锭坯长度对挤压力无影响。

(4) 挤压速度

挤压速度是通过影响金属变形抗力来影响挤压力的。

(5) 模角

模角越大，挤压时金属流动越不均匀，使金属变形功增大，挤压应力也增大；而模角越小，虽然金属流动越均匀，变形功减小，但是，由于金属与工具的摩擦面积增加，使摩擦功大大地增大，导致挤压应力增大。因此，选择合理的模角范围可以获得最小挤压应力。

(6) 摩擦与润滑

正向挤压时，金属的流动受各种摩擦力的影响。挤压力随摩擦力的增大而增大。润滑挤压工具可以减小摩擦系数，从而减小摩擦力，降低挤压力。

3.4 拉拔

拉拔是指在外加拉力的作用下，迫使坯料通过规定的模孔，获得与模孔形状、尺寸相同的产品的塑性加工方法（见图 3-62）。拉拔是生产有色金属及其合金管材、棒材、型材、线材的主要方法之一，尤其适用于小直径断面产品的生产。

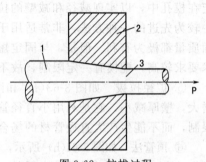

图 3-62　拉拔过程
1—拉拔坯料；2—模子；3—拉拔制品

3.4.1　拉拔的分类和特点

拉拔的种类很多，可以根据不同的特征进行分类。

3.4.1.1　按所拉制品的断面分类

图 3-63 为按制品的断面类型对拉拔方法的分类。

(1) 实心断面制品拉拔

如图 3-63(a) 所示，棒材、实心型材、线材的拉拔均属于此类。

(2) 空心断面制品拉拔

主要包括管材和空心异形材的拉拔。对于管材拉拔，根据其生产方法不同，又可分为以下几种。

① 空拉管材　如图 3-63(b) 所示，是管坯内部不放置芯头而进行的拉拔。空拉后的管材，外径减小，壁厚略有变化。经多次空拉后的管材，内表面粗糙，甚至会产生裂纹。因此空拉只适用于小直径管、异形管、盘管拉拔及减径量很小的减径与整形拉拔。

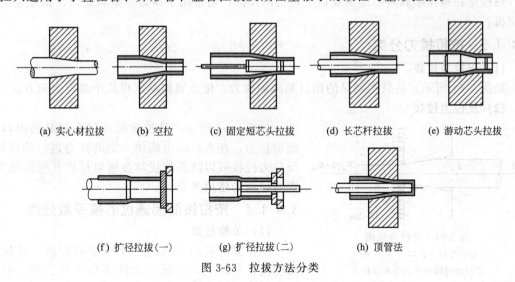

(a) 实心材拉拔　　(b) 空拉　　(c) 固定短芯头拉拔　　(d) 长芯杆拉拔　　(e) 游动芯头拉拔

(f) 扩径拉拔(一)　　(g) 扩径拉拔(二)　　(h) 顶管法

图 3-63　拉拔方法分类

② 固定短芯头拉拔　如图 3-63(c) 所示，是固定带有芯头的芯杆，管坯通过模孔后实现减径和减壁的拉拔。固定短芯头拉管时，管内壁与芯头接触并存在相对运动，摩擦面增大，故道次延伸系数较小。固定短芯头拉拔的管材内表面质量比空拉的好，是生产管材的主要方法之一。但是，该方法拉拔细管比较困难，而且不适于长管拉拔。

③ 长芯杆拉拔　如图 3-63(d) 所示，是管坯自由地套在表面抛光的芯杆上，芯杆与管坯一起被拉过模孔，同时实现减径和减壁的拉拔。长芯杆拉拔时，芯杆的长度应略大于管子的长度。每次拉拔后，要用脱管法或辊轧扩径的方法将长芯杆取出。长芯杆拉拔的道次加工率较大，可达 1.8～2.0。由于需要准备很多不同直径的长芯杆并且增加了脱管工序，长芯杆拉管的生产效率很低，生产中很少采用。该方法主要用于特薄壁管、小直径薄壁管以及塑性较差的钨、钼管材的生产。

④ 游动芯头拉拔　如图 3-63(e) 所示，是芯头靠自身所特有的外形建立起的力平衡稳定在模孔中，以实现减径和减壁的拉拔。游动芯头拉拔的道次加工率较大，是目前管材拉拔中较为先进的一种方法，非常适用于长管和盘管生产，它对提高生产率、成品率和管材内表面质量都极为有利。但是，与固定短芯头拉拔相比，游动芯头拉拔难度较大，工艺条件和技术要求较高，配模有一定限制，故不可能完全取代固定短芯头拉拔。

⑤ 扩径拉拔　如图 3-63(f) 和图 3-63(g) 所示，是管坯通过扩径后使管子缩短，直径增大，壁厚减小，它是利用小直径管坯生产大口径管的拉拔方法，主要用在因设备能力受到限制，而不能生产大直径管材的场合。

⑥ 顶管法　如图 3-63(h) 所示，此法又称为艾尔哈特法，它是将芯杆套入带底的管坯中，操作时管坯和芯杆一起由模孔中顶出，从而对管坯进行加工。在生产大直径管材时常采用此种方法。

3.4.1.2　按拉拔温度分类

(1) 冷拔

冷拔是在室温下进行的拉拔，一般属于冷加工，是生产中最常见的拉拔方式。

(2) 温拔

温拔是在高于室温、低于被拉金属再结晶温度情况下进行的拉拔，主要用于锌丝、难变形合金丝如轴承钢丝、高速钢丝等的拉拔。

(3) 热拔

热拔是在被拉金属再结晶温度以上进行的拉拔，通常用于高熔点金属如钨、钼等金属丝的拉拔。

3.4.1.3　按拉拔力分类

(1) 正拉力拉拔

如图 3-62 所示，是只在制品的出口端施加拉力，使金属制品从模孔中被拉出的方法。

(2) 反拉力拉拔

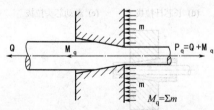

图 3-64　反拉力拉拔
Q—反拉力；M_q，P_q—有反拉力时的模子压力和拉拔力

如图 3-64 所示，是拉拔时不仅在制品的出口端施加拉力，在入口端也施加一定的拉力进行的拉拔。反拉力拉拔可以降低拉拔时金属对拉模孔壁的压力，提高拉模的使用寿命。

3.4.1.4　按拉拔制品通过的模子数分类

(1) 单模拉拔

是拉拔时制品只通过一个模子的拉拔，其拉拔速度慢，劳动生产率低，此法多用于管、棒、型材及粗线的拉拔。

（2）多模连续拉拔

是拉拔时制品依次连续通过若干个模子的拉拔，其拉拔速度快、劳动生产率高，自动化、机械化程度高，是金属细丝、细线的主要生产方式。

此外，按拉拔时所用拉模形式又可以分成普通锥形模拉拔、弧形模拉拔等普通模拉拔，以及辊模拉拔、旋转模拉拔等特殊拉拔工艺。根据采用的润滑剂类型，又分为干式拉拔（固态润滑剂）和湿式拉拔（液态润滑剂）两类。

实践表明，拉拔与其他的压力加工方法相比，具有以下特点。

① 产品尺寸精确，表面光洁。

② 拉拔生产的工具与设备简单，维护方便，可在一台设备上生产多品种与多规格的产品。

③ 特别适合于小断面、长制品的连续高速生产。

④ 由于冷拉时产生加工硬化，能提高产品强度，但塑性降低使拉拔时金属的变形量受到限制。一般拉拔时的道次加工率为 20%～60%。

⑤ 需要中间退火、酸洗等工序，生产周期长，金属消耗量大，生产率低。

3.4.2　拉拔过程中金属的变形

图 3-65 是用网格法得到的在锥形模孔内拉拔圆断面棒材子午面上的坐标网格变化情况。

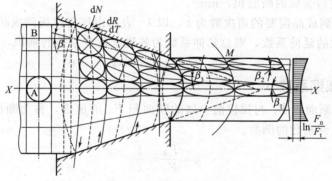

图 3-65　拉拔时金属的变形和流动情况示意图

通过分析坐标网格在拉拔前后的变化情况，可以得到如下结论。

① 网格纵向线在进、出模孔处发生两次弯折，把各纵向线的弯折点连接起来就形成两个球面。一般认为，两个球面与拉模锥面围成的区域是塑性变形区，其两端为弹性变形区。

② 拉拔前网格横线是直线，进入变形区后变成向拉拔方向凸起的弧线，而且这些弧线的曲率从入口端到出口端逐渐增大，到出口端后不再变化。这说明拉拔过程中周边层金属的流动速度小于中心层，并且随模角、摩擦力的增大，这种不均匀流动更明显。拉拔后的棒材后端出现的凹坑，就是周边层和中心层金属速度差造成的结果。

③ 拉拔前在中心轴线上的正方形格子 A 拉拔后变成矩形，内切圆变成了正椭圆，其长轴和拉拔方向一致。这说明，轴线上的金属变形是沿轴向延伸，沿径向和周向压缩。而拉拔前在周边层的正方形格子 B 拉拔后变成平行四边形，在纵向被拉长，径向被压缩，方格直角变成锐角或钝角。其内切圆变成斜椭圆，它的长轴与拉拔轴相交成 β 角，β 角由入口端向出口端逐渐减小。这说明，周边层的金属除受到轴向拉长、径向和周向压缩外，还发生了剪切变形。产生剪切变形的原因是金属在变形区中受到正压力和摩擦力的作用，在它们合力方

向上产生剪切变形。

④ 由网格还可以看出，在同一横断面上，椭圆长轴与拉拔轴线相交而成的 β 角从中心层向周边层逐渐增大，这说明在同一横断面上，周边层的剪切变形大于中心层。

综上所述，拉拔圆棒时，由于受拉模模壁上的正压力和摩擦力的作用，中心层金属的流速大于周边层金属，这导致周边层金属受到的剪切变形大于中心层，从而使周边层金属的实际变形大于中心层，变形是不均匀的。

3.4.3 拉拔的变形指数

变形指数是反映变形程度大小的参数。拉拔常用的变形指数有：延伸系数、断面减缩系数、加工率等。

3.4.3.1 延伸系数 λ

拉拔后金属的长度 l_k 与拉拔前金属的长度 l_0 的比值，称为延伸系数，一般以 λ 表示：

$$\lambda = \frac{l_k}{l_0} \tag{3-19}$$

根据塑性变形过程中金属体积不变定律，延伸系数也可用下式表示：

$$\lambda = \frac{F_0}{F_k} \tag{3-20}$$

式中 F_0——拉拔前金属的断面积，mm^2；

F_k——拉拔后金属的断面积，mm^2。

若将坯料拉拔到成品需要的道次数为 k，以 λ_Σ 表示由坯料拉拔到成品时的总延伸系数，以 λ_i 表示任一道次的延伸系数，则总延伸系数为各道次延伸系数的乘积，可表示为：

$$\lambda_\Sigma = \lambda_1 \lambda_2 \cdots \lambda_i \cdots \lambda_k \tag{3-21}$$

3.4.3.2 断面减缩系数 μ

拉拔后金属的断面积 F_k 与拉拔前金属的断面积 F_0 的比值，称为断面减缩系数，一般以 μ 表示。它是延伸系数的倒数。

$$\mu = \frac{F_k}{F_0} = \frac{1}{\lambda} \tag{3-22}$$

3.4.3.3 加工率 ε

拉拔前金属的断面积 F_0 与拉拔后金属断面积 F_k 的差值与拉拔前断面积 F_0 比值的百分率，称为加工率，亦称断面收缩率，一般以 ε 表示：

$$\varepsilon = \frac{F_0 - F_k}{F_0} \times 100\% \tag{3-23}$$

若以 ε_Σ 表示由坯料拉拔到成品时的总加工率，以 ε_i 表示任一道次的加工率，则总加工率 ε_Σ 与道次加工率 ε_i 之间存在如下的近似关系：

$$\varepsilon_1 + \varepsilon_2 + \cdots + \varepsilon_i + \cdots + \varepsilon_k \approx k(1 - \sqrt[k]{1 - \varepsilon_\Sigma}) \tag{3-24}$$

3.4.4 实现拉拔的基本条件

在拉拔过程中，作用于模孔出口端被拉金属单位横截面积上的拉拔力称为拉拔应力 σ_1。金属要实现拉拔变形，则拉拔应力 σ_1 必须大于模孔内变形区中金属的变形抗力 σ_k；而为了防止被拉金属出模孔后继续变形被拉细或拉断，拉拔应力 σ_1 又必须小于出模孔后被拉金属的屈服强度 R_e。因此，实现稳定的拉拔过程必须满足：

$$\sigma_k < \sigma_l < R_e \tag{3-25}$$

式中　σ_k——变形区中金属的变形抗力；

　　　σ_l——作用在被拉金属出模口断面上的拉拔应力；

　　　R_e——被拉金属出口端的屈服强度。

对有色金属来说，其屈服现象不明显，屈服强度确定困难，加之拉拔后发生加工硬化，其屈服强度限值 R_e 接近于其抗拉强度 R_m 值，故生产中常用 R_m 代替 R_e，因此实现稳定拉拔过程的条件又可写为：

$$\sigma_k < \sigma_l < R_m \tag{3-26}$$

通常，把被拉金属出口端的抗拉强度 R_m 与拉拔应力 σ_l 的比值称为拉拔过程的安全系数 K，即

$$K = \frac{R_m}{\sigma_l} \tag{3-27}$$

可见，金属要顺利完成拉拔变形，其安全系数 K 必须大于1，这是金属实现拉拔变形的必要条件。

在实际生产中，安全系数 K 值一般为 $1.40 \sim 2.00$。如 $K < 1.40$，则表示拉拔应力 σ_l 过大，出模孔后的制品可能会继续变形，出现拉细或拉断现象，拉拔过程不稳定；如 $K > 2.00$，则表明拉拔应力不够大，道次加工率过小，金属塑性未能得到充分的利用。安全系数与被拉金属的直径、状态及变形条件等有关。变形程度、拉模模角、拉拔速度、金属温度等对安全系数都有影响。表 3-5 所列为不同拉拔过程中安全系数 K 的参考值。

表 3-5　不同拉拔过程中安全系数 K 的参考值

拉拔制品品种和规格	厚壁管材、型材和棒材	薄壁管材、型材	不同直径的线材/mm				
			> 1.0	$1.0 \sim 0.4$	$0.4 \sim 0.1$	$0.1 \sim 0.05$	< 0.05
安全系数 K	$1.35 \sim 1.4$	1.6	$\geqslant 1.4$	$\geqslant 1.5$	$\geqslant 1.6$	$\geqslant 1.8$	$\geqslant 2.0$

3.5　轧制

轧制是靠旋转的轧辊与轧件之间产生的摩擦力将轧件拖入轧辊之间的缝隙，使之受到压缩产生塑性变形的压力加工方法。轧制与挤压、拉拔、锻造、冲压等统称为"金属塑性加工"。轧制的目的是获得一定形状和尺寸的轧件，并使轧件具有一定的组织和性能。由于轧制具有生产率高、产量大、产品种类多等优点，因而成为金属塑性加工中应用最广泛的金属成形方法。在金属材料的生产总量中，除了一小部分采用铸造和锻造等方法直接生产外，90%以上都需经过轧制成材。

3.5.1　轧制产品及应用

随着国民经济的不断发展，轧制产品的品种和规格及其应用范围也不断扩大，其品种已达数万种之多，仅一个板带车间的产品规格就能达到 300 多个。按用途可分为建筑用材、结构用材、机械制造用材等多种轧制产品；按材质可分为钢材以及铜、铝和钛等有色金属与合金材料；按断面形状特征可分为板带材、型线材、管材及其他特殊轧材等。由于轧制工艺的突出特点表现为产品断面形状的多样性，故在此按断面形状特征对轧材进行分类。

3.5.1.1　板带材

板带材是宽度（B）与厚度（H）比值较大的扁平断面钢材，包括板片和带卷，是应用

最为广泛的轧制产品。在发达国家，板带材占钢材消费的比例为 60% 左右，我国板带材的消费比例不到 40%，随着国内汽车工业的兴起，这一比例将达到 50%。有色金属与合金的轧制产品主要是板带材。

板带产品的分类见表 3-6，按轧制方法可分为热轧板带和冷轧板带；按产品尺寸规格可分为中厚板、薄板、带材、箔材等；按用途可分为造船板、汽车板、锅炉板等。板带钢不仅作为成品钢材使用，还可用以制造冷弯型钢、焊接型钢和焊接管等产品，其中，管线钢是板焊管的典型产品。

表 3-6　板带产品的分类

轧制方法	按尺寸规格分类（板厚/mm）			按用途分类
热轧	中厚板	中板	4～20	造船、焊管坯、锅炉板、装甲板、桥梁板、容器板、运输工具板、其他用途板
		厚板	20～60	
		特厚板	>60	
冷轧	薄板		1～4	汽车、电机、变压器、仪表、外壳、家用电器、精密仪器、绝热和防水板
	带材		0.2～1	
	箔材		<0.2	

3.5.1.2　型材

型钢的品种很多，是一种具有一定截面形状和尺寸的实心长条钢材。按型钢应用范围可分为常用型钢（方钢、圆钢、扁钢、角钢、槽钢、工字钢和 H 型钢等）及专用型钢（钢轨、T 字钢、球扁钢和窗框钢等）。直径为 6.5～9.0mm 的小圆钢称为线材。在发达国家，型材占钢材总量的 30%～35%，我国型材的消费比例超过 50%。由于有色金属及其合金熔点和变形抗力较低，对尺寸和表面要求较严，故绝大多数采用挤压方法生产，仅在生产批量较大，尺寸和表面要求较低的中、小规格棒材、线坯和简单断面型线材时才采用轧制方法。

3.5.1.3　管材

管材的断面一般为圆形，也有方形、矩形、椭圆形等异形管材和变断面管材。根据其制造工艺及所用原材料形状的不同可分为无缝钢管（圆坯）和焊接钢管（板、带坯）两大类。根据轧制制度的不同，无缝钢管又可分为热轧无缝管和冷轧无缝管。

管材的规格一般用外径×壁厚表示，热轧法可生产出 (27～660)mm×(2.0～80.0)mm 的管材，冷轧方法可生产出 (0.2～3000)mm×(0.001～60.0)mm 的管材。

3.5.1.4　特殊形状轧材

特殊形状轧材是指用纵轧、横轧和斜轧等特殊轧制方法生产的各种周期断面的轧材，如车轴、变断面轴、钢球、齿轮、丝杠、车轮和轮箍、内螺纹管以及双耳管等。

3.5.2　轧材生产方法

轧制是指将金属坯料通过旋转轧辊的间隙（各种形状），受轧辊压缩使材料截面减小、长度增加的压力加工方法。简而言之，是指轧件由于摩擦力的作用被拉入旋转轧辊之间，受到压缩进行塑性变形的过程。通过轧制，能使轧件具有一定的形状、尺寸和性能。轧制方式目前大致可分为纵轧、斜轧和横轧等，如图 3-66 所示。

3.5.2.1　纵轧

纵轧是指轧件在相互平行且旋转方向相反的平直轧辊或带孔槽轧辊的缝隙间进行塑性变

形的过程，轧件的前进方向与轧辊轴线垂直［见图 3-66（a）］。常见的机型有二辊轧机、三辊轧机、四辊轧机、六辊轧机、多辊轧机和万能轧机等，广泛用于生产钢坯、板带材和型材产品。

3.5.2.2 斜轧

斜轧是指轧件在同向旋转且轴心线相互成一定角度的轧辊缝隙间进行塑性变形的过程。轧件沿轧辊交角的中心线方向进入轧辊，在变形过程中，除了绕其轴线旋转运动外，还有沿其轴线前进的运动，即旋转前进的螺旋运动［见图 3-66（b）］。常见的机型有二辊和三辊斜轧穿孔机、轧管机等。广泛用于无缝管材生产。

3.5.2.3 横轧

横轧是指轧件在同向旋转且轴心线相互平行的轧辊缝隙间进行塑性变形的过程。在横轧过程中，轧件轴线与轧辊轴线平行，金属只有绕其自身轴线的旋转运动，故仅在横向出现加工变形［见图 3-66（c）］。常见的机型有齿轮轧机。

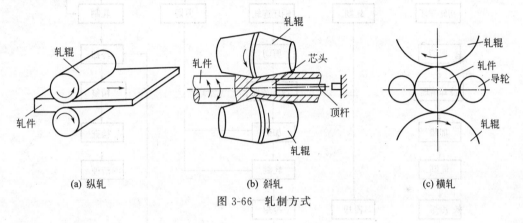

（a）纵轧　　　　　　　　（b）斜轧　　　　　　　　（c）横轧

图 3-66　轧制方式

3.5.2.4 特殊轧制

所谓特殊轧制就是不能简单地用上述三种方法描述的轧制方式。比如周期式轧管机，虽然它近似于纵轧，但与一般纵轧不同的是轧辊在作旋转运动的同时，还有在水平方向上的移动，因而轧件的拽入方向与轧辊旋转方向相反，且轧制是周期性的。常见的特殊轧制方法还有车轮及轮箍轧制、周期断面轴轧制、钢球轧制等。

3.5.3 轧制工艺流程

把钢锭或钢坯轧成具有一定断面形状和尺寸的钢材所经过的各种加工工序的总和称为轧制生产工艺流程。由于各种轧制产品的技术要求、工艺性能以及各生产厂设备条件不同，生产工艺流程也各种各样。

根据轧材材质的不同，主要有钢材轧制及有色金属轧制两大类。传统的轧钢工艺是以模铸钢锭为原料，用初轧机或开坯机将钢锭轧成各种形状的钢坯，再通过成品轧机轧成各种轧材。近几十年来，连铸坯越来越多地作为各种轧机的原料。

连续浇铸是把液体钢水从盛钢桶通过中间罐流入到结晶器中，使钢水表面结晶，然后通过弧形辊道段，使钢液内部逐渐结晶成固态连铸坯的过程。由于连铸取代了铸锭和开坯两个工序，生产过程及设备得以简化；由钢水制成钢坯，连铸的收得率一般是 96%～99%，与铸锭和开坯方式相比，对镇静钢来说，成材率可以提高 15%，对半镇静钢来说，成材率可提高 7%～10%，对于成本昂贵的特殊钢和合金钢意义深远；由于省去了加热炉内再加热工序及开坯工序，可使能量消耗减少（1/4）～（1/2），扩大连铸坯的比例对于缓解目前全世界能源紧张意义重大；与铸锭生产过程相比，连铸可以实现机械化操作，表面好，材质均匀；但连铸操作难以控制，对钢水的冶炼条件要求严格，目前还不能适用于全部钢种，断面尺寸也有限制。

图 3-67 所示为碳素钢和低合金钢的一般生产工艺流程。

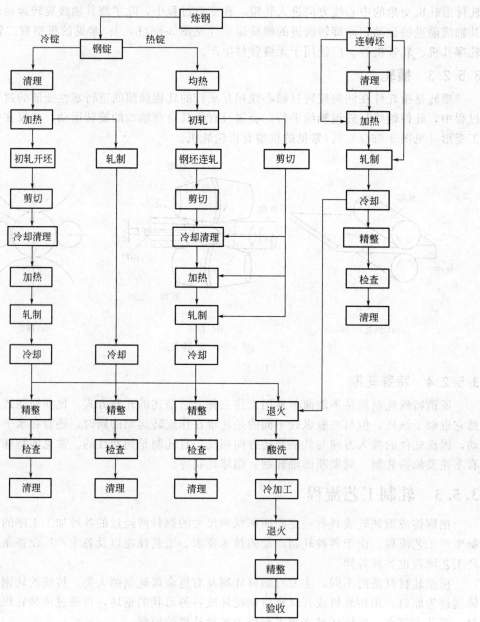

图 3-67　碳素钢和低合金钢的一般生产工艺流程

轧制是完成金属塑性变形的工序，它要在完成精确成形的同时改善组织，是保证产品质量最重要的环节。产品的精确成形是要求其形状正确、尺寸精确、表面完整光洁。对金属精确成形有决定性影响的因素是孔型设计（包括：辊型设计及压下规程）和轧机调整。由于变形温度亦会影响到变形抗力，进而影响到轧机弹跳、辊缝大小、轧辊摩擦等，从而影响到轧材尺寸精确度，因此，为了提高产品尺寸精确度必须对工艺过程严格控制，不仅要求孔型设计及压下规程比较合理，还要尽可能保证轧制变形条件稳定。变形温度、变形速度及前后张力等条件稳定，实现轧制工艺过程高度自动控制，保证钢材成形高精确度。

由于轧后钢材在不同冷却条件下会得到不同的组织结构和性能，因此，轧后冷却制度对钢材组织性能有很大影响。实际上，轧后冷却过程就是一种利用轧后余热的热处理过程，以此来控制轧材性能。

3.5.4 轧制过程的建立

优质的轧材来自于合理的轧制生产过程，只有掌握了轧制变形规律才能制订合理的轧制生产过程，因此，必须首先建立起轧制过程的基本概念，了解变形区及其主要参数，掌握实现轧制过程的咬入条件。

3.5.4.1 简单轧制过程

为了揭示轧制过程的变形规律，下面以应用最为广泛、最具代表性的简单轧制过程为例，定性分析各种轧制过程所共同具有的变形规律及相关参数。

简单轧制过程是轧制理论研究的基本对象，是比较理想的轧制过程。通常具备以下条件的轧制过程称为简单轧制过程：①轧件除受轧辊作用外，不受其他任何外力作用；②上下两个轧辊均为主传动，且轧辊直径相等，转速相等并恒定，轧辊无切槽且为刚性体；③轧件的机械性质均匀一致，即变形温度一致，变形抗力一致，变形一致。除此之外均为非简单轧制过程。理想的简单轧制过程在实际生产中很难找到，但是为了讨论问题方便，常常把复杂的轧制过程简化成简单轧制过程。

3.5.4.2 变形区主要参数

在轧制过程中，轧件受到轧辊作用连续不断地产生塑性变形的区域称为轧制变形区。即从轧件入辊的垂直平面到轧件出辊的垂直平面所围成的区域 AA_1B_1B（见图 3-68），通常又把它称为几何变形区。

轧件与轧辊相接触的圆弧所对应的圆心角称为咬入角（亦称接触角）α。由图 3-68 看出，压下量与轧辊直径及咬入角之间有如下几何关系：

$$\Delta h = 2(R - R\cos\alpha) = D(1 - \cos\alpha) \quad (3\text{-}28)$$

由式（3-30）可推出

$$\cos\alpha = 1 - \frac{\Delta h}{D} \quad (3\text{-}29)$$

所以

$$\sin\frac{\alpha}{2} = \frac{1}{2}\sqrt{\frac{\Delta h}{R}} \quad (3\text{-}30)$$

当 α 很小时（$\alpha < 10° \sim 15°$），取 $\sin\frac{\alpha}{2} \approx \frac{\alpha}{2}$，可得

$$\alpha = \sqrt{\frac{\Delta h}{R}} \quad (3\text{-}31)$$

式中，D，R 分别为轧辊的直径和半径；Δh 为压下量。从式（3-30）和式（3-31）可以看出，在

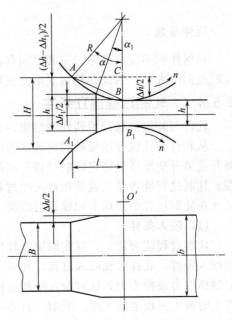

图 3-68 变形区的几何形状

轧辊直径一定的情况下，压下量 Δh 越大，咬入角 α 越大。在压下量 Δh 一定时，轧辊直径 D 越大，咬入角 α 越小。

3.5.4.3　轧制变形表示方法

（1）用绝对变形量表示

假设变形前轧件的高度、长度和宽度分别为 H、L 和 B，变形后轧件的高度、长度和宽度分别为 h、l 和 b。用轧制前、后轧件绝对尺寸之差表示的变形量称为绝对变形量，即绝对压下量 $\Delta h = H - h$，绝对宽展量 $\Delta b = b - B$，绝对延伸量 $\Delta l = l - L$。用绝对变形不能准确地说明变形量的大小，但在变形程度大的轧制过程中常用。

（2）用相对变形量表示

用轧制前、后轧件尺寸的相对变化表示的变形量称为相对变形量。

相对压下量
$$\frac{H-h}{H} \times 100\% \text{ 或 } \ln\frac{h}{H} \tag{3-32}$$

相对宽展量
$$\frac{b-B}{B} \times 100\% \text{ 或 } \ln\frac{b}{B} \tag{3-33}$$

相对延伸量
$$\frac{l-L}{L} \times 100\% \text{ 或 } \ln\frac{l}{L} \tag{3-34}$$

前者称工程（公称）应变，后者称对数（真）应变。工程应变不能确切反映某变形瞬间的真实变形程度，但较绝对变形表示法更准确，对数应变推导自相对移动体积的概念，能够准确地反映变形的大小。但由于对数应变计算较为麻烦，除了计算精度要求较高时采用，工程计算上常采用工程应变表示方法。

（3）用变形系数表示

用轧制前、后轧件尺寸的比值表示变形程度，此比值称为变形系数。

压下系数
$$\eta = \frac{h}{H} \tag{3-35}$$

宽展系数
$$\beta = \frac{b}{B} \tag{3-36}$$

延伸系数
$$\mu = \frac{l}{L} \tag{3-37}$$

根据体积不变的条件，三者之间存在如下关系，即 $\eta = \beta\mu$。变形系数能够简单而正确地反映变形的大小，因此在轧制变形方面得到了广泛的应用。

3.5.4.4　轧制过程建立条件

轧件与轧辊接触开始到轧制结束，轧制过程一般分为三个阶段。

从轧件与轧辊开始接触到充满变形区结束为第一个不稳定过程；轧件充满变形区后到尾部开始离开变形区为稳定轧制过程；尾部开始离开变形区到全部脱离轧辊为第二个不稳定过程。轧制过程能否建立就是指这三个过程能否顺利进行。在生产实践过程中，经常能观察到轧件在轧制过程中出现卡死或打滑现象，说明轧制过程出现障碍。

（1）咬入条件

轧制过程能否建立，首先取决于轧件能否被旋转轧辊顺利拽入，实现这一过程的条件称为咬入条件。轧件实现咬入过程，外界可能给轧件推力或速度，使轧件在碰到轧辊前已有一定的惯性力或冲击力，这对咬入顺利进行有利。因此，轧件如能自然地被轧辊拽入，其他条件下的拽入过程也能实现。所谓"自然咬入"是指轧件以静态与辊接触并被拽入，轧辊对轧件的作用力如图 3-69 所示。

当轧件接触到旋转的轧辊时，在接触点（实际上是一条沿辊身长度的线）轧件受到轧辊对它的压力 N 及摩擦力 T 的作用。N 是沿轧辊径向的正压力，T 沿轧辊切线方向与力 N 垂直，且与轧辊旋转方向一致。T 与 N 满足库仑摩擦定律：

$$T = fN \tag{3-38}$$

式中，f 为摩擦因数。

定义轧制中心线为轧件纵向对称轴线，则咬入条件为轧制线上沿轧制方向力的矢量和大于或等于零，即：

$$T_x - N_x \geqslant 0 \tag{3-39}$$
$$f \geqslant \tan\alpha \tag{3-40}$$

由于摩擦因数可用摩擦角 β 表示，$f = \tan\beta$，即：

$$\beta \geqslant \alpha \tag{3-41}$$

即咬入条件为摩擦角 β 大于咬入角 α，β 越大于 α，轧件越易被拽入轧辊内。

$\alpha = \beta$ 为咬入的临界条件，把此时的咬入角称为最大咬入角，用 $\alpha_{\max}$ 表示，即

$$\alpha_{\max} = \beta \tag{3-42}$$

它取决于轧件和轧辊的材质、接触表面状态和接触条件等。

（2）稳定轧制条件

轧件被轧辊拽入后，轧件和轧辊接触表面不断增大，正压力 N 和摩擦力 T 的作用点也在不断变化，向变形区出口方向移动。轧件前端与轧辊轴心连线间夹角 δ 不断减小［见图 3-70（a）］，一直到 $\delta = 0$［见图 3-70（b）］，表示 T 与 N 之合力 F 作用点与轧辊轴心连线的夹角 φ 在轧件充填辊缝的过程中也不断变化。

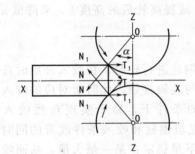

图 3-69 咬入时轧件受力分析

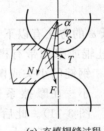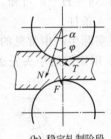

(a) 充填辊缝过程　　(b) 稳定轧制阶段

图 3-70 轧件充填辊缝过程中作用力条件的变化

随着轧件逐渐充满辊缝，合力作用点向轧件轧制出口方向倾斜，φ 角自 $\varphi = \alpha$ 逐渐减小，向有利于拽入的方向发展。进入稳定轧制阶段后，合力 F 对应的中心角 φ 不再发生变化，并为最小值，即

$$\varPhi = \alpha_y / K_x \tag{3-43}$$

式中，K_x 为合力作用点系数；α_y 为稳定轧制阶段咬入角。

轧件充满变形区后，继续轧制的条件仍是：

$$T_x \geqslant N_x \tag{3-44}$$

而此时有

$$T_x = T\cos\varphi = Nf_y\cos\varphi, \quad N_x = N\sin\varphi \tag{3-45}$$

式中，f_y 为稳定轧制阶段接触表面摩擦因数。

将式（3-43）和式（3-45）代入式（3-44），则稳定轧制条件为

$$f_y \geqslant \tan(\alpha_y / K_x) \tag{3-46}$$

或
$$\beta_y \geqslant \alpha_y / K_x \qquad (3\text{-}47)$$

以上推导表明，当 $\alpha_y \leqslant K_x \beta_y$ 时，轧制过程顺利进行，反之，轧件在轧辊上打滑不前进。一般情况下，在稳定轧制阶段，$K_x \approx 2$，所以 $\varphi \approx \alpha_y / 2$，即 $\beta_y \geqslant \alpha_y / 2$，即假设由咬入阶段过渡到稳定轧制阶段的摩擦因数不变（$\beta = \beta_y$）及其他条件相同时，稳定轧制阶段允许的咬入角比初始咬入阶段咬入角可增大 K_x 倍，即近似认为增大两倍。

从初始咬入时 $\beta \geqslant \alpha$ 到稳定轧制时 $\beta_y \geqslant \alpha_y / 2$ 的比较可以看出：开始咬入时所要求的摩擦条件高，即摩擦因数大。随轧件逐渐充填辊间，水平拽入力逐渐增大，水平推出力逐渐减小，越来越容易咬入。开始咬入条件一经建立起来，轧件就能自然地向辊间充填，建立稳定轧制过程。稳定轧制过程比开始咬入条件容易实现。

3.5.4.5 改善咬入条件的途径

改善咬入条件是进行顺利操作、增加压下量、提高生产率的有力措施，也是轧制生产中经常碰到的实际问题。

根据咬入条件 $\beta \geqslant \alpha$，便可以得出：凡是能提高 β 角的一切因素和降低 α 角的一切因素都有利于咬入。下面对以上两种途径分别进行讨论。

（1）降低 α 角

由 $\alpha = \arccos\left(1 - \dfrac{\Delta h}{D}\right)$ 可知，若降低 α 角必须：

① 增加轧辊直径 D，当 Δh 等于常数时，轧辊直径 D 增加，α 可降低；

② 减小压下量。

由 $\Delta h = H - h$ 可知，可通过降低轧件开始高度 H 或提高轧后的高度 h，来降低 α，以改善咬入条件。

在实际生产中常见的降低 α 的方法有以下几种。

① 用钢锭的小头先送入轧辊或采用带有楔形端的钢坯进行轧制，在咬入开始时首先将钢锭的小头或楔形前端与轧辊接触，此时所对应的咬入角较小。在摩擦系数一定的条件下，易于实现自然咬入（见图 3-71）。此后在轧件充填辊缝和咬入条件改善的同时，压下量逐渐增大，最后压下量稳定在某一最大值，从而咬入角也相应地增加到最大值，此时已过渡到稳定轧制阶段。这种方法可以保证顺利地自然咬入和进行稳定轧制，并对产品质量亦无不良影响，所以在实际生产中应用较为广泛。

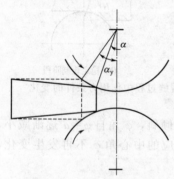

图 3-71 钢锭小头进钢

② 强迫咬入，即用外力将轧件强制推入轧辊中，由于外力作用使轧件前端被压扁。相当于减小了前端接触角 α，故改善了咬入条件。

（2）提高 β 的方法

提高摩擦系数或摩擦角是较复杂的，因为在轧制条件下，摩擦系数取决于许多因素。可以从以下两个方面来讨论改善咬入条件。

① 改变轧件或轧辊的表面状态，以增大摩擦角。

在轧制高合金钢时，由于表面质量要求高，不允许从改变轧辊表面着手，而是从轧件着手。实验研究表明，钢坯表面的炉生氧化铁皮使摩擦系数降低。由于炉生氧化铁皮的影响，使自然咬入困难，或者以极限咬入条件咬入后在稳定轧制阶段发生打滑现象。由此可见，清除炉生氧化铁皮对保证顺利地自然咬入及进行稳定轧制是十分必要的。

② 合理地调节轧制速度。实践表明，随轧制速度的提高，摩擦系数是降低的。据此，可以低速实现自然咬入，然后随着轧件充填辊缝使咬入条件好转，逐渐增加轧制速度，使之过渡到稳定轧制阶段时达到最大值，但必须保证 $\alpha_y \leqslant K_x \beta_y$ 的条件。这种方法简单可靠，易于实现，所以在实际生产中是被采用的。

在实际生产中不限于以上几种方法，而且往往是根据不同条件几种方法同时并用。

3.5.5 中厚板生产简介

3.5.5.1 中厚板轧机型式

近年来，用于中厚板轧制的轧机主要有三辊劳特式轧机、二辊可逆式轧机、四辊可逆式轧机和万能式轧机等几种型式，如图 3-72 所示。

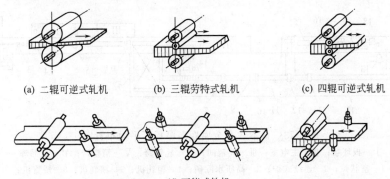

（a) 二辊可逆式轧机   （b) 三辊劳特式轧机   （c) 四辊可逆式轧机

（d) 万能式轧机

图 3-72 各种中厚板轧机

旧式二辊可逆式和三辊劳特式轧机由于辊系刚性不够大，轧制精度不高，已被淘汰。四辊可逆式轧机是现代应用最广泛的中厚板轧机，适于轧制各种尺寸和规格的中厚板，尤其是宽度较大、精度和板形要求较严的中厚板。这种轧机兼备二辊与三辊轧机的特点，支撑辊与工作辊分工合作，既降低了轧制压力，又大大增强了轧机刚性。

万能式轧机是在板带一侧或两侧带有一对或两对立辊的可逆式轧机。由于立辊的存在，可以生产齐边钢板，不再剪边，降低了金属消耗，提高了成材率。但理论和实践证明，立辊轧边只是对于轧件宽厚比（B/H）小于 60～70（例如，热连轧粗轧阶段）的轧制才能产生作用。对于 B/H 大于 60～70 的，立辊轧边时钢板很容易产生横向弯曲，不仅起不到轧边作用，反而使操作复杂，易造成事故。而且，立辊和水平辊还难以实现同步运行，要同步又必然会增加辅助电器设备的复杂性和操作上的困难。

3.5.5.2 中厚板轧机布置及中厚板车间

中厚板轧机组成一般有单机架、双机架和连续式等型式。

（1）单机架轧机

一个机架既是粗轧机，又是精轧机，在一个机架上完成由原料到成品的轧制过程，称为单机架轧机。单机座布置的轧机可以选用任何一种厚板轧机，由于粗精轧在一架上完成，产品质量较差，轧辊寿命短，但投资省、建厂快，适用于产量要求不高，对产品尺寸精度要求较宽的中型钢铁企业。

（2）双机架轧机

双机架轧机是把粗轧和精轧两个阶段不同的任务和要求分别放到两个机架上完成，其布置形式有横列式和纵列式两种。但是，由于横列式布置时钢板横移易划伤，换辊较困难，主电室分散及主轧区设备拥挤等原因，新建轧机已不采用，全部采用纵列式布置。双机架轧机与单机架形式相比，不仅产量高，表面质量、尺寸精度和板形都较好，而且可延长轧辊寿命，缩减换辊次数等。

双机架轧机的组成形式有四辊-四辊式、二辊-四辊式和三辊-四辊式三种。20 世纪 60 年代以来，新建轧机绝大多数为四辊-四辊式，以欧洲和日本最多。这种形式的轧机粗、精轧道次分配合理，产量高，可使进入精轧机轧件的断面较均匀，质量好。并且，粗、精轧可分别独立进行，较灵活。其缺点是粗轧机工作辊直径大，轧机结构笨重复杂，投资较大。目前，美国、加拿大和我国仍保留着相当数量的二辊-四辊式轧机。

由于各生产车间工艺及设备不同，车间布置各有特色。如图 3-73 所示为日本住友金属鹿岛厚板厂车间平面布置图。

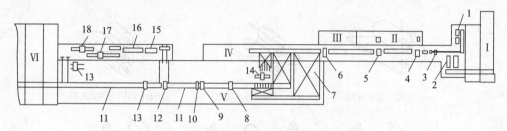

图 3-73　日本住友金属鹿岛厚板厂平面布置图

Ⅰ—板坯场；Ⅱ—主电室；Ⅲ—轧辊间；Ⅳ—轧钢跨；Ⅴ—精整跨；Ⅵ—成品库

1—室状炉；2—连续式炉；3—高压水除磷；4—粗轧机；5—精轧机；6—矫直机；

7—冷床；8—切头剪；9—双边剪；10—剖分剪；11—堆垛剪；12—定尺剪；

13—超声波探伤设备；14—压平机；15—淬火机；

16—热处理炉；17—涂装机；18—抛丸设备

该厂采用双机架四辊可逆式轧机，粗轧机轧辊尺寸为 ϕ1010/2000mm×5340mm，电机容量为 $2×4500kW$，$40/80r/min$ 直流电动机，轧制力达 90000kN；精轧机工作辊为 ϕ1000mm×4724mm，支撑辊为 ϕ2000mm×4579mm，主传动为两台 5000kW，50/100r/min 直流电动机，面积达 137780m^2，年产 192 万吨。

（3）连续式、半连续式、3/4 连续式布置

连续式、半连续式、3/4 连续式布置是一种多机架生产带钢的高效率轧机，目前成卷生产的带钢厚度已达 25mm 或以上，因此许多中厚钢板可在连轧机上生产。但是，由于用热带连轧机轧制中厚板时板不能翻转，板宽又受轧机限制，致使板卷纵向和横向性能差异很大。并且，又需要大型开卷机，钢板残余应力大，故不适用于在大吨位船舶上作为船体板。因此，用热带连轧机生产中厚板是有一定局限性的。但由于其经济效益显著，仍有 1/5 左右的中厚板用热带连轧机生产，以生产普通用途中厚板为主。

第4章
无机非金属材料的加工工艺

本章前半部分以玻璃工艺过程为主线，介绍玻璃用原料与配料、玻璃的熔制与窑炉、玻璃的加工、玻璃的热处理等；后半部分以陶瓷工艺过程为主线，介绍陶瓷的坯（釉）料制备、成型、干燥、烧成、陶瓷窑炉等。

4.1 玻璃的生产加工工艺

4.1.1 玻璃的成分

玻璃的成分又称化学组成，常用各氧化物的质量百分含量来表示。如表4-1所列，不同种类的玻璃产品，它们的化学成分存在着很大的差异。

表4-1 几种常见玻璃的主要化学组成 单位：%（质量分数）

玻璃种类	Si_2O	Al_2O_3	CaO	MgO	B_2O_3	PbO	Na_2O+K_2O
平板玻璃	71~73	0.5~2.5	6~10	1.5~4.5			14~16
瓶罐玻璃	70~75	15	50~59	0.2~2.5			13.5~17
高硼硅仪器玻璃	79~85	1.9~2.5	0.1~0.6		10.3~13		2.2~6
灯泡壳玻璃	73.1	0.3	4.0	2.7	0.8	2.1	14.5~15.5
无碱玻璃纤维	54	15.5	16.0	4.0	8.5		<0.5
高硅氧玻璃	96	0.4			2.9		<0.2

根据玻璃成型工艺方法特点和使用要求，玻璃中各化学组成的含量需要进行适当的增减，如浮法玻璃中的 Al_2O_3 含量要适当减少，一般应不超过 1.8%，$CaO+MgO \geqslant 12\%$，Na_2O+K_2O 在 14% 左右，$Fe_2O_3 < 0.1\%$。

玻璃的配合料是由多种原料混合组成的，各自所起的作用不同，一类是为了引入玻璃的主要成分，称为主要原料，如常用硅砂（也称石英砂）和砂岩引入 Si_2O；用长石在引入 Al_2O_3 的同时，又能引入一定量的 R_2O，减少了纯碱的用量，降低了成本。另一类则是为了工艺上某种需要或使玻璃具有某种特性而加入的，称为辅助原料，如用芒硝作为澄清剂，炭粉作为还原剂，萤石作为助熔剂，化学脱色剂有白砒、三氧化二锑、硝酸盐、氟化合物等。

不同的玻璃制品对原料的要求不尽相同，但有一些是选择原料的共同准则，即：原料的品位高、化学成分稳定、水分稳定、颗粒组成均匀以及着色矿物（主要是 Fe_2O_3）和难熔矿物（主要是铬铁矿物）要少；便于在日常生产中调整玻璃成分；适于熔化和澄清；对耐火材料的侵蚀性要小；原料应易加工、矿藏量大、分布广、运输方便和价格低廉等。

4.1.2 玻璃的熔制过程

玻璃熔制是玻璃生产中很重要的环节。玻璃的许多缺陷（气泡、条纹和结石等），都是在熔制过程中造成的。玻璃熔制过程也是一个非常复杂的过程，它包括一系列物理的、化学的、物理化学的现象和反应，使各种原料的机械混合物变成了复杂的熔融物即玻璃液。通常根据熔制过程中的不同变化，大致可以分为以下五个阶段。

4.1.2.1 硅酸盐形成阶段

配合料入窑后，在高温作用下迅速进行一系列物理的、化学的和物理化学的变化和反应，如粉料受热、水分蒸发、盐类分解、多晶转变、组分熔化以及石英砂与其他组分之间的固相反应。硅酸盐形成反应大多是在固体状态下进行的，在这一阶段结束时，配合料中各种原料在高温下相互反应生成烧结状态的不透明硅酸盐及其少量的熔融物，其中含有大量石英砂粒、气泡和条纹。制备普通的钠钙硅酸盐玻璃时，硅酸盐的形成在 $800 \sim 900℃$ 基本结束。

4.1.2.2 玻璃形成阶段

烧结物被连续加热时即开始熔融。易熔的低共熔混合物首先开始熔化，在熔化的同时发生硅酸盐和剩余石英砂粒的互溶。到这一阶段结束时，石英砂颗粒已完全熔化，烧结物变成了含有大量可见气泡和条纹、在温度上和化学成分上不够均匀的透明玻璃液。熔制普通玻璃时，玻璃的形成在 $1200 \sim 1250℃$ 完成。

4.1.2.3 玻璃液澄清阶段

玻璃液继续加热至更高的温度，其黏度会进一步迅速降低，使气泡大量逸出，即进行去除可见气泡的过程。但是，玻璃液仍存在条纹，并且，温度也不均匀。熔制普通玻璃时，一般在 $1400 \sim 1500℃$ 结束。

4.1.2.4 玻璃液的均化阶段

玻璃液长时间处于高温下，其化学组成逐渐趋向一致，即通过玻璃液的扩散、对流和搅拌作用，消除了条纹和热不均匀性。均化可在低于澄清的温度下完成，但此时玻璃液黏度还太小，不满足成型要求。

4.1.2.5 玻璃液冷却阶段

目的是通过合理的冷却（不损坏玻璃的质量）使已经澄清均化好的高温玻璃液的黏度增大，达到成型所要求的范围。根据玻璃液的性质及成型方法的不同，降温程度也不同，通常约降低 $200 \sim 300℃$。在降温冷却过程中，有两个因素会影响玻璃的质量和产量，即玻璃液的热均匀度和是否产生二次气泡（需要特别防止）。对普通的钠钙硅酸盐玻璃通常要降到 $1000 \sim 1100℃$，再进行成型。

在实际熔制过程中，各阶段并无明显的界限，有些阶段常常是同时进行或交错进行的。对于玻璃熔制的过程，由于在高温下的反应很复杂，尚难获得最充分的了解。

玻璃的熔制过程是在熔窑中进行的，熔窑是用各种耐火材料砌筑成的热工设备，也是玻璃工厂的"心脏"。熔窑的结构、砌筑、操作维护的好坏，不仅决定了熔窑的使用周期，而且对玻璃的产量、质量、燃耗、成本影响极大。熔融玻璃的熔窑结构有许多类型，大型的主要有蓄热室浮法横火焰池窑、蓄热室马蹄焰池窑，小型的则有电熔窑和坩埚窑等。如在浮法玻璃生产上，以浮法横火焰池窑为多。浮法横火焰玻璃池窑如图 4-1 所示，其主要结构包括：加料口、熔化部、小炉、卡脖、蓄热室、冷却部、溢流口、锡槽、烟道和烟囱等部分。

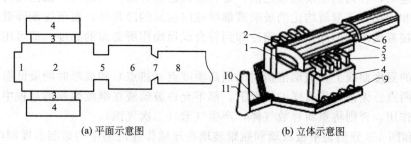

(a) 平面示意图　　　　　　(b) 立体示意图

图 4-1　浮法横火焰玻璃池窑结构示意图

1—加料口；2—熔化部；3—小炉；4—蓄热室；5—卡脖；6—冷却部；
7—溢流口；8—锡槽；9—空气烟道；10—总烟道；11—烟囱

从整体上看熔窑可以分成四个部分。

(1) 玻璃熔制部分

玻璃熔制部分即熔化部、冷却部，是熔窑的主体。大型熔窑的玻璃熔制部分全长可达 60m，宽 10m，全部用耐火材料砌成。它的下部容纳配合料和玻璃液，称为窑池；上部容纳火焰和烟气，称为上部空间。熔化部接受配合料和燃料，将配合料熔化成玻璃液；冷却部将已熔化好的高温玻璃液冷却到合适的温度，供给成型部。卡脖作为分隔熔化部和冷却部的设备，位于两者之间。

(2) 热源供给部分

热源供给部分是指布置在熔化部两侧的数对小炉（一座大型的玻璃熔窑一般有 5~8 对小炉），如果是烧油或天然气的窑还包括喷嘴和管路。它负责向熔化部提供已经预热了的燃料和助燃空气，此外，小炉还担负着把熔化部内火焰燃烧后产生的烟气排出的任务。当一侧小炉喷火时，另一侧则同时排烟，间隔一段时间（20~40min）后相互交换。

(3) 余热回收部分

余热回收部分回收高温烟气中的热量用来加热助燃空气和煤气，从而提高火焰的燃烧温度。蓄热室是最重要的烟气余热回收设备，它上接小炉，下连烟道，内部码砌着整齐排列的格子砖，组成格子体，从上到下有贯穿格孔，气流从格孔中流过。排烟时熔化部排出的烟气有很高的温度，经过小炉后从上而下流经蓄热室内的格子体，同时将格子体加热，烟气的热量蓄积在格子体内，而自身的温度则下降，最后从烟道排出。换火（火焰换向）后，助燃空气或煤气从下至上流过格子体，被高温格子砖加热到较高的温度，从而使得燃烧后的火焰温度得到提高。如此反复进行，起到余热回收的效果。

(4) 排烟供气部分

排烟供气部分包括烟道、烟囱以及交换器和各种闸板，负责排出烟气、引入空气和煤气并调节流量，控制气体流动方向。

此外，还要有一些附属设备，如窑头料仓、冷却风系统等。

4.1.3　玻璃熔制温度制度

在连续作业的池窑中，玻璃熔制的各个阶段是沿窑的纵长方向按一定顺序进行的，并形成未熔化的、半熔化的和完全熔化的玻璃液的运动路线，也就是熔制是在同一时间而在不同空间内进行的，可沿窑长方向分为几个地带以对应于配合料的熔化、澄清与均化、冷却及成形的各个阶段。在各个地带内必须经常保持着进行这种过程所需要的温度。

配合料从加料口加入，进入熔化带，即在熔融的玻璃表面上熔化，并沿窑长向最高温度的澄清地带运动，在到达澄清地带之前，熔化应该已经完成。当进入高温区域时，玻璃熔体即进行澄清和均化。已澄清均化的玻璃液继续流向前面的冷却带，温度逐渐降低，玻璃液也逐渐冷却，接着流入成形部，使玻璃冷却到符合成形操作所必需的黏度，即可用不同方法来进行成形。

沿窑长的温度曲线上，玻璃澄清时的最高温度点（热点）和成形时的最低温度点是具有决定意义的两点。无论在什么样的情况下，都不允许玻璃液在继续熔制的过程中经受比热点更高的温度作用，否则将重新释放气体，产生气泡（二次气泡）。

图 4-2 和图 4-3 分别是平板玻璃和瓶罐玻璃在连续作业池窑中的熔制温度制度。

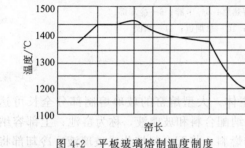

图 4-2　平板玻璃熔制温度制度

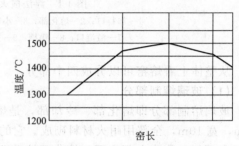

图 4-3　瓶罐玻璃熔制温度制度

连续作业池窑沿窑长的每一点温度是不同的，但对时间而言则是恒定的，因而有可能建立稳定的温度制度。熔制工艺制度的正确与否，不仅影响所熔制玻璃的质量，而且还决定着熔制玻璃的产量。

在连续作业池窑内，玻璃液从一个地带流到另一个地带，除因成形取用玻璃而产生玻璃液流（生产流）外，还由于各地带的密度不同而形成了玻璃液流。加料口附近和流液洞处的玻璃液温度比澄清带低，池壁附近的玻璃液温度比熔化池中部低，温度低处玻璃液大都会向下沉，而代之以较热的玻璃液，这些玻璃液又被冷却，又逐渐下沉，这样玻璃液重复移动形成了连续的对流（自然对流），这种对流在规定的温度制度下是不变的。

窑内温度不正常时，玻璃液的流动方向就会改变，这将导致不良的后果，特别是最高温度点的位置若有变化，前进的玻璃液中就能带进尚未熔化完的配合料质点。此外，还会带走原来不参加对流循环的、停滞在窑池个别地带和池底上的不动层，因此，常常会使玻璃产生缺陷。

玻璃液受窑内炉气介质变化的影响极为敏感。气体介质的组成和压力的变化，即便不大，也将使玻璃液质量变坏。窑内气体介质的性质必须经常通过对各个喷火口的烟气分析检查来进行控制。在玻璃液面上和间隙砖水平上应保持零压或微正压，以避免吸入冷空气。正压过强会使窑上部砌体耐火材料受到强烈的侵蚀，并使澄清过程困难。

配合料的加料制度应使熔化的玻璃液量完全符合成形制品所取用的玻璃液量，从而保持玻璃液面恒定。在池窑熔制玻璃时，配合料中碎玻璃的比例应当保持恒定，不能以工厂碎玻璃储备量的增减而随意改变。

如果加料，玻璃液的熔化率及窑的作业制度发生改变，就不可避免地会改变已规定的液流方向，使之互相交错，影响玻璃质量，因此，应该严格遵守制定的熔制工艺制度。

熔制过程正常与否，可以从玻璃液面的情况来判断。配合料在玻璃液面上的泡界线不应远离规定的位置，同时沿窑长取出的试样应和该地带所进行的熔化过程相符合。

熔窑的仪表控制和自动调节是稳定熔窑正常作业的一项重要措施。要使池窑正常作业，必须保留一定的热工制度，采用仪表控制也就是要保留一定的反映制度特点的参数值。参数中有一些是主要的，熔窑作业即根据它们来进行调节，另外一些参数是辅助的，它们是用来控制设备状态及熔窑各部制度的相互关系的。

仪表控制可分为连续控制、定期控制和特定控制。连续控制就是要经常将制度最重要的示数用记录仪器记录下来。定期控制是按一定的时间间隔把观察到的示数记录下来。当要对整个窑和熔窑的各部分或辅助装置的工作情况作详细标定时才建立特定控制。

一般需要连续控制和定期控制的参数有：熔化部温度、工作部温度、供料槽温度、玻璃液温度、窑的压力、玻璃液面高度、煤气量及其温度和压力、重油量及其温度和压力、助燃空气量及其温度和压力、燃油雾化用压缩空气量及其温度和压力、蓄热室格子砖底部温度、蓄热室格子砖上部温度、烟道烟气温度、压力和氧气含量以及烟囱抽力、液面状况和交变参数等。仪表控制的水平，可按生产管理上的需要来确定。

池窑作业制度的稳定对于玻璃机械化连续生产具有特别重要的意义。现代化生产使工艺参数保持不变的最好办法就是采用自动调节。采用自动调节在提高池窑生产率、节约燃料和减少耐火材料的消耗、提高产品质量、降低管理费用和产品成本等各方面起着重要的作用。通常玻璃熔窑使用气体燃料或液体燃料加热，可以进行自动调节的项目有：熔化池温度、工作池温度、燃料量及其温度和压力、燃料和燃烧空气的比例、上部空间压力、玻璃液面高度、火焰的换向及供料槽温度等。

窑内温度取决于很多可变因素，必须调节影响窑内温度的各个因素，使温度稳定。向窑内添加配合料是根据玻璃液平面的高低来调节的，可改变加料机的转数或加料间隔时间来保持液面恒定。窑内上部空间的压力可用与烟囱总烟道闸板相连的压力调节器来保持恒定。蓄热室的自动换向可以按规定时间间隔进行，或根据两边蓄热室格子砖的温度差来进行控制。

现代瓶罐玻璃池窑熔化池上部空间的压力控制为 4.9Pa（0.5mmH_2O），玻璃液液面变化控制在 0.9～4.9Pa（0.1～0.5mmH_2O），玻璃料滴温度变化控制范围为 2～3℃。目前正发展应用工业电视、窥视镜以及电子计算机来全面自动调节。

利用工业彩色电视系统可以观察和监视池窑内部作业情况，检查熔制过程，并可使用监控器记录生产状况，对于进一步掌握分析研究池窑内部的工艺变化，具有一定意义。利用窥视镜（广角潜望镜）可以十分清楚地实时观察火焰和燃烧图像、配合料、浮渣等运动消失情况，并可观察熔窑各部分耐火材料使用损坏情况，以便对耐火材料的使用寿命作出更可靠的判断。利用电子计算机不仅能进行直接数字控制，还能达到最佳状态控制，使工业生产的产量最高、质量最好、成本最低。电子计算机还能完成池窑各控制点参数的巡回检测、越限报警、定时制表等工作。

4.1.4 玻璃的成形

玻璃液在可塑状态下的成型过程可分为两个阶段，即成形和定形。

第一阶段中使其具有制品所需的外形，通常采用普通的成形方法，例如在模子中的吹制与压制等。在第二阶段中要固定已成形的外形，这阶段采用冷却使之硬化。在玻璃制品生产中，成形过程的两个阶段都是利用玻璃液的黏度为基础的。玻璃成形的黏度范围为 $10～4×10^7$Pa·s。

由于玻璃的黏度与表面张力随温度而变化，玻璃的成形和定形连续进行的特点，使得玻璃能接受各种各样的成形方法。这是玻璃与其他材料不同的重要性质之一。玻璃的成形方法可分为人工成形和机械成形两种类型。

玻璃制品的人工成形法包括部分半机械成形，目前多用于制造高级器皿、艺术玻璃以及特殊形状的制品。人工成形，需要一定的熟练技术，劳动强度大，特别是必须在熔炉附近作业，温度高，容易被玻璃辐射热灼伤，劳动条件差，生产效率低。因此，用机械化来代替人工成形就成为发展的必然趋势。随着机械工业的发展，玻璃成形首先发展为半机械化，到20世纪初进一步发展为机械化，现在已达到用计算机完全自动控制的程度。根据玻璃制品的形状和大小的不同，可以选择最方便和最经济的成形方法。主要的成形方法有：吹制法（空心玻璃等）、压制法（烟缸等器皿）、压延法（压花玻璃等）、浇注法（光学玻璃等）、拉制法（窗用玻璃等）、离心法（玻璃棉等）、烧结法（泡沫玻璃等）、喷吹法（玻璃珠等）、浮法（板玻璃等）。本节除人工成形方法以外，机械成形方法主要介绍管玻璃和平板玻璃的成形方法。

4.1.4.1 人工成形

人工成形法主要有人工吹制、自由成形（无模成形）、人工拉制与人工压制等。

(1) 人工吹制

人工吹制的主要工序为挑料、吹小泡、吹制、加工等。

人工吹制所使用的主要工具是吹管和表面涂覆有含碳物质的衬碳模。吹管是一根空心的铁管。它与玻璃液接触的一端称为挑料端，目前常用镍铬合金制成。吹管长为 1.2～1.5m，直径一般为 18～25mm，随所挑取的玻璃液量的增大而增大。中心孔径为 5～6mm。挑料端焊接在吹管的端头，挑料量多时，挑料端应较厚，直径也应较大。衬碳模又称冷模或转吹模。它是在铸铁模型表面，以干性油（如亚麻仁油、桐油等）为黏合剂，采用不同的方法涂覆烟炱、软木粉、细焦炭粉等，加热使之牢固，并挑取一团热玻璃将表面打光滑。这种模子在使用时用水冷却。在模中吹制制品时要使料泡旋转。由于这种模子兼具碳模和铸铁模的优点，特别是在吹制时，料泡和模型表面间形成气垫，便于料泡转动，制品表面比较光滑接近于火抛光的表面，而且制品的尺寸也比较精确。

① 挑料　人工成形的玻璃液在坩埚炉或小型池窑中熔制。玻璃液必须从澄清温度冷却至 200～300℃，以达到可以用吹管蘸料。挑料前，应当将吹管加热至适当温度以便于粘住玻璃液。但是，温度不能过高，否则吹管的挑料端会受侵蚀而污染玻璃。挑料时将吹管斜插在玻璃液面以下稍许，在吹管不断地旋转下于挑料端卷上一定量的玻璃液。同一种制品，每次挑料量应当相同，然后在不断旋转下取出吹管，进行吹小泡的操作。

为了取得较为洁净的玻璃液，常采用黏土耐火材料环放置在坩埚的玻璃液面上（由于黏土耐火材料的密度较玻璃液小，它会自然漂浮在玻璃液上）。这种耐火材料环称为"浮环"或"氹圈"，以阻止玻璃液中浮渣等杂质进入环内，挑料时即在环中蘸料。小型池窑的取料口常装有无底的靴形坩埚。熔好的玻璃液从坩埚底部流入，而浮渣等隔离在坩埚外面。无底坩埚还可以隔断取料口处向外喷出的火焰，以保护工人的操作安全。

② 吹小泡　将上述挑好料的吹管取出炉外后，在金属或木制平板（滚料板）或滚料碗（俗称铁碗）中滚压玻璃液，使所挑的玻璃料具有一定的形状、平滑的表面、对称的玻璃分布和达到吹制所需的黏度。然后吹口气，使其成为中空的厚壁小泡。如果是吹制大型制品，还需要在吹成的小泡上进行第二次挑料、第三次挑料……每次挑料后都要在滚料板或滚料碗上进行滚压，并借吹气使小泡吹成球形或胀大，使壁变薄等；旋转吹管是使小泡壁厚对称；垂直向上放置小泡是使小泡底部变薄、上部变厚；摆动吹管是使小泡变长等。最后使小泡的形状接近于模腔的形状，其体积约为模腔的 70%～80%，这时的小泡也称为料泡。

③ 吹制　将料泡放入衬碳模中，入模前模型用冷水冷却，在不停转动下，吹气使料泡胀大成为制品。在继续旋转下直至吹成的制品冷却硬化不致变形时取出模外。然后，击脱吹

管进行修饰。一般情况下，将击脱的制品送去退火，再进行割口、烘口等加工处理。

④ 加工　加工或称修饰。在某些情况下，需在成形时把口部做好。这时，用另一支吹管在挑料端做成一个玻璃小盘（称为顶盘），将吹成的制品从底部粘在顶盘上。有时，也用特制的夹子夹住制品，然后击脱吹制用的吹管，在坩埚或烧口炉上重新加热制品，用剪刀剪齐口部。在转动下，用夹子或样模使制品口部圆滑（称为"圆口"）。有时还需在制品上粘把、贴花等，最后将制品送去退火。人工吹制玻璃杯的各工序如图 4-4 所示。

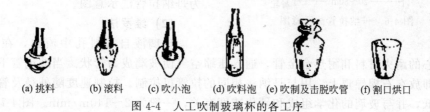

(a) 挑料　　(b) 滚料　　(c) 吹小泡　　(d) 吹料泡　　(e) 吹制及击脱吹管　　(f) 割口烘口

图 4-4　人工吹制玻璃杯的各工序

（2）自由成形

不用模型，仅使用一些特制的工具，如钳子、剪刀、镊子、夹子、夹板、样模等将玻璃液直接制成制品，主要用于艺术制品的生产（窑玻璃），而且是其他方法所不能取代的。在自由成形时，玻璃常需反复加热，而且往往是用多种玻璃结合起来成形的，因此，要注意玻璃的析晶倾向和热膨胀系数。

（3）人工拉制

人工拉制主要是指拉制玻璃管（或玻璃棒）的成形方法，它是从吹制法中产生出来的。主要工序和吹制法相似，即挑料、滚料、吹料泡、拉管。由于拉制玻璃管时所需的玻璃料较多，挑料必须分几次进行。吹成料泡后，粘在顶盘上，在不断吹气下，以一定的速度拉制成玻璃管。其操作如图 4-5 所示。

(a) 滚料　　　　(b) 粘顶盘　　　　　　　(c) 拉管

图 4-5　人工拉玻璃管示意图

拉制圆管时，料泡做成圆柱形。拉制三角形玻璃管时（如体温计玻璃管），料泡做成长的三角柱形。拉制玻璃棒时，挑料、滚料后做成一个实心的料团，粘在顶盘上，拉制成棒。

（4）人工压制

人工压制是比较古老的成形方法，在目前实际上是属于半机械的成形方法。它从挑料，剪料起直至压制、脱模等均借助人力操作。它的成形部件主要是模型、冲头和模环。

4.1.4.2　玻璃管的成形

管玻璃（又称玻璃管）的机械成形方法有水平拉管和垂直引上（或引下）两类。水平拉管有丹纳法和维罗法；垂直引上法分为有槽的和无槽的两种。

（1）丹纳法

丹纳拉管法可以制造外径为 2～70mm 的玻璃管，主要用于生产安瓿瓶、日光灯、霓虹灯等所用的薄壁玻璃管。玻璃液从池窑的工作部经流料槽流出，由闸砖控制其流量。流出的玻璃液呈带状落在耐火材料的旋转筒上。旋转臂上端直径大，下端直径小，并以一定的倾斜

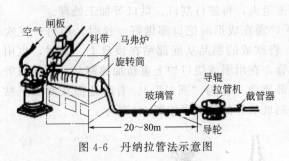

图 4-6 丹纳拉管法示意图

角安装在机头上，由中心钢管连续送入空气。旋转筒以净化煤气加热。在不停地旋转下，玻璃液从上端流到下端形成管根。管根被拉成玻璃管，经石棉导辊引入拉管机中。拉管机的上下两组环链夹持玻璃管使之连续拉出，并按一定长度截断。图 4-6 为丹纳拉管法示意图。

（2）维罗法

玻璃液自漏料孔中流出，在漏料孔的中心有空心的耐火材料和耐热合金管，通入压缩空气使玻璃成为管状。当玻璃管下降到一定位置时，即放在石棉导辊上。用与丹纳法相同的拉管机拉制。拉制速度随外径及管壁厚度的增加而降低，并与玻璃的化学组成和硬化速度有关，一般为 $2 \sim 140 m/min$。图 4-7 为维罗拉管法示意图。

（3）垂直引上法

垂直引上法可以拉制薄壁和厚壁的管道，主要用于拉制厚壁工业管道。

垂直有槽引上法的设备由引上机（拉管机）和槽子砖所组成。拉制的方法是采用"抓子"从槽子砖内拉出玻璃管，再送入引上机中。根据管壁厚薄和直径的不同，调整引上机的速度，愈厚则引上速度愈慢。当管子拉到顶端时，玻璃管按需要的长度割断，放到收集玻璃管的槽子里。图 4-8 为有槽引上拉管法示意图。

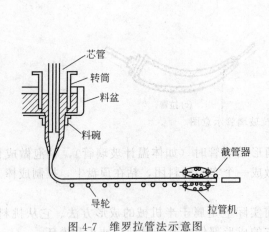

图 4-7 维罗拉管法示意图

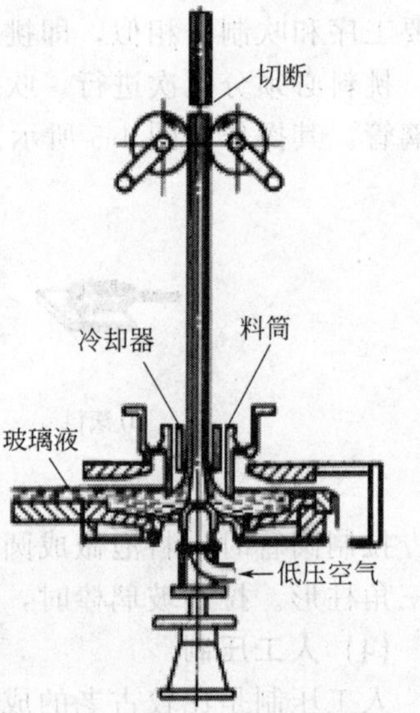

图 4-8 有槽引上拉管法示意图

采用这种方法引上玻璃管的直径范围为 $2 \sim 30mm$；每根管的引上速度为 $1.5 \sim 20m/min$。垂直无槽引上法的要点是由作业室中自由液面引上玻璃管，玻璃液是从池窑作业部沿通路流入。引上薄壁玻璃管的直径范围为 $4 \sim 40mm$，引上速度为 $6 \sim 12m/min$。引上厚壁玻璃管道的直径范围为 $50 \sim 170mm$，引上速度为 $0.7 \sim 2.5m/min$。

（4）垂直引下法

垂直引下拉管法具有设备简单、改换品种时操作简便、配上转绕机可以直接生产蛇形管等优点，能生产直径为 1in（1in＝2.54cm）、2in、3in 的厚壁玻璃管以及外径为 $8 \sim 100mm$

的仪器用管。玻璃液垂直引下拉管机由供料机和牵引机两部分组成。供料机安装在与池窑相连接的料槽上，牵引机则单独安装在供料机下面的工作台上。

澄清的玻璃液由料槽 1 流向供料机的料盆 2，通过料盆底部的料碗 3，沿着装在料盆中心的吹气头 4 向下流。流料量由料筒 5 控制。压缩空气由吹气头中心的耐热钢管吹入。这样，根据产品规格，按照一定的温度和进气量以及料碗、吹气头、机速之间的一定比例，经过牵引机 6，就可以拉出各种规格的玻璃管。最后用机械把管子截成一定的长度。图 4-9 为垂直引下拉管法示意图。

如图所示，牵引机与垂直引上法的牵引机相似，是由一直流电机通过主轴和齿轮带动 8 对石棉导辊同步运转。石棉导辊安装在机腔侧壁的扇形齿轮上，从而使每对石棉导辊随着玻璃管直径的大小自由紧合。根据管径的要求，调整机速和料碗的出料孔，即可拉制出不同规格的制品。

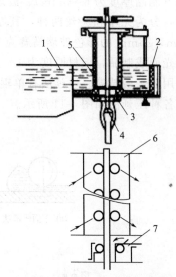

图 4-9　垂直引下拉管法示意图
1—料槽；2—料盆；3—料碗；4—吹气头；
5—料筒；6—牵引机；7—机械截管

4.1.4.3　平板玻璃的成形

平板玻璃的成形方法有：垂直引上法（有槽引上）或引下法（无槽引下）、平拉法、浮法和压延法等。目前最常用的生产方法是浮法和压延法。

（1）浮法成形

玻璃液在熔融金属液面上（通常为熔融锡）浮抛前进；锡槽内玻璃液和锡液是互不浸润的，也不起化学反应，并且后者的密度大于前者。采用浮法工艺，温度为 1100℃左右的玻璃液流入锡槽后，由于重力与表面张力的作用而自然摊平，再经拉引力成形，冷却固形，最后成为上下表面平行光滑、光学质量高、有一定厚度的优质玻璃带离开锡槽进入退火窑（见图 4-10）。

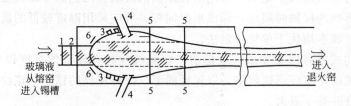

图 4-10　锡槽示意图
1—安全闸板；2—流量闸板；3—拉边辊；4—拉边器；5—冷却水管；6—八字砖

为了防止锡液的氧化，锡槽内空间充满着保护气体（氮 92%～96%，氢 4%～8% 的混合气体）。浮法生产工艺的主要优点是玻璃产品质量高（接近或相当于机械磨光玻璃）、拉引速度快（2mm 厚的达 0.333m/s，6mm 厚的达 0.111m/s）。产量大、产品品种规格多样化（厚度可为 1.7～30mm，宽可达 5.6m 以上），便于生产自动化。

（2）压延法成形

采用压延法生产的玻璃品种有：压花玻璃（2～12mm 厚的各种单面花纹玻璃）、夹丝网玻璃（制品厚度为 6～8mm）、波形玻璃（有大波、小波之分，其厚度为 7mm 左右）、槽形玻璃（分为无丝和夹丝两种，其厚度为 7mm）、熔融法制的玻璃马赛克（20mm×20mm、25mm×25mm 的彩色玻璃马赛克）、熔融法制的微晶玻璃花岗岩板材（晶化后的板材经研磨抛光而成制品，板材厚度为 10～15mm）。目前，压延法已不用来生产光面的窗用玻璃和制镜用的平板玻璃。压延法有单辊压延法、对辊压延法之分。

各种压延法如图 4-11 所示。

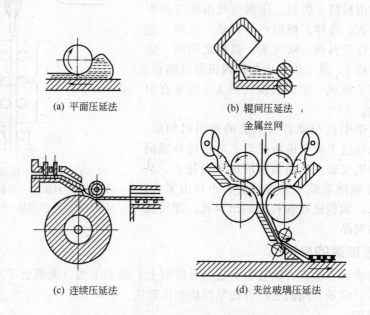

图 4-11　各种压延法示意图

单辊压延法是一种古老的成形方法。它是把玻璃液倒在浇铸平台的金属板上，然后用金属压辊滚压而成平板，如图 4-11(a) 所示，再送入退火炉退火。这种成形方法无论在产量、质量或成本上都不具有优势，属于淘汰的成形方法。

连续压延法是玻璃液由窑池的工作池沿流槽流出，进入成对的用水冷却的中空压辊，经滚压而成平板，再送入退火炉退火。采用对辊压制的玻璃板两面的冷却强度大致相近。由于玻璃液与压辊成形面的接触时间短，即成形时间短，故应采用温度较低的玻璃液。连续压延法的产量、质量、成本均优于单辊压延法。

对压延玻璃的成分有以下要求：压延前，玻璃液应具有较低的黏度以保持良好的可塑性；压延后，玻璃的黏度应迅速增加，以保证固形，保持花纹的稳定与花纹的清晰度，制品应具有一定的强度并易于退火。

对夹丝网玻璃所用丝网有以下要求：
① 丝网的热膨胀系数应与玻璃匹配；
② 丝网与玻璃不起化学反应，防止碳素钢中的碳素与玻璃中的游离氧生成 CO_2；
③ 丝网应具有一定的强度和熔点，防止在夹入过程中发生拉断与熔断；
④ 丝网应具有磁性，以便在处理碎玻璃时容易除去；
⑤ 在掰断夹丝网玻璃时丝网应比较容易掰断；
⑥ 价格便宜，易于采购。
通常采用的丝网材质为含 18Cr 的低碳钢，网丝直径为 0.46～0.53mm。

4.1.5 玻璃的退火和钢化

4.1.5.1 退火

退火就是消除或减少玻璃中热应力至允许值的热处理过程。玻璃制品在生产过程中，经受激烈的、不均匀的温度变化时，将产生热应力。这种热应力将降低制品的强度和热稳定性。高温成形或热加工的制品，若不经过退火而使其自然冷却，很可能在成形后的冷却、存放以及机械加工的过程中自行破裂。此外，玻璃制品自高温自然冷却后，其内部的结构变化是不均匀的，由此将造成玻璃制品在光学性质上的不均匀。对于光学玻璃和某些特种玻璃，退火的要求尤为严格。

玻璃制品中的内应力，通常是由于不均匀的冷却条件所产生的。将玻璃置于退火温度下，进行热处理和采取适宜的冷却工艺制度，这种内应力可以减弱或消除。玻璃的退火可分成两个主要过程，一是内应力的减弱和消失，二是防止内应力的重新产生。玻璃中内应力的消除是使结构松弛而重组的过程。所谓内应力松弛是指材料在分子热运动的作用下使内应力消散的过程。内应力松弛的速度在很大程度上取决于玻璃所处的温度。玻璃的退火是在一段较长的高温加热炉（退火炉）中完成的。整个退火过程有加热均热退火区和风强制对流冷却区。

玻璃中内应力的消除与玻璃的黏度有关，黏度愈小，内应力的消除愈快。为了消除玻璃中的内应力，必须将玻璃加热到低于转变温度 T_K 附近的某一温度进行保温均热，使应力松弛。选定的保温均热温度，称为退火温度。

退火温度可分为最高退火温度和最低退火温度。最高退火温度是指在该温度下经 3min 能消除 95% 的应力，一般相当于退火点（$\eta = 10^{12}$ Pa·s）的温度，也称为退火上限温度。最低退火温度是指在该温度下经 3min 仅消除 5% 的应力，也称为退火下限温度。最高退火温度至最低退火温度之间称为退火温度范围。实际生产中常采用的退火温度，都低于玻璃的最高退火温度 20～30℃。大部分器皿玻璃的最高退火温度为（550±20）℃；平板玻璃为550～570℃；瓶罐玻璃为 550～600℃；铅玻璃为 460～490℃；硼硅酸盐玻璃为 560～610℃。低于最高退火温度 50～150℃的温度为最低退火温度。

4.1.5.2 玻璃的钢化

将平板玻璃或其他玻璃制品经过物理的或化学的方法处理，使玻璃表面层产生均匀分布的永久应力，从而获得高强度和高热稳定性玻璃的深加工方法称为玻璃的钢化。钢化有两种方法：一种是物理钢化法，又称热钢化法，或称淬火；另一种是化学钢化法。

(1) 物理钢化法

将玻璃加热至一定的温度，然后将玻璃迅速冷却，使玻璃内产生很大的永久应力，此过程称为玻璃淬火。通过这样的热处理，在冷却后使玻璃内部具有均匀分布的内应力，从而提高玻璃的强度和热稳定性，这种淬火玻璃又称为钢化玻璃。其强度较退火玻璃高 4～6 倍，达 40kg/mm² 左右，而热稳定性可提高到 165～310℃。将钢化时玻璃开始均匀急冷的温度称为淬火温度或钢化温度。工厂钢化 6mm 的平板玻璃时，淬火温度为 610～650℃，加热时间在 220～300s 范围内，或者以每毫米厚需 36～50s 的加热时间予以计算。

玻璃的物理钢化过程是把玻璃加热至低于软化温度（其黏度值高于 10^8 Pa·s）后进行均匀的快速冷却。玻璃外部因迅速冷却而固化，而内部冷却较慢。当内部继续收缩时使玻璃表面产生压应力，而内部为张应力，如图 4-12(a) 所示。当退火玻璃板受荷载弯曲时，玻璃的上表层受到张应力，下表层受到压应力，如图 4-12(b) 所示。玻璃的抗张强度较低，超过抗张强度玻璃即破裂，所以退火玻璃的强度不高。如果负载加到钢化玻璃上，其应力分布如图 4-12(c) 所示，钢化玻璃表面（上层）的压应力增大，而所受的张应力较退火玻璃小。同时在钢化玻璃中最大的张应力不像退火玻璃存在于表面上而移向板中心。由于玻璃耐压强度较抗张强度几乎大 10 倍，所以钢化玻璃在相同的负载下并不破裂。此外在钢化过程中，玻璃表面上的微裂纹受到强烈压缩，同样也使钢化玻璃的机械强度提高。

同理，当钢化玻璃骤然经受急冷时，在其外层产生的张应力被玻璃外层原本存在的方向相反的压应力所抵消，使其热稳定性大大提高。

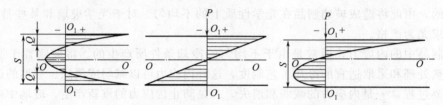

(a) 钢化玻璃应力分布　(b) 荷重下的退火玻璃板应力分布　(c) 荷重下的钢化玻璃板应力分布

图 4-12　钢化玻璃的应力分布（"＋"表示张应力，"－"表示压应力）

钢化玻璃内部存在的是均匀的内应力。当玻璃破裂时，在外层的保护下，能使玻璃保持在一起或为布满裂缝的集合体。根据测定，当内部张应力为 $30 \sim 32 kg/mm^2$ 时，可以产生 $0.6 m^2$ 的断裂面，相当于把玻璃粉碎到 10mm 左右的颗粒。这也就解释了钢化玻璃在炸裂时分裂成小颗粒块状，不易伤人的原因。

(2) 化学钢化法

化学钢化是通过改变玻璃表面的组成来提高玻璃的强度。目前所用的方法主要有表面脱碱、涂覆热膨胀系数小的玻璃、碱金属离子交换法。一般所称的化学钢化是指离子交换的增强处理方法。碱金属离子交换有高温型离子交换和低温型离子交换两种方法。

① 高温型离子交换法　高温型离子交换法系指交换温度在玻璃转变温度 T_g 以上的高温下进行的离子交换。这种离子交换改变了玻璃表面的组成结构，在玻璃表面上形成一层热膨胀系数小的物质。由于玻璃在转变温度以上时内部和表面的应力得到了松弛，成为无应力状态。但当冷却至室温时，玻璃表面由于存在热膨胀系数小的物质而收缩小，而玻璃内部因热膨胀系数大而收缩大，从而在玻璃表面产生压应力，内部产生张应力，使玻璃得到了强化。

高温型离子交换法具有代表性的是含有 Na_2O 或 K_2O 的玻璃在 $T_g \sim T_f$ 范围内，使其与锂盐接触，发生离子交换。此交换过程在玻璃表面形成含 Li^+ 的表面层。因 Li^+ 表面层的热膨胀系数小，而内部 Na 或 K 玻璃组成热膨胀系数大，从而使玻璃强度得到了增强。同时，玻璃中如含有 Al_2O_3、TiO_2 等成分，通过离子交换，能产生热膨胀系数极低的 β-锂霞石（$Li_2O \cdot SiO_2$）结晶，冷却后的玻璃表面将产生很大的压应力，可得到强度高达 700MPa 的玻璃。

② 低温型离子交换法　在不高于玻璃转变温度的范围内，将玻璃浸在含有比玻璃中碱金属半径大的碱金属熔盐中，用离子半径较大的碱金属阳离子去交换玻璃表面离子半径较小的碱金属阳离子，从而使玻璃表面形成含有较大容积碱离子的表面层。由于玻璃结构的质点容积大，冷却至室温时收缩小；而玻璃内部结构的质点容积小，冷却时收缩大，从而在玻璃表面产生压应力。例如用 Li^+ 置换 Na^+ 或用 Na^+ 置换 K^+，然后冷却。

根据定量的研究结果，认为大离子浸入所产生的压应力与浸入的离子数量成正比。低温型离子交换虽然比高温型离子交换速度慢，但由于钢化中玻璃不发生变形而具有实用价值。工艺流程：原片检验→切裁→磨边→洗涤干燥→低温预热→高温预热→离子交换→高温冷却→中温冷却→低温冷却→洗涤干燥→检验→包装入库。

工艺参数如下。

熔盐材料：KNO_3（一般用化学纯）。

辅助添加剂：Al_2O_3粉、硅酸钾、硅藻土、其他。

盐浴池熔盐温度：410～500℃。

交换时间：根据产品增强需要而定。

设计炉温：低温预热 200～300℃。

高温预热：350～450℃。

离子交换炉：410～500℃。

高温冷却炉：350～450℃。

中温冷却炉：200～300℃。

低温冷却炉：150～200℃。

容器的选择：对于一定的熔盐，必须注意选用容器材料。大多数盐可以完全地盛放在不锈钢或高硅氧类玻璃烧杯内。含氯离子的熔盐对不锈钢有一定的侵蚀作用，也最好盛放在高硅氧类玻璃烧杯内。为了防止意外事故的发生，上述容器必须盛放在一个更大的、周围围着细砂的容器内（温度波动可以控制在±1℃）。

4.1.6 玻璃制品的深加工

成形后的玻璃制品，除少数（如瓶罐等）能直接符合要求外，大多还需要进行深加工，以改善玻璃的外观与表面性质，还可以进行装饰。玻璃制品的深加工可分为冷加工、热加工和表面处理三大类。

4.1.6.1 玻璃冷加工

玻璃冷加工是指在常温下通过机械方法来改变玻璃制品的外形和表面状态。玻璃冷加工的基本方法主要有：研磨、抛光、切割、喷砂、钻孔和切削。

（1）研磨和抛光

研磨的目的是将制品粗糙不平或成形时多余部分的玻璃磨去，使制品具有需要的形状和尺寸，或平整的面。首先，用粗磨料研磨，效率高，然后逐级使用细磨料，直至玻璃表面的毛面状态变得较细致，再用抛光材料进行抛光，使毛面玻璃表面变得光滑、透明，并具有光泽。研磨和抛光是两个不同的工序，这两个工序合起来，俗称磨光。经研磨、抛光后的玻璃制品，称磨光玻璃。

（2）切割和喷砂

切割是利用玻璃的脆性和残余应力，在切割点加一刻痕造成应力集中，使之易于折断。对不太厚的板、管均可用金刚石、合金刀或其他坚韧工具在表面刻痕，再加力折断。在刻痕处放少量水，可使切割更容易。

为了增强切割处的应力集中，也可在刻痕后再用火焰加热，更便于切割。如玻璃杯成形后有多余的料帽，可用合金刀沿圆周刻痕，再用扁平火焰沿圆周加热，即可割去。对厚玻璃可用电热丝在切割的部位加热，用水或冷空气使受热处急冷产生很大的局部应力，形成裂口，进行切割。同理，对刚拉出的热玻璃，只需用硬质合金刀在管壁处划一刻痕，即可折为两段。利用局部产生应力集中形成裂口进行切割时，必须考虑玻璃中本身残余应力大小，如玻璃本身应力过大，则刻痕时会破坏应力平衡，以致发生破裂。

对于大块厚玻璃可采用金刚石锯片和碳化硅锯片来切割。金刚石锯片是把金刚石颗粒嵌在圆锯片边缘锯齿部分而成，结合剂用青铜，冷却剂用水或煤油，其切割速度比砂轮要快

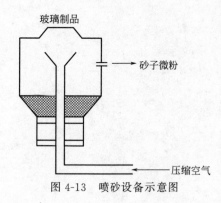

玻璃制品

→ 砂子微粉

← 压缩空气

图 4-13 喷砂设备示意图

4～5 倍，目前已广泛应用。碳化硅锯片是把碳化硅的各种粗细颗粒和酚醛树脂结合在一起，经成形加压硬化后制成，切割时还需加冷却液。在平板玻璃切裁机上还采用 YG-6 钨钴合金刀轮来代替金刚石刀，一个刀轮可使用 80～120h。

喷砂是利用高压空气通过喷嘴的细孔时所形成的高速气流，带着细粒的石英砂或金刚砂等喷吹到玻璃表面，使玻璃表面的组织不断受到砂粒的冲击破坏，形成毛面，有时还可以进行钻孔。其结构如图 4-13 所示。

喷砂面的组织结构取决于气流速度、砂粒硬度，尤其是砂粒的形状和大小。细砂粒使表面形成微细组织，而粗砂粒能增加喷砂面被侵蚀的速度。喷砂主要用于器皿玻璃表面磨砂及玻璃仪器商标的打印。

(3) 钻孔和切削

仪器玻璃、光学玻璃制品常采用的钻孔方法有研磨钻孔、钻床钻孔、冲击钻孔、超声波钻孔、水刀钻孔等。

研磨钻孔是用铜或黄铜棒（大型的孔可用管）压在玻璃上转动，通过碳化硅等磨料及水的研磨作用使玻璃形成所需要的孔，孔径范围一般为 3～100mm。

钻床加工是用碳化钨或硬质合金钻头，操作与一般金属钻孔相似，孔径范围为 3～15mm，钻孔速度比金属慢，用水、轻油、松节油冷却。

超声波钻孔是利用超声波发生器使加工工具发生振幅 20～50μm，频率 16～30kHz 的振动，在钻孔工具和玻璃之间注入含有磨料的加工液，使玻璃穿孔。采用超声波加工，精密度高，可以同时钻多孔，钻孔速度也快，可达每分钟数百毫米以上。

冲击钻孔是利用电磁振荡器使钻孔凿子连续冲击玻璃表面而形成孔。如将 160W 的电磁振荡器通上电流，使硬质合金材料的凿子（2000r/min 左右）给玻璃面以 6000 次/min 的冲击，只要 10s 的时间就可钻得直径 2mm、深 5mm 的小孔。

水刀是通过一高压发生系统，将水压增至 300MPa 通过一直径约 0.2m 的刚玉喷嘴，可产生速度 800～1000m/s（约 3 倍声速）的水射流，将硬质研磨材料加入水中，可增强其切割力，水刀钻孔就是利用水刀的切割能力在玻璃上进行钻孔。钻孔最小孔径为 φ1.5～2.0mm，可在厚度为 20～30mm 的玻璃上钻孔。

4.1.6.2 玻璃热加工

热加工在器皿玻璃、仪器玻璃等的生产中是十分重要的。有很多复杂形状和特殊要求的制品，需要通过热加工进行成形。还有一些玻璃制品，需要用热加工来改善制品的性能及外观质量。玻璃制品的热加工原理与成形的原理相似，主要是利用玻璃黏度随温度改变的特性以及表面张力与热导率来进行的。

各种类型的热加工都必须把制品加热到一定的温度。由于玻璃的黏度随温度的升高而减小，同时玻璃的热导率较小，所以能采取局部加热的方法。在需要热加工的地方使之局部达到变形、软化，甚至熔化流动，以进行切割、钻孔、焊接等加工。

玻璃制品热加工的主要方法如下。

(1) 烧口

许多吹制品经过切割后，制品口部常具有尖锐、锋利的边缘。通常用集中的高温火焰将其局部加热，依靠表面张力的作用使玻璃在软化时变得圆滑。

（2）真空成形

真空成形是制造精密内径玻璃管的方法。采用机械拉管时，管径不十分准确，有一定误差；为了满足玻璃仪器和电子工业的需要，必须将已拉成的玻璃管进行真空成形。将校正管径的玻璃管一端熔封，然后放入一根精密准确加工的金属芯棒，另一端再与真空系统相连。然后抽真空，同时将玻璃管缓慢而均匀地加热，直至玻璃管与金属芯棒紧密贴附。冷却后由于金属芯棒收缩较大而极易取出，得到精密内径的玻璃管。所用的金属芯棒根据玻璃成分及软化温度来选用。软质玻璃（软化温度低于 $700℃$，而热膨胀系数大于 $60×10^{-7}/℃$）或硼硅酸盐玻璃一般选用钢或铜镍合金；二氧化硅含量高的玻璃选用钼、钨或石墨芯子，加工至万分之二至万分之五的精密度。玻璃的内径应比芯棒外径稍大，但不宜超过 1mm。抽真空可用一般真空泵，真空度达到 10^{-2} mmHg 即可。加热可以在电热炉与灯工机床上进行，加热温度根据玻璃的软化温度而定。派来克斯玻璃的加热温度为 $700℃$。

（3）火抛光

火抛光是采用最少辐射热的燃烧器发出强烈的火焰，对玻璃制品在制造过程中所形成的尖锐缺陷进行加热，使缺陷熔化修复而制品不变形的一种加工工艺。由于玻璃制品在成形过程中常常不可避免地会在表面出现微裂纹、小凸起、褶皱、波纹等缺陷，火抛光是最简单实用的消除方法。所使用的燃烧器及其喷出火焰的形状应根据制品形状进行设计。火焰气氛保持弱氧化性，即以明亮的"蓝色"为好。

（4）火焰切割

此法是通过火焰加热来达到切割玻璃的目的。对于不同种类的玻璃制品，常有三种热切方法。

① 急冷切割　将圆管状的玻璃一边旋转一边用喷灯火焰沿周边的狭小范围进行急速加热，再用冷却液体接触加热部位，在热应力的作用下将玻璃管切断。喷灯火焰热源可以是氢氧焰或城市煤气加氧气。冷却体则常用易于引起裂纹起点的物体，如磨石、金属圆板等。

② 熔断　用高速的火焰对制品进行局部集中加热，使玻璃局部达到熔化流动状态，同时又通过高速气流的冲击，使制品断开。通常采用煤气-氧焰或氢氧焰等高速喷射火焰。

③ 爆口　用金刚石或超硬合金在玻璃上划痕，再加热划痕部位，则裂纹扩展就会使玻璃被切断。也有在加热时加上伤痕，随玻璃冷却，热应力使裂纹扩展而切断的。爆口能得到与熔断法相同的镜面状割断面。

（5）穿孔

这是一种通过火焰局部加热熔融进行穿孔的方法。采用的高速喷射火焰与熔断法相同。只是使用时在玻璃需要穿孔的部位集中熔融，同时通过高速气流穿透。

在热加工过程中，需掌握玻璃的析晶性能，防止玻璃析晶。玻璃与玻璃或与其他材料（如金属陶瓷等）加热焊接时，两者的热膨胀系数必须相同或者相近。玻璃在火焰上加工时，要防止玻璃中的砷、锑、铅等成分被还原而发黑。要结合玻璃的组成与性能，控制适宜的火焰性质与温度。由于玻璃的导电性能随温度的升高而增强，可采用煤气与电综合加热的方法来加工厚壁制品。经过热加工的制品应缓慢冷却，防止炸裂或产生大的永久应力。对许多制品还必须进行二次退火。

4.1.6.3　玻璃表面处理

在玻璃生产过程中，表面处理具有十分重要的意义（从清洁玻璃表面起，直到制造各种涂层的玻璃）。表面处理的技术应用很广，使用的材料、方法也是多种多样的，基本上可归纳为三大类型。

① 玻璃的光滑面或散光面的形成，是通过表面处理以控制玻璃表面的凹凸。例如器皿

玻璃的化学蚀刻、灯泡的毛蚀以及玻璃的化学抛光。

② 改变玻璃表面的薄层组成，改善表面的性质，以得到新的性能。如表面着色以及用 SO_2、SO_3 处理玻璃表面，增加玻璃的化学稳定性。

③ 玻璃表面上用其他物质形成薄层而得到新的性质，即是表面涂层。如镜子的镀银，表面导电玻璃、憎水玻璃、光学玻璃表面的涂膜等。

(1) 化学蚀刻

玻璃的化学蚀刻是用氢氟酸溶掉玻璃表面层的硅氧，根据残留盐类的溶解度不同，而得到有光泽的表面或无光泽的毛面。

玻璃的化学组成是影响蚀刻表面的主要因素之一。对于含碱少或含碱土金属氧化物很少的玻璃是不适于表面蚀刻的。如玻璃中含氧化铅较多时，则常常会形成细粒的毛面；含氧化钡时，则呈粗粒的毛面；含有氧化锌、氧化钙或氧化铝时，则呈中等粒状毛面。

蚀刻液的组成也是影响蚀刻表面的主要因素。蚀刻液中如含有能发生溶解反应，并可以生成盐类的成分（如硫酸等），即可得到有光泽的表面。由此可以根据表面光泽度的要求来选择蚀刻液的配方。生产中根据需要采用蚀刻液或蚀刻膏。蚀刻液可由 HF 加入 NH_4F 与水组成。蚀刻膏主要由 NH_4F、盐酸、水并加入淀粉或粉状冰晶石粉配成。制品上不需要腐蚀的地方可涂上保护漆或石蜡。

(2) 化学抛光

化学抛光的原理与化学蚀刻一样，是利用氢氟酸破坏玻璃表面原有的硅氧膜生成一层新的硅氧膜，来使玻璃得到很高的光洁度与透光度。化学抛光比机械抛光效率高，而且节约了大量动力。

化学抛光有两种方法：一种是单纯用化学侵蚀作用，另一种是用化学侵蚀和机械的研磨相结合。前者大都应用于玻璃器皿，后者大都应用于平板玻璃。

采用化学侵蚀法进行抛光时，除了用氢氟酸外，还要加入能使侵蚀生成物（硅氟化物）溶解的添加物。一般采用硫酸，因硫酸的酸性强，同时沸点高，不容易挥发。

(3) 表面金属涂层

玻璃表面上镀一层金属薄膜，广泛用于制造反射镜、热反射玻璃、护目玻璃、膜层导电玻璃、保温瓶、玻璃器皿以及各种装饰品和玩具等。

玻璃表面镀金属薄膜的方法，有化学法和真空沉积法。前者可分为还原法、水解法（又称液相沉积法）等，后者又分为真空蒸发镀膜法、阴极溅射法、真空电子枪蒸镀法等。化学法中的还原法是一种古老的方法，目前仍在应用，真空蒸镀法的应用日趋广泛。

4.2 陶瓷的生产加工工艺

4.2.1 陶瓷的概念及分类

陶瓷是人类生活和生产中不可缺少的一种重要材料。从陶瓷的发明至今已有数千年的历史。一般将那些以黏土为主要原料，加上其他天然矿物原料，经过拣选、粉碎、混炼、成形、煅烧等工序制作的各类产品称作陶瓷。由于这类陶瓷使用的主要原料是自然界的硅酸盐矿物（如黏土、长石、石英等），所以又可归属于硅酸盐类材料及制品的范畴。

随着近代科学技术的发展，近百年出现了许多新的陶瓷品种，如氧化物陶瓷、压电陶瓷、金属陶瓷等各种结构和功能陶瓷。虽然它们的生产过程基本上还是原料处理—成形—煅烧这种传统的陶瓷生产方法，但已经很少使用或不再使用黏土、长石、石英等天然原料，而是已扩大到化工原料和合成矿物，甚至是非硅酸盐、非氧化物原料，如碳化物、氮化物、硼化物、砷化物等。成分组成已经扩展到整个无机材料的范围，并且还出现了许多新工艺。

陶瓷制品发展至今已是种类繁多，可以从不同角度提出不同的分类方法，较常见的有以下两种。

4.2.1.1 按照制品的性能和用途分类

可将陶瓷制品分为普通陶瓷和特种陶瓷两大类。普通陶瓷即为陶瓷概念中的传统陶瓷，是人们生活、生产中最常见和使用的陶瓷制品。根据其使用领域的不同，又可分为日用陶瓷（包括艺术品、陈设陶瓷、餐具等）、建筑卫生陶瓷、化工陶瓷、化学瓷、电瓷及其他工业用陶瓷。这类陶瓷制品所用的原料基本相同，生产工艺技术亦相近。

特种陶瓷也称新型陶瓷、精细陶瓷或精密陶瓷，是指普通陶瓷以外的，而在广义陶瓷概念中所涉及的陶瓷材料和制品。用于各种现代工业和尖端科学技术，按其特性和用途，又可分为结构陶瓷和功能陶瓷两大类。

结构陶瓷是指作为工程结构材料使用的陶瓷材料。它具有高强度、高硬度、高弹性模量、耐高温、耐磨损、耐腐蚀、抗氧化、抗热震等特性。主要用于耐磨损、高强度、耐热、耐热冲击、硬质、高刚性、低热膨胀性和隔热等结构陶瓷材料，大致可分为氧化物陶瓷、非氧化物陶瓷和结构用的陶瓷基复合材料。

功能陶瓷是指具有电、磁、光、声、超导、化学、生物等特性，且具有互相转化功能的一类陶瓷。大致可分为电子陶瓷（包括电绝缘、电介质、铁电、压电、热释电、敏感、导电、超导、磁性等陶瓷）、透明陶瓷、生物与抗菌陶瓷、多孔陶瓷、电磁功能、光电功能等陶瓷制品和材料，另外还有核陶瓷材料和其他功能材料等。

4.2.1.2 按照陶瓷坯体致密度的不同分类

可把陶瓷制品分为陶器与瓷器两大类。

陶器通常是未烧结或部分烧结、有一定的吸水率、断面粗糙无光、不透明、敲之声音粗哑，有的无釉、有的施釉。陶器又可进一步分为：粗陶器，如盆、罐、砖瓦、各种陶管等；精陶器，如日用精陶、美术陶器、釉面砖等。瓷器的坯体已烧结，基本上不吸水，致密，有一定透明性，敲之声音清脆，断面有贝壳状光泽，通常根据需要施有各种类型的釉。

另外，还有一种介于陶器和瓷器之间的制品，国际上通称的炻器（又称缸器）。炻器属于半瓷质材料，坯体致密，已完全烧结，还没有玻化，仍有 2%～3% 的吸水率，坯体不透明。对原料纯度的要求不及瓷器那样高。炻器具有很高的强度和良好的热稳定性，很适应于现代机械化洗涤，许多化工陶瓷和建筑陶瓷都属于炻器范围。

4.2.2 陶瓷制品烧成过程分析

4.2.2.1 陶瓷的烧成过程

陶瓷制品的烧成过程甚为复杂。无论采用何种窑炉完成其烧成过程，在烧成过程的各个阶段中均将发生一系列物理、化学变化过程，最后出窑成陶瓷产品。伴随着陶瓷这些物理化学变化，窑炉中还存在燃料燃烧过程、气体流动过程和传热过程。这里仅对陶瓷制品在烧成过程中的物理化学变化，按不同的温度阶段作一简单叙述。

第一阶段：室温至 200℃。

此阶段为蒸发阶段，主要是排除机械水和吸附水，坯体不发生化学变化，只发生坯体的体积收缩、气孔率增加等物理变化。

第二阶段：200℃至出现液相的温度（约 950℃）。

此阶段为氧化分解阶段，坯体的主要化学变化是结构水的排除，坯体中所含有机物、碳酸盐、硫酸盐等化合物的分解和氧化，以及晶形转变。

第三阶段：950℃至最高烧成温度以及在该温度下的保温。

此阶段为烧结阶段。由于各种陶瓷制品性质及其所用原料不同，最高烧成温度也不同。主要发生的变化是坯体中的长石类熔剂熔融出现液相，由于液相的产生，在其表面张力的作用下，不仅促使颗粒重新排列紧密，而且使颗粒之间胶结并填充孔隙。由于颗粒曲率半径不同和受压情况不同，促使颗粒间中心距离缩小，坯体逐渐致密。同时，游离 Al_2O_3 与 SiO_2 会在液相中再结晶，形成一种针状的莫来石新晶体，它还能在液相中不断成长，并与部分未被液相熔解的石英及其他成分共同组成坯体的骨架，而玻璃态的液相就填充在这骨架之中，使制品形成较严密的整体。此时，气孔率降低，坯体产生收缩，强度随之增加，从而达到瓷化。

第四阶段：最高烧成温度至液相凝固温度（约700℃）。

此阶段仍有液相参加的某些变化的延续，但主要是液相黏度增大，并伴有析晶产生。由于液相的存在使产品仍有塑性，此阶段可以急冷，故又称急冷阶段。

第五阶段：液相凝固温度至出窑温度。

此阶段为产品的继续冷却阶段，产品由塑性状态转化为刚性状态，硬度和强度增至最大。产品冷至573℃，还会发生石英的晶形转变、析晶和物理收缩。

4.2.2.2 合理的烧成制度

合理的烧成制度是实现烧成过程优质、高产、低消耗的关键。烧成制度包括温度制度、气氛制度和压力制度，其中温度制度无疑是烧成制度中最重要的。

(1) 温度制度是窑内制品温度随时间（对间歇式窑）或位置（对连续式窑）变化的规定

一般将温度制度绘成直角坐标系上的曲线来表示，以横坐标表示时间或位置，以纵坐标表示制品温度，此曲线便称为烧成曲线。合理的温度制度包括以下三个方面。

① 适宜的最高烧成温度及高火保温时间　最高烧成温度主要取决于产品配方，可由同类产品工厂实际中收集的数据或根据开发性实验得到的数据来确定。在适宜的烧成温度下还要有一定的保温时间，通过保温可以使制品内外温度趋于一致，使其内外充分烧结、釉面成熟平整。

② 各阶段合理的升（降）温速率　升（降）温速率主要取决于制品的大小与厚薄、坯体成分、烧成条件（包括烧成设备与烧成方式）等。主要从三个方面考虑。一是要考虑制品在烧成过程中各阶段所进行的物理化学变化所需要的时间，例如含有机质多的坯料在氧化反应阶段升温就应慢点。二是要考虑传热过程中制品存在导热热阻，制品表面与中心总会有温差，也就会在制品内部产生热应力，一旦超出一定界限就会使制品产生变形或开裂。显然，制品的厚薄影响很大，例如卫生洁具就远比建筑瓷砖升降温的速率慢得多。三是要考虑制品在烧成过程中一些晶形转变使制品体积发生的较大变化，例如在573℃左右有石英的晶形转变，会使石英体积变化0.82%。由于升温阶段制品仍呈细颗粒状，孔隙率较大，体积变化有伸缩余地，故一般不会造成晶形转变而引起的开裂。但在降温阶段由于制品已冷却为刚性体，因而在这一温度区域里就必须减缓降温速率，即要缓冷。

③ 窑内断面温度均匀性好　窑炉各带或各烧成阶段截面温度均匀性好（即窑截面的上下、水平温差小），是保证烧成出来的陶瓷产品质量好的重要因素，也直接影响到陶瓷生产企业的经济效益。窑内断面温度均匀性主要取决于窑炉结构的合理性和生产操作控制的科学性，因此，从设计窑炉、建造窑炉到生产操作都必须高度重视。

由于产品种类和配方千变万化，确定合理的温度制度除了理论分析，更多地还要以实验数据为依据，并最终在生产实际中加以调整确定。

（2）气氛制度是窑内制品周围气体性质随时间（或位置）变化的规定

气体性质是以其中游离 O_2 或还原性气体的含量（体积分数）而定的。强氧化气氛含游离 O_2 为 8%～10%，一般氧化气氛含游离 O_2 为 4%～5%，中性气氛含游离 O_2 为 1%～1.5%，还原性气氛含游离 O_2 小于 1%，含（$CO+H_2$）为 2%～5%。

气氛制度的确定依据主要为两点：一是陶瓷产品种类，例如建筑陶瓷一般是在全氧化气氛下烧成的，而日用陶瓷大多在升温后期（约 1050℃以后）需要在还原气氛下成瓷；二是根据制品在烧成过程中物理化学变化的需要。一般来说，在氧化阶段（200～950℃）窑内要保证较强的氧化气氛；而对日用陶瓷还要注意，在 1050℃ 左右时由氧化气氛向还原气氛的转换。因此，气氛制度与温度制度是互相关联的，保证气氛制度的关键是要做到温度与气氛的对口。

（3）压力制度是窑内气体压力随时间（或位置）变化的规定

一般窑炉多在常压下操作，压力变化幅度很小（通常为大气压±0.1% 的范围内），这种压力范围对制品的物理化学变化影响甚微，但合理的压力制度是实现合理的温度制度和气氛制度的保证，例如，当需要保持还原气氛时，应在微正压下操作，否则会吸入外界空气而变成氧化气氛。在实际操作中，控制压力制度的重点是稳定零压面，零压面是负压与正压的交界面，零压面的位置稳定在合理位置，全窑的压力制度也就基本上稳定了。

对连续式窑炉而言，一般在预热带与烧成带交界处有一个零压面，在冷却带的急冷段与缓冷段间也存在一个零压面，其中预热带与烧成带交界处的零压面最为重要。对间歇式窑炉来说，零压面位置主要与排烟出口位置有关，窑底排烟的间歇式窑炉在升温阶段一般将零压面稳定在窑底附近；而窑顶排烟的间歇式窑炉则将零压面稳定在制品上方附近。当然，由于间歇式窑炉的操作特点，其零压面的位置还应随不同的烧成阶段有一定的变化，其目的仍是保证合理的温度制度与气氛制度的实现。

4.2.3 普通陶瓷的基本制备工艺

普通陶瓷品种繁多，各种制品的生产工艺过程不尽相同，其基本生产工艺可分为一次烧成制品和二次烧成制品两种类型。一次烧成工艺简单，设备投资小，生产周期短。但是，工艺难度较大，除要求生坯有足够的强度外，对坯釉配方的匹配性及烧成的工艺制度的要求都相对严格。二次烧成工艺是将坯体先经过一次素烧，然后再施釉入窑烧成，多用于生坯强度较低或坯釉烧成温度相差太大的陶瓷制品。国内外的一些高档瓷器及精陶制品就是采用二次烧成工艺生产的。

4.2.3.1 配料

因使用要求和性能不同，陶瓷制品的烧结程度差异很大，为此可分为瓷质、炻质和陶质三大类。加上各地原料组成和工艺性能存在差别，故不同产品的坯料组成也互不相同，如表 4-2 所列。

（1）长石质瓷

是目前国内外日用陶瓷工业所普遍采用的瓷质，是以长石作为熔剂的"长石-石英-黏土"三组分系统的瓷。

（2）绢云母质瓷

是我国传统的日用瓷质之一。是以绢云母为熔剂的"绢云母石英-高岭土"系统瓷。

（3）磷酸盐质瓷

习惯上称为骨灰瓷。是以磷酸钙作熔剂的"磷酸盐高岭土-石英-长石"系统瓷。

（4）滑石瓷

属于"滑石-黏土-长石"系统瓷。一般用于生产高级日用器皿及用作高频电绝缘陶瓷。

表 4-2　陶瓷的化学组成

类别		SiO_2	Al_2O_3	R_2O+RO	P_2O_5
硬质瓷	长石瓷	65～75	19～25	4～6.5	
	绢云母瓷	60～70	22～30	4.5～7	
软质瓷	骨灰瓷	28.7～37	13.2～17.8	27～33	18.6～21.2
	滑石瓷	63～66	7～14	14～15	
其他	锦砖	64～73	16～24	4.5～8.7	
	玻化砖	65～74	15～19.5	6～10.5	

4.2.3.2　原料的处理

原料处理通常包括原料的精选和预烧。前者主要是对原料进行分离、提纯，除去原料中的各种杂质的操作过程。原料除去杂质（尤其是含铁的杂质）的目的是使之在化学组成、矿物组成、颗粒组成上更符合制品的质量要求。原料的预烧可以改变其结晶形态和物理性能，便于加工处理，纯化原料，使之更加符合工艺要求，提高制品的质量。

（1）原料的精选

普通陶瓷原料，如长石、石英、黏土等原料，一般或多或少地含有一些杂质。天然的长石与石英原料中，除原料表面的污泥水锈等杂质外，还常含有一些云母类矿物及铁质杂质。黏土矿物中，常含有一些未风化完全的母岩、游离石英、云母类矿物、长石碎屑、铁和钛的氧化物，以及树皮草根等一些有机杂质。这些杂质的存在，降低了原料的品位，直接使用将影响制品的性能及外观质量。所以，在使用前，一般要进行精选处理。生产上常用的原料精选方法有分级法、磁选法、超声波法等。

① 分级法　原料分级处理主要是利用矿物颗粒直径或密度差别来进行的，适用于除去与原料颗粒以分离状态存在的杂质。分级的目的主要是将原料中的粗粒杂质，如黏土中的砂砾、石英砂、长石、硫铁矿及树皮草根等除去。同时，通过分级可以更好地控制原料的颗粒组成。

分级法一般有水簸、水力旋流、浮选、筛选等方法。

一般湿法分级的精确度比较高。这是因为在空气中难以分散的集合颗粒在水中比较容易分散。尤其是对于黏着力较大的黏土类原料，湿法分级的效果比较好。干法分级时的单位面积处理能力大、占地面积小，但噪声和粉尘比湿法大。

② 磁选法　磁选法是用来分离原料中的含铁矿物的。磁选是利用矿物的磁性差别，根据被磁化物质在磁场中必将受到磁力作用这一物理效应，将铁及其氧化物从原料中分选出来。磁选法对除去粗颗粒的强磁性矿物效果较好，如磁铁矿、钛铁矿及加工运输过程中混入的铁屑。但对黄铁矿等弱磁性矿物及细粒含铁杂质效果不明显。

③ 超声波法　超声波法是将料浆置于超声波作用下，使得原料颗粒和水溶液都产生高频振动，互相碰撞与摩擦，致使原料颗粒表面的氧化铁和氢氧化铁薄膜剥离脱出，从而达到除铁的目的。例如，对石英进行超声波处理除铁的实验，取石英原砂，用超声波发生器在金属槽中进行超声波处理，5min 后 Fe_2O_3 的含量由原来的 0.161％降至 0.028％。

④ 溶解法　溶解法是用酸或其他各种反应试剂对原料进行处理，通过化学反应将原料中所含的铁变为可溶盐，然后用水冲洗将其除去的方法。对于以微粒状态吸附在原料颗粒上

的铁粉等杂质，物理方法几乎无能为力，而采用化学方法处理则有较好的效果。例如，经钢球磨细碎的氧化铝粉料中混入的铁质较多，而且对原料的纯度要求又高，一般都采用酸洗的方法将铁除去。

溶解法有各种反应类型，常用的有酸处理、碱处理、氧化处理、还原处理等。溶解法中用得较多的是酸洗。根据原料的情况将几种方法混合使用，往往可以取得更好的效果。

⑤ 电解法　电解法是基于电化学的原理除去混杂在原料颗粒中的含铁杂质的一种方法。在电解过程中，黏土颗粒上的着色铁杂质被溶解除去。

⑥ 选择性凝聚/絮凝法　在 pH 值为 8～11 时，向高岭土矿浆中加 Ca^{2+}、Mg^{2+} 等碱性土金属离子可观察到铁钛杂质的选择性凝聚，然后用弱阴离子聚合电解质进行选择性絮凝。该工艺要求矿浆浓度要低于 20%，因此，必定有大量的水分要在后续作业中脱去，同时残留的絮凝剂对最终产品的质量也有影响。

⑦ 升华法　升华法是在高温下使原料中的氧化铁和氯气等气体反应，使之生成挥发性或可溶性的物质（如氯化铁等）而除去。由于氯气有毒，这种方法用得较少。

（2）原料的预烧

生产中使用的一些陶瓷原料往往具有特殊的片状结构（如滑石），或者硬度较大，不易粉碎（如石英），或者具有多种结晶形态（如氧化铝、二氧化钛、二氧化锆等）。为了纯化陶瓷原料，便于后续的加工处理，通常要对一些原料进行预烧，改变其结晶形态和物理性能，使之更加符合工艺要求，减少制品的缺陷，提高制品的质量。

预烧是生产过程的一道重要工序。但是，原料预烧又会妨碍生产过程的连续化，对某些原料来说，会降低其可塑性，增大成形机械和模具的磨损。所以原料是否预烧，要根据制品及工艺过程的具体要求来决定。各种原料预烧的具体作用简述如下。

① 滑石具有片状结构，成形时容易造成泥料分层和颗粒定向排列，引起产品的变形和开裂。大量使用时要先进行预烧，使其转变为偏硅酸镁（$MgO \cdot SiO_2$），破坏原有的片状结构。

② 大块的石英岩质地坚硬，粉碎困难。利用石英 573℃ 晶型转变所发生的体积效应，将石英在粉碎前预烧，然后急冷，使之产生内应力，原料变脆，可大大提高粉碎效率。

③ 可塑性很强的黏土，用量较多时，易使坯体在干燥和烧成过程中产生较大的收缩，导致制品开裂报废。为了减少这类损失，有时将一部分黏土预烧成熟料，以降低坯体的收缩。

④ 釉中的氧化锌用量较多时，容易造成缩釉，将氧化锌预烧可以改善这一状况。

⑤ 对于工业氧化物原料预烧可以得到稳定晶型。

氧化铝、氧化钛、二氧化锆等原料，它们都有几种同质多晶体，加热过程中都有晶型转变并伴有体积效应，对产品的质量有很大的影响。同时，各个结晶形态的性能也不一样。无论哪种原料，稳定的高温形态其性能最优良。对于这一类原料，在使用之前一般要进行预烧，使其发生晶型转变，得到所需要的晶型。

4.2.3.3　坯料的制备

原料经过粉碎和适当的加工后，最后得到的能满足成形工艺要求的均匀混合物称为坯料。根据成形方法不同，坯料通常可以分为以下几种。

① 可塑坯料。塑性成形用坯料简称可塑坯料。它是指加工好的含水量在 18%～25% 的呈塑性状态的泥料。成形时采用滚压、旋压等办法进行。较典型的坯料制备流程如图 4-14 所示。

② 注浆坯料。注浆成形用坯料即注浆坯料。它是一种物料悬浮在水中的泥浆，其含水

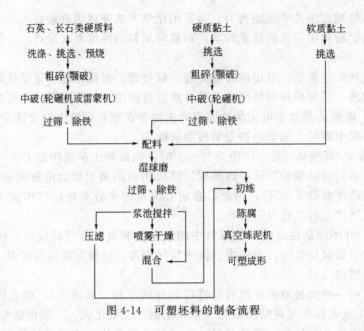

石英、长石类硬质料　　硬质黏土　　软质黏土

洗涤、挑选、预烧　　挑选　　挑选

粗碎(颚破)　　粗碎(颚破)

中破(轮碾机或雷蒙机)　　中破(轮碾机)

过筛、除铁　　过筛、除铁

配料

湿球磨

过筛、除铁　　初练

浆池搅拌　　陈腐

压滤　　喷雾干燥　　真空练泥机

混合　　可塑成形

图 4-14　可塑坯料的制备流程

量在 28%～35%，成形是采用泥浆向石膏制的模型中注入，靠石膏模型的微孔吸收水分而形成制品的坯胎。

③ 半干压坯料。压制成形坯料含水量在 8%～15% 的称半干压坯料。它是一种湿润的粉料，在一定的机械压力下即可得到制品的坯胎。

④ 干压坯料。粉料中的含水量在 3%～7% 的称为干压坯料。

⑤ 热压铸坯料。热压铸成形用的浆料或干粉和蜡后的蜡饼等均称为热压铸坯料。热压铸成形用坯料的特点是不含水分。

为了保证产品质量和满足成形的工艺要求，各种坯料均应符合下列基本质量要求：

① 坯料组成符合配方要求；

② 各种成分混合均匀；

③ 坯料中各组分的颗粒细度符合要求，并具有适当的颗粒级配；

④ 坯料中空气含量应尽可能地少。

三种坯料的制备都涉及原料的细碎。陶瓷原料的细碎工艺有干法和湿法两种，前者通常用轮碾式磨机（或称雷蒙磨机），后者则一般采用球磨机。各种制品对其坯料的细度要求是不同的，一般均要求为 0.05～0.07mm 以下。

4.2.3.4　成形

成形是陶瓷生产中的一道重要工序，是将按要求制备好的坯料通过各种不同的成形方法制成具有一定形状大小的坯体。该工序对坯料提出含水率、可塑性、细度、流动性等成形性能的要求，成形又必须满足后续的烧成对生坯干燥强度、生坯入窑含水率、坯体致密度、器形规整度等方面的要求。为此，成形必须满足以下几个要求。

① 成形坯体的形状、尺寸一定要符合图纸及产品样品的要求，生坯尺寸是根据收缩率经过放尺综合计算后的尺寸。

② 成形坯体要有一定的机械强度，以适应后续各工序的操作。

③ 坯体结构要求均匀、致密，以避免干燥、收缩不一致，使产品发生变形。

陶瓷产品的种类繁多，形状各异，生产中采用的成形方法也是多种多样的，主要可分为以下几种。

（1）可塑成形法

是利用模具或刀具等工艺装备运动所造成的压力、剪力或挤压力等外力，对具有可塑性的坯料进行加工，迫使坯料在外力作用下发生可塑变形而制作坯体的成形方法。

目前，陶瓷制品多数采用可塑法成形。但是，可塑成形法所用泥料含水量高，干燥热耗大（需要蒸发大量水分），易出现变形、开裂等缺陷。可塑成形工艺对泥料要求也比较苛刻。当然，可塑成形所用坯料的制备比较方便，对泥料加工所用外力不大，对模具强度要求也不高，操作也比较容易掌握，这就是可塑成形法用得较多的主要原因。

可塑成形法的分类和比较见表 4-3，表中所列可塑成形法大多已应用于陶瓷制造，塑压、喷射、挤压和扎膜等方法尚未普遍推广应用。

表 4-3 各种可塑成形法的分类和比较

成形方法	主要设备	模具	成形产品种类	坯料类型及要求	坯体质量	工艺特点
拉坯	轳辘车		圆形制品，如花瓶、坛、罐等	黏土质，可塑性好，成形水分23%～26%，水分均匀	表面不光滑，尺寸精度差，容易变形	设备简单，要求很高的操作技术，产量低，劳动强度大
滚压	滚压机	石膏模或其他多孔模具、滚头	圆形制品如盘、碗、杯、碟、小型电瓷等	黏土质，阳模成形水分20%～23%，可塑性高。阴模成形水分21%～25%，可塑性稍低	坯体致密、表面光滑、不易变形	产量大，坯体质量好，适合于自动化生产，需要大量模具
旋压	旋压机	石膏模、型刀	圆形制品如盘、碗、杯、碟、小型电瓷等	黏土质，塑性好，成形水分均匀，一般为21%～26%	形状规范，致密度和光滑性均不如滚压法，易变形	设备简单，操作要求高，坯体质量不如滚压
挤压	真空挤泥机、螺栓或活塞式挤坯机	金属机嘴	各种管状、棒状、断面和中孔一致的产品	黏土质坯料，瘠性坯料。要求塑性良好，经真空处理	坯体较软，易变形	产量大，操作简单，坯体形状简单，可连续化生产
车坯	卧式或立式车坯机	车刀	外形复杂的圆柱状产品	坯料为挤泥机挤出的泥段。湿车水分16%～18%，干车水分6%～11%	干车坯体尺寸准确，湿车较差，且易变形	干车粉尘大。生产效率低，刀具磨损大，已逐渐由湿车代替
塑压	塑压成形机	石膏模或多孔陶瓷金属模	扁平或广口产品如异形盘、碟、浅口制品	黏土质坯料，水分为20%左右，具有一定可塑性	坯体致密度高，不易变形，尺寸较准确	适于成形各种异形的盘、碟类制品，自动化程度高，对模具质量要求高
注塑	柱塞式或螺旋式注塑成形机	金属模	各种形状复杂的大小制品	瘠性坯料外加热塑性树脂，要求坯料具有一定颗粒度，流动性好，在成形温度下具有良好的塑性	坯体致密，尺寸精确，具有一定强度。坯体中含有大量热塑性树脂	能成形各种复杂形状的制品，操作简单。脱脂时间长，金属模具造价高
轧膜	轧膜机、冲片机	金属冲模	薄片制品	瘠性料加塑化剂。具有良好的延展性和韧性。组分均匀，颗粒小、规则	表面光洁，具有一定强度。烧成收缩大	练泥与成形同时进行。产量大，边角料可回收。膜片太薄（<0.08mm）时，容易产生厚薄不均的现象，烧成收缩较大

(2) 注浆成形

注浆成形是基于石膏模（或多孔模）能吸收水分的特性完成的。一般认为注浆过程基本上可分成三个阶段。从泥浆注入石膏模吸入开始到形成薄泥层为第一阶段。此阶段的动力是石膏模（或多孔模）的毛细管力，即在毛细管力的作用下开始吸水，使靠近模壁的泥浆中的水、溶于水中的溶质及小于微米级的坯料颗粒被吸入模的毛细管中。由于水分被吸走，使浆中的颗粒互相靠近，靠石膏模对颗粒、颗粒对颗粒的范德华吸附力而贴近模壁，形成最初的薄泥层。

形成薄泥层后，泥层逐渐增厚，直到形成注件为第二阶段。在此阶段中，石膏模的毛细管力继续吸水，薄泥层继续脱水，同时，泥浆内水分向薄泥层扩散，通过泥层被吸入石膏模的毛细孔中。其扩散动力为薄泥层两侧的水分浓度差和压力差。泥层犹如一个滤网，随着泥层逐渐增厚，水分扩散的阻力也逐渐增大。当泥层增厚达到所要求的注件厚度时，把余浆倒出，形成了雏坯。

从雏坯形成后到脱模为收缩脱模阶段（也称坯体巩固阶段），这是第三阶段。由于石膏模继续吸水和雏坯的表面水分开始蒸发，雏坯开始收缩，脱离模型形成生坯，有了一定强度后就可脱模。

自由流动成形中注浆成形主要有单面注浆（空心注浆）和双面注浆（实心注浆）。

单面注浆是将浆注入模型中，待泥浆在模型中停留一段时间而形成所需的注件后，倒出多余的泥浆。随后带模干燥，待注件干燥收缩脱模后，取出注件。图 4-15 所示为单面注浆操作过程。

图 4-15　单面注浆操作示意图

用这种方法注出的坯体，由于泥浆与模型的接触只有一面（故称单面注浆），因此，注件的外形取决于模型工作面的形状，而内表面则与外表面基本相似。坯体的厚度只取决于操作时泥浆在模型中停留的时间。坯体的厚度较均匀。

双面注浆是将泥浆注入两石膏模面之间（模型与模芯）的空穴中，泥浆被模型与模芯的工作面两面吸水，由于泥浆中的水分不断被吸收而形成坯泥，注入的泥浆量就会不断减少，因此，注浆时必须陆续补充泥浆，直到空穴中的泥浆全部变成坯时为止。显然，坯体厚度由模型与模芯之间的空穴尺寸来决定，因此，它没有多余的泥浆被倒出（见图 4-16）。

除上述两种成形方法外，为了缩短吸浆时间，提高浇注坯体的质量，陶瓷注浆成形还常

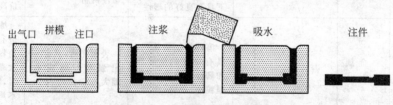

出气口　拼模　注口　　　注浆　　　　吸水　　　　注件

图 4-16　双面注浆操作示意图

采用真空注浆法、离心注浆法等加速注浆方法。注浆成形是一种应用广泛的成形方法，许多日用陶瓷、美术瓷、卫生陶瓷和工业陶瓷制品均用此法成形。

（3）压制成形

压制成形是采用含水率为 3％～7％（干压料）或 8％～15％（半干压料）的坯料，将其填充在某一特制的模型中，施加压力，使之压制成具有一定形状和强度的坯体。根据成形时施压的特点，大体上分为普通压制成形和等静压成形两种。前者是采用刚性的金属模具来装填坯料，从上、下两个方向对其进行多次加压，使之密实，常用于某些普通陶瓷制品（如墙地砖）的成形。而等静压成形是使坯料在各方向同时均匀受压而致密成坯，由于坯料各向均匀受压，故所得坯体密度大而均匀，许多特种陶瓷材料是采用此法成形的。

不同加压方式对坯体内部压力分布的影响见图 4-17。

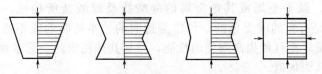

(a) 单面加压 (b) 双面同时加压 (c) 双面先后加压 (d) 四面加压

图 4-17　加压方式与压力分布关系（横条线为等密度线）

单面加压时，压力是从一个方向上施加的，当坯体厚度较大时，则压强分布在厚度方向上很不均匀。两面加压，即上、下两面都加压力。两面加压又有两种情况：一种是两面同时加压，这时粉料之间的空气易被挤压到模型的中部，使生坯中部的密度较小；另一种情况是两面先后加压，这样空气容易排出，生坯密度大且较均匀。当然，粉料的受压面越大，就越有利于生坯的致密和均匀性。在加压过程中采用真空抽气和振动等也有利于提高生坯致密和均匀性。另外，上、下同时加压可以通过不同的模具形式来实现，而要实现四面同时加压，不是常规的方式所能实现的，只能采用等静压方式。

4.2.3.5　生坯的干燥

生坯的干燥是指依靠蒸发而使成形后的坯体脱水的过程。如前所述，成形后的各种坯体一般都含有一定量的水分。尤其是可塑成形和注浆成形后的坯体（如卫生瓷坯体）还呈可塑状态，水分较高，强度低，在运输和再加工（如卫生瓷的修坯、粘接和施釉）过程中很容易变形或因强度不高而破坏。即使是干压成形的坯体，其水分含量也不允许坯体立即入窑烧成。因此，成形后的坯体必须经过干燥，以提高坯体强度，减少生坯的变形和破损，可使坯体的吸水率增加，便于施釉操作。此外，干燥好的坯体在烧成初期可以进行较快的升温而不致开裂，这样可以减少燃料消耗，缩短烧成周期。

坯体在干燥过程中，随着水分的排出要发生收缩，产生一定的收缩应力。如果收缩过程控制不当，就会导致坯体出现变形和开裂。特别是尺寸较大的卫生陶瓷（如坐便器、洗面器等）坯件，由于其壁厚不均，干燥过程如控制不当极易变形，这种现象是生产中常出现的。

根据提供热量的热源不同，可将干燥方法分为：自然干燥、热风干燥（对流干燥、快速对流干燥）、电热干燥（工频电干燥、高频电干燥、微波干燥）、红外线干燥、复合干燥等。

自然干燥具有设备简单、经济等特点。但是，干燥速度慢、时间长，不利于大规模生产，受季节气候影响较大，难以控制，并且占用场地大，劳动强度高，现在工厂已不采用。

热风干燥是利用热空气或热烟气与坯体的对流传热，使坯体中的水分排出。热空气一般是利用隧道窑余热，也可用锅炉生产的水蒸气或燃烧室产生的烟气将冷空气加热到预定的温度。热风干燥设备简单，经济易行，为大多数普通陶瓷制品生产所采用。连续式的主要有隧道式干燥器和链式干燥器。间隙式如烘房或地炕。

辐射干燥是将波长为 $140\sim650nm$ 的红外线照射到欲干燥的坯体上，坯体因吸收这些光线而发热（热量由外表传递到内部），使水分蒸发。电热干燥和辐射干燥的效率较高，而且干燥均匀性好，无污染，所以越来越受到重视。

综合（复合）干燥法，是将热风干燥、电热干燥和辐射干燥三种方法中的某两种组合应用的干燥方法。例如，对于大型注浆坯，可先用电热干燥法干燥，施釉后，再用远红外辐射干燥；日用瓷坯体的带模干燥，也常采用红外线干燥和热风干燥相结合。综合干燥法效率高，干燥质量好。

4.2.3.6 施釉、装饰

大多数普通陶瓷制品都要进行施釉和装饰。釉是熔融在陶瓷制品表面上一层很薄的玻璃态物质，由碱金属、碱土金属或其他金属的硅酸盐及硼酸盐所构成，其厚度只有 $0.1\sim0.3mm$。外观可以是有色的或无色的，可以是透明的、半透明的或不透明的。釉层不仅改善了陶瓷的表面质量，而且能提高陶瓷的性能，增加其热稳定性。艺术釉的采用还可增加产品的艺术性，提高其附加值。

釉的品种复杂多样，分类方法也多。按其制备方法主要可分为生料釉、熔块釉和挥发釉（盐釉）。生料釉的制备过程基本上与注浆坯料的制备过程相同；熔块釉的制备包括预制熔块和磨制釉浆两大步骤。

施釉是陶瓷工艺中必不可少的一项工艺。常见的施釉方法有喷釉、浇（淋）釉、浸釉、甩釉、滚釉、涂（刷）釉等；在施釉前，生坯或素烧坯均需进行表面的清洁处理，以除去积存的污垢或油渍，保证坯釉结合良好。清洁的办法，一般采用压缩空气在通风柜中进行吹扫，或者用海绵浸水后湿抹，然后干燥至所需含水率。

施釉工艺发展很快，其方法也很多，一般视产品形状和要求不同而采用不同的施釉方法。

（1）釉浆施釉法

釉浆施釉是传统的施釉方法，它是先将原料按一定配比加水研磨成釉浆，然后采用不同的方法，将釉浆施加到坯体表面。釉浆的相对密度、流动性、悬浮性等要调节到合适的程度，否则会影响产品品质。

（2）静电施釉

静电施釉是将釉浆喷至一个不均匀的电场中，使原为中性粒子的釉料带有负电荷，随同压缩空气向带有正电荷的坯体移动，从而达到施釉的目的。

（3）干法施釉

干法施釉是一种采用干粉釉代替传统釉浆进行施釉的方法，以获得新的美观而又耐磨的表面。所谓干粉釉是指釉料的形态呈现粉粒状。根据颗粒的形状和制备工艺，干粉釉可分为以下四种：熔块粉、熔块粒、熔块片和造粒釉粉。前面三种主要是把熔块粉碎后筛分而成，而第四种是用黏结剂或煅烧法将熔块和生料造粒而形成一定级配的颗粒。

干法施釉就是采用不同的方式将干粉釉分布到陶瓷坯体的表面，并使其固着于坯体上。根据施釉方式的不同，可把干法施釉分为以下几种：流化床施釉、釉纸施釉、干法静电施釉、撒干釉、干压施釉、热喷施釉。

20 世纪 80 年代，随着陶瓷工业对节能、环境保护等方面要求的不断增加，干法制粉工艺得到了很大的发展和应用，干法施釉工艺的研究也有了重大突破。干法施釉工艺使陶瓷墙地砖的表面装饰技术发生了突破性的变革。通常是在湿法施釉的基础上，结合使用干法施釉对釉面进行装饰，达到一种特殊的装饰效果。常见的装饰方法有雕塑、色釉装饰、艺术釉装饰、釉上彩饰、釉下彩饰等。

4.2.3.7 烧成和窑炉

烧成是陶瓷生产过程中极重要的一个工序，目的是去除坯体内所含的溶剂、粘接剂、增塑剂等，并减少坯体中的气孔，增强颗粒间的结合强度。

普通陶瓷一般采用窑炉在常压下进行烧结。对于一定组成的陶瓷制品，为保证其烧成质量，首先要根据坯釉的组成、性质和窑炉的结构性能等因素，制定一个合理的烧成工艺制度，然后根据烧成工艺制度来严格控制制品的烧成过程。烧成工艺制度主要包括：升温速度、烧成温度、保温时间、冷却速度、气氛性质及浓度、气氛转换温度以及窑内压力分布状态等内容。由于各种陶瓷制品所用原料的性质及其质量要求不同，对烧成温度以及窑内气氛的要求也不同。瓷器的烧成温度要求较高，而陶器的烧成温度较低。

陶瓷制品的烧成是在热工设备——窑炉中进行的。结构先进、性能优良的窑炉是提高产品产量和质量的重要保证。陶瓷窑炉的种类很多，大体上可分为两大类，即连续式窑和间隙式窑，其中常见的连续式窑有隧道窑、辊道窑、推板窑等；间隙式窑有倒焰窑、梭式窑、钟罩窑等。各种窑炉虽然各有其结构特点，但使用上对它们的基本要求却是一致的，实现优质、高产、低能耗等。即要求窑炉应能满足制品烧成的工艺要求，保证烧成质量；燃料在其中能充分燃烧，并能满足烧成工艺对气氛的要求；窑内传热效率高，窑体散热损失小。下面简单介绍一下隧道窑和梭式窑。

(1) 隧道窑

隧道窑作为一种连续式窑炉，不论结构简单或复杂，都可以根据制品在窑内经历的温度变化过程，沿窑长划分为三带：预热带、烧成带、冷却带。对于隧道窑三带的具体划分，依据各有不同，有以温度分，有以窑炉外形分，有以窑炉结构分。最为科学合理的划分方法是按温度（安置在窑顶的热电偶测出的温度）分，窑头至900℃左右为预热带，900℃至最高烧成温度为烧成带，最高烧成温度至窑尾为冷却带。三带的比例范围一般为：预热带35%～45%，烧成带20%～35%，冷却带30%～40%。

隧道窑的工作过程是：干燥至含一定水分的坯体入窑，首先经过预热带，受来自烧成带燃烧产物（烟气）的预热，同时燃烧产物自预热带的排烟口排出。然后制品进入烧成带，燃料燃烧的火焰及生成的产物加热坯体，使其达到一定的温度而烧成。烧成的产品最后进入冷却带，将热量传给入窑的冷空气，产品本身冷却后出窑，从而形成一个烧成周期。

隧道窑要实现制品的烧成过程，其结构与工作系统可分为五个部分，即窑体、燃烧系统、排烟系统、冷却通风系统、输送系统。图4-18所示为普通明焰隧道窑工作系统。

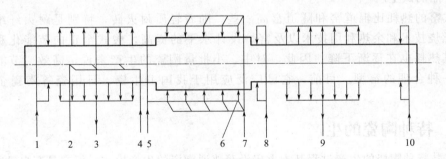

图 4-18　普通明焰隧道窑工作系统

1—封闭气幕送风；2—搅拌气幕；3—排烟；4—搅拌气幕送风；5—煤气；6—烧嘴；
7—助燃风；8—急冷送风；9—热风送干燥处；10—窑尾急冷送风

工作系统图表明，隧道窑燃料为油或煤气，燃料由烧嘴喷入烧成带，在窑内燃烧。烧成带呈微正压，预热带为负压。烟气在预热带被排烟机抽走。预热带有窑头封闭气幕、搅拌气幕，使预热带窑内上、下温差减小。冷却带工作系统较为完善，有急冷送风、窑尾送风和抽热风设备。急冷风又有阻挡烧成带烟气倒流的作用。急冷风和窑尾鼓入的冷风都由抽热风机抽走。达到平衡时，控制冷却带的冷风进入烧成带，容易保持烧成带的烧成温度和气氛。预热带负压不大，漏进窑内的冷空气较少，温度较均匀，为优质、高产、低耗创造了条件。烧还原气氛的隧道窑，在烧成带的氧化炉和还原炉之间还有氧化气氛幕。

（2）梭式窑

梭式窑是一种现代化的间歇窑，其结构相当于在隧道窑烧成带的基础上加上了排烟系统与冷却通风系统。梭式窑主要由窑室和窑车两大部分组成，坯件码放在窑车棚架上，推进窑室内进行烧制，在烧成并冷却之后，将窑车和制品拉出窑室外卸车，窑车的运动犹如织布机上的梭子，故称为梭式窑。它的装窑、出窑与隧道窑相似，都在窑外进行。图 4-19 为一般梭式窑结构示意图。

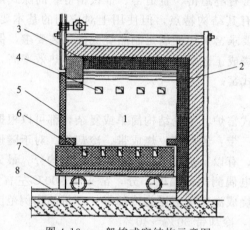

图 4-19　一般梭式窑结构示意图
1—窑室；2—窑墙；3—窑顶；4—烧嘴；5—升降式窑门；6—支烟道；7—窑车；8—轨道

梭式窑是间歇生产，因而其生产方式和时间安排灵活，容易与中、小批量的间歇成形和间歇干燥的生产方式配合。此外，梭式窑结构紧凑，占地面积小，投资少；梭式窑容积可大可小，对产品适应性强，能适应不同尺寸、形状和材质制品的烧成。因此，它既可用作生产的主要烧成设备，特别适合小批量、多品种的生产；又可作为辅助烧成设备，用于产品的重烧和新产品的试生产。

梭式窑的热耗比辊道窑和隧道窑高一些。随着轻质耐火砖，特别是耐火纤维技术的发展，燃烧技术和余热利用技术以及窑炉设计水平的提高，梭式窑正向节能化和大型化发展，其热耗也在逐渐下降。因此，对中、小批量陶瓷的生产来说，高效、节能梭式窑应该是一种合理的窑型。目前，它已广泛应用于我国卫生瓷、日用瓷等陶瓷企业的生产中。

4.2.4　特种陶瓷的生产

大多数特种陶瓷的生产过程基本上仍沿袭普通陶瓷的生产模式，但它具有自己的显著特征，即原料的高度精选、材料组成的精确调配和生产过程的控制更加严格。特种陶瓷与普通陶瓷的主要区别见表 4-4。

表 4-4　特种陶瓷与普通陶瓷的主要区别

区别点	普通陶瓷	特种陶瓷
原料	天然矿物原料	人工精制化工原料和合成原料
成分	主要由黏土、长石、石英的产地决定	原料是纯化合物。由人工配比决定
成形	注浆、可塑法成形为主	模压、热压铸、轧压、流涎、等静压、注射成形为主
烧成	温度一般在1350℃以下,燃料以煤、油、气为主	结构陶瓷常需1600℃左右高温烧结,功能陶瓷需精确控制烧成温度;燃料以电、气、油为主
加工	一般不需要加工	常需切割、打孔、磨削、研磨和抛光
性能	以外观效果为主,较低力学性能和热性能	以内在质量为主,常呈现耐温、耐腐蚀、耐磨和各种电、光、热、磁、敏感、生物性能
用途	炊具、餐具,陈设品和墙地砖、卫生洁具	主要用于宇航、能源、冶金、机械、交通、家电等行业

特种陶瓷的原料粉体具有纯度高、颗粒细小等特点,其制备方法可概括为:固相法、液相法、气相法、机械粉碎法和溶剂蒸发法(包括酒精干燥法、冷冻干燥法、热石油干燥法和喷雾干燥法等)。粉碎法是由粗颗粒来获得细粉的方法,通常采取机械粉碎,现在发展到采用气流粉碎,但都不易获得粒径在 $1\mu m$ 以下的微粉料。合成法是由原子、分子、离子经过反应、成核和生长、收集、后处理等过程来获得微粉料的方法,这种方法制得的粉体颗粒微细,均匀性好,且纯度、细度可控,可实现颗粒在分子级水平上的复合、均化。液相法和气相法往往是制取超细粉的主要方法。

第5章
高分子材料成形工艺

高分子材料是材料中的一个大类，因为其具有其他材料所不可比拟的性能，因此也具有与其他材料不同的成形技术。高分子材料包括天然高分子材料（如棉花、蚕丝、淀粉、木材、蛋白质等）和合成高分子材料。其中被称为现代高分子三大合成材料的塑料、橡胶和纤维，已成为人类社会发展和人们日常生活中必不可少的重要材料，与国民经济密切相关。本章主要介绍塑料和橡胶的特点、成形工艺及相关设备。

5.1 高分子材料的成形性能

根据聚合物表现的力学性质和分子热运动特征，可以将聚合物划分为玻璃态（结晶聚合物为结晶态）、高弹态和黏流态，通常称这些状态为聚集态。在聚合物及其组成一定时，聚集态的转变主要与温度有关。聚合物在加工过程中会经历聚集态转变，了解这些转变的规律及高聚物的性能就能选择适合的成形方法，确定合理的成形工艺。

图 5-1 所示为聚合物聚集态与成形过程的关系。

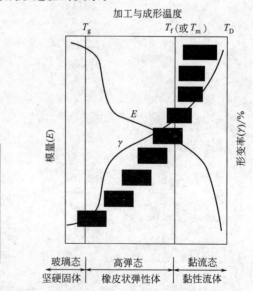

图 5-1　线型聚合物的聚集态与成形过程的关系示意图

（1）黏弹行为

聚合物的黏弹性是指聚合物既有黏性又有弹性的性质，即聚合物的力学松弛行为。黏弹性在高分子聚合物材料中表现得很明显，这源于其微观结构单元对外力的响应机制。高聚物力学响应介于理想弹性体与理想黏性体之间，因此高聚物材料常被称为黏弹性材料。

在成形过程中聚合物在不同条件下会分别体现出固体和液体的性质，即表现出弹性和黏性。当成形温度高于 T_f（黏流态温度）以至于聚合物处于黏流态时，聚合物的变形以黏性变形为主，此时聚合物黏度低、流动性大，易于成形。很多成形技术都是在这种黏流状态下完成的，如注射成形、挤出成形、薄膜吹塑和熔融纺丝等。当成形温度低于 T_f 时，聚合物转变为高弹态，通常较少在这一状态下成形。

聚合物的这种黏弹性行为使得其形变必然落后于应力的变化，即滞后效应或弹性滞后。滞后效应在聚合物成形过程中普遍存在，如塑料注射成形制品的变形和收缩。无论是变形还是收缩，都将降低制品的因次稳定性（形状和几何尺寸稳定性的总称）。在 $T_g \sim T_f$ 温度范围内对成形制品进行热处理，可缩短大分子形变的松弛时间，加速结晶聚合物的结晶速度，使制品的形状较快地稳定下来。

（2）流变性质

聚合物熔体与液体可以表现出复杂的力学性质，既能流动，又能变形，既有弹性，又有黏性。在成形过程中高聚物绝大多数处于黏流状态，以便于成形和流动。聚合物流体的流动行为可用黏度表征。如果黏度过高，则高分子材料制品的成形质量将受到影响。要根据材料的种类、性能、成形方法及设备选择合适的黏度。

聚合物流体在给定剪切速率下的表观黏度主要由聚合物流体内的自由体积和大分子链之间的缠结决定。凡会引起自由体积增加的因素都能增强分子的运动，导致聚合物流体黏度降低。而能减少缠结作用的因素同样也能加速分子运动，导致聚合物流体黏度降低。因此，影响黏度的主要因素有温度、剪切应力、剪切速率以及聚合物自身的分子量等。温度越高，分子活动增强，分子间距变大，流动阻力减小，高聚物的黏度降低；高压下高聚物分子间作用力增大，黏度增大，有时会增加一个数量级以上，从而影响其流动性，影响成形效果；绝大多数高聚物随剪切速率的增加，熔体黏度下降；聚合物的平均分子量越大，缠结程度越严重，黏度越大，流动性越差。

（3）可挤压性

可挤压性是指聚合物通过挤压作用形变时获得形状和保持形状的能力。挤压过程中，聚合物需处于黏流状态，故可挤压性主要取决于熔体的剪切黏度和拉伸黏度。而大部分聚合物熔体的黏度会随剪切速率的增加而降低。

材料的挤压性质与聚合物的流变性（剪应力或剪切速率对黏度的关系）、熔融指数和流动速率密切相关。熔融指数（Melt Flow Index，MI 或 MFI）是表征热塑性聚合物的一个简单而实用的参数，用熔融指数仪测定。此仪器测定给定剪应力下聚合物的流动度（简称流度，即黏度的倒数），用定温下 10min 内聚合物从出料孔挤出的重量（g）来表示。熔融指数测定仪结构简单、方法简便，用 ［MI］能方便地表示聚合物流动性的高低，对成形过程中材料的选择有重要的参考价值。

（4）可模塑性

可模塑性是指材料在温度和压力作用下形变和在模具中模制成形的能力。具有可模塑性的材料可以通过注塑成形、模压成形和挤出成形等制成模塑制品。

可模塑性主要取决于材料的流变性、热性质和其他物理力学性质，热固性聚合物还与聚合物的化学反应性有关。温度过高，熔体流动性大，易于成形，但是会引起分解，收缩率大；温度过低，熔体黏度大，流动性差，成形性差。压力增大，能改善聚合物的流动性，但压力过高将引起溢料，并增大制品内应力；压力过低，易造成缺料。

广泛用来表征聚合物可模塑性的方法是螺旋流动试验，它通过一个阿基米德螺旋形槽的模具来实现。聚合物熔体在注射压力推动下，由中部注入模具，随流动过程熔体逐渐冷却并硬化成为螺线。螺线的长度反应不同种类或不同级别聚合物流动性的差异。螺线越长，聚合物的流动性越好。

（5）可纺性

可纺性是指聚合物材料通过加工形成连续的固态纤维的能力。材料的可纺性主要取决于材料的流变性质、熔体黏度、熔体强度及熔体的热稳定性和化学稳定性等。

作为纺丝材料，首先要求熔体从喷丝板毛细孔流出后能形成稳定细流。其次随着纺丝速度增大，熔体细流受到更大的拉应力，拉伸形变增加，如果熔体的强度低就会出现细流断裂，所以要求聚合物还必须有较高的熔体强度。对一定的聚合物，熔体强度随熔体黏度增大而增加。作为纺丝材料，还要求聚合物在纺丝条件下有良好的化学和热稳定性，因为聚合物要在高温下停留较长时间并且要经受流动时的剪切作用。

（6）可延性

可延性是指无定形或半结晶聚合物在一个或两个方向上受到压延或拉伸时变形的能力。材料具有此性质，即可通过压延或拉伸工艺生产薄膜、片材和纤维等长径比很大的产品。聚合物通过拉伸作用可以产生力学各向异性，从而可使材料在某一特定方向具有比其他方向更高的强度，这也是聚合物通过拉伸可以生产纺丝纤维和拉幅薄膜等制品的原因。

聚合物的可延性取决于材料产生塑性变形的能力和应变硬化作用。通常，升高温度，可延性提高，拉伸比可以更大。一般把室温至 T_g 附近的拉伸称为"冷拉伸"，把在 T_g 以上的温度下进行的拉伸称为"热拉伸"。可延性的测定可以通过小型牵伸试验机测定断裂伸长率（即断裂时的形变最大值）来进行。

5.2 塑料成形

塑料是高分子材料中产量最大的一种材料。塑料与金属相比，具有密度小、比强度高、化学稳定性高、耐腐蚀、电绝缘性能好、介电损耗低等特点，还有透光、隔热、消声、减磨、耐磨、防水、密封、防辐射等优点。塑料物料可以在一定温度和压力下利用模具，通过形变和流动转变为一定几何形状和尺寸的塑料制品。由于塑料品种繁多，应用广泛，尤其是在建筑材料、汽车部件、电子电器和仪器仪表配套零部件、通信工具以及生活用品等方面。塑料制品性状的多样化也促进了塑料的多种成形加工方法的形成和发展。

5.2.1 塑料概述

5.2.1.1 塑料的组成

塑料是以树脂为主要成分，并加入增塑剂、润滑剂、稳定剂以及填料等组成的高分子有机化合物。树脂可以分为天然树脂和合成树脂两种。

天然树脂的使用可以追溯到古代，但是其数量及性能都远不能满足工业生产的需求。因此，人们根据天然树脂的分子结构和特点，化学合成了各种合成树脂，塑料一般都是以合成树脂为原料制成的。合成树脂是人工合成线型高聚物，是塑料的主要成分（占 40% 以上），塑料的类型和基本性能取决于树脂。合成树脂保留了天然树脂的优点，又改善了成形加工工艺性能和使用性能，因此在现代工艺中得到了广泛应用。

大部分塑料以树脂的名称命名。按照分子结构和特性可以将合成树脂分为热塑性树脂和热固性树脂。

热塑性树脂为线型或者带支链线型。升高温度时软化并熔融，成为可流动的熔体，具有可塑性，此时成形冷却后就能保持成形的形状。如果加热，又可熔化成另一形状，可反复多次熔化成形。热塑性树脂主要有聚乙烯、聚丙烯、ABS等。

热固性树脂具有体型网状结构，成形前是可溶与可熔的，具有热可塑性。加热成形后，树脂变为既不熔融也不溶解的固体，形状固定下来，不能再次成形。热固性塑料主要有酚醛树脂、氨基树脂、有机硅树脂等。

塑料一般以合成树脂为主要成分，并根据需要添加各种添加剂组合而成。添加剂也称助剂，是为改善和调节塑料的性能而加入的辅助成分。塑料中常用的添加剂包括以下几种。

(1) 填充剂

又称填料，在塑料中加入填充剂主要起增强作用，可以提高塑料的力学性能、热学性能、电学性能，同时减少树脂含量，降低成本，扩大塑料的使用范围。如加入铝粉可提高对光的反射能力和防老化能力，加入云母粉可提高电绝缘性能，加入二硫化钼可提高自润滑性。加入塑料的填充剂应易被树脂浸润，与树脂形成良好的黏附，本身性能稳定，来源广泛，价格便宜。常用填充剂有石墨粉、滑石粉、木粉、云母、棉布、纸、玻璃布、玻璃纤维等。填充剂一般不超过塑料组成（质量分数）的40%。

(2) 增塑剂

增塑剂用来提高塑料的柔软性和可塑性。常用的增塑剂主要是液态或低熔点固体有机化合物。如甲酸酯类、磷酸酯类、氧化石蜡等。增塑剂可以使塑料的弹性、韧性、塑性提高，但是会降低塑料的稳定性、介电性能、强度和刚性。

(3) 固化剂

将固化剂加入某些树脂中可以促使合成树脂进行交联反应，从而由线型结构变成体型网状结构，形成坚硬的塑料。固化剂及其用量的选用要根据塑料的品种和加工条件来选择，如注射热固性塑料时加入氧化镁可促使塑件快速硬化。

(4) 稳定剂

稳定剂能阻缓塑料变质，提高树脂在受热、光、氧化等作用时的稳定性，防止塑料制品老化，延长其寿命。稳定剂应具有耐水、耐油、耐化学药品、能与树脂相容，成形过程中不分解、挥发少、无色等特性。常用的稳定剂有硬脂酸盐、环氧树脂等。

(5) 着色剂

着色剂是为使塑料制品具有美丽的色泽，提高塑件的使用品质而加入的有机颜料、无机颜料或者有机染剂。要求着色剂性能稳定、色泽鲜明、不易变色、着色力强、耐温、与树脂有很好的相容性。

此外，还有润滑剂、抗静电剂、发泡剂、阻燃剂等。

5.2.1.2 塑料的分类

(1) 按塑料的应用范围分类

塑料的种类很多，可从不同角度、按照不同原则进行分类。

按塑料的应用范围分类，可以分为通用塑料、工程塑料和功能塑料。

① 通用塑料　主要指产量大、用途广、价格低的一类塑料。其中，聚乙烯、聚丙烯、聚苯乙烯、聚氯乙烯及酚醛塑料合称五大通用塑料，占塑料总产量的75%以上，广泛用于工业、农业和日常生活各方面，是塑料工业的主体。

② 工程塑料　是指工程技术中用作结构材料或机械构件的塑料。这种塑料具有优异的

力学性能，或具有耐高温、耐腐蚀、耐辐射等特殊性能。常见的工程塑料有聚甲醛、聚酰胺、聚碳酸酯、聚四氟乙烯等。工程塑料发展得非常迅速。

③ 功能塑料　又称特种塑料，是指具有耐辐射、超导电、导磁和感光等某些特殊功能的塑料，能满足特殊使用要求，如医用塑料、导电塑料、有机硅塑料等。一般是由通用塑料或工程塑料经特殊处理获得的，也有一些由特种树脂制成。目前此类塑料产量较少，价格较贵。

（2）按树脂的热性能分类

按树脂的热性能分类，可以分为热塑性塑料与热固性塑料。

① 热塑性塑料　这类塑料采用的合成树脂为热塑性树脂，受热变软并熔融，冷却后凝固、变硬保持形状。热塑性塑料在成形加工过程中一般只有物理变化，变化过程是可逆的。常见的热塑性塑料有聚乙烯、聚酰胺（尼龙）、聚苯乙烯、ABS、聚碳酸酯等。

② 热固性塑料　这类塑料采用的合成树脂为热固性树脂，固化前这类塑料受热后软化，具有可溶性和可塑性。加热到一定程度变成既不熔化也不溶解的体型结构，形状固定。温度过高时，分子链断裂，制品分解破坏，不再具有可塑性。这一变化过程既有物理变化，又有化学变化，其过程不可逆。常见的热固性塑料有酚醛塑料、氨基塑料、环氧树脂、有机硅塑料等。

不同类型的塑料具有不同的性能特点，表 5-1 所列为常用塑料的类别、名称以及性能特点、用途。

表 5-1　常用塑料的类别、性能特点和用途

塑料类别	名称（代号）	主要性能特点	用途举例
热塑性塑料	聚乙烯（PE）	低压聚乙烯（高密度聚乙烯）比较硬，有良好的耐磨、耐蚀和电绝缘性能，耐热性差；高压聚乙烯（低密度聚乙烯）结晶度和密度较低，化学稳定性高，有较好的高频绝缘性能、柔软性、耐冲击性和透明性	低压聚乙烯可用于制造塑料板、塑料绳、塑料管以及承受小载荷的齿轮、轴承等；高压聚乙烯常用于吹塑成薄膜、软管、塑料瓶等
	聚丙烯（PP）	密度小，比聚乙烯轻，密度仅为 0.90～0.91g/cm³，但强度、硬度、刚性和耐热性均优于低压聚乙烯；不吸水，具有较好的化学稳定性和优良的高频绝缘性，不受温度影响，低温脆性大，不耐磨，易老化	制作一般机械零件，如法兰、齿轮、泵叶轮等；化工管道；绝缘零件；制作电视机、收音机、电扇壳体等；可用于医药工业中；还可用于合成纤维抽丝
	聚氯乙烯（PVC）	硬聚氯乙烯有较好的抗拉、抗弯和抗冲击性能，电绝缘性好，抗酸碱，化学稳定性好，可单独用作结构材料；软聚氯乙烯硬度和强度不如硬聚氯乙烯，但是柔软性、耐寒性和伸长率增加，有较好的电绝缘性	硬聚氯乙烯主要用于输油管、容器、离心泵、阀门管件等；软聚氯乙烯主要用于电线电缆的绝缘包皮、农用薄膜、工业包装材料，但是有毒，不能用于食品包装
	丙烯腈-丁二烯-苯乙烯共聚物（ABS）	三种组分具有各自的特性使 ABS 具有优良的综合力学性能。具有较高的强度、硬度和冲击韧性，耐热、耐腐蚀，尺寸稳定，易着色。ABS 易于加工成形，原料易得，综合性能好，价格便宜，但长期使用易起层	广泛用于各种高强度的管道、接头、齿轮、轴承、大强度工具等；在汽车领域，可制造轿车车身、仪表盘、挡泥板等
	聚酰胺（PA）	俗称尼龙，常用品种有尼龙 1010、尼龙 610、尼龙 66、尼龙 6、尼龙 9、尼龙 11 等。力学性能优良，摩擦系数低，耐磨性好，有良好的消声性，能耐水、油、一般溶剂；成形性好，但尺寸稳定性差以及耐热性差，导热性也较差	可代替铜及有色金属制作耐磨和减磨零件，如轴承、齿轮、滑轮、风扇叶片、高压密封圈、垫片等，也可喷涂在金属表面作防腐耐磨涂层

塑料类别	名称(代号)	主要性能特点	用途举例
热塑性塑料	聚甲醛(POM)	具有优良的综合力学性能,强度高、吸水性差、尺寸稳定、耐磨、抗疲劳性能好,有优良的电绝缘性和化学稳定性,常温下一般不溶于有机溶剂,能耐醛、酯、醚、烃及弱酸、弱碱,但不耐强酸;性能不亚于尼龙,价格却比尼龙低。但热稳定性较差,成形收缩率大	主要制作各种受摩擦零件,如轴承、滚轮、齿轮、叶轮等传动零件,还可制造汽车仪表盘、化工容器和管道、阀门等
热塑性塑料	聚碳酸酯(PC)	透明性好,透光率高;冲击韧性好,硬度高,尺寸稳定性好,抗蠕变,耐磨、耐热、耐寒;但塑件易开裂,耐磨性和耐疲劳性不如尼龙	制作受载不大但冲击韧性要求高的零件,如齿轮、涡轮和蜗杆等;还可以制作电脑元件、电机零件、接线板等;还可以制作防弹玻璃、挡风罩、防护面罩、安全帽等
热固性塑料	酚醛塑料(俗称电木)	具有较高强度、硬度和耐热性;摩擦系数小,电绝缘性好,耐蚀性好,尺寸稳定性好;具有很高的黏结能力,是重要的黏结剂;但是质地较脆,冲击强度差,色泽暗,加工性差,只能模压	制作一般机械零件、水润滑轴承、电绝缘件、耐化学腐蚀的机械材料,如仪表壳体、电器绝缘板、绝缘齿轮、刹车片等
热固性塑料	环氧树脂(EP)	黏结能力非常强,是"万能胶"的主要成分。强度较高,韧性较好,电绝缘性优良,防水、防霉、耐热、耐寒,化学稳定性较好;固化成形后收缩率较小,成形工艺简便,成本较低。但耐气候性差、质地脆	用作金属和非金属材料的黏合剂,用于封装各种电子元件;也可用于塑料模具、精密量具、机械零件和电器结构零件的涂覆和包封等

5.2.2 塑料注射成形

塑料的成形方法有很多,如注射成形、挤出成形、压延成形、发泡成形、焊接成形等。不同种类的塑料适应不同的成形方法,其中注射成形是塑料成形方法中较为重要的方法之一。60%~70%的塑料制件采用该方法生产。几乎所有的热塑性塑料都可采用这一成形方法进行加工,这也是目前塑料加工中普遍采用的方法之一。

注射成形又称注塑成形,由英国人 John Hyatt 于 1872 年首先使用。工艺自身的特点是适应性强、生产周期短、产率高,易于自动化控制。与其他成形方法相比,其突出的优势是可一次成形外形复杂甚至带有金属嵌件的制品,因而广泛应用于塑料制品的生产中。

5.2.2.1 注射成形过程

完整的注射成形过程包括成形前的准备、注射成形、制件后处理三个阶段。

(1) 成形前的准备

为使注射顺利完成并且保证产品的质量,在成形前需要进行一系列的准备工作,一般有以下几个方面。

① 原料的预处理。一般注射成形用的是粒状塑料,对原料进行外观的检验、预热及干燥,除去物料中多余的水分及挥发物,以减少成形后塑件出现气泡和银丝等缺陷的可能性。如果来料是粉料,还需要进行造粒。

② 设备的准备。对料筒进行清洗及试车。

③ 嵌件的预热。当制件带有金属嵌件时,应先将嵌件放入模具且必须预热,尤其是较大的嵌件,防止嵌件周围产生过大内应力。

④ 脱模剂的使用。对脱模困难的制件，要使用合适的脱模剂。常用的脱模剂有液体石蜡、硅油等。脱模剂使用时应适量，涂抹均匀，否则会影响制品表面质量。

（2）注射成形过程

注射过程包括加料、塑化、充模、保压、冷却和脱模等几个工序，如图 5-2 所示。

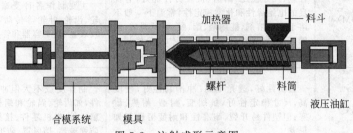

图 5-2　注射成形示意图

将粒状或粉状塑料从注射机的料斗送入加热的料筒，经加热熔融充分塑化成黏流态，再由喷嘴注入闭合的模具中，熔料充满型腔后，经过一段时间的保压，使塑件在型腔中冷却（或固化），开模取出制件。具体工序如下。

① 加料　将粉状或粒状塑料加入注射机的料斗，在自身重量或者加料设备的作用下落入料筒，并在螺杆或活塞的作用下进入加热区。

② 塑化　塑化是指塑料物料经过加热、压实以及混料后达到黏流状态，并具有较好的可塑性。对于柱塞式注射机，塑料粒子加入到料筒中，经料筒的外加热逐渐变为熔体，加料和塑化两过程是分开的；而移动螺杆式注射机，螺杆在旋转的同时往后退，在加料过程中，物料经料筒的外加热及螺杆转动时对塑料产生的摩擦热而逐渐塑化，即加料和塑化同时进行。

③ 充模　塑化好的熔体被柱塞或螺杆推向料筒的前端，以一定压力和速度经过喷嘴、模具的浇注系统而进入并充满模腔。

④ 保压　充模之后，柱塞或螺杆仍保持施压状态，迫使喷嘴的熔体继续进入型腔，不断充实模中，以补充型腔中的塑料因冷却而产生的收缩，预防缺料。保压结束后，柱塞或螺杆便可退回，同时向料筒加入新料，为下次注射作准备。

⑤ 冷却　保压结束，同时对模具内制品进行冷却，直到冷至所需的温度为止。塑件的冷却速度需适中，如果冷却速度过快，会导致冷却不均和收缩率不一致，使塑件产生应力和变形。

⑥ 脱模　塑料冷却固化到玻璃态或晶态时，则可开模，在推出机构的作用下，将塑料制品推出模外。

（3）制件后处理

注射成形的制品，常常要进行适当的后处理，以提高其使用性能。如某些塑料制品由于形状复杂或壁厚不均匀，在注射成形时制品有不同程度的结晶和取向，以及制品各部分的冷却速率不一致等原因，致使制品内部不可避免地会存在一定的应力集中，使得在贮存和使用过程中产生变形和裂纹，影响制品的使用寿命和使用性能。

常用的后处理方法主要有退火和调湿两种。

① 退火处理　退火是将制品在塑料的玻璃化温度和软化温度之间的某一温度附近保温一段时间的热处理过程。加热介质可以用热水、热油、热空气或液体石蜡等。制品在处理过程中能加速大分子的松弛过程，从而消除或降低成形时造成的残余应力。退火温度要严格掌

握，温度过高会使塑件发生变形，温度过低则达不到效果。退火时间要视制品形状决定。退火后需要缓慢冷却，否则又会产生内应力而破坏退火处理的目的。

② 调湿处理　对于尼龙类等吸湿性大又容易氧化的制品，在存放或使用过程中易吸湿造成尺寸变化。因此在成形之后要将制品放在一定湿度环境中进行调湿处理才能使用。调湿处理可以使塑件在加热过程中达到吸湿平衡，以防止在使用过程中发生较大的尺寸变化。

5.2.2.2 注射成形工艺

注射成形最重要的工艺条件是影响塑化流动和冷却的温度、压力和各个阶段的时间，这些条件直接影响塑料制件质量的好坏。

(1) 温度

温度过高，将破坏塑料的物理化学性质，因此控制注射成形过程中的温度尤其重要。注射成形过程需要控制的温度包括料筒温度、喷嘴温度和模具温度。料筒温度和喷嘴温度主要影响塑料的塑化和流动，模具温度主要关系到塑料的流动和冷却成形。

① 料筒温度　料筒温度从料斗到喷嘴前段逐渐升高，以利于塑料逐步塑化。料筒温度主要取决于塑料的性质、注射机的类型及模具结构。通常料筒温度控制在塑料的流动温度（或结晶温度）与分解温度之间。提高料筒温度，熔体黏度下降，流动性增加，改善了成形工艺性能，降低了塑件的粗糙度。但是，如料筒温度太高，易引起塑料降解制品物理力学性能下降。而料筒温度过低，则容易造成制品缺料，表面无光，且生产周期长，劳动生产率降低。

料筒温度与设备有关，螺杆式注射机因螺杆转动产生摩擦，传热快，料筒温度可以适当降低；柱塞式注射机对塑料的剪切作用小，料层较厚，内外层塑化不均，因此料筒温度要比螺杆式注射机高 $10 \sim 20 ^{\circ}\mathrm{C}$。另外，料筒温度也与制品和模具有关，薄壁制品需要提高料筒温度，改善充模条件；对外形复杂或带有嵌件的制品，料温也应提高一些。

② 喷嘴温度　通常喷嘴温度略低于料筒的最高温度，这是因为塑料在注射时以高速度通过喷嘴的细孔有一定的摩擦热产生，塑料熔体在喷嘴可能发生"流涎现象"，同时塑料也容易分解。但喷嘴温度也不能太低，否则会造成熔料过早凝固，将喷嘴堵塞，甚至会使喷嘴处的冷料带入模腔，影响制品的质量。

③ 模具温度　模具温度不但影响塑料充模时的流动行为和塑件的冷却速度，而且影响制品的物理机械性能和表观质量。模具温度的确定应根据塑料制品的性质、制品的使用要求、制品的形状与尺寸以及成形过程的工艺条件等综合考虑。对于熔体黏度较低或中等的无定形塑料，如聚苯乙烯等，模具温度可以偏低；对于熔融黏度较高的材料，如聚碳酸酯，采用较高的模温，这样可以顺利充模，并且减小内应力。在满足注射要求的前提下，应采用尽可能低的模具温度，以加快冷却速度，提高生产效率。

(2) 压力

注射过程中的压力包括塑化压力和注射压力，是影响塑料的塑化和制品质量的重要因素。

① 塑化压力（又称螺杆背压）　在移动螺杆式注射机成形过程中，螺杆的端部塑料熔体在螺杆转动后退时所受到的压力，称为塑化压力，可通过液压系统中的溢流阀来调整。塑化压力影响预塑化效果。提高背压，提高熔体密实程度，增大熔体内部压力，减小螺杆后退速度，增加剪切作用，熔体温度升高，塑化均匀性好，但塑化量降低。塑化压力与塑料品种有关，通常情况下，塑化压力应在保证制品品质的条件下越低越好。

② 注射压力　注射压力是注射时螺杆或柱塞头部对塑料熔体所施加的压力。注射机上常用压力表显示注射压力的大小，可通过注射机的控制系统调节。注射压力的作用是克服塑

料在料筒、喷嘴及浇注系统和型腔中流动时的阻力，使熔体有一定的充模速率，并对熔体进行压实，以确保注射制品的质量。注射压力过高，可以提高塑料的流动性，但是容易产生溢料、溢边，使脱模困难，塑件容易变形，同时制品内应力也随着注射压力的增加而加大，所以采用高压力注射的制品应进行退火后处理；注射压力过低，物料不易充满型腔，成形不足，塑件易产生波纹、凹痕等缺陷。注射压力的大小取决于注射机的类型、模具和制件的结构、塑料的品种以及注射工艺等。注射过程中，注射压力与物料温度实际上是相互制约的。料温高时注射压力减小，反之所需注射压力加大。

(3) 时间

完成一次注射成形所需的全部时间称为注射成形周期，它包括注射（充模、保压）时间、冷却（加料、预塑化）时间及其他（开模、脱模、嵌件安放、闭模）时间。为了提高劳动生产率和设备利用率，应尽量缩短成形周期。但是，成形各阶段的时间与塑料品种、制品性能要求及工艺条件有关。其中，充模时间和冷却时间最重要，它们对塑件的质量有决定性的作用。生产中，充模时间与充模速度有关，一般都很短，为3～5s，大型和厚壁制品充模时间可达10s以上。一般制品的保压时间在整个注射时间内所占比例较大，为20～100s，大型和厚制品可达1～5min，甚至更长。

保压时间对制品尺寸的准确性有较大影响，保压时间不够，浇口未凝封，熔料会倒流，使模内压力下降，会使制品出现凹陷、缩孔等现象。冷却时间主要取决于制品厚度、塑料热性能和结晶性能以及模具温度等，长短以控制制品脱模时不挠曲为原则，一般为30～120s。成形过程中的其他时间（开模、脱模、嵌件安放、闭模等）与生产过程的连续性和自动化程度有关。一般情况下，应尽可能地缩短其他辅助时间，以提高生产效率。

5.2.2.3 注射成形设备

(1) 注射机的基本结构

各类注射机的结构特点基本相同，都是由注射系统、锁模系统、液压系统以及电气控制系统等几部分组成的，如图5-3所示。

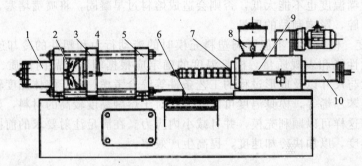

图5-3 注射机的组成

1—锁模液压缸；2—锁模机构；3—动模板；4—推杆；5—定模板；6—控制台；7—料筒及加热器；8—料斗；9—定量供料装置；10—注射缸

注射系统主要是由加料装置、料筒、螺杆（或柱塞及分流梭）、喷嘴等部件所组成的。这是注射机的主要部分，其作用是使塑料均匀地塑化直到呈黏流态，并以一定的压力和速度将一定量的熔料注射入模具型腔成形。

① 加料装置　即加料斗，常为倒圆锥或锥形，其容量视注射机大小而定，一般可供注射机1～2h的用料。注射机的加料是间歇性的，加料装置中有计量装置，每次从料斗加入到料筒的塑料必须与每次从料筒注入模具的料量相等，定量加料。有时还有加热和干燥的装

置，大中型注射机还有自动上料装置。

② 料筒　结构与挤出机的料筒近似，但其内壁要求尽可能光滑，且呈流线型，没有缝隙、不平整处和死角。料筒容积决定了注射机的最大注射量。柱塞式注射机的料筒容量常为最大注射量的4～8倍，以保证塑料有足够的停留时间和接触传热面，从而有利于塑化；螺杆式注射机因有螺杆在料筒内对塑料进行搅拌和推挤作用，传热效率高，混合塑化效果好，因而料筒容量一般仅为最大注射量的2～3倍。料筒外部有分段加热装置，可分段加热，通过控制系统来显示和控制温度。

③ 分流梭和柱塞　二者都是柱塞式注射机料筒内的主要部件。柱塞为一根坚硬的金属圆棒，可以在料筒内作往复运动，作用时传递施加在塑料上的压力，使熔融塑料注射入模。而分流梭是装在料筒靠前端的中心部分，形似鱼雷的金属圆锥体，故又称为鱼雷头。分流梭的作用是将料筒内流经该处的物料分成薄层，使物料产生分流和收敛流动，以缩短传热导程，从而加快热传递，有利于减少和避免接近料筒壁面处物料过热引起的热分解现象。同时熔体分流后，在分流梭与料筒间隙中流速增加，剪切速率加大，从而产生较大的摩擦热，料温升高，黏度下降，从而使塑料进一步混合和塑化，有效地提高了柱塞式注射机的生产量和制品质量。

④ 螺杆　螺杆的作用是对塑料输送、压实、塑化及传递注射压力。当螺杆在料筒内旋转时，将从料斗来的物料卷入，并逐步将其压实、排气和塑化，此后熔化物料不断由螺杆推向前端，并逐渐积存在顶部与喷嘴之间。与此同时，螺杆本身受熔体的压力而缓慢后退。当积存熔体达到一次注射量时，螺杆停止转动和后退，传递压力将熔体注射入模。

⑤ 喷嘴　喷嘴是连接料筒和塑模的通道，其作用是注射时引导塑化物料从料筒进入模具，并具有一定的射程。喷嘴的内径一般都是自进口逐渐向出口收敛，以便与模具紧密配合。由于喷嘴内径不大，当塑料通过时速度增大，剪切速率增加，能使塑料进一步塑化。喷嘴的选择应根据所加工物料的性能及成形制品的特点来考虑。要求结构简单、阻力小、不出现物料的流涎现象。

锁模系统的作用是为了保证模具可靠地闭合、开启以及顶出塑料制品。在注射成形时，熔融物料以高压注入模具，但由于注射系统的阻力，使注射压力有所损失，实际施于塑模型腔内塑料的压力小于注射压力，因此锁模压力比注射压力小，但应大于模腔内压力，才不至于在注射时引起模具离缝而产生"溢边"现象。锁模系统主要由动模板、定模板、拉杆、合模机构、制品顶出装置和安全门等组成。要求开启灵活，闭锁紧密。锁模系统的夹持力大小及稳定程度对制品尺寸的准确程度和质量都有很大影响。

液压传动和电气控制系统是为了保证注射成形机实现工艺条件和动作程序的动力控制的装置。液压系统主要由动力液压泵、方向阀、压力控制阀、流量阀和管路以及附属装置等部分组成。电气控制系统主要由各种电器元件、线路或计算机系统组成。目前常用的注射机一般是由油泵作压力来源，通过电气控制系统，将高（低）压油泵经压力分配装置送往锁模系统，使模具开启和闭合，或送往注射系统，使螺杆（或柱塞）前进或退回。

（2）注射机的分类

注射机是注射成形的主要设备，注射机的类型和规格很多，分类尚无统一的方法和标准。目前使用得比较多的分类方法有以下两种。

① 按塑化方式分类　根据不同注射机结构和塑料在料筒中的不同塑化方式进行划分，有柱塞式和螺杆式。

柱塞式注塑机是利用柱塞将落入料筒的颗粒状塑料推向料筒前端的塑化室使塑料塑化，而后呈黏流态的塑料被柱塞注塑到模腔中去。柱塞式注塑机的注塑装置由加热料筒、分流梭、柱塞等部件组成，如图5-4所示。这类注射机发展得最早，应用广泛，结构简单，但控制温度和压力较为困难，塑化不均匀，注射速度不均匀，已逐步被螺杆式注射机取代，目前主要用于注射小型制品。

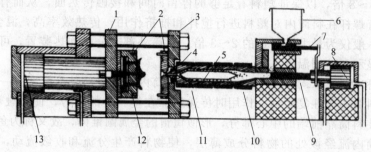

图 5-4　柱塞式注射装置

1—动模板；2—注射模具；3—定模板；4—喷嘴；5—分流梭；6—料斗；7—加料调节装置；8—注射油缸；
9—注射活塞；10—加热器；11—加热料筒；12—顶出杆；13—锁模油缸

螺杆式注塑机是目前使用最为广泛的注塑工具。螺杆式注塑机的注塑系统包括加热装置、料筒、螺杆、喷嘴、加压和驱动装置等部件，如图5-5所示。注塑机内的物料熔融、塑化以及注塑过程都是由螺杆完成的。螺杆式注塑机加热均匀，塑料可以在料筒中得到较好的混合和塑化，另外注射量大，可以成形大、中型塑料制品。

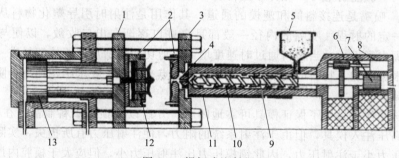

图 5-5　螺杆式注射机

1—动模板；2—注射模具；3—定模板；4—喷嘴；5—料斗；6—螺杆传动齿轮；7—注射油缸；8—液压泵；
9—螺杆；10—加热料筒；11—加热器；12—顶出杆；13—锁模油缸

② 按注射机外形特征分类　根据注射机与合模装置的模板运动方式不同，可划分为立式注射机、卧式注射机和角式注射机等几种类型。如图5-6所示。

立式注射机的合模装置与注射装置的运动轴线呈一直线垂直排列，其特点是占地面积小，模具拆装方便，模具内安放嵌件方便。但是，制品顶出后需人工取出制品，不易实现全自动化操作，且机身高，设备稳定性差，加料、维修不方便。目前这种形式主要应用于注射量在 $60cm^3$ 以下的小型注射机上。

卧式注射机是目前国内外注射机最基本的形式。其合模装置与注射装置的运动轴线呈一直线水平排列。卧式注射机具有机身低，稳定性好，操作、维修方便，制品顶出后可以利用自重落下，自动化程度高等优点。缺点是设备占地面积较大。

角式注射机的合模装置和注射装置的运动轴线互成垂直排列。其优缺点介于立、卧式注射机之间，在大、中、小型注射机中均有应用。其注料口在模具分型面的侧面，特别适用于加工中心部分不允许留有浇口痕迹的平面制品以及外形尺寸较大的制品。

162

材料成形工艺

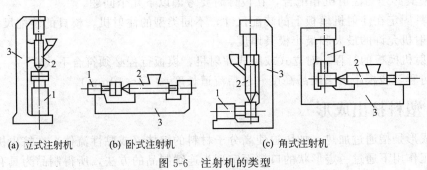

(a) 立式注射机   (b) 卧式注射机   (c) 角式注射机

图 5-6　注射机的类型

1—合模装置；2—注射装置；3—机身

5.2.2.4　注射模具简介

注塑成形用模具一般都是由动模和定模两部分组成的，动模安装在注塑机的移动模板上，而定模则安装在注塑机的固定模板上。图 5-7 所示为典型的注塑模具结构图。注射时，动模和定模闭合构成型腔和浇注系统，开模时动模与定模分离，取出制件。

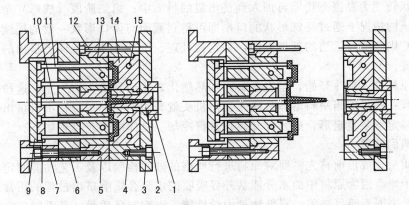

图 5-7　典型模具结构图

1,3—定位环；2—浇口套；4—定模镶块组；5—动模镶块组；6—动模垫板；7—动模固定板；

8—推板；9—推板固定板；10—拉斜杆；11—顶杆；12—复位杆；

13—动模；14—定模；15—冷却水道

根据模具上各个部件所起的作用，注射模具主要由成形零件、浇注系统和结构零件三大部分组成。

（1）成形零件

是指直接成形塑料制件的部分，它通常由凸模（成形塑件内部形状）、凹模（成形塑件外部形状）、型芯和成形杆、镶块及排气口等构成。模具的型腔由动模和定模有关部分联合构成。

（2）浇注系统

浇注系统是指塑料熔体从注射机喷嘴进入型腔前的流道部分，包括主流道、分流道、浇口和冷料井。

（3）结构零件

结构零件是指构成模具结构的各种零件，包括执行导向、脱模等动作的各种零件，如前后模夹板、承压板、导向柱、脱模板、回程杆等。

注射模具必须与注射机相配合，在设计时要考虑以下几个问题。

① 模具固定在注射机模板上的装配尺寸，不同类型的注射机，模具的装配尺寸不同。

② 注射机允许的最大和最小模具厚度。

③ 注射机模板的行程，对立式或卧式注射机，模板行程必须符合下式：

模板行程≥脱模距离＋制品高度（包括流道长度）＋(5～10mm)。

5.2.3 塑料挤出成形

挤出成形是指通过加热、加压迫使高分子材料的熔体（或黏性流体）在挤出机的螺杆或柱塞的挤压作用下通过一定形状的口模而定型为连续制品的方法，所得制品为具有恒定断面形状的连续型材或制品。挤出成形是热塑性塑料的主要生产方式之一，此种方法几乎能成形所有的热塑性塑料，其适应性强、应用范围广、生产过程连续、生产效率高，目前主要用于管材、棒料板材、线材、薄膜、涂覆电线、电缆等连续型材的生产。

5.2.3.1 挤出成形过程

挤出成形适用的塑料种类很多，制品形状和尺寸也有很大差别。但是，挤出成形的工艺过程都大致相同，可以分为塑化、成形和定型三个阶段。第一阶段（塑化）是使塑料原料由颗粒状或粉末转变为黏流态物质再加入到挤出机的料筒中；第二阶段（成形）是使黏流态塑料熔体在加压的情况下通过特殊形状的口模即可得到截面与模口形状一致的连续型材；第三阶段（定型）则是通过适当的处理方法，如定径处理、冷却处理等，使已挤出的连续型材固化为塑料制件。

从塑料原料进入料斗开始，至进入料筒加热塑化，流动到机头前为止，这段工艺与注射模塑工艺过程一样，但当塑料熔体被压入挤出机头就开始不一样了。挤出机挤出熔融塑料进入机头，通过定形装置定形，进入冷却装置进行冷却。具体的工艺过程如下。

(1) 原料的准备

为保证质量，成形前首先需要对原料进行严格的外观检验以及工艺性能测定，并且需要对原料进行干燥。因为原料中的水分或从外界吸收的水分会影响挤出过程的正常进行，使制品出现气泡、表面晦暗等缺陷，降低物理力学性能，影响制品质量，严重时还会使挤出无法进行，所以成形前要对原料进行干燥，水分含量控制在 0.5% 以下。此外，原料也不应含有其他杂质。

(2) 挤出成形

首先将挤出机预热到规定的温度，然后启动电动机开动螺杆，同时加料。料筒中的塑料在料筒的传热和剪切摩擦热的作用下熔融塑化。由于螺杆旋转时对塑料不断推挤，使塑料经过滤板上的过滤网，再通过口模成形为一定形状的连续型材。

初期挤出物的质量和外观都较差，应及时根据塑料的挤出工艺性能和挤出机机头及口模的结构特点等调整挤出机料筒各加热段和机头及口模的温度，以及螺杆的转速等工艺条件。根据制品的形状和尺寸的要求，调整口模尺寸和同心度及牵引设备等装置，以控制挤出物离模膨胀和形状的稳定性，直到挤出制品质量达到要求后即可进行正常生产。

(3) 定型与冷却

热塑性塑料挤出物离开机头和口模后仍处在高温熔融状态，具有很大的塑性变形能力，应立即进行定型和冷却。否则，塑料制品在自身的重力作用下就会变形，出现凹陷或扭曲的现象。不同的制品有不同的定型方法，大多数情况下，冷却和定型是同时进行的，冷却通常采用气冷或水冷。冷却速度对塑件性能有很大影响，硬质塑件不能冷却过快，否则容易产生残余应力，并影响塑件的外观质量；软质或结晶型塑件则要求及时冷却。

对于定型，只有在挤出管材和各种异型材时才有一个独立的定型装置。挤出板材和片材时，往往使挤出物通过一对压辊，以起到定型和冷却的作用；而挤出薄膜、单丝、线缆包覆物等则不必定型，仅通过冷却即可。

（4）制品的牵引、卷取和切割

挤出成形是一种连续生产工艺，牵引是必不可少的。在挤出热塑性塑料型材时，牵引的目的有两个：一是帮助输出物及时离开模孔，避免在模孔外造成堵塞与停滞，而不致破坏挤出过程的连续性；二是为了调整型材截面尺寸和性能。这是因为挤出物从模具中挤出后，一般都会出现因压力解除而膨胀，冷却后又会收缩的现象，使制件的形状和尺寸发生变化。同时，制件又被不停地挤出，如果不加以牵引，会造成制件停滞而影响制件的顺利挤出。另外，有些挤出物虽经定型处理，其截面的形状和尺寸并未达到制品的最终要求，可通过牵引使制品的截面尺寸得到修正。常用的牵引装置有滚轮式和履带式两种。

挤出型材时，卷取和切断操作的作用在于使型材的长度或重量满足供货要求。通过牵引的制件可根据使用要求在切割装置上裁剪，或在卷曲装置上绕制成卷。

（5）后处理

有些制品挤出成形后还需进行后处理，以提高制品的性能。后处理主要包括热处理和调温处理。在挤出较大截面尺寸的制品时，常因挤出物内外冷却速率相差较大而使制品内有较大的内应力，这种挤出制品成形后应在高于制品的使用温度 $10 \sim 20℃$ 或低于塑料的热变形温度 $10 \sim 20℃$ 的条件下保持一定时间，进行热处理以消除内应力。有些吸湿性较强的挤出制品，如聚酰胺，在空气中使用或存放过程中会吸湿而膨胀，而且这种吸湿膨胀过程需很长时间才能达到平衡，为了加速这类塑料挤出制品的吸湿平衡，常需在成形后浸入含水介质加热进行调湿处理，在此过程中还可使制品受到消除内应力的热处理，对改善这类制品的性能十分有利。

挤出成形生产线一般由挤出机与机头、口模、牵引装置、冷却系统、卷料系统或切割系统以及控制系统等组成，如图 5-8 所示。

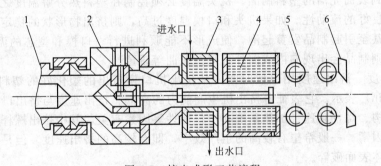

图 5-8　挤出成形工艺流程

1—挤出机料筒；2—机头（模具）；3—定型模具；4—冷却装置；5—牵引装置；6—切割装置

挤出成形时，颗粒状或者粉状的塑料从挤出机的料斗进入料筒，在旋转的挤出机螺杆作用下向前输送。同时，塑料受到料筒的传热和螺杆对塑料的剪切摩擦热的作用而熔融塑化（变成黏流态），并在加压情况下通过口模形成所需形状的制件，再经过一系列辅助装置（定型、冷却、牵引和切断等），从而得到等截面的塑料型材。

挤出成形工艺适用于所有高分子材料。其中，塑料挤出成形又称挤塑成形或挤出模塑，属于塑料的一次成形方法。挤出成形的产品很广泛，从半成品来说，既可为压延成形提供塑化的塑料，也可以进行塑料的着色、混炼、造粒和共混改性等。

与其他成形方法相比，挤出成形具有以下特点。

① 可以连续生产，产量大，生产率高。

② 设备制造容易，初期投资少，成本低，经济效益显著。

③ 塑件几何形状简单，截面形状不变，模具结构也简单。

④ 设备自动化程度高，劳动强度低，生产操作简单，工艺控制容易，生产线占地面积小，生产环境清洁。

⑤ 挤出产品均匀、密实，尺寸比较稳定，质量好。

⑥ 原料的适应性强，产品广泛，可以一机多用。变更机头口模，产品的截面形状和尺寸相应改变，就能生产不同规格的塑料制品。

5.2.3.2 挤出工艺参数

挤出过程的工艺条件对制品质量影响很大，特别是塑化情况直接影响制品的外观和物理力学性能，挤出工艺参数主要包括压力、温度、挤出时间和牵引速度等。

(1) 压力

在挤出过程中，由于螺杆槽的深度变化、塑料的流动阻力、过滤板、口模等的作用，塑料沿料筒轴线在其内部形成一定的压力，使塑料得以均匀密实并成形为制件。挤出时，料筒压力可达 55MPa，压力呈周期波动，由螺杆的转速、加热和冷却装置控制。

(2) 温度

① 料筒温度 挤出成形的温度是指塑料熔体的温度。塑料熔体的温度主要来自料筒的外部加热，其次是螺杆旋转混合时对物料的剪切作用和物料之间的摩擦。实际生产中，为了检测方便，经常用料筒温度近似表示成形温度。温度升高，物料强度降低，有利于塑化，同时能降低熔体的压力，使挤出成形出料快。挤出机料筒中的加热温度一般分为三段，均化段（计量段）温度最高，压缩段（熔融段）次之，加料段（固体输送段）最低。若加热段温度过高，则塑料在螺杆和料筒之间熔融，而影响将料送到螺杆前端。

② 模具温度 挤出模具的温度一般比均化段温度略高。口模温度较高、塑料离模膨胀较小，容易得到表面光洁的塑料制品。机头温度必须控制在塑料热分解温度之下，但应保证塑料熔体具有良好的流动性。如果机头和口模温度过高，则挤出物形状的稳定性较差，制品收缩性增大，甚至引起制品发黄起泡，使成形不能顺利进行。口模和型芯的温度应该一致，若相差较大，则制品会出现向内或向外翻甚至扭曲等现象。

③ 挤出速度 挤出速度用单位时间内从挤出机口模挤出的塑化好的塑料质量（kg/h）或长度（m/min）表示。它表征着挤出机生产能力的高低。挤出速度与挤出口模的阻力、螺杆及料筒的结构、螺杆转速、加热系统和塑料特性等因素有关，其中挤出螺杆转速是决定挤出速度的主要因素。一般希望有较高的生产效率，即有较高的挤出速度。但是挤出速度过高易引起塑料熔体表面破碎。

④ 牵引速度 要求牵引速度均匀，同时与挤出速度很好地配合。一般挤出型材时牵引速度总是稍大于挤出速度，以消除制件离模膨胀导致的尺寸变化，同时对制件进行适当的拉伸，从而提高制件质量。牵引速度与挤出速度的比值称为牵引比，其值必须等于或大于1。

5.2.3.3 挤出成形设备

挤出成形是靠挤出成形设备完成的。挤出成形设备由挤出机（又称主机）和辅机组成。挤出机的作用是计量、输送、塑化塑料原料，使其成为温度均匀、材质均匀的塑性体。辅机的作用则是将从主机输送来的塑性体成形为具有一定几何形状和使用性能的制品。

(1) 挤出机的分类

挤出机的分类方式主要有以下几种。

① 按挤出机中是否有螺杆存在分类。可以分为螺杆式挤出机（见图 5-9）和柱塞式挤出机（见图 5-10）。螺杆式挤出机是借助于螺杆旋转产生的压力和剪切力，使物料充分塑化和均匀混合，通过型腔（口模）而成形。因而，使用一台挤出机就能完成混合、塑化和成形等一系列工序，进行连续生产。

柱塞式挤出机主要是借助柱塞的推挤压力，将事先塑化好的或由挤出机料筒加热塑化的物料挤出口模而成形的。物料挤完后柱塞退回，待加入新的物料后再进行下一次操作，生产不连续，而且对物料没有搅拌混合作用，故生产上较少采用。但是柱塞式挤出机对物料施加的推挤压力很高，所以可以适用于黏度特别大、流动性较差的塑料的成形。如聚四氟乙烯和硬聚氯乙烯管材的挤出成形。

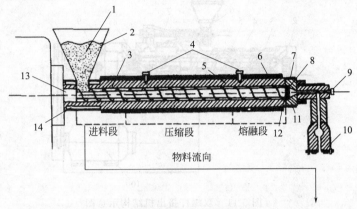

图 5-9　单螺杆挤出机结构示意图

1—树脂；2—料斗；3—硬衬垫；4—热电偶；5—机筒；6—加热装置；7—衬套加热器；8—多孔板；
9—熔体热电偶；10—口模；11—衬套；12—过滤网；13—螺杆；14—冷却夹套

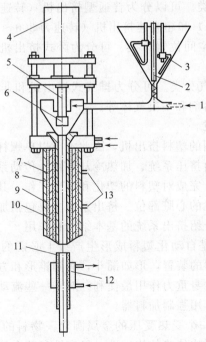

图 5-10　柱塞式立式挤出机结构示意图

1—压缩空气；2—加料螺杆；3—搅拌器；4—液压缸；5—柱塞杆；6—柱塞头；7—绝热层；
8—加热器；9—加热器支承管；10—模管；11—制件；12—冷却装置；13—热电偶

螺杆式挤出机又可分为单螺杆挤出机和多螺杆挤出机。目前，单螺杆挤出机是生产上用得最多的挤出设备，也是最基本的挤出机。单螺杆挤出机主要用于组成单一的通用热塑性塑料的挤出成形，如聚乙烯、聚丙烯、尼龙管材、片材、板材、单丝等。多螺杆挤出机中双螺杆挤出机近年来发展最快，其应用也逐渐广泛起来，如图 5-11 所示。两者的基本功能相同，系统构成相似，但是各自的功效和用途有明显的差别。双螺杆挤出机是在单螺杆挤出机的基础上发展起来的，其输送效率、剪切混合能力和熔化效率较高，应用于对混合塑化要求高、低温成形、高压成形、高速成形的熔融挤出场合，如塑料合金、聚合物基复合材料、热敏性塑料 PVC、超高分子量聚乙烯和氟塑料的熔融挤出成形。

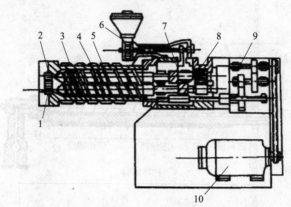

图 5-11 双螺杆挤出机结构示意图
1—连接器；2—过滤器；3—料筒；4—螺杆；5—加热器；6—加料器；7—支座；
8—上推轴承；9—减速器；10—电动机

② 按螺杆的转动速度分类。可以分为普通型挤出机（转速在 100r/min 以下）、高速挤出机（转速为 100～300r/min）和超高速挤出机（转速为 300～1500r/min）。

③ 按挤出机中螺杆所处空间位置分类。可分为卧式挤出机（见图 5-9 和图 5-11）和立式挤出机（见图 5-10）。

④ 按加工过程中是否排气分类。可分为排气式挤出机和非排气式挤出机。排气式挤出机可以排除物料中的水分、溶剂和不凝气体等。

(2) 挤出机的结构和组成

单螺杆是最基本和最通用的塑料挤出机，因此本节以单螺杆挤出机为例来说明挤出机的结构和组成。单螺杆挤出机由挤压系统、加热冷却系统、传动系统和控制系统等组成。其中挤压系统由料筒和螺杆组成，完成对塑料的塑化和挤出工作。其结构形式决定挤出成形产品的内在质量和产量，是挤出机的心脏部位。挤出系统主要包括加料装置、料筒、螺杆、机头和口模等几个部分。下面仅介绍挤出系统的基本结构和作用。

① 加料装置 加料系统是自动化塑料成形生产线上必需的组成部分。加料装置是保证向挤出机料筒连续、均匀供料的装置，形如漏斗，有圆锥形和方锥形，亦称料斗。因为原料通过料斗进入成形设备凭借自身重力作用最便利。对于一些流动性较差的松散物料，如薄片状物料、大长径比的颗粒，可用强制加料器。

② 料筒 又称机筒，是一个受热受压的金属圆筒。物料的塑化和压缩都是在料筒中进行的。料筒的结构形式直接影响传热的均匀性、稳定性和整个挤出系统的工作性能。挤出成形时的工作温度一般在 180～290℃。在料筒的外面设有分段加热和冷却的装置，以保证成形过程在工艺要求的温度范围内进行。料筒要承受很高的压力，故要求其具有足够的强度和

刚度且内壁光滑。料筒一般用耐磨、耐腐蚀、高强度的合金钢或碳钢内衬合金钢来制造。

③ 螺杆 是挤出机最主要的部件,通过螺杆的转动,对料筒内塑料产生挤压作用,使塑料发生移动,得到增压,获得由摩擦产生的热量。螺杆是一根笔直的有螺纹的金属圆棒,如图 5-12 所示。它是用耐热、耐腐蚀、高强度的合金钢制成的,其表面应有很高的硬度和光洁度,以减少塑料与螺杆的表面摩擦力,使塑料在螺杆与料筒之间保持良好的传热与运转状况。螺杆的中心有孔道,可通冷却水,其目的是防止螺杆因长期运转与塑料摩擦生热而损坏,同时使螺杆表面温度略低于料筒,防止物料吸附其上,有利于物料的输送。

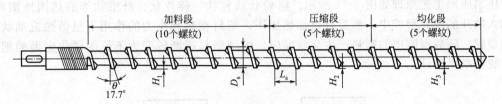

图 5-12 螺杆结构示意图

D_s—螺杆外径;L_s—螺距;H_1—加料段螺槽深度;θ—螺旋角;
H_2—压缩段螺槽深度;H_3—均化段螺槽深度

④ 机头与口模 机头是口模与料筒的过渡连接部分,口模是制品的成形部分,通常机头和口模是一个整体,习惯上统称为机头。

5.2.3.4 挤出成形模具

挤出成形模具主要由机头(口模)和定型装置(定型套)两部分组成。

(1) 机头

机头就是挤出模,是成形塑料制件的关键部分,如图 5-13 所示。作用是使黏流态物料由螺旋运动变为平行直线运动,并稳定地导入口模而成形,产生必要的成形压力,以获得结构密实和形状准确的制品。机头主要由口模、芯棒、过滤网和粗滤器、分流器和分流器支架、机头体、温度调节系统及调节螺钉组成。

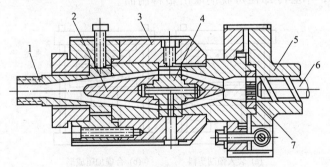

图 5-13 挤出机机头和口模结构示意图

1—口模;2—分流梭;3—机头;4—分流器;5—挤出机;6—螺杆;7—粗滤板

为了获得塑料成形前必要的压力,机头和口模的流道型腔应逐步连续地缩小,过渡到所要求的成形截面形状。机头内塑料流道应光滑,呈流线型,不存在死角。为了保证料流的稳定以及消除熔接缝,口模应有一定长度的平直部分。

(2) 定型装置

从机头中挤出的塑料制件温度较高,由于自重作用会发生变形,形状无法保证,须经过定型装置将从机头中挤出的塑件形状进行冷却定型及精整，才能获得具备所要求的尺寸、几何形状及表面质量的塑件。冷却定型通常采用冷却、加压或抽真空等方法。

5.2.4 塑料压制成形

又称压缩成形或模压成形，是塑料加工中历史较久，也是较重要的工艺方法之一，通常用于热固性塑料的加工。

5.2.4.1 压制成形过程

压制成形工艺原理如图 5-14 所示。将粉状或粒状、碎片状、纤维状等的热固性塑料直接加入敞开的模具型腔中，然后合模加热加压，塑料在热和压力的作用下呈熔融流动状态，充满型腔，随后型腔中的塑料产生交联反应，熔融塑料逐渐转变为不熔的硬化定型的塑件，最后脱模取出塑件。

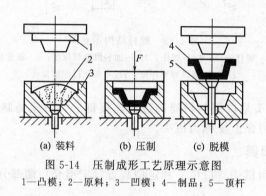

(a) 装料　　(b) 压制　　(c) 脱模

图 5-14　压制成形工艺原理示意图

1—凸模；2—原料；3—凹模；4—制品；5—顶杆

压制成形主要有模压法和层压法两种方法。

（1）模压法

如图 5-15 所示，又称模压成形。将粒状或预制片状塑料装入已加热至一定温度的模具模腔中，然后闭模加压，在温度和压力作用下使塑料转变为黏流态并充满型腔，保温一定时间使塑料硬化成形，不必冷却便可脱模取出塑料制品。

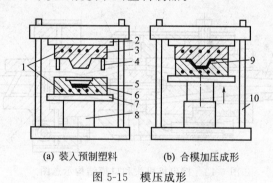

(a) 装入预制塑料　　(b) 合模加压成形

图 5-15　模压成形

1—加热器；2,7—压板；3—凸模；4—导柱；5—预制塑料；6—凹模；
8—液压缸；9—塑料制品；10—压制成形设备

（2）层压法

如图 5-16 所示，把由玻璃纤维或其他纤维做成的"布"（片状骨架填料），用热固性液态树脂浸渍，并将其叠放成所需的厚度，然后在层压机上加热、加压，使其固化而获得层压塑料。层压塑料具有优良的强度，用途较广，是生产各种增强塑料板、棒、管的主要方法，也可以用此法生产复合材料。

压制工艺过程一般都包括两个主要过程：压制成形前的准备和模压成形过程。

① 压制成形前的准备　主要分为预热和预压两部分。预压一般只用于热固性塑料。

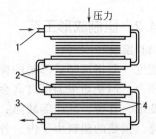

图 5-16　层压成形
1—蒸汽或热水入口；2—光滑金属板；
3—蒸汽或热水出口；
4—浸渍树脂的纸或布

a. 预压。在室温下将松散的粉状或纤维状的热固性塑料预先用冷压法压成质量一定的、形状规整的密实体，该密实体称为锭料或坯料。预压可以使压制成形时加料简单、准确、快速，能避免加料过多造成的损失或不足造成的废品，而且可以减少锭料中的空气含量，使传热更容易，更快捷，从而缩短了预热和固化时间，能避免制品内部出现气泡而影响制品质量。但是，预压过程由于需要增加相应的设备和人力，会使制品成本提高。

b. 预热。为了保证制品质量和便于压制成形的进行，在压制前对模塑粉进行加热是十分必要的。预热主要是为了除去塑料原料中的水分和其他挥发物，起到干燥物料的作用，且能为进一步模压提供热料，从而缩短成形周期，预热可以增加制品的均一性，提高制品物理机械性能。常用的预热方法有热板预热、烘箱预热、红外线预热、高频预热等。近年来，采用远红外线预热和高频预热的方法最为普遍，加热时间短，加热效率高。

② 模压成形过程　一般包括安放嵌件、加入物料、合模、排气、固化、脱模和清理模具等几个阶段。

a. 安放嵌件。如果塑件带有嵌件，加料前应将预热嵌件放入模具型腔内。嵌件一般由金属制成，起增强制品力学性能的作用。如嵌件安放不当，会导致模具破损，并影响压制成形操作。嵌件用手工或专用工具安放。

b. 加料。在模具型腔中加入已预热的物料。加料量的多少直接影响制品密度和尺寸，必须严格定量地将物料均匀地加入模腔，并且应根据塑料在型腔内的流动情况和各部位的需要量合理堆放，尤其对流动性较小的物料更应注意。可加粉料、粒料或锭料。常用的加料方法有重量法、容量法和计数法三种。

c. 合模。通过压力使模具内成形零部件闭合成与塑件形状一致的模腔。当凸模尚未触及物料时，应尽量加快闭模速度，这样可以缩短生产周期并避免塑料发生变化。而从凸模触及物料开始，就应放慢闭模速度，以免裹入空气或吹走粉料造成缺料，而且导致模具中嵌件、成形杆件的位移和损坏。

d. 排气。压塑热固性塑料时，成形物料在模腔内会放出相当数量的水蒸气、低分子挥发物以及交联缩合反应生成的气体，同时为了排除模内残留空气，还需要将模具开启一段时间以排出模腔中的气体，这个过程称为排气过程。否则会延长物料传热过程，延长熔体固化时间，且塑件表面还会产生气泡等。但是排气应迅速，且一定在塑料尚未完全塑化时进行。

e. 固化。热固性塑料的固化需要在模塑温度下保持一段时间，待保证制件完全硬化为止。对于热塑性塑料，持续保持模塑压力，能够促进塑料熔化、排气，有利于提高制品的力学性能，固化时间一般为 30s 至数分钟不等。

f. 脱模。压制成形的脱模一般是靠顶出杆完成的，将模具开启，推出机构将塑件推出模外。带有成形杆或某些嵌件的制品应先用专门的工具将成形杆拧下，然后再进行脱模。

g. 模具清理与加热。将模具加热并同时将模具内的残存物料与灰尘清除干净，涂上脱模剂。

5.2.4.2 压制成形工艺

(1) 温度

温度一般指压制成形时的模具温度。在一定范围内，提高温度可以缩短成形周期，减小成形压力。但是如果温度过高会加快塑料的硬化，影响物料的流动，造成塑件内应力大，易出现变形、开裂、翘曲等缺陷；温度过低会使硬化不足，塑件表面无光，物理性能和力学性能下降。预热的塑料由于内、外温度较均匀，塑料的流动性好，因此压制温度比不预热的塑料高些；厚度较大的制品，由于热传导性差，可适当提高压制温度。

(2) 压力

压力一般指压机通过凸模迫使塑料熔体充满型腔和进行固化时单位面积上所施的压力。压力与塑料品种、制件结构以及成形温度有关。通常流动性较差、制件较厚、形状复杂的塑料成形压力较大，且压缩比大的塑料也需要较大的压力。生产中常将松散的塑料原料预压成块状，既方便加料又可以降低成形所需的压力。常用热固性塑料的压制成形温度和压力见表5-2。

表 5-2　常用热固性塑料的压制成形温度和压力

塑料类型	压制成形温度/℃	压制成形压力/MPa
酚醛塑料(PF)	146～180	7～42
脲甲醛塑料(UF)	135～155	14～56
聚酯塑料(UP)	85～150	0.35～3.5
环氧树脂塑料(EP)	145～200	0.7～14

(3) 时间

热固性塑料压制成形时，需要在一定温度和压力下保持一段时间，才能充分交联固化，这一时间就称为压制时间。压制时间与压制温度、压制压力、制品结构形状有关，一般为30s到几分钟。压制成形温度升高、压力增大以及塑件厚度减小，压制时间应减少。

5.2.4.3 压制成形设备

压制成形常用设备按传动方式不同分为机械式压力机和液压式压力机（简称液压机）。机械式压力机又分为螺旋式压力机和双曲柄杠杆式压力机。液压式压力机按结构不同可分为上压式液压机和下压式液压机。其工作原理如图5-17所示，利用垂直安装的液压缸筒中的柱塞通过压力机活动垫板推动上压板（或下压板）上下移动，通过行程调节套可调整活动垫板的移动距离。压制模具放置在液压机下压板上。

5.2.4.4 压制成形的特点

① 工艺简单，设备和模具结构简单，易操作，制品性能易控制。模具维护费用低，适用于多品种、小批量制品的生产。

② 制品密实度高，内应力低，翘曲变形小，收缩率小，性能均匀。

③ 适于压制薄壁、面积大和壁厚相差大的制品，且制品中纤维的长度可以较长，适于生产高强轻质的结构制件。

④ 原料的损失小，原料范围广泛，既可用于热固性塑料的成形，也可用于热塑性塑料的成形，或用于各种填料，如石棉、纤维素、玻璃纤维、矿物填料等填充的复合材料的成形。

⑤ 间歇成形，成形周期长，生产效率低，劳动强度大，不易于实现自动化。

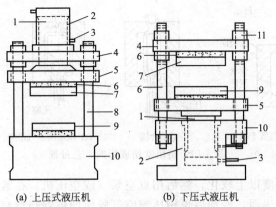

(a) 上压式液压机　　　　(b) 下压式液压机

图 5-17　液压机工作原理示意图

1—柱塞；2—液压缸筒；3—液压管线；4—固定垫板；5—活动垫板；6—绝热层；

7—上压板；8—导柱；9—下压板；10—机座；11—行程调节套

⑥ 不适用于形状复杂、尺寸精度高、壁厚不均匀的制品，尤其不适于生产带有凹陷、侧面斜度大或有侧孔等的复杂制品。

5.2.5　其他塑料成形工艺

5.2.5.1　压注成形

压注成形是在压制成形的基础上发展起来的热固性塑性成形方法，又称传递成形，如图 5-18 所示。主要成形热固性塑料或封装电气元件等。压注成形时，将热固性塑料原料装入闭合模具的加料室内，使其受热塑化，呈黏流状态，再在压力作用下使熔料通过加料室底部的浇注系统，以高速挤入型腔，经硬化成形，然后开模取出制件，并清理型腔、加料室和浇注系统。

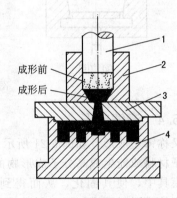

图 5-18　压注成形示意图

1—柱塞；2—加料室；3—凸模；4—凹模

与压制成形相比，其特点是成形周期短，生产效率高，可以生产外形复杂、薄壁或壁厚变化大、带有精细嵌件的塑件，但是其工艺条件比压制成形更严格，操作难度大。

5.2.5.2　吹塑成形

吹塑成形主要用于成形化学品包装容器、生活用塑料瓶、罐及盒类制品等，也称中空成形。根据型坯的生产方式不同吹塑成形可分为注射吹塑成形、挤出吹塑成形和注射拉伸吹塑成形等。挤出吹塑成形的工艺过程如图 5-19 所示。

通过机械装置将处于塑性状态的塑料热型坯置于吹塑模具内，合模后借助压缩空气［见图 5-19(a)］，使处于高弹态或黏流态的中空塑料型坯发生吹胀变形［见图 5-19(b)］，达到吹塑模型腔的形状［见图 5-19(c)］，然后经冷却定型得到一定形状的中空塑件［见图 5-19(d)］。

5.2.5.3　真空成形

又称吸塑成形。成形模具是一单独的凹模或凸模，所加工的材料为薄片状热塑性塑料等。其成形原理如图 5-20 所示，将热塑性塑料片材、板材周边紧压在模具周边上，用辐射

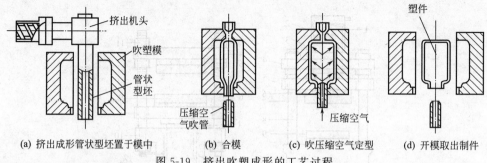

(a) 挤出成形管状型坯置于模中　　(b) 合模　　(c) 吹压缩空气定型　　(d) 开模取出制件

图 5-19　挤出吹塑成形的工艺过程

加热器加热到热变形温度以上软化，然后用真空泵（或空压机）在紧靠模具表面的一侧抽真空，使坯材吸附到模具表面，冷却后再用压缩空气脱模即得到塑料制品。

真空成形是热塑性塑料较简单的成形方式之一，生产成本低，对模具材料和加工的要求较低。适用于半壳型塑料制品的加工，经过成形加工的塑料制品大多数可直接使用。

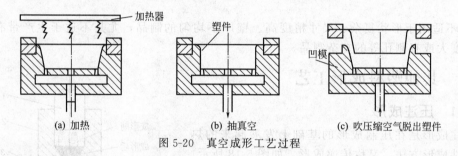

(a) 加热　　　　　　(b) 抽真空　　　　　(c) 吹压缩空气脱出塑件

图 5-20　真空成形工艺过程

5.2.5.4　浇铸成形

又称铸塑成形，如图 5-21 所示。是将处于流动状态的高分子材料或能生成高分子成形物的液态单体材料注入特定的模具中，使其固化，从而得到与模具型腔相似的制品。浇铸成形时不需加压，所需设备简单，用于大型制品的小批量生产，如可以用于塑料制品和橡胶制品的生产。制品内部内应力较小，质量良好。但成形周期长，制品尺寸精度较差。

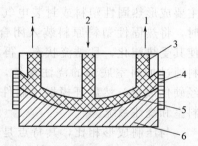

图 5-21　塑料浇铸成形示意图
1—排气口；2—浇口；3—基体；
4—密封板；5—环氧塑料；6—阴模

5.3　橡胶成形

5.3.1　橡胶概述

橡胶是具有高弹性的高分子化合物的总称，也是非常重要的高分子材料。橡胶具有优良的弹性，较高的强度，较好的气密性、耐磨性、耐疲劳性、防水性以及电绝缘性等性能，使橡胶制品广泛应用于工业、农业、石油化工、交通运输、军事、水利等各行业。橡胶成为高分子材料中不可替代的重要的工业材料，例如各类轮胎、各类传动带、电气工业用的绝缘橡胶制品，如电线和电缆，石油工业用的输油胶管和钻探胶管等都是用橡胶制造的。

5.3.1.1　橡胶的组成

橡胶制品是以生胶为基础加入适量的添加剂而制成的。添加剂可以改变生胶的物理性能、力学性能和加工性能，又可以降低橡胶材料的成本，主要包括硫化剂、填充剂、硫化促进剂、增塑剂、防老剂和发泡剂等。

(1) 生胶

未加配合剂或未经硫化的天然或合成的橡胶统称为生胶。生胶是制造橡胶制品的最基本的原料，也称为原料橡胶，包括天然橡胶、合成橡胶和再生橡胶。天然橡胶综合性能好，但产量不能满足工业的需要，也不能满足某些特殊性能的要求，因此合成橡胶应用较多。

(2) 硫化剂

硫化剂是在一定条件下能使橡胶产生交联的添加剂。这个转变过程称为硫化，硫化是橡胶生产的重要工序。经硫化后，生胶的线型大分子转变为网状大分子，橡胶的强度、弹性、抗变形能力及稳定性得到了很大提高。常用的硫化剂有硫黄、含硫化合物、有机过氧化物、醌类、酯类化合物。

(3) 硫化促进剂

促进剂可加速橡胶的硫化过程，缩短硫化时间，降低硫化温度，并能改善硫化橡胶的物理机械性能。硫化促进剂要求有较高的活性，硫化平坦线长，硫化临界温度高。

(4) 防老剂

在使用或贮存过程中，橡胶材料会由于热、阳光、氧气等作用产生一系列化学变化，使原有性质变坏，称为老化。抑制、延缓橡胶老化现象的物质叫做防老剂。防老剂可以分为物理防老剂和化学防老剂，常用的防老剂有胺类防老剂、酚类防老剂和有机硫化物防老剂。防老剂要求不但可以延缓橡胶老化，同时也不干扰硫化体系，不产生污染和无毒。

(5) 填充剂

主要有补强填充剂和惰性填充剂两种。补强填充剂可以提高硫化橡胶的强度、耐磨性和抗疲劳性等物理力学性能。惰性填充剂可以增加胶料的容积以节约生胶，从而降低成本。常用的填充剂有炭黑和水合二氧化硅。

(6) 软化剂

降低硫化胶的强度和硬度，使胶料容易加工并改善胶料某些性能的有机物质称为软化剂。软化剂主要有石油类、煤焦油类、植物油类和合成类。

5.3.1.2 橡胶的分类

按照应用范围，可以将橡胶分为通用橡胶和特种橡胶两类：前者性能与天然橡胶相似，加工性能较好，如丁苯橡胶、氯丁橡胶等。后者大多具有某种特殊性能，如耐热、耐寒、耐化学腐蚀、耐溶剂、耐辐射等。属于这类的有硅橡胶、氟橡胶、聚氨酯橡胶等。表 5-3 列出了常用橡胶的性能和用途。

表 5-3　常用橡胶的性能和用途

类别	名称	抗拉强度/MPa	伸长率/%	使用温度/℃	特性	用途举例
通用橡胶	天然橡胶（NR）	25～30	650～900	−50～120	综合性能好,耐温性、耐热性、耐老化性差,不耐高温	轮胎、减震零件、水和气体密封件等
	丁苯橡胶（SBR）	15～21	500～800	−50～140	耐老化、耐磨、耐热、耐油	轮胎、胶管、橡胶板、电缆、绝缘件等
	氯丁橡胶（CR）	25～27	800～1000	−35～130	阻燃、耐老化、耐水、耐油、耐酸碱	电缆、运输胶带、耐油胶鞋、耐燃安全制品等

类别	名称	抗拉强度 /MPa	伸长率 /%	使用温度 /℃	特性	用途举例
特种橡胶	聚氨酯橡胶 （PUR）	20～35	300～800	−20～80	耐磨、弹性好、硬度高、耐撕裂，但耐老化性能差	轮胎、耐磨制品、低温密封件、弹性件、耐油辊筒等
	氟橡胶 （FPM）	20～22	100～500	−50～300	耐油、耐腐蚀、耐老化、耐高温	耐高温、耐腐蚀密封件以及高真空耐蚀件等
	硅橡胶	4～10	50～500	−70～275	耐高低温、电绝缘性好、耐老化，加工性能好，透气性好	航空航天密封件、防震配件、医疗器械等

5.3.2　橡胶的加工工艺流程

无论是天然橡胶还是合成橡胶，它们都只是生胶。生胶还需要经塑炼、混炼、成形，再经硫化处理制成各种橡胶制品。因此，橡胶制品生产的主要流程包括生胶的塑炼、胶料的混炼、橡胶成形和制品的硫化等，如图 5-22 所示。

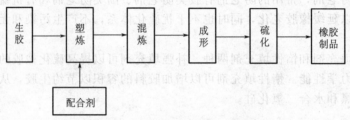

图 5-22　橡胶制品的加工工艺流程

5.3.2.1　塑炼

通过机械或者化学作用使弹性生胶中的分子链断裂，转变为可塑状态的工艺过程称为塑炼（具有可塑性的合成生胶有些可以不塑炼）。塑炼过程的实质是橡胶的大分子断裂成相对分子质量较小的分子，从而使黏度下降，可塑性增大。

其作用是降低胶的弹性、增加其可塑性，并且获得适当的流动性，以利于成形加工。塑炼通常分为低温塑炼和高温塑炼。低温塑炼以机械降解作用为主，氧起到稳定分子链断裂后产生的自由基的作用；高温塑炼以自动氧降解为主，机械作用可强化橡胶与氧的接触。

5.3.2.2　混炼

混炼是指将各种配合剂混入生胶中制成质量均匀的混炼胶的过程。混炼后应强制冷却，以防止粘连。混炼胶是橡胶成形用胶料。混炼可以提高橡胶制品的使用性能，改进橡胶的工艺性能和降低成本。混炼是橡胶加工过程中的重要工序之一，混炼胶料的质量对进一步加工和成品的质量有着决定性的影响。塑炼后橡胶的可塑性得到提高，混炼后可获得质量均匀的混炼胶。混炼一般在密炼机或开炼机上进行，加工过程与塑炼类似。混炼时注意添加剂的加入顺序，一般为：固体软化剂—防老剂—促进剂、活性剂—填充剂—硫化剂。

5.3.2.3　成形

橡胶成形是指将混炼胶制成一定形状和尺寸的橡胶制品的过程。常用的橡胶成形方法有挤出成形、注射成形、压延成形等，将在橡胶的成形工艺中详细介绍。

5.3.2.4 硫化

硫化是指在硫化剂的作用下使橡胶分子链发生交联反应，线型大分子结构变为体型结构，从而使橡胶变硬变韧的过程，是橡胶加工过程中最后一个也是最重要的一个工序。因为交联剂主要由硫构成，所以称为硫化。橡胶硫化的目的在于使橡胶具有足够的强度、耐久性以及抗剪切和其他变形能力，硫化可以使橡胶的物理机械性能及其他性能有明显的改善。

硫化过程的控制因素有硫化温度、硫化压力和硫化介质等。正确制订硫化条件是保证橡胶制品质量的关键因素。

(1) 硫化温度

硫化温度是橡胶硫化工艺最主要的控制条件。硫化温度的选择要兼顾硫化胶的性能和生产效率。温度升高时，硫化速度加快，硫化时间缩短，生产效率提高。但是硫化温度过高时会使胶料由于自身导热性差而产生较大的温度梯度，使硫化程度不均匀，影响制品的质量。

(2) 硫化压力

硫化时对橡胶制品进行加压主要是保证胶料充满模腔，防止在制品中产生气泡以免在硫化后的制品中出现一些空隙，导致橡胶制品的性能下降。硫化压力的大小，要根据胶料的性能（主要是可塑性）、产品结构及工艺条件而定。胶料流动性小则硫化压力应高一些；产品厚度大、层数多和结构复杂则需要较高的压力。

(3) 硫化介质

在加热硫化过程中，凡是借以传递热能的物质通称为硫化介质。常用的硫化介质有：饱和蒸汽、过热蒸汽、热空气以及热水等。

5.3.3 橡胶的成形工艺

5.3.3.1 压延成形

橡胶的压延成形工艺是指借助于压延机辊筒的作用把混炼胶压成一定厚度和宽度的胶片，完成胶料贴合以及与骨架材料（纺织物）通过贴胶、擦胶制成片状半成品的过程。也可通过压延机得到表面具有相应花纹、断面形状一定的半成品。其生产效率高，制品厚度尺寸精确，表面光滑，内部紧实。

压延成形的主要设备为三辊或四辊压延机，通过旋转的两辊筒的压力来实现。此外，还需配备用于预热胶料的开发式炼料机，向压延机输送胶料的运输装置，织物的浸胶、干燥装置，织物压延后的冷却装置，以及织物的放送和收卷装置等。

压延过程一般包括混炼胶的预热与供胶、压延以及压延半成品的冷却、卷取、截断、放置等。也可分为压延前的准备及压延两个过程。

压延前的准备包括胶料的热炼与供胶、纺织物的干燥与浸胶、热伸张处理这几个阶段。

(1) 胶料的热炼与供胶

① 胶料热炼。胶料进入压延机之前，先将其在热炼机上翻炼，这一工序称为热炼或预热。因为经过冷却放置的泥炼胶，流动性差，放到压延机上不易顺利通过辊筒间隙，形成光滑、无泡、无瑕疵的胶片或覆盖层。热炼的目的就是提高胶料混炼的均匀性，进一步增加可塑性，使胶料柔软而具有一定的流动性，供压延使用。

② 压延机供料。在生产中有连续和间断两种供料方法。间断供料是根据压延机的大小和操作方式把热炼的胶料打成一定大小的胶卷或制成胶条，再往压延机上供料。

(2) 织物的干燥与浸胶

为提高胶料和纺织物的黏合性能，保证压延质量，在压延之前必须对织物进行干燥处理，将含水率控制在 1%～2%。这是因为纤维织物的含水率一般都比较高，如人造丝在12%左右，棉织物可达 7%左右，否则会出现降低胶料与织物的结合强度，使压延半成品掉胶，胶料内部出现气泡，硫化胶内部出现海绵状结构或脱层等质量问题。

纤维织物在压延挂胶前必须经过浸胶处理，即让织物从专门的乳胶浸渍液中通过，经过一定时间接触使胶液渗入织物结构内部并附着于织物表面，这对改善织物的疲劳性能及其与胶料的结合强度有重要作用。

（3）热伸张处理

尼龙帘线热收缩性大，在使用中容易变形。为保证帘线的尺寸稳定性，在压延前必须进行热伸张处理。在浸胶干燥后，在热的条件下拉伸，并在张力下定型冷却，可以大大提高帘线的耐疲劳性能，降低收缩，减少制品变形，这个过程叫做热伸张。压延过程中也要对帘线施加一定的张力作用，以防发生热收缩变形。涤纶帘线的尺寸稳定性虽比尼龙好得多，但为进一步改善其尺寸稳定性，也应进行处理。

根据产品的种类和外观的不同，具体的压延工艺有压片、压型、帘布贴胶和帆布擦胶等。

(a) 三辊压延机　　(b) 四辊压延机

图 5-23　压延机压片工作过程示意图

（1）压片

很多橡胶制品制造过程中所需的半成品，如胶管、胶带的内外层胶和中间层胶、轮胎的缓冲胶片、自行车胎的胎面等都少不了胶片，它们都是通过压片来制造的。压片工艺是指将混炼好的胶料在压延机上制造成具有规定厚度和宽度的胶片。压延机压片工作过程如图 5-23 所示。

影响压片操作与质量的因素主要有辊温、辊速、胶料配方特性与含胶率、可塑度等。如果胶料的含胶量较低，或者可塑性较高，相应辊筒温度应较低；为了排出胶料中的气体，在保持堆积胶的同时，降低辊筒温度效果会更好；提高压延温度，可降低半成品收缩率，使胶片表面光滑，但是，若温度过高，容易产生气泡和焦烧现象；辊温过低，胶料流动性差，压延半成品表面粗糙，收缩率增大。另外，为了便于胶料在各个辊筒间顺利转移，还必须使各辊筒间保持适当的温差。辊筒间的温差范围一般为 5～10℃。

（2）压型

压型是将胶料由压延机压制成具有一定断面厚度和宽度、表面带有某种花纹胶片的成形过程。压型制品有胶鞋底、车轮胎胎面等。压型的操作情况与压延相似，所不同的是压型结束后，胶料为有一定花纹和一定断面形状的半成品。压型要求花纹图案要清晰、规格尺寸准确、表面光滑、密实性好、无气泡等。

压型方式可采用两辊、三辊、四辊，如图 5-24 所示。

压延经过的最后一次辊筒都是具有压型花纹尺寸的辊筒。为了适应压型胶片花纹、规格的变化，需要经常变换刻有不同花纹、不同规格的辊筒，以变更胶片规格及品种。为了方便更换压型花纹辊筒，宜采用小规格压型压延机。

在压型过程中，胶料的可塑性、热炼程度、返回胶掺用率、辊筒温度、装胶量等因素都直接影响着压型胶片的质量。压型时主要是利用胶料的流动性来造型，因此胶料的可塑性是非常重要的。胶料的可塑性过小，胶片的收缩率大，压型花纹棱角不明，胶片表面粗糙，不光滑；胶料的可塑性过大，不易混炼，胶片的力学性能低；胶料中含胶率不宜太高，需要添加较多的填充剂和适量的软化剂以及再生胶，以增加胶料的塑性流动性和挺性，以防花纹变

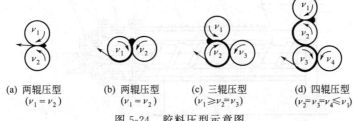

(a) 两辊压型	(b) 两辊压型	(c) 三辊压型	(d) 四辊压型
($v_1 = v_2$)	($v_1 = v_2$)	($v_1 \geqslant v_2 = v_3$)	($v_2 = v_3 = v_4 \leqslant v_1$)

图 5-24　胶料压型示意图

形塌扁并减小收缩率。压型操作中也可以采用提高辊温、降低辊速和骤冷的方法，使胶片花纹定型尺寸准确、清晰而有光泽。

（3）帘布贴胶和帆布擦胶

在某些含有纺织物骨架材料的橡胶压延物中，为了充分发挥这些织物的作用，必须通过挂胶，使线与线、层与层之间互相紧密地贴合形成一个整体，共同承受外力的作用。而且挂胶后可以提高织物的弹性、防水性以保证制品具有良好的使用性能。给纺织物挂胶，通常有贴胶和擦胶之分。

① 贴胶　在纺织物上覆盖一层薄胶称为贴胶。利用压延机两个相对旋转辊筒的挤压力，将一定厚度的胶料压贴于纺织物上。贴胶工艺的优点是速度快，对纺织物的损伤不大，织物表面的覆胶量大，耐疲劳性能好。缺点是胶料不能够很好地渗入布缝内，与纺织物的附着力较差，且两面胶层之间有空隙，容易产生气孔。纺织物贴胶可以由三辊或四辊压延机来完成。贴胶工艺条件要严格控制和掌握。胶料的可塑性和温度、压延机辊筒的速度和温度、胶料中生胶的种类和配合剂等都是需要严格控制的条件。

② 擦胶　使胶料渗入纺织物内则称为擦胶。擦胶是利用压延机辊筒转速不同所产生的剪切力和辊筒的压力，将胶料挤擦入织物的缝隙中，以提高胶料与织物的附着力。擦胶与贴胶的不同之处是：擦胶时相向运动的辊筒速度不一样，有速比。这种擦胶一般用于经、纬紧密交织的帆布，因为布纹间隙很小，如用贴胶的方法，则胶料不能进入布纹中，胶片在帆布表面贴不牢，易脱落。擦胶一般在三辊压延机上进行，供胶在上、中辊间隙内，擦胶在中、下辊间隙中。上、下辊等速，中辊速度较快，速比一般在 1:(1.3~1.5):1 内变化。

5.3.3.2　压出成形

又称挤出成形，具有操作简便，生产率高，工艺适应性强，设备结构简单等特点。但是，制品断面形状较简单，且精度较低。在橡胶工业中，压出成形的应用很广，常用于成形轮胎外胎胎面、内胎胎筒、纯胶管、胶管内外层胶及电线和电线外皮等，也可用于生胶的塑炼和造粒。

（1）压出成形的设备

压出成形常用设备是橡胶挤出机，其基本结构和工作原理与塑料挤出机相似，主要部件是机身、螺杆、机头和口型等。其压出成形工作原理如图 5-25 所示，物料经过挤出机料斗进入料筒，通过料筒和旋转螺杆之间的作用，胶料受热塑化、熔融，并在一定的温度和压力下连续均匀地通过机头并借助于口模而制成各种复杂截面形状和一定尺寸的制品或半制品。

（2）压出工艺过程

橡胶的压出工艺主要包括胶料的热炼和供胶，压出成形以及冷却、裁断、称量或卷取三个阶段。

① 胶料的热炼和供胶　除冷喂料挤出机外，挤出前必须对混炼和停放而冷却的胶料进

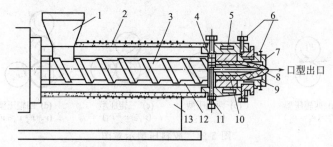

图 5-25 橡胶挤出机压出成形工作原理

1—料斗；2—加热器；3—螺杆；4—机头支架；5—加热腔；6—调节螺钉；7—口型模；
8—胶料；9—外套螺母；10—型芯；11—滑石粉入口；12—料筒；13—挤出机

行热炼，以进一步提高胶料均匀性和可塑性，使胶料易于压出。热炼方法和压延胶料相同。热炼在开炼机或者密炼机中进行，其中以开炼机中热炼为多。胶料热塑性越高，流动性越好，压出越容易，但热塑性过高，胶料压出半成品缺乏挺性，易变形下塌，因此热塑性应适度。热炼后可用传送带连续向压出机供胶，也可以用人工喂料的方式。目前，连续生产的挤出机所需胶料量较大，供胶方法一般多采用带式运输机。供料应连续均匀，以免造成压出机喂料口脱节或过剩。

② 压出成形　在压出成形之前，压出机的机筒、机头、口型和型芯要预先加热到规定温度，使胶料在挤出机的工作范围内处于热塑性流动状态。经热炼后的胶料以胶条形式通过运输带送至压出机的加料口，并通过喂料辊送至螺杆，胶条受螺杆的挤压通过机头口型而成形。

开始供胶后，首先要调节压出机的转速、口型位置和接取速度等，测定和观察压出半成品的尺寸、表面状态（光滑程度、有无气泡等）、厚薄均匀程度等，并调节各压出工艺参数，直到压出半成品完全符合工艺要求的公差范围，就可正常压出。压出成形工艺包括选择挤出机、预热设备、调节口型、控制挤出机温度和挤出速度等。

③ 冷却、裁断、称量或卷取　压出半成品离开口型时，温度较高，有时高达 100℃ 以上，所以压出的半成品要迅速冷却，防止半成品变形和在存放时产生自流，使半成品进行冷却收缩，稳定其断面尺寸。生产上常用的冷却方法有水喷淋冷却和水槽冷却两种方法，效果以前者为佳，经济、简便，占地面积小。在冷却过程中要防止挤出胶料骤冷，引起局部收缩变形或硫黄析出。因此，宜先用 40℃ 左右的温水冷却，然后用 15~25℃ 的水冷却，使胶料温度降到 20~30℃。

经过冷却后的半成品，有些类型（如胎面）需经定长、裁断和称量等工序处理，然后接取停放。一般在定长后，在输送线上或操作台上进行裁断，然后检查，称量重量。长度、宽度和重量合格的胎面胶片可供使用，不合格者返回热炼。胶管和胶条等半成品在冷却后可卷在容器或绕盘上，以便停放。

上述的压出工艺是目前广泛应用的热喂料压出工艺。近年来发展了螺杆较长、压出前胶料不必预热、直接在室温下喂料的冷喂料压出工艺，该类挤出机称冷喂料挤出机。冷喂料挤出机克服了热喂料挤出机需配用热炼设备的缺点，省掉了热炼工序，降低了劳动成本，设备投资小，料温控制较好，能处理更广泛品种的胶料，产品质量也能提高，且有利于自动化生产。因此，冷喂料挤出迅速得到了广泛的发展，并已占主导地位。

(3) 压出成形的影响因素

① 橡胶的组成和性质　各种橡胶的压出工艺性能有所不同。顺丁橡胶的压出性能接近

天然橡胶，挤出性能较好；丁苯橡胶和丁腈橡胶的膨胀和收缩性能都较好，挤出操作较困难，制品表面粗糙。胶料中的含胶量大时，挤出速度慢，半成品收缩大，表面不光滑。在一定范围内，随胶料所含填充剂数量的增加，压出性能逐渐改善，不仅压出速度有所提高，而且收缩性也减弱，但胶料硬度增大，压出时生热明显。另外，胶料的可塑性及生热性也影响压出操作。若可塑性较大，则压出时内摩擦小，生热低，不容易焦烧，同时因为流动性好，压出速度快，压出物表面也比较光滑。但可塑性大的压出物易变形，尺寸稳定性差。

② 压出机的结构特征　为使胶料在压出机内经受一定时间的挤压剪切作用，但又不至于过热和焦烧，要求螺杆有适量的长径比和螺槽深度。压出机的大小以螺杆直径大小来表示。压出机大小的选择要根据压出物断面大小及厚度来决定。口型过大而螺杆推力小时会造成机头内压不足、压出速度慢和排胶不均匀，所得半成品形状不完整；相反，若口型过小，内压过大，压出速度虽快，但剪切作用增大，容易引起胶料生热，增加了焦烧的危险性。

③ 压出温度　压出机的温度是分段控制的，各段温度控制是压出工艺十分重要的一环，它影响压出操作的正常进行和半成品的质量。低温压出时，压出物断面较紧密，高温压出时则易出现气泡或焦烧，但收缩率较小。通常口型处的温度最高，机头次之，机身则最低。机身部分使胶料受到强大的挤压作用，故温度宜低。而机头部分，要使胶料塑性提高以便进入口型成形，因此温度宜高些。口型处短暂的高温，使胶料塑性增大，弹性恢复小，膨胀率及收缩率降低，获得的半成品表面光滑，减小了焦烧的危险。在压出过程中温度不宜调整，以免影响压出的质量。压出温度是根据胶料的组成和性质加以选定的。含胶率高、可塑性小的胶料，温度可稍高；两种或两种以上的生胶并用时，以含胶量大的组分为主考虑压出温度。

④ 压出速度　压出速度用单位时间压出胶料的长度或重量来表示，但一般常以压出胶料的重量表示。压出速度根据压出机、胶料性质和工艺条件等因素而定。压出机在正常操作时应保持一定的压出速度，否则将导致机头内压的改变，引起压出物断面尺寸和长度收缩的差异。

⑤ 压出物的冷却　冷却的目的是及时降低压出物的温度，增加半成品存放期内的安全性，另一方面是使半成品的形状尽快稳定下来，以免变形。常用的冷却方法是使压出物进入冷却水槽之中，冷却水流方向与压出方向相反，以免压出物骤冷，因为骤冷会引起局部收缩而导致压出物畸形或引起硫黄析出。

5.3.3.3　注射成形

橡胶的注射成形是将混炼过的胶料在注射机中加热塑化成熔融态，施以高压注射进封闭的金属模具中，在模具中热压硫化，然后从模具中取出成形好的制品，与塑料注射成形相类似。注射成形橡胶制品成形周期短、生产效率高、产品质量好、精度高。另外，注射成形可以全部自动化，劳动强度低。但是注射成形所用模具复杂，适用于产量大、品种变换少的产品。橡胶的注射成形主要用于生产鞋类和模型制品，如密封圈、减振垫和胶鞋等制品。

(1) 注射成形原理和设备

在橡胶注射成形过程中，胶料主要经历塑化注射和热压硫化两个阶段。

胶料通过喷嘴、浇口、流胶道注入硫化模腔之后，便进入热压硫化阶段，胶料通过喷嘴时，由于摩擦生热，胶料温度可以升高到120℃。当胶料由模具加热到180～220℃的高温时，就可在很短时间内完成硫化。

注射机是橡胶注射成形工艺中的主要设备，其组成结构及工作原理与塑料注射机基本相同，但是根据橡胶加工的特点，橡胶注射成形设备有其特殊性。如橡胶注射机的机筒用水和油作为加热介质，而注射模则用电或蒸汽加热；另外橡胶注射用的模具，因要开流胶道，所以结构较复杂，一般要三片以上组件组成一个硫化模具，模具本身也需要用特殊钢材制作以耐受高温和高压。最早的橡胶注射成形使用的是柱塞式注射成形机。这种注射成形机本身结构简单、成本低，但是需要配置热炼机和炼胶工人，增加了设备成本和工人劳动强度，且生产效率低、塑化不均匀，制品质量不好。

为了改变这种情况，人们发明了另一种橡胶注射成形设备，即在塑料挤出机的基础上改进，将螺杆的纯转动改成既能转动以进行胶料的塑化，又可以进行轴向移动以将胶料注入模腔中，这就是往复式螺杆注射成形机，如图5-26所示。但是，往复式螺杆注射成形机注射时易产生焦烧现象，只能用于低黏度胶料、小体积制品的生产。

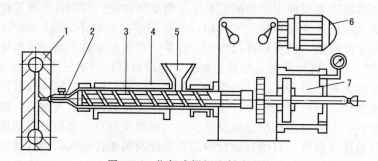

图 5-26　往复式螺杆注射成形机

1—模具；2—喷嘴；3—注压螺杆；4—机筒；5—进料口；6—驱动电动机；7—液压油缸

为了解决以上两种注射机的不足，人们将这两种注射机结合起来，取长补短，这就是目前应用较多的螺杆-柱塞式注射成形机，如图5-27所示。这种注射成形方法结合了柱塞式注射机和螺杆式注射机的优点，可以生产大型、高质量的橡胶制品。

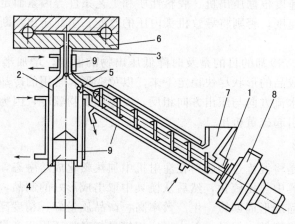

图 5-27　螺杆-柱塞式注射成形机

1—塑化螺杆；2—注压机筒；3—喷嘴；4—注压柱塞；5—阀系统；6—注压模具；7—进料口；
8—液压电动机；9—加热系统

（2）橡胶注射成形过程

橡胶注射成形工艺与塑料注射成形工艺类似，主要包括喂料塑化、注射保压和硫化出模等阶段。

① 喂料塑化　将混炼好的胶料（通常加工成带状或粒状）从注射机料斗喂入料筒，在螺杆的旋转作用下，胶料沿螺旋槽被送到料筒前端，在这一过程中，胶料受到剧烈的搅拌和变形，再加上料筒外部的加热，使胶料温度快速升高，可塑性增加。胶料在料筒前端聚集并

被压缩，使胶料内部残留的空气排出，密度增加，为注射做好准备。

②注射保压　集料筒中的胶料加热到注射温度后，上模向下模合拢并锁紧，胶料经注射机喷嘴和模具的浇注系统进入模具模腔，注射装置升起，预塑化螺杆又旋转进料。

③硫化出模　保压过程中，胶料在高温作用下进行硫化处理。此时注射座后移，螺杆又开始旋转进料，开始新一轮塑化，而转盘移动一个工位，将已注满胶料的模具移出，继续硫化，直至出模。

(3) 注射成形工艺参数

影响注射成形重要的技术因素主要有料筒温度、注射温度（胶料通过喷嘴后的温度）、注射压力、模具温度、螺杆转速和背压等。因此，必须依据这些因素的影响作用来确定注射技术条件。

①料筒温度　料筒温度是最重要的温度条件。提高料筒温度，注射温度提高，可以使胶料的强度下降，流动性增加，有利于胶料的成形。但过高的温度会使胶料硫化速度加快并出现焦烧，易堵塞注射喷嘴。生产时，应保证在不产生焦烧的前提下，尽可能提高料筒温度。

②注射温度　注射温度是指胶料通过注射机喷嘴后的温度，注射温度受到料筒温度、模具温度和喷嘴剪切摩擦热的影响。注射成形时，一般在一定范围内提高机筒温度，可以提高注射温度、缩短注射时间和硫化时间。一般应控制在不产生焦烧的前提下，尽可能接近模具温度。

③注射压力　注射压力是注射时螺杆或柱塞施于胶料单位面积上的力。注射压力大，使胶料通过喷嘴时的速度提高，剪切摩擦产生的热量增大，这对填充和加快硫化有利。采用螺杆式注射机时，注射压力一般为 $80 \sim 110$MPa。

④模具温度　模具温度即硫化温度。模具温度影响制品的硫化时间和硫化均匀性。注射丁腈橡胶时，模具温度为 $180 \sim 205$℃；注射乙丙橡胶时，模具温度为 $190 \sim 220$℃。

⑤螺杆背压和转速　螺杆的背压和转速增加会使螺杆的剪切摩擦热增大，有利于提高塑化质量，但转速过大会使胶料的推进速度增大，塑化时间减少，从而影响塑化质量。一般螺杆式注射机背压为 20MPa 左右，转速不超过 100r/min。

第6章
复合材料成形工艺

复合材料是指两种或多种成分不同、性质不同、有时形状也不同的相容性材料以物理方式进行合理复合而制得的一类新材料。复合材料由两类物质组成:一类为基体材料,形成几何形状并起黏结作用,如树脂、陶瓷、金属等;另一类为增强材料,起提高强度或韧化作用,如纤维、颗粒、晶须等。

复合材料按基体材料不同分为三大类:聚合物基复合材料、金属基复合材料和陶瓷基复合材料。其中,聚合物基复合材料占所有复合材料的90%以上。在聚合物基复合材料中,玻璃钢(玻璃纤维增强塑料的"俗称")的用量又占其总量的90%以上。在同一基体的基础上,还可按增强材料的不同进行分类,如金属基复合材料又可分为纤维增强金属基复合材料、颗粒增强金属基复合材料等。

通常,复合材料的生产过程就是其制品的成形过程。这有利于简化生产工艺,缩短生产周期,实现形状复杂的大型制品的一次整体成形;因此,复合材料的成形工艺水平不仅决定其制品的外形和尺寸,也直接影响到制品质量和相关性能。由于复合材料是由两种或两种以上材料所构成,可以根据使用条件人为地设计制品材料的性能、质量和经济指标等以达到优化组合。复合材料性能的可设计性必须通过相应的成形工艺实现。本章主要介绍聚合物基复合材料、金属基复合材料、陶瓷基复合材料的特点、成形工艺、产业应用及相关设备。

6.1 聚合物基复合材料

6.1.1 聚合物基复合材料概述

聚合物基复合材料(PMC)是以有机聚合物(主要为热固性树脂、热塑性树脂及橡胶)为基体,连续纤维为增强材料组合而成的。通常意义上的聚合物基复合材料一般就是指纤维增强塑料。聚合物基复合材料中纤维的高强度、高模量的特性使它成为理想的承载体。基体材料由于其粘接性能好,可把纤维牢固地粘接起来。同时,基体又能使载荷均匀分布,并传递到纤维上去,且允许纤维承受压缩和剪切载荷。纤维和基体之间的良好复合显示了各自的优点,使复合材料呈现了许多优良特性。

通常按基体性质不同,将常用的PMC分为热固性树脂基复合材料和热塑性树脂基复合材料。热固性树脂基复合材料是指以热固性树脂如不饱和聚酯树脂、环氧树脂、酚醛树脂、乙烯基酯树脂等为基体,以玻璃纤维、碳纤维、芳纶纤维、超高分子量聚乙烯纤维等为增强材料制成的复合材料。热塑性树脂基复合材料是 20 世纪 80 年代发展起来的，主要有长纤维增强粒料（LEP）、连续纤维增强预浸带（MITT）和玻璃纤维毡增强热塑性片材（GMT）等。根据使用要求不同，基体可以选用 PP、PE、PA、PBT、PEI、PC、PEEK、PES、PI、PAI 等热塑性工程塑料，纤维种类包括玻璃纤维、碳纤维、芳纶纤维和硼纤维等。

最新纳米技术的问世，为树脂基复合材料的合成、改性及成形开辟了新的途径。各种形态的纳米无机材料在树脂基体中充分分散形成聚合物纳米复合材料。为使粒子能在树脂基体中均匀分散，一般将纳米粒子直接加入树脂溶液（或乳化液或熔融体）中进行充分搅拌；或将纳米材料溶入聚合物单体或原料中，形成均匀相后再进行聚合。不论采用哪种方法，由于纳米粒子的直径小（1～100nm），利用其表面与界面效应、小尺寸效应和量子尺寸效应，都可得到强度、韧性及耐热性显著提高的纳米改性树脂。

由于树脂基复合材料具有重量轻、强度高、加工成形方便、弹性优良、缺口敏感性小、抗疲劳性能好、耐化学腐蚀和耐候性好等特点，亦比较适合在常温或较低温度下使用，其制造技术也比较成熟，广泛应用于航空航天、导弹、卫星、汽车、电子电气、建筑、健身器材等领域。

近几年，先进树脂基复合材料以其高比强度和比模量、抗疲劳、耐腐蚀、可设计性强、便于大面积整体成形以及具有特殊电磁性能等特点，已经成为继铝合金、钛合金和钢之后的较重要的航空结构材料之一，更是得到了飞速发展。例如，先进树脂基复合材料在飞机上的应用可以实现 15%～30% 的减重效益，这是使用其他材料所不能实现的。

先进树脂基复合材料的用量已经成为航空结构先进性的重要标志。目前作为轻质高效结构材料被广泛应用的先进树脂基复合材料主要包括高性能连续纤维增强环氧、双马（BMI）和耐高温聚酰亚胺（PI）复合材料等。表 6-1 列出了国内外常用的典型高性能 EP、BMI 和 PI 树脂基复合材料的主要力学性能、使用温度和冲击后压缩强度（CAI）。

表 6-1 常用的 EP、BMI 和 PI 先进树脂基复合材料的主要力学性能、使用温度和冲击后压缩强度（CAI）

复合材料		抗拉强度 σ_b/MPa	拉伸模量 E/GPa	剪切强度 τ/MPa	服役温度 T/℃	冲击后压缩强度 CAI/MPa	供应商
Epoxy composite	977-3/M7	2510	162	125	130	220	CYTEC
	8552/AS4	2100	140	115	120	230	Hexcel
	5228A/CCF300	1549	134	105	120	250	BIAM
	5228/UT500	2400	130	100	130	230	BIAM
	9916/CCF300	1560	130	100	120	280	BAMTRI
	3261/T300	1520	127	82	80	190	BIAM
Bismale-inide composite	5250-4/M7	2618	162	139	177	248	CYTEC
	5260/M7	2690	165	159	177	380	CYTEC
	5429/T700	2710	140	99	150	290	BIAM
	QY8911/T300	1593	132	113	150	178	BAMTRI
	5428/CCF300	1988	145	110	170	260	BIAM
	GW300/T700	1920	125	100	260	190	AR MPI
Polyin ide composite	PMR-15/M7	2458	144	104	316	180	NASA Lewis
	AFR-700/M7	2625	155	131	370	160	NASA Langley
	LP-15/AS4	1850	140	87	280	190	BIAM
	KH304/T300	1320	135	108	310	185	CAS
	BA360/T300	1350	130	105	350	180	BAMTRI
	MPI/T300	1275	119	83	370	—	BIAM

如表所列，高性能 EP 复合材料具有较好的力学性能和韧性，以及优异的工艺性等特点，适用于制造大型飞机、直升机、无人机和通用飞机的各类复合材料结构。F-22 飞机进气道等内部结构、F-35 飞机机身、机翼大部分外表面、民用飞机构件（如 A380 和 B787 飞机的机翼、尾翼）等均主要使用高性能 EP 复合材料制造。BMI 复合材料具有优良的耐高温、耐辐射、耐湿热、良好的工艺性等特点，主要用于使用温度高、承载大的复合材料构件（例如机翼、平尾、垂尾等承力结构）。国内第三代和新型歼击机亦主要应用 BMI 复合材料。PI 复合材料主要以 PMR 型复合材料为主，按照耐热性分为 $280\sim316℃$、$350\sim371℃$ 和 $400\sim420℃$ 三代。耐高温 PI 复合材料主要应用于高性能航空发动机的冷端部件、高速飞行器和导弹的短期耐热结构及功能结构。例如，发动机的外涵道和进气机匣、导弹头锥和进气道整流罩等。

先进飞机长寿命和损伤容限设计要求树脂基复合材料具有更高的韧性。为了提高复合材料的韧性，发展了各种增韧技术，从早期的橡胶、热塑性树脂本体增韧、互穿网络增韧，发展到目前的热塑性树脂"离位"增韧技术、热塑性超薄织物协同增韧技术。国内先进树脂基复合材料已经形成体系，部分技术（如离位增韧技术、协同增韧技术）取得了明显的进步，具有一定的技术优势。但是，由于受到国内碳纤维性能的限制，国内先进树脂基复合材料的部分力学性能仍明显低于国外 T800、IM7 中模高强碳纤维增强复合材料；此外，国内只是在直升机、歼击机和航空发动机上小批量应用了部分韧性 EP、BMI 和第一代 PI 复合材料，在大型飞机和歼击机上批量应用高韧性 EP、BMI 复合材料的实际经验匮乏，材料成熟度低。

6.1.2　聚合物基复合材料成形工艺

随着复合材料应用领域的拓宽，复合材料工业得到迅速发展。其传统成形工艺日臻完善，新的成形方法不断涌现。依据不同类型的复合材料、不同形状的构件以及对构件质量和性能的不同要求，聚合物基复合材料可采用不同的成形工艺。聚合物基复合材料从原材料到制品一般都要经过原材料制备、生产准备、制品成形、固化、脱模、修整和检验等阶段。目前，聚合物基复合材料的成形方法已有 20 多种，并成功用于工业生产，主要包括：手糊成形技术、喷射成形技术、树脂传递模塑成形技术（RTM）、热压罐成形技术、袋压法成形技术、缠绕成形技术、拉挤成形技术、热压成形技术、自动铺放成形技术、夹层结构成形技术等。下面简要介绍几种常用方法。

6.1.2.1　手糊成形技术

手糊成形又称手工裱糊法、接触成形法，是聚合物基复合材料，尤其是玻璃钢生产中最早使用，最简单，使用最广泛的一种成形方法。顾名思义，手糊成形工艺以手工操作为主，不用或少用机械设备。手糊成形工艺具有其独特的优点，特别是在手糊过程中可以对壁厚任意改变，纤维增强材料可以任意组合，工艺简单，操作方便，生产成本低，其制品的形状和尺寸不受限制，适用性广。

手糊成形法一般适用于要求不高的大型制件，如船体、贮气大口径管道、汽车壳体、风机叶片及仿形加工用靠模等。手糊成形常用的树脂体系有不饱和聚酯树脂胶液、环氧树脂胶液、33 号胶衣树脂（间苯二甲酸型胶衣树脂）、36PA 胶衣树脂、自熄性胶衣树脂（不透明）、39 号胶衣树脂、耐热自熄性胶衣树脂、21 号胶衣树脂（新戊二醇型）等。

图 6-1 为手糊成形工艺及其生产流程示意图。

首先在经过清理并涂有脱模剂的模具上，采用手工作业，均匀刷一层树脂，再将纤维增

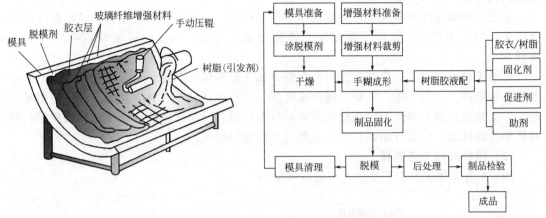

图 6-1 手糊成形工艺及其生产流程示意图

强织物（如：玻璃布、无捻粗纱方格布、玻璃毡）按要求裁剪成一定形状和尺寸，直接铺设到模具上，并使其平整，多次重复以上步骤逐层铺贴，直至达到所需制品的厚度为止。涂刷结束后让其在室温下（或在专用设备中加热、加压）固化成形、脱模，而取得复合材料制品。在我国，手糊制品占整个玻璃钢产品的80%左右。手糊成形可制备的制品有：波形瓦、浴盆、冷却塔、活动房、卫生间、贮槽、贮罐、风机叶片、各类渔船、游艇、微型汽车壳体、天线罩、设备防护罩、飞机蒙皮、机翼、火箭外壳等。但是，由于手糊成形工艺的成形过程主要靠手工操作，生产效率低，产品质量有时不稳定，对操作人员的操作技能水平要求较高。

6.1.2.2 缠绕成形技术

缠绕成形工艺是将浸过树脂胶液的连续性纤维束（或布带、预浸纱等织物）按照一定规律缠绕到相当于制品形状的芯模上，达到所需厚度后，再加热使聚合物固化，移除芯模（脱模）后获得复合材料制品。缠绕成形技术是一种机械化生产玻璃钢制品的成形技术，所用树脂大多是不饱和聚酯、环氧树脂等。玻璃纤维是玻璃钢的主要承力材料，制品的强度主要取决于它的强度。因此，对玻璃纤维应该具有强度和弹性模量高、易被树脂浸润，以及良好的加工性能，在缠绕过程中不起毛、不断头等特点。

(1) 纤维缠绕成形分类

根据纤维缠绕成形时树脂基体的物理化学状态不同，分为干法缠绕、湿法缠绕和半干法缠绕三种。

干法缠绕成形是采用经过预浸胶处理的预浸纱或带，在缠绕机上经加热至黏流态后，缠绕到芯模上。该工艺能够严格控制树脂含量（精确到2%以内）和预浸纱质量，准确地控制产品质量，缠绕时不易打滑，缠绕速度可达$100\sim200m/min$，缠绕机很清洁，劳动卫生条件好，生产效率高。但是，干法缠绕设备贵，需要增加预浸纱制造设备，投资较大，且预浸料不能长期贮存，工艺控制严格，生产成本高。此外，干法缠绕制品的层间剪切强度较低。

湿法缠绕成形是将纤维集束（纱或带）浸胶后，在张力控制下直接缠绕到芯模上的方法。适当的缠绕张力可以使多余的树脂胶液将气泡挤出，并填满空隙，提高产品气密性；湿法缠绕时，纤维上的树脂胶液可减少纤维磨损。湿法缠绕成形工艺简单方便，适用范围广，易实现生产自动化，比干法缠绕成形成本低约40%。但是，可供湿法缠绕的树脂品种相对较少，树脂含量不易控制，树脂浪费大，操作环境差；纤维陡坡处易打滑，树脂中含有的溶剂在固化时容易形成气泡，影响制品品质。

半干法缠绕是纤维浸胶后，到缠绕至芯模的途中，增加一套烘干设备，将浸胶纱中的溶剂除去，与干法相比，省却了预浸胶工序和设备；与湿法相比，可使制品中的气泡含量降低。

纤维缠绕成形技术适合制造轴对称零件，如大型耐腐蚀贮罐，也可以制造飞机上的整流罩和各种箱体、火箭壳体、机身、螺旋推进器、叶片、压杆等。其中，湿法缠绕应用最为普遍；干法缠绕仅用于高性能、高精度的尖端技术领域。目前已经发明了由计算机控制的制造对称零件的机器，它能自动地分配若干单向性的预浸料坯。

（2）缠绕成形工艺流程

图 6-2 为缠绕成形工艺及其生产流程示意图。

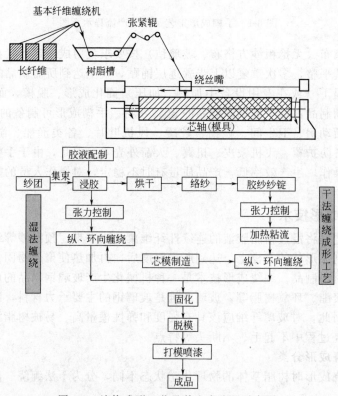

图 6-2　缠绕成形工艺及其生产流程示意图

缠绕成形工艺参数主要包括以下几个。

① 缠绕张力　缠绕张力对缠绕制品的强度有较大的影响。张力过小时，内衬所受的压力小，充压时变形大，制品强度偏低；张力过大时，纤维间摩擦大，强度损失大，制品强度也会下降。由于张力的作用，先缠上的纤维常会产生压缩变形，出现内松外紧的现象，所以设备上应采用从内到外逐渐减小张力的系统。缠绕张力一般为纤维强度的 5%～10%。

② 硬化速度　制品硬化的过程就是树脂发生交联反应的过程。一般来说，硬化程度达到 85% 即可满足力学性能要求，但不能满足耐老化和耐热性能的要求。若再提高硬化程度，虽能满足耐老化和耐热的要求，但力学性能可能下降。因此，必须根据具体的制品确定不同的硬化程度要求。

③ 浸胶纤维的烘干　玻璃纤维会吸附大气中的水，水分的存在将影响树脂与纤维的联

结，因此成形前必须在 60～80℃温度下烘 24h。

④ 浸胶纤维的热处理 有的玻璃纤维生产时要用石蜡乳型浸润剂，在使用之前，这些浸润剂必须用热处理方法去除干净，否则会影响树脂与纤维的黏结强度。常用的热处理温度为 350℃，时间为 6s。有的纤维在出厂前进行过表面活性处理，这样就不必进行热处理了。

（3）缠绕成形常用设备

① 芯模 通常是指成形中空制品的内模。缠绕成形的芯模材料一般分为熔、溶性材料和组装式材料两类。前者是指石蜡、水溶性聚乙烯醇型砂、低熔点金属等，这类材料可用浇铸法制成空心或实心芯模，制品缠绕成形后，从开口处通入热水或高压蒸汽，使其溶、熔，从制品中流出，流出的溶体冷却后重复使用。组装式芯模材料常用的是金属材料、木材及石膏等。芯模必须具有足够的强度和刚度，能够承受制品成形过程中施加于芯模的各种载荷，如自重、制品重、缠绕张力、固化应力、二次加工时的切削力等；芯模也应该能够满足制品形状和尺寸精度要求，如形状尺寸、同心度、椭圆度、锥度（脱模）、表面光洁度和平整度等；芯模应该制造简单，造价便宜，取材方便。

一般情况下，缠绕制品固化后，芯模要从制品内脱出。当采用石膏、石蜡、膨润土等材料制成芯模时，制品成形后将芯模敲碎，从顶端的气囊中倒出。使用金属芯模时，需将芯模做成由多块零件拼合而成的形式，内部用肋板支撑，肋板与芯模零件之间用螺钉连接起来。待缠绕完成、制品固化后，再卸去肋板，将芯模零件从制品顶端的气囊中抽出。对于直径不大的制品，还可用橡胶袋充气作芯模，制品成形后放掉空气，从壳体气囊中抽出橡胶。

若固化后不从制品中取出，并成为制品的组成部分，称为内衬材料。其作用主要是防腐和密封，当然也可以起到芯模作用。用刚性较高的材料做内衬时，内衬即可兼作芯模。属于这类材料的有橡胶、塑料、不锈钢和铝合金等。例如，玻璃钢（玻纤增强塑料）是非气密性材料，制造的压力容器在使用时会出现渗漏现象，因此，必须使用气密性好的材料（如铝、橡胶或塑料等）做内衬。

② 缠绕机 缠绕机是实现缠绕成形工艺的主要设备，一般由芯模驱动和绕丝头两部分组成，有绕臂式平面缠绕机、滚翻式缠绕机、卧式缠绕机、轨道式缠绕机、行星式缠绕机、球形缠绕机，以及电缆式纵环向缠绕机等类型。图 6-3 为卧式、立式缠绕机示意图。

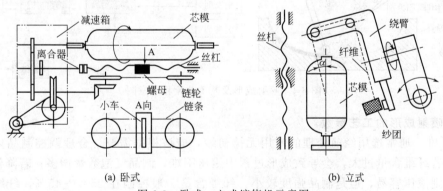

(a) 卧式　　　　　　　　(b) 立式

图 6-3 卧式、立式缠绕机示意图

卧式缠绕机用于圆筒形或管形制品的加工制造。如图 6-3（a）所示，工作时电动机通过减速器使芯模及链轮作回转运动，并通过丝杠、链条带动螺母、小车作平行于缠绕制品的往复直线运动，绕丝头设在小车上，实现螺旋缠绕。

立式缠绕机也由芯模驱动、绕臂和丝杠三个部分组成，主要用于短粗圆形、球形、椭圆形及大尺寸制品的成形。缠绕时芯模要求竖直放置，并作缓慢连续转动。绕臂每旋转一周，缠绕件转动一个纱片的宽度，绕臂可沿纵向及环向缠绕。用于纵向缠绕时，绕臂的旋转平面与主轴轴线间的夹角（即缠绕角）一般不大，当夹角调到90°时，即可进行环向缠绕。立式缠绕机一般只适合干法缠绕，有一定的局限性。

6.1.2.3 喷射成形技术

喷射成形是为改进手糊成形而创造的一种半机械化成形工艺，是将分别混有促进剂和引发剂的不饱和聚酯树脂从喷枪两侧（或在喷枪内混合）喷出，同时将玻璃纤维用切割机切断，并由喷枪中心喷出，与树脂一起均匀沉积到模具上，待沉积到一定的厚度，用手辊施压，使纤维浸透树脂压实并除去气泡，最后固化成制品。该工艺要求树脂黏度低、易于雾化，主要用于不带加压、室温固化的不饱和聚酯树脂。

(1) 喷射成形的分类

按胶液的混合形式，喷射成形工艺可以分为内混合型、外混合型、先混合型三类。其中，外混合型是引发剂和树脂在喷枪外的空气中相互混合。由于引发剂在同树脂混合前必须与空气接触，导致引发剂容易挥发，造成材料浪费和环境污染。内混合型是将树脂和引发剂分别送到喷枪头部的紊流混合器充分混合，避免了引发剂与空气接触，不产生引发剂蒸气。但是，喷枪容易堵塞，必须及时用溶剂清洗喷头。先混合型是将树脂、引发剂、促进剂先分别送至静态混合器中充分混合，然后再送至喷枪处喷射。

按喷射动力又可以分为气动型和液压型两类。前者是靠压缩空气的喷射将胶衣雾化，并喷射到模具上。但是这种类型会导致树脂和引发剂烟雾被压缩空气扩散到周围空气中，造成浪费和污染。后者是无空气的液压喷射系统，靠液压将胶液挤成滴状，并喷射到模具上，不会产生烟雾，材料浪费较少。

(2) 喷射成形工艺流程

图 6-4 为喷射成形及其工艺流程示意图，喷射成形装置如图 6-5 所示。

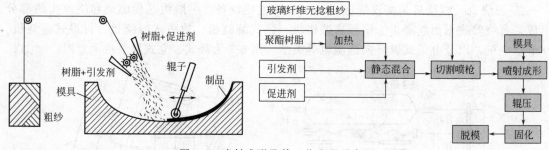

图 6-4　喷射成形及其工艺流程示意图

(3) 喷射成形的工艺参数

① 纤维　通常选用经前处理的专用无捻初纱，应该根据需要，合理调控制品内部的纤维含量。若纤维含量过大，会导致成形过程中滚压困难，制品气泡数量增多；若降低制品纤维含量，则滚压容易，但是制品强度较小。纤维含量一般控制在 25%～45%，纤维长度一般为 20～50mm。

② 树脂含量和黏度　喷射制品通常采用不饱和聚酯树脂，其含胶量为 60% 左右。如果含胶量过低，纤维的浸润不均匀，易导致黏结不牢。通常，胶液的黏度应该控制在 0.3～0.8Pa·s，以有利于胶液喷射雾化，并易于浸润玻璃纤维和排开气泡，且不易流失。

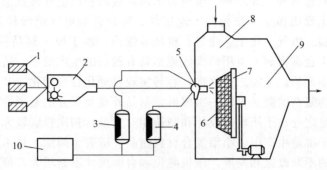

图 6-5 喷射成形装置示意图

1—纤维；2—纤维切断器；3—甲组分树脂罐；4—乙组分树脂罐；5—喷枪；
6—被喷物；7—旋转台；8—隔离室；9—抽风罩；10—压缩空气

③ 喷射量 在喷射成形过程中，应该保持胶液喷射量与纤维切割量的比例适宜与稳定，从而在保证制品质量的基础上，提高生产效率。一般，喷射量与喷射压力、喷嘴直径（通常选择在 1.2～3.5mm）有关。柱塞泵供胶的胶液喷射量是通过调节柱塞的行程和速度来调控。

④ 喷枪夹角 喷枪夹角对树脂与引发剂在枪外混合均匀度影响很大。不同夹角喷射出来的树脂混合交集不同，为操作方便，一般以选用 20°夹角为宜。通常，喷枪口与制品表面的距离为 350～400mm。确定操作距离主要考虑制品形状和胶液的飞失等因素。如果改变操作距离，则需要调整喷枪夹角以保证胶液在靠近成形面处交集混合。

⑤ 喷雾压力 适宜的喷雾压力能够保证树脂充分、均匀地混合。若喷雾压力太小，则容易造成混合不均匀；若压力过大，则有可能导致树脂流失过多；雾化压力常为 0.3～0.35MPa。

6.1.2.4 模压成形技术

模压成形技术又称压制成形，是将粉料、粒料、碎屑或纤维预浸料等置于金属对模中，借助压力和热量作用，加热使其固化，冷却后脱模，形成与型腔形状相同的制品。加热加压是使物料塑化、流动、充满型腔，并使树脂发生固化反应。模压工艺利用树脂固化反应中各阶段的特性实现制品成形。在黏流阶段，模压料在模具内被加热到一定温度时，树脂受热熔化成为黏流状态，在压力作用下粘裹着纤维一道流动，直至充满模腔。在硬固阶段，随着温度的继续升高，树脂发生交联，分子量增大，流动性很快降低，表现为一定的弹性，最后失去流动性，树脂成为不溶不熔的体型结构。

模压料所用的合成树脂应该对增强材料有良好的浸润性，使合成树脂和增强材料的界面形成良好的黏结；合成树脂具有适当的黏度和良好的流动性，在压制条件下能够和增强材料一道均匀地充满整个模腔；合成树脂在压制条件下具有适宜的固化速度，并且固化过程中不产生副产物或副产物少，体积收缩率小。常用的合成树脂有：不饱和聚酯树脂、环氧树脂、酚醛树脂、乙烯基树脂、呋喃树脂、有机硅树脂、聚丁二烯树脂、烯丙基酯、三聚氰胺树脂、聚酰亚胺树脂等。为使模压制品达到特定的性能指标，在选定树脂品种和牌号后，还应选择相应的辅助材料、填料和颜料。

模压料中常用的增强材料主要有玻璃纤维开刀丝、无捻粗纱、有捻粗纱、连续玻璃纤维束、玻璃纤维布、玻璃纤维毡等，也有少量特种制品选用石棉毡、石棉织物（布）和石棉纸以及高硅氧纤维、碳纤维、有机纤维（如芳纶纤维、尼龙纤维等）和天然纤维（如亚麻布、棉布、煮炼布、不煮炼布等）等品种。也可采用两种或两种以上纤维混杂料作增强材料。

模压成形技术主要用作生产结构件、连接件、防护件和电气绝缘件等，广泛应用于工业、农业、交通运输、电气、化工、建筑、机械等领域。由于模压制品质量可靠，在兵器、飞机、导弹、卫星上也都得到了应用。模压成形具有较高的生产效率，适合大批量生产，制品尺寸精度高，表面光洁，无需二次修饰，容易实现机械化合自动化，基本不受操作人员技能的影响，多数结构复杂的制品可以一次成形，制品外观及尺寸的复现性好，成形速度快。

模压成形的不足之处在于压模的设计和制造相对复杂，初次投资较大，制品尺寸受设备限制，一般只适用于批量生产中、小型复合材料制品。随着金属加工技术、压机制造水平及合成树脂工艺性能的不断改进和发展，压机吨位和台面尺寸不断增大，模压料的成形温度和压力也相对降低，使得模压成形制品的尺寸逐步向大型化发展，目前已能生产大型汽车部件、浴盆、整体卫生间组件等。

在玻璃钢的成形工艺中，模压法（金属对模热压成形）占有相当大的比例，近年来，国外各种成形工艺在复合材料生产中的占有率和产量见表 6-2。由于 SMC、BMC/DMC 近年来发展较快，我国模压法也得到了迅速发展，在复合材料的各种成形工艺中所占比例逐年增加，2010 年模压法所占的比例升至约 25%，FRP 产量可达 90~100t。

表 6-2　国外各种成型工艺的占有率和产量

成形工艺	占有率/%	产量/万吨	成形工艺	占有率/%	产量/万吨
模压	42.3	139.59	离心浇铸	3.0	9.9
手糊	22.1	72.93	RTM	4.0	13.2
挤拉	11.1	36.63	其他	1.2	3.92
喷射	9.1	30.03	总结	100	330
缠绕	7.2	23.76			

模压料的品种有很多，可以是预浸物料、预混物料，也可以是坯料。当前所用的模压料品种主要有：预浸胶布、纤维预混料、BMC、DMC、HMC、SMC、XMC、TMC 及 ZMC 等品种。

模压成形工艺按增强材料物态和模压料品种可分为以下几种。

（1）纤维料模压法

将经预混或预浸的纤维状模压料投入到金属模具内，在一定的温度和压力下成形复合材料制品。该方法简便易行，用途广泛。根据具体操作上的不同，有预混料模压法和预浸料模压法，主要用于制备高强度异形或者具有耐腐蚀、耐热等特殊性能的制品。

（2）织物模压法

将预先织成所需形状的二维或三维织物浸渍树脂胶液，然后放入金属模具中加热加压成形为复合材料制品。制品质量高，但成本较高，仅适合于有特殊性能要求的制品。

（3）层压模压法

将预浸过树脂胶液的玻璃纤维布或其他织物裁剪成所需的形状，然后在金属模具中经加温或加压成形复合材料制品。

（4）片状塑料（SMC）模压法

将 SMC 片材（sheet molding compound）按制品尺寸、形状、厚度等要求裁剪、下料、铺层，然后将多层片材叠合后放入金属模具中加热加压获得制品。本方法适合于大型制品的加工（例如，汽车外壳、浴缸等），此工艺方法先进，发展迅速。

（5）碎布料模压法

将浸过树脂胶液的玻璃纤维布或其他织物，如麻布、有机纤维布、石棉布或棉布等的边角料切成碎块，然后在模具中加温加压成形复合材料制品。此法适于成形形状简单、性能要求一般的制品。

（6）缠绕模压法

将预浸过胶液的连续纤维或布（带）通过专用缠绕机所提供的张力和温度，缠在芯模上，再放入模具中进行加温加压成形，适合于成形有特殊性能要求的制品及管材。

（7）预成形坯料模压法

先将短切纤维制成形状和尺寸相似的预成形坯料，将其放入金属模具中，然后向模具中注入配制好的黏结剂（树脂混合物），在一定的温度和压力下模压成形。适合生产大型、高强、异形、深度较大，壁厚均一的制品。

（8）定向铺设模压

将单向预浸布或纤维定向铺设，然后模压成形，制品中纤维含量可达 70%，适用于成形单向强度要求高的制品。

（9）模塑粉模压法

模塑粉主要由树脂、填料、固化剂、着色剂和脱模剂等构成。其中的树脂主要是热固性树脂（如酚醛树脂、环氧树脂、氨基树脂等），分子量大、流动性差、熔融温度很高，难以注射和挤出成形的热塑性树脂也可制成模塑粉。模塑粉和其他模压料的成形工艺基本相同，二者的主要差别在于前者不含增强材料，故其制品强度较低，主要用于次受力件。

（10）吸附预成形坯模压法

采用吸附法（空气吸附或湿浆吸附）预先将玻璃纤维制成与模压成形制品结构相似的预成形坯，然后把其置于模具内，并在其上倒入树脂糊，在一定的温度与压力下成形。此法采用的材料成本较低，可采用较长的短切纤维，适于成形形状较复杂的制品，可以实现自动化，但设备费用较高。

（11）团状模塑料模压法

团状模塑料（BMC）是一种纤维增强的热固性塑料，且通常是一种由不饱和聚酯树脂、短切纤维、填料以及各种添加剂构成的、经充分混合而成的团状预浸料。BMC 中加入低收缩添加剂，可以大大改善制品的外观性能。

（12）毡料模压法

此法采用树脂（多数为酚醛树脂）浸渍玻璃纤维毡，然后烘干为预浸毡，并把其裁剪成所需形状后置于模具内，加热加压成形为制品。此法适于成形形状较简单、单向厚度变化不大的薄壁大型制品。

复合材料的模压成形工艺与高分子材料压制成形过程相似。主要设备为压机和模具。压机常用的是自给式液压机，其吨位从几十到几百吨不等，有上压式、下压式和转盘式压机等。其模具又分为溢料式模具、半溢料式模具和不溢式模具三种。模压成形的工艺参数亦是温度、压力和时间"三要素"。相关内容已在第 5 章中加以介绍，此处不再赘述。

6.1.2.5 热压罐成形技术

热压罐（hot air autoelave 或简写 atitoelave）成形技术，也称真空袋-热压罐成形工艺，是将复合材料毛坯、蜂窝夹芯结构或胶接结构用真空袋密封在模具上，置于热压罐中，在真空（或非真空）状态下，经过升温→加压→保温→降温→卸压过程，使其成为满足所需要求的先进复合材料及其构件的成形方法之一。

热压罐成形是制造连续纤维增强热固性复合材料制品的主要方法，是目前国内外先进树脂基复合材料较成熟的成形技术之一。用热压罐成形的复合材料构件多应用于航空航天领域等的承力结构，主要产品包括直升机旋翼、飞机机身、机翼、垂直尾翼、方向舵、升降副翼、卫星壳体、导弹头锥和壳体等承力构件。

热压罐成形技术有许多优点是其他工艺无法完全替代的。热压罐成形技术仅用一个阴模或阳模，就可得到高纤维体积含量、形状复杂、尺寸较大、高质量的复合材料制件；固化温度场和压力场均匀，复合材料制件质量和性能优异；并且，成形模具简单，尺寸公差小，孔隙率低。但热压罐成形工艺同时存在能源消耗较大，设备投资成本较高，生产效率较低，以及制件尺寸受热压罐尺寸限制等问题。

（1）热压罐成形工艺过程

热压罐成形工艺是首先将预浸料按一定排列顺序置于涂有脱模剂的模具上，铺放分离布和带孔的脱模薄膜，在脱模薄膜的上面铺加吸胶透气毡，再包覆耐高温的真空袋，并用密封条密封周边，然后连续从真袋内抽出空气，使预浸料的层间达到一定程度的真空度，构成一个真空袋组合系统；并且，在热压罐中给予一定压力（包括真空袋内的真空负压和袋外正压）下和达到要求温度后发生固化，获得各种形状的复合材料制件。

真空袋-热压罐成形技术如图 6-6 所示。

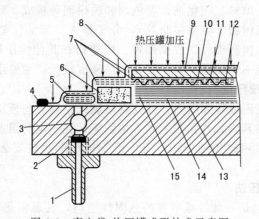

图 6-6 真空袋-热压罐成形技术示意图

1—真空泵接口；2—平板模具；3—模具排气管；4—密封胶条；5—排气材料；6—柔性挡块；
7—透气层；8—真空袋；9—均压板；10—排气层；11—吸胶透气毡；
12—分离布；13—脱模层；14—隔离层；15—制品

热压罐成形的基本工艺过程如下。

① 模具准备　模具要用软质材料轻轻擦拭干净，并检查是否漏气。然后，在模具上涂布脱模剂。

② 裁剪和铺叠　按样板裁剪带有保护膜的预浸料。织物预浸料是热压罐成形的半成品原材料，可采用溶液浸渍法和热熔浸渍法制造。在剪切预浸料时必须注意其纤维方向。然后，将裁剪好的预浸料揭去保护膜，按规定次序和方向依次铺叠，每铺一层要用橡胶辊等工具将预浸料压实，赶除空气。

③ 组合和装袋　在模具上将预浸料坯料和各种辅助材料组合并装袋，应检查真空袋和周边密封是否良好。

④ 热压固化　将真空袋系统组合到热压罐中，接好真空管路，关闭热压罐，然后按确定的工艺条件抽真空→加热→加压→固化。

⑤ 出罐脱模　固化完成后，待冷却到室温后，将真空袋系统移出热压罐，去除各种辅

助材料，取出制件进行修整。

（2）热压罐成形设备

热压罐成形工艺的主要设备是由压力容器（热压罐）、抽真空系统、加温-加压控制系统、气体循环系统，以及冷却系统和装卸系统等组成的。热压罐内腔要足够大，具有必要的成形空间，并能够承受足够的温度和压力，并附有自动记录与控制温度和压力的系统。由于无法直接观察到基体树脂的流变和固化行为，只能通过测定树脂在固化过程中的黏度、介电常数或反应热的变化，来确定加温和加压程序。抽真空系统在制件固化前后，给袋内提供适当的真空度。由于袋内抽真空，所以能排除空气及物料内的挥发物。

热压罐成形模具要求模具材料在制品成形温度和压力下能保持适当的性能，同时还要综合考虑制件形状、模具成本、模具寿命、热胀系数、尺寸稳定性等。通常，外表面要求光滑的制件常用阴模；反之，则用阳模。模具材料根据制件的数量、纤维增强复合材料制件的树脂类型、固化温度和表面粗糙度要求等，可选用钢、铝、镍合金或纤维增强复合材料等。

（3）热压罐成形技术的发展

自从 20 世纪 60 年代以来，热压罐成形技术得到很大的发展，主要体现在整体成形技术发展和融入大量自动化、数字化技术。

复合材料整体成形技术是采用热压罐共固化共胶接技术，直接实现带梁、肋和墙的复杂结构一次性制造。整体制造技术可大量减少零件、紧固件数量，从而提高复合材料结构的应用效率。其主要优点为：①减少零件数量，提高减重效率，降低制造成本；②减少连接件数量，降低装配成本；③减少分段和对接，构件表面无间隙、无台阶，有利于降低 RCS 值，提高隐身性能。

另一方面，热压罐成形技术亦从最初的铺贴、裁剪主要依靠手工发展到和预浸料激光定位铺贴、自动裁剪等自动化、数字化技术相结合，明显提高了预浸料铺贴、裁剪的精度，进而提高了复合材料的制造效率和构件质量。热压罐成形技术的进一步发展将是和自动铺放技术相结合，满足大型复合材料构件的高效优质制造的需求。

6.1.2.6 树脂传递模塑成形

树脂传递模塑成形工艺（resin transfer moulding，简称 RTM）始于 20 世纪 50 年代，是从湿法铺层手糊成形工艺和注塑成形工艺中衍生出来一种闭模形工艺。该工艺是在模腔中预先铺放纤维增强材料预成形体，闭模锁紧和密封后，再采用注射设备将专用树脂胶液注入闭合模腔，彻底浸润干态纤维，并通过注射及排气系统保证树脂流动通畅，以及排出模腔中的气体，之后加热固化成形，启模、脱模后得到两侧光滑的复合材料制品。如图 6-7 所示。

树脂传递模塑工艺具有许多显著的优点。树脂传递模塑成形技术是一种低成本复合材料制造方法。一般来说，在树脂传递模塑工艺过程中所使用的干预成形体和树脂材料的价格都比预浸料便宜，还可以在室温下存放，而且成形过程中挥发成分少、环境污染小。利用这种工艺可以生产较厚的净成形零件，同时免去许多后续加工程序。最初主要用于飞机次承力结构件，如舱门和检查口盖。

目前，中小型复合材料 RTM 零件的制造已经获得了较广泛的应用，而大型 RTM 件也在 JSF 的垂尾上应用成功。RTM 制造技术适宜多品种、中批量、高质量复合材料构件制造，具有公差小、表面质量好、生产周期短、生产过程自动化适应性强、生产效率高等优点。该方法形成的层合板性能好且双面质量好，在航空中应用不仅能够减少本身劳动量，而且由于能够成形大型整体件，使装配工作量减少，是未来新一代飞机机体有发展潜力的制造技术。但是，树脂通过压力注射进入模腔形成的零件存在着孔隙率较大、纤维含量较低、树

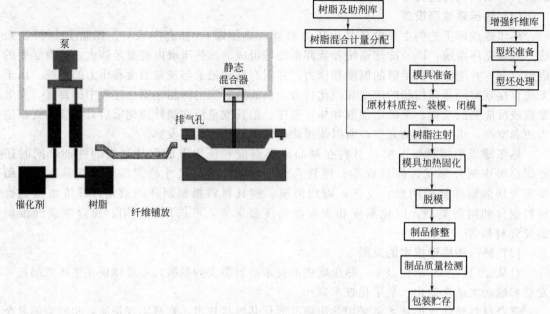

图 6-7　树脂传递模塑成形技术及其工艺流程示意图

脂在纤维中分布不均、树脂对纤维浸渍不充分等缺陷。

　　树脂传递模塑工艺能够允许闭模前在预成形体中放入芯模填充材料，避免预成形体在合模过程中被挤压。芯模在整个预成形体中所占的比例较低，通常小于 2%。该工艺还可以作为一种高效可重复的自动化制造工艺，从而大幅度降低加工成形时间。可以将传统手糊成形的几天时间缩短为几小时，甚至几分钟。近年来，又发展了多种形式的 RTM 技术。例如，真空辅助 RTM（VARTM）、压缩 RTM（CRTM）、树脂渗透模塑（SCR IMP）、真空渗透（VIP）、结构反应注射模塑（SRIM）、真空辅助树脂注射（VARI）等十多种方法。

　　树脂传递模塑技术应该选择具有黏度低、使用期长、力学性能优异等特点，且适于 RTM 工艺的树脂体系。例如，5250-4RTM 树脂在注塑温度下，黏度很低，可以用来制造 F-22 的正弦波梁，制造费用减少 20%，减少 50% 的紧固件和加强件。该系列树脂已用于制造 F-22 飞机上的 200 多个零件，并用于制造 F-117 飞机发动机进气道格栅和空导弹的雷达罩。此外，PR500 为单组分膏状树脂，固化温度仅为 120℃，CAI 值可达到 234MPa，耐疲劳性能好。F/A-22 上使用 100 多个 PR500 RTM 零件，主要用作驾驶舱支架、地板、加强肋和接头等。国内也已经发展了环氧 3266、5284 和 BMI6421、QY8911-IV 等 RTM 树脂体系。典型 RTM 树脂基复合材料的主要性能见表 6-3。

表 6-3　典型 RTM 树脂基复合材料的主要性能

材料性能	5250-4RTM/M7-6K-4HSWeave	PR500/M7-6K-4HSWeave	6421/T300	3266/G827	QY8911-IV/T300
纵向拉伸强度/MPa	681	1007	1670	1639	1425
纵向拉伸模量/GPa	76	83	143	—	137
纵向压缩强度/MPa	847	758	—	1050	1188
纵向弯曲强度/MPa	1103	1103	1730	1580	1830
纵向弯曲模量/GPa	72.4	73	138124		

材料性能	5250-4RTM/M7-6K-4HSWeave	PR500/M7-6K-4HSWeave	6421/T300	3266/G827	QY8911-IV/T300
层间剪切/MPa	82.8	81	92	85	98
冲击后压缩强度/MPa	220	317	—	—	175
长期服役温度/℃	177	121	150	70	150
应用	树脂 天然罩 机翼主梁	框架 树脂 垂直尾翼	后缝条	螳形桨叶片	导弹发射架
供应商	Cytee	3M	BIAM	BIAM	BAMTRI

6.1.2.7 拉挤成形

拉挤成形是一种高效率连续生产复合材料型材的方法。拉挤成形工艺是将纱架上的无捻玻璃纤维粗纱和其他连续增强材料、聚酯表面毡等进行树脂浸渍，然后通过保持一定截面形状的成形模具，使其在模内固化成形后连续出模，由此形成拉挤制品的一种自动化生产工艺。拉挤成形典型的工艺流程为：玻璃纤维粗纱排布浸胶→预成形→挤压模塑及固化→牵引制品。如图 6-8 所示。

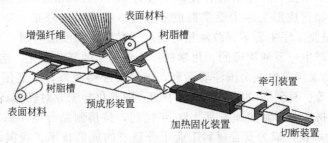

图 6-8　拉挤成形工艺流程示意图

拉挤成形玻璃钢主要采用不饱和聚酯树脂和乙烯基树脂，其他树脂还包括酚醛树脂、环氧树脂、甲基丙烯酸树脂等。除热固性树脂外，根据需要也选用热塑性树脂。随着我国对不饱和聚酯树脂拉挤成形工艺的深入研究，人们对不饱和聚酯树脂拉挤成形固化系统提出了越来越高的要求，如：提高拉挤成形的速度以提高生产效率，提高树脂体系的固化度以提高产品的强度。所以，国内各大树脂企业研制适合拉挤的专用树脂和固化体系来满足国内市场需求。近年来，由于酚醛树脂具有防火性好等优点，现在国外开发出了适合拉挤成形玻璃钢用的酚醛树脂，称第二代酚醛树脂，已推广使用。

拉挤成形玻璃钢所用的纤维增强材料，主要是以 E 玻璃纤维无捻粗纱居多，根据制品需要也可选用 C 玻璃纤维、S 玻璃纤维、T 玻璃纤维、AR 玻璃纤维等。此外，为了特殊用途制品的需要也可选用碳纤维、芳纶纤维、聚酯纤维等合成纤维。为了提高中空制品的横向强度，还可采用连续纤维毡、布、带等作为增强材料。

拉挤成形玻璃钢所用的辅助材料主要包括以下几种。

① 引发剂　引发剂的特性通常用活性氧含量、临界温度、半衰期来表示。目前，常用引发剂为 MEKP（过氧化甲乙酮）、TBPB（过氧化苯甲酸叔丁酯）、BPO（过氧化苯甲酰）、Lm-P（拉挤专用固化剂）、TBPO（过氧化异辛酸叔丁酯）、BPPD（过氧化二碳酸二苯氧乙基酯）、P-16［过氧化二碳酸双 4-叔丁基环己酯］等。实际应用中很少有用单组分的，通常都是双组分或三组分按不同的临界温度搭配使用。

② 环氧树脂固化剂　常用的有酸酐类、叔胺、咪唑类固化剂。

③ 着色剂　拉挤中的着色剂一般以颜料糊的形式出现。

④ 填料　填料可以降低制品的收缩率，提高制品的尺寸稳定性、表面光洁度、平滑性以及平光性或无光性等；有效地调节树脂黏度；可满足不同性能要求，提高耐磨性，改善导电性及导热性等，大多数填料能提高材料冲击强度及压缩强度，但不能提高拉伸强度；某些填料具有极好的光稳定性和耐化学腐蚀性；可降低成本。选择填料的粒度最好要有个梯度，以达到最佳的使用效果。

⑤ 脱模剂　脱模剂具有极低的表面自由能，能均匀浸湿模具表面，达到脱模效果。优良的脱模效果是保证拉挤成形工艺顺利进行的主要条件。早期的拉挤成形工艺是用外脱模剂，常用的有硅油等，但用量很大且制品表面质量不理想，现已采用内脱模剂。内脱模剂是将其直接加入到树脂中，在一定加工温度条件下，从树脂基体渗出扩散到固化制品表面，在模具和制品之间形成一层隔离膜，起到脱模作用。内脱模剂一般有磷酸酯、卵磷脂、硬脂酸盐类、三乙醇胺油等。其中以硬脂酸锌的脱模效果较好。在拉挤生产中，人们通常更愿意使用在常温下为液体状的内脱模剂。目前市售的内脱模剂多为伯胺、仲胺和有机磷酸酯与脂肪酸的共聚体的混合物。

成形模具的作用是实现坯料的压实、成形和固化。模具长度与固化速度、模具温度、制品尺寸、拉挤速度、增强材料性质等有关，一般为 600～1200mm。模具截面尺寸应考虑树脂的成形收缩率。固化成形工序主要掌握成形温度、模具温度分布、物料通过模具的时间（拉挤速度）等。浸胶工序主要掌握胶液相对密度（黏度）和浸渍时间。在拉挤成形过程中，预浸料穿过模具时产生一系列物理的、化学的和物理化学的复杂变化，迄今仍不很清楚。

拉挤成形于 1951 年首次在美国注册专利，随后发展得很慢，主要用于制作实芯的钓鱼竿和电器绝缘材料等。直到 20 世纪 60 年代中期，随着化学工业对轻质高强、耐腐蚀和低成本的迫切需要，拉挤工业得到快速发展。70 年代起，拉挤制品开始步入结构材料领域，并以每年 20％的速度增长，成为复合材料工业十分重要的成形技术。我国起步则较晚，从 20 世纪 80 年代起，秦皇岛玻璃钢厂、西安绝缘材料厂、哈尔滨玻璃钢研究所、武汉工业大学先后从国外引进了拉挤成形工艺设备。90 年代拉挤专用树脂技术进入快速发展时期。目前，引进及国产拉挤生产线已超过 200 条。我国发展拉挤与欧美形式相似：先开发形状简单的棒材，然后随着化工防腐、电力、采矿等行业的发展与需求，开发了型材制品，目前这些技术已经比较成熟。拉挤成形工艺形式很多，分类方法也很多。如间歇式和连续式，立式和卧式，湿法和干法，履带式牵引和夹持式牵引，模内固化和模内凝胶模外固化等。加热方式可以采用电加热、红外加热、高频加热、微波加热或组合式加热等。

利用拉挤工艺生产的制品包括各种杆架、平板、空心管或型材，其应用极为广泛，如绝缘梯子架、电绝缘杆、电绕管等电器材料，抽油杆、栏杆、管道、高速公路路标杆、支架、杆架梁等耐腐蚀结构，钓鱼竿、弓箭、撑杆跳的撑杆、高尔夫球杆、滑雪板、帐篷杆等运动器材，汽车行李架、扶手栏杆、建材、温室棚架等。其产品的拉伸强度高于普通钢材。表面的富树脂层又使其具有良好的防腐性，故在具有腐蚀性的环境的工程中是取代钢材的最佳产品，广泛应用于交通运输、电工、电气、电气绝缘、化工、矿山、海洋、船艇、腐蚀性环境及生活、民用各个领域。

6.2　金属基复合材料

6.2.1　金属基复合材料概述

金属基复合材料（metal matrix composite，MMCs）一般是以金属或合金为连续相（基体），添加不同组分的纤维、颗粒或晶须等形式的第二相（增强体）而组成的复合材料。按金属或合金基体的不同，金属基复合材料可分为铝基、镁基、铜基、钛基、高温合金基、金属间化合物基以及难熔金属基复合材料等。按增强体的类别来分类，金属基复合材料又包括纤维增强（包括连续和短切）、晶须增强和颗粒增强复合材料等。

与传统的金属材料相比，MMCs有较高的比强度与比刚度，与陶瓷材料相比，它又具有高韧性和高冲击性能，而与树脂基复合材料相比，它又具有优良的导电性、耐热性及尺寸稳定性。由于原材料比较昂贵，加工温度高，界面反应控制困难，设备复杂，制备和加工困难，成本相对较高，且不宜制作过大和过于复杂的零件，其应用的成熟程度远不如树脂基复合材料，其主要用在航天航空、军事工业领域，应用范围较小。

金属基复合材料在过去的30年里在世界范围内得到了广泛的研究和发展。随着基体与增强体之间的相容性问题、界面表征与控制问题、增强体分布可控技术、二次加工技术等一系列技术难题的逐步解决，金属基复合材料的生产加工技术不断成熟。例如，采用铸造技术生产金属基复合材料，其工艺操作相对比较简单，既可整体复合又可局部复合，设备复杂程度降低。目前，国外已用铸造技术生产出短纤维铝基复合材料局部增强的活塞及颗粒增强复合材料的铸件。金属基复合材料逐渐从军事国防向民用领域、商用领域渗透，如今已在航空航天、兵器、机械、汽车、电子等许多领域得到了应用。目前，国内外发展金属基复合材料，关键是要掌握低成本、高性能、稳定的制备技术和实现较高的性价比。但是，大多数金属基复合材料仍存在着成本高、性能波动大、不可回收利用、环境污染等问题，影响其在工业上的应用推广。

现在，根据应用领域不同，MMCs市场可细分为航空航天、陆上运输、电子/热控、工业、消费产品共5个部分，如图6-9所示。其中，陆上运输（包括汽车和轨道车辆）和高附加值散热组件仍然是MMCs的主导市场。

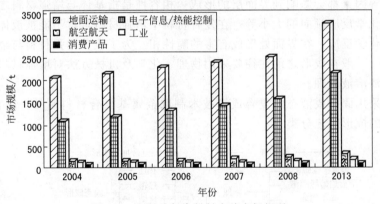

图 6-9 金属基复合材料全球市场概况

MMCs最初发展的原动力来自于航空工业领域。目前，已用于军机和民机的MMCs主要是铝基和钛基复合材料。SiC增强铝基MMCs在航天领域已经通过实用验证，例如波导天线、支撑框架及配件、热沉等。1998年，钛基复合材料进入航空市场。大西洋研究公司把钛基MMCs接力器活塞用于燃气涡轮发动机上。

随着能源和环境问题日益严峻，生产商为了实现汽车轻量化的目的，逐渐采用轻质高强的铝基MMCs生产相关构件。MMCs主要被用于制造耐热、耐磨的发动机和刹车部件（如活塞、缸套、刹车盘和刹车鼓等），或者被用于驱动轴、连杆等高强高模量运动部件；在陆上运输领域消耗的MMCs中，驱动轴的用量超过50%，刹车件的用量超过30%。相对于铸铁和钢而言，采用颗粒增强铝基复合材料作刹车材料的优势在于高达 50%～60% 的减重效益及高耐磨、高导热等性能特点，显著降低车体惯性力、油耗和噪声等。

随着微电子、光电子和半导体器件的微型化及多功能化，MMCs 材料以其低密度、高导热、与半导体及芯片材料膨胀匹配性好等优点，在电子/热控领域中呈现出巨大的应用前景。例如，碳化硅 MMCs 是优异的电子封装材料，其密度仅为 Cu-W 和 Cu-Mo 的 1/5，并具有高热导率（180～200W/m·K）及可调的低热膨胀系数（CTE）。因此，AlSiC 虽然进入市场不久，但是其用量比例已经突破 10%。AlSiC 主要用作微处理器盖板/热沉、倒装焊盖板、微波及光电器件外壳/基座、高功率衬底、IGBT 基板、柱状散热鳍片等。目前，无线通信与雷达系统中的射频与微波器件封装是 AlSiC 复合材料最大的应用领域。

MMCs 的其他应用也涵盖了制造业、体育休闲及基础建设领域。既包括硬质合金、电镀及烧结金刚石工具、Cu 基及 Ag 基电触头材料等成熟市场，也包括 TiC 增强铁基耐磨材料、B_4C 增强铝基中子吸收材料等新兴市场。低密度、高刚度和高强度的增强体加入到基体中，在降低材料密度的同时，提高了它的弹性模量、硬度、耐磨性和高温性能，可应用于切削、轧制、喷丸、冲压、穿孔、拉拔、模压成形等工业领域。实际上，MMCs 的应用广度、生产发展的速度和规模，已成为衡量一个国家材料科技水平的重要标志之一。

6.2.2　金属基复合材料的成形工艺

金属基复合材料是由连续的基体和分布其中的增强体共同组成的多相材料，两者按照某种规律形成界面层，相互结合，从而形成一个整体，并通过它传递应力。如果在成形时增强材料与基体之间结合得不好，界面不完整，就会影响复合材料的性能。基体与增强材料的相容性和润湿性等因素都会影响到界面层的形成。相容性是指基体与增强材料之间热膨胀系数的差异和产生化学反应倾向的大小等。在复合材料中增强材料常常不能被液体金属润湿，且易与金属发生化学反应，在界面处形成有害的脆性相。为了改善增强材料与金属基体之间的界面结合情况，一般在成形之前往往要采用物理、化学及机械方法对增强材料进行表面涂覆或预先采用浸渍溶液处理。

通常，可采用固态或液态的复合成形技术制取金属基复合材料制品。图 6-10 所示为金属基复合材料的成形工艺分类。

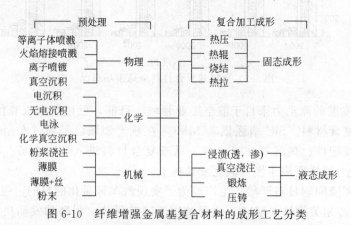

图 6-10　纤维增强金属基复合材料的成形工艺分类

金属基复合材料成形方法概况如表 6-4 所列。

表 6-4　金属基复合材料成形方法概况

类别	制造方法	适用体系		典型复合材料产品
		增强材料	基体材料	
固态法	粉末冶金法	SiC、Al_2O_3、BC 等颗粒、晶须、短纤维	Al、Cu、Ti 等金属	$SiCp/Al$、$SiCw/Al$、Al_2O_3/Al、TiB_2/Ti 等零件、板、铸锭等
	热压法	B、SiC、C(Cr)、W	Al_3、Ti、Cu、耐热合金	B/Al、SiC/Al、SiC/TiC/Al、C/Mg 等零件、管、板等
	热等静压法	B、SiC、W	Al、Ti、超合金	B/Al、SiC/Ti 管
	挤压＋拉拔扎制法	—	Al	C/Al、Al_2O_3/Al 棒、管
液态法	挤压铸造法	纤维、晶须、短纤维、Al_2O_3、SiO_2、C、Al_2O_3、SiCp	Al、Zn、Mg、Cu 等	$SiCp/Al$、$SiCw/Al$、C/Al、C/Mg、Al_2O_3/Al、SiO_2/Al 等零件、板、铸锭、坯料
	真空压力浸渗法	各类纤维、晶须、颗粒增强材料	Al、Mg、Cu、Ni 基合金等	C/Al、Cu/Al、C/Mg、$SiCp/Al$、$SiCw + SiCp/Al$ 等、板、铸锭、坯料
	搅拌法	颗粒、短纤维	Al、Zn、Mg	铸锭、锭坯
	共沉积法	Al_2O_3、$SiCp$、B_4C、TiC 等颗粒	Al、Ni、Fe 等金属	$SiCp/Al$ 或 Al_2O_3/Al 等板、坯料、铸锭零件
	真空铸造法	Al_2O_3、C 连续纤维	Mg、Al	铸锭、锭坯等零件
其他方法	反应自生法		Al、Ti	铸件
	电镀及化学镀法	$SiCp$、B_4C、Al_2O_3 颗粒、C 纤维	Ni、Cu	表面复合层
	热喷镀法	颗粒材料、$SiCp$、TiC	Ni、Fe	管、棒等

下面简要介绍几种常用工艺。

6.2.2.1 液态金属浸润法成形

液态金属浸润法的实质是使基体金属呈熔融状态时与增强材料浸润结合，然后凝固成形，常用工艺有以下几种。

（1）常压铸造法

将经过预处理的纤维制成整体或局部形状的零件预制坯，预热后放入浇注模，浇入液态金属，靠重力使金属渗入纤维预制坯并凝固。此法可采用常规铸模设备，降低制造成本，适应于较大规模的生产。但是，复合材料制品易存在宏观或微观缺陷。

（2）液体搅拌铸造法

液态搅拌铸造成形是包括液态搅拌制取复合材料和将液态复合材料浇入铸型而形成复合材料制品两个阶段（见图 6-11）。该工艺的重点和难点在于复合材料的制取。

液态搅拌铸造成形采用高速旋转的叶桨搅动金属液体，使金属液产生旋涡，然后向旋涡

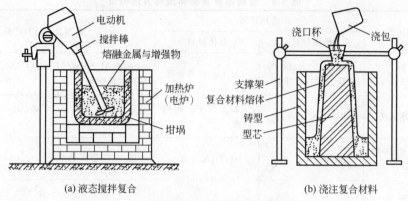

| (a) 液态搅拌复合 | (b) 浇注复合材料 |

图 6-11 金属基复合材料的搅拌铸造成形工艺

中逐步投入增强颗粒，依靠旋涡的负压抽吸作用，颗粒逐渐混合进入金属熔体，待增强颗粒充分润湿、均匀分散后浇入金属型，用挤压铸造或压力铸造等工艺成形。这种方法工艺过程简单，但不适用于高性能的结构型颗粒增强金属基复合材料。

在液态金属搅拌铸造法中有效的搅拌是使颗粒与金属液均匀混合和复合的重要措施。为防止金属液中卷入气体和混入夹杂物，可以在真空容器内进行金属的熔化、增强体的加入和搅拌直到浇注成形等复合材料制造过程。改用多级倾斜叶片织成的搅拌棒，并提高其转速至2500r/min，可以使复合材料性能得到明显提高。

此外，利用某些与金属液有较好润湿性的金属来包覆增强颗粒，使金属与增强颗粒的接触变为金属与金属的接触，提高增强颗粒与金属液之间的润湿性。例如，采用镍、铜等金属包覆石墨、TiO_2 等增强颗粒等。在基体合金液中加入有利于浸润的合金元素，也能提高增强颗粒与金属液的润湿性。对增强颗粒施以热处理可去除其表面吸附物，也能提高增强物颗粒与金属液间的润湿性。通过外加压力方法（如挤铸、压铸）可使复合材料在铸型中快速凝固，也能得到增强颗粒分布均匀的制品。

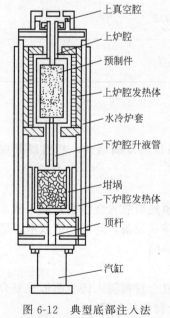

图 6-12 典型底部注入法真空压力浸渍炉结构

（3）真空压力铸造（浸渍）法

真空压力铸造法通常是在真空压力浸渍炉内完成金属基复合材料的制备过程，其炉体结构如图 6-12 所示，其工艺过程如下。

首先，将增强物（短纤维、晶须、原料）制成预制件，放入模具中。将基体金属放于下部坩埚内，紧固和密封炉体，通过真空系统将预制件模具及炉腔抽真空。当炉腔内达到预定的真空度后，开始通电加热预制件和基体金属。当预制件及金属液达到预定的温度后，保温一定时间，将模具上的升液管插入金属液，然后往下炉腔内通入惰性气体。金属液迅速吸入模腔内。随着压力的升高，金属液渗入预制件中的增强物间隙，完成浸渍，形成复合材料。由于真空压力浸渍法制备复合材料是在压力下凝固的，因此材料组织致密，无缩孔、疏松等典型铸造缺陷。

真空压力浸渍时，外压是浸渍的直接动力，压力越高，浸渍能力越强。浸渍所需的压力与增强物尺寸和体积分数有密切关系，即增强物的尺寸越小，体积分数越大，所需的浸渍压力越大。真空压力浸渍法适用面很广，可用于铝、镁、铜、锌、镍、铁基，以及碳、硼、氧化铝、碳化硅等短纤维、晶须、颗粒为增强体的金属基复合材料的制备，并能一次成形制作形状复杂的零件，基本上无须后续加工。

（4）挤压铸造法

挤压铸造法是先制成具有一定空隙度的预制件，将预制件置于铸型型腔中的适当位置，浇注液体金属并加压，使金属液体在压力下渗入并充满增强材料预制件的间隙，冷却凝固后形成复合材料制品。其基本原理如图 6-13 所示。

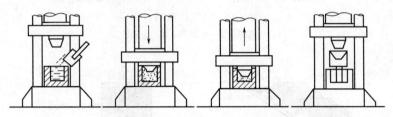

(a) 浇入熔融金属   (b) 加压、金属浸渗   (c) 保压凝固、卸载   (d) 脱模

图 6-13　金属基复合材料挤压铸造工艺示意图

挤压铸造法工艺参数主要有：预制块预热温度、模具预热温度、压头预热温度、铝液浇注温度、压强和保压时间。由于在压力下复合，增强体和基体结合牢固，因此制品的致密度和力学性能均较高。当增强材料为晶须或短纤维时，往往要先将它们加入配有黏结剂和纤维表面改性溶质的溶液中，进行充分的搅拌，然后压滤、干燥、烧结成具有一定强度的预制坯。

该成形方法可生产材质优良、制造形状复杂、加工余量小的制品，生产成本低，生产率较高。目前，已用于氧化铝短纤维增强铝合金活塞等产品的制造。

6.2.2.2　扩散黏结成形法

扩散黏结成形法是使固态金属基体与增强材料在长时间、较高温度和压力下接触，两者在界面处发生原子间的相互扩散而黏结。通常，预先采用等离子喷涂法、液态金属浸润法、化学涂覆法等方法将增强材料制成预制坯，经过处理、清洗后，按一定形状、尺寸和排列形式叠层封装，加热压制，最终获得复合材料制品。压制过程可以在真空、惰性气体或大气环境中进行，常用的压制方法有以下两种。

（1）热压扩散结合法

热压扩散结合法是制备连续纤维增强金属基复合材料的最具有代表性的一种工艺。首先，将长纤维或预制丝、织物与基体合金按一定规律叠层排布于模具中，然后在惰性气体或真空中加热加压，借助于界面上原子的扩散而制得复合材料。工艺原理如图 6-14 所示。

热压扩散结合法的优点是基体与纤维之间不易产生显著的化学反应，因而基体与纤维有良好的界面结合。其缺点是纤维与基体之间的湿润性较差，制品性能不易控制等。该法适合于基体在高温下非常活跃，容易与强化纤维发生化学反应的金属。在制备这一类金属与长纤维的复合材料时，不宜采用熔融金属喷涂、铸造等方法，而应尽可能地降低复合温度，缩短复合时间。

（2）热等静压法

热等静压法是一种相对先进的复合材料成形技术，可用于制造形状较复杂的金属基复合材料制品零件。图 6-15 为热等静压法工作原理及设备简图。

在高压容器内旋转加热炉，将金属基体（粉末或箔）与增强物（纤维、晶须、颗粒）按

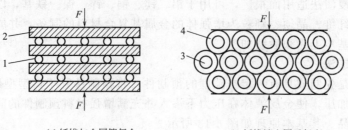

(a) 纤维与金属箔复合　　　　　(b) 纤维镀金属后复合

图 6-14　热压扩散结合法

1,3—纤维；2—金属箔；4—金属镀层

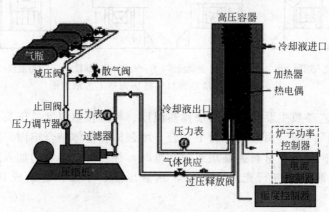

图 6-15　热等静压法工作原理及设备简图

一定比例分散混合加入金属包套中，抽气密封后装入热等静压装置中加热、加压（一般用氮气作压力介质），在高温高压（100MPa）下复合成金属基复合材料零件。

热等静压装置的加热温度可以控制，可在数百摄氏度到 2000℃ 范围内选择使用，工作压力可高达 100～1000MPa。在高温高压下金属基体与增强体复合良好，组织细密，形状、尺寸精确，特别适合于制造铁基、金属间化合物基、超合金基的复合材料。但是，热等静压工艺的前期制造设备投资大，工艺周期长，成本高。该工艺更适宜于制造管、柱等筒状零件。例如，美国航天飞机用 B/Al 管柱、火箭导弹的构件均用此法制造。

6.2.2.3　形变压力加工

金属基复合材料的形变压力加工法可以生产尺寸较大的制品，具有增强体与基体作用时间短、加工速度快、增强体损伤小等优点。但是，变形过程中产生的高应力也易造成脆性纤维破坏，并且较难保证增强体与基体金属的良好接触。该工艺主要包括热轧法、热挤压和热拉法（热拔法）、爆炸焊接法等几种。

(1) 热轧法

热轧法主要用来制造金属基复合材料板材。对于已用其他方法复合好的颗粒、晶须、短纤维增强金属基复合材料，先经过热压成为坯料，再经热轧成为复合材料板材。用此法曾制造出 $Al_2O_{3w}/7075$，SiC_w/Cu，Al_2O_{3w}/Cu 等复合材料。

此外，也可将由金属箔和连续纤维组成的预制带经热轧制成复合材料，在这种情况下热轧过程主要是完成金属基体与增强纤维之间的黏结，变形量小。为了提高黏结强度，常在纤维表面涂上银、镍、铜等金属涂层，经反复加热和轧制最终制成复合材料。轧制时为了防止高温氧化，常用钢板包覆后再轧制。成功地用热轧法制成的复合材料有硼纤维与铝箔、钢丝与铝箔直接热轧或热压后热轧成硼纤维增强铝和钢丝增强铝基复合材料。热轧温度为600～650℃，进行小量变形、多道次轧制。

（2）热挤压和热拉（拨）法

热挤压和热拉法主要用于颗粒、晶须、短纤维增强金属基复合材料（弥散强化型）的坯料进一步变形加工成各种形状的管材、型材、棒材、线材等（见图6-16）。挤压法也可成形层状复合材料，如各种铝包线、双金属管等包覆材料，复合板、夹层板等复合材料，以及其他特殊复合材料。热挤压和热拉法在制造金属丝增强金属基复合材料方面也是一种很有效的方法。将基体金属坯料上钻长孔，将增强金属制成棒装入基体金属的空洞中，密封后热挤压和热拉成复合材料棒。也有将增强纤维与基体金属粉或箔混合排布，然后装在金属管或筒中，密封后热挤压或热拉成复合材料管材或棒材的。

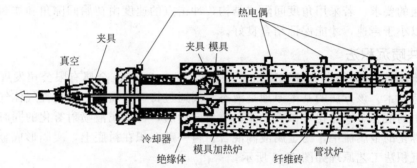

图 6-16　热拉制备金属基复合材料棒材示意图

热挤压和热拉（拨）法可以改善复合材料的组织均匀性，减小和消除缺陷，提高复合材料的性能。经挤压、拉拔后复合材料的性能明显提高，短纤维和晶须还有一定的择优取向，轴向抗拉强度提高很多。如果用挤压法加工连续纤维复合材料，基体金属的塑性变形会使纤维与基体的界面产生弯曲应力，容易造成界面剥离和纤维断裂。但是，采用粉末冶金法或铸造法等制得的复合材料坯料中，晶须、短纤维或颗粒呈无序分布状态，并随着基体金属的塑性流动，沿着挤出方向排列。即使产生了弯曲应力而使纤维破断，但如果纤维的纵横比在临界值以上，仍能保持较好的增强效果。为了合理利用增强体的取向性，提高复合材料的强化效果，要求强化相的长径比达到某一临界值以上。另一方面，由于挤压式金属流动的不均匀性，强化相的长径比过大时，容易产生损伤和折断，影响强化效果。因此，在采用短纤维作强化相时，也应选择合适的纤维长度。

（3）爆炸焊接法

爆炸焊接是利用炸药爆炸的能量把两层或两层以上的金属板或者预制带结合在一起的一种加工方法，具有结合力大、热影响的区域小，适合异种金属结合的特点，可以用来进行三层到几十层的复合材料的加工。爆炸焊接法原理如图6-17所示。

当雷管起爆后，爆炸压力会使爆炸点处的动板获得巨大的冲击压力，压向下层，形成复合板材。爆炸冲击力比结合金属的屈服强度大得多。如果冲击点的速度小于复合金属中的声速，在动板下表面会形成一股净化的金属射流，然后使两表面压紧、结合。随着爆炸波的迅速推进，动板迅速顺次压下完成爆炸焊接。

爆炸焊接主要用来制造金属层合板和金属纤维增强金属复合材料，如钢丝增强铝、钢丝增强镁、钼丝或钨丝增强铜等。爆炸焊接前必须除去基体和纤维表面的氧化物和油污。为防止纤维弯曲和移动，应将其固定或编织好。为防止靠近炸药层纤维的损伤，应在炸药和动板

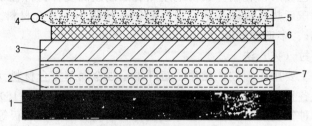

图 6-17　爆炸焊接法原理示意图

1—底座；2—基体；3—动板；4—雷管；5—炸药层；6—缓冲层；7—纤维

间放一缓冲防护层，如橡胶或聚氯乙烯。由于大多数炸药的爆炸速度为 7000～8000m/s，比材料中的声速 6000 m/s 大得多，采用平行板间隔式排列的爆炸焊接方法很难保证冲击点的速度是亚声速的要求。若采用角度间隔式结构，冲击点的速度由初始间隙角和炸药爆炸速度所决定，可以小于声速，才能保证结合良好。

6.2.2.4　共喷沉积法

共喷沉积法是 1969 年由 A. R. E. Siager 发明，并由 Ospray 金属有限公司发展成工业生产规模的制造技术。该方法的基本原理是液态金属通过特殊的喷嘴，在惰性气体气流的作用下分散成细小的液态金属雾化（微粒）流，喷射向衬底，在金属液喷射雾化的同时，将增强颗粒加入到雾化的金属流中，与金属液滴混合，再一起沉积在衬底上，凝固形成金属基复合材料。共喷沉积法工艺原理如图 6-18 所示。

颗粒添加喷射成形法使强化颗粒与熔融金属接触时间短，界面反应可以得到有效抑制，可以制备连续的和不连续的梯度复合材料。如果使强化陶瓷颗粒在金属或基体中自动生成，又称为反应喷射沉积法，也是一种原生复合法。

共喷沉积法制造颗粒增强金属基复合材料是一个动态过程。基体金属熔化、液态金属雾化、颗粒加入、颗粒均匀混合、金属液雾与颗粒混合沉积，以及凝固结晶等工艺过程都是在极短时间内完成的。其工艺参数包括：熔体金属温度，气体压力、流量、速度，颗粒加入速度，沉积底板温度等，这些因素均十分敏感地影响复合材料的质量，须十分严格地控制。

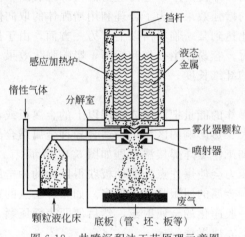

图 6-18　共喷沉积法工艺原理示意图

该方法是制造各种颗粒增强金属基复合材料的有效方法，雾化过程中金属熔滴的冷却速度可高达 103～106K/s，基体金属组织可获得快速凝固金属所具有的细晶组织，无宏观偏析，组织均匀致密、颗粒分布均匀、生产效率高。共喷沉积法适用面广，不仅适用于铝、铜等有色金属基体，也适用于铁、镍、钴、金属间化合物基复合材料，并可直接生产不同规格的板坯、管子、型材等。

6.2.2.5 反应自生成法

反应自生成法是在基体金属中通过某种反应生成增强相，而不是外加颗粒增强物来增强金属基体，增强物与金属基体的界面结合良好的制备金属基复合材料的方法。该方法是20世纪80年代后期发展起来的，有美国 Martin-Mariatta 公司发明的 XD 法（固态法）和液态自生成法两种。

固态法是把预期构成增强相（一般均为金属化合物）的两种组分（元素）粉末与基体金属粉末均匀混合，然后加热到基体熔点以上的温度，当达到两种元素的反应温度时，两元素发生放热反应，温度迅速升高，并在基体金属熔液中生成 $1\mu m$ 以下的弥散颗粒增强物，颗粒分布均匀，颗粒与基体金属的界面干净，结合力强。反应生成的增强相含量可以通过加入反应元素的多少来控制。颗粒增强物形成后性质稳定，可以再熔化加工。主要用来制备 NiAl、TiAl 等高温金属间化合物基复合材料，已成功地制备出 $TiB_2/NiAl$、$TiB_2/TiAl$、$SiC/MoSi_2$ 等金属间化合物基复合材料。也可以用来制备以硼化物、碳化物、氮化物等为颗粒增强体，铝、铁、铜、镍、钛以及金属间化合物为基体的复合材料。

液相反应自生增强体法是在基体金属熔液中加入能反应生成预期增强颗粒的元素或化合物，在熔融的基体合金中，在一定的温度下反应，生成细小、弥散、稳定的颗粒增强物，形成自生增强金属基复合材料。例如在铝熔液中加入钛元素，形成 Al-Ti 合金熔体，加入 C 元素（Ti 粉和甲烷等碳氢化合物），进入的甲烷与铝液中的钛反应，生成细小、弥散的 TiC 颗粒。反应方程式如下：

$$Ti + CH_4 \longrightarrow TiC + H_2 \uparrow （铝液中）$$

$$B + Ti \longrightarrow TiB_2 \uparrow （铝液中）$$

液相反应自生增强物法适用于铝基、镁基、铁基等复合材料。由于是在基体熔体中反应自生增强物，增强物与基体金属界面干净，结合良好，增强物性质稳定，增强颗粒大小、数量与工艺过程、反应元素加入量等有密切关系。

6.2.2.6 粉末冶金法成形

粉末冶金法是根据制品要求采用不同的金属粉末与陶瓷颗粒、晶须或短纤维，经均匀混合后放入模具中，高温、高压成形。该方法可直接制成零件，也可制坯进行二次成形。制得的材料致密度高，增强材料分布均匀。粉末冶金法是一种成熟的工艺方法，主要适用于颗粒、晶须增强材料。采用粉末冶金法制造的铝基颗粒（晶须）复合材料具有很高的比强度、比模量和耐磨性，用于汽车、飞机和航天器等的零件、管、板和型材中。该方法也适用于制造铁基、金属间化合物基复合材料，例如用 TiC 颗粒制成的 TiC/Ti-6Al-4V 复合材料，含 10% 的 TiC 颗粒，其高温弹性模量提高了 15%，使用温度能提高 $100℃$。关于粉末冶金技术，在本教材中另有章节详细介绍。

6.3 陶瓷基复合材料

6.3.1 陶瓷基复合材料概述

陶瓷基复合材料（ceramic matrix composite，缩写为 CMC）是在陶瓷基体中引入具有增强、增韧效果的第二相材料的一种多相材料，又称为复相陶瓷或多相复合陶瓷（multiphase composite ceramic）。

6.3.1.1 陶瓷材料基体

陶瓷材料基体主要以结晶和非结晶两种形态的化合物的形式存在，属于无机化合物而不是单质，所以它的结构远比金属合金复杂得多；按照组成元素不同，可以分为氧化物陶瓷、碳化物陶瓷、氮化物陶瓷等，或者以混合氧化物的形态存在。目前，被人们研究得最多的是氧化铝、碳化硅、氮化硅陶瓷等，它们普遍具有耐高温、耐腐蚀、高强度、重量轻等许多优良的性能。其中，氧化铝、碳化硅陶瓷的相关性能见表 6-5 和表 6-6。

表 6-5　氧化铝陶瓷的结构和主要性能

名　称	刚玉-莫来石瓷	刚玉瓷	刚玉瓷
牌号	75 瓷	95 瓷	99 瓷
Al_2O_3 含量/%	75	95	99
主晶相	α 相和 $3Al_2O_3 \cdot 2SiO_2$	α 相	α 相
密度/(g/cm^3)	3.2~3.4	3.5	3.9
抗拉强度/MPa	140	180	250
抗弯强度/MPa	250~300	280~350	370~450
抗压强度/MPa	1200	1200	2500
热膨胀系数/$\times 10^{-6}°C^{-1}$	5~5.5	5.5~5.7	6.7
介电强度/(kV/mm)	25~30	15~18	25~30

表 6-6　碳化硅陶瓷的结构和主要性能

制备方法	弯曲强度(4 点)/MPa			弹性模量/GPa	热膨胀系数/$\times 10^{-6}°C^{-1}$	热导率/[W/(m·K)]
	25℃	1000℃	1375℃			
热压(加 MgO)	690	620	330	317	3.0	30~15
烧结(加 Y_2O_3)	655	585	275	236	3.2	28~12
反应烧结(密度 2.45)	210	345	380	165	2.8	6~3

6.3.1.2 增强（韧）相

陶瓷基复合材料中的第二相主要有长（短）纤维、晶须及颗粒等，通常也称为增韧体。陶瓷材料都具有共同的缺点，即脆性，当处于应力状态时，会产生裂纹，甚至断裂，导致材料失效。往陶瓷材料中加入起增韧（补强）作用的第二相，是改善陶瓷材料韧性化的主要途径之一，成为近年来陶瓷工作者们研究的一个重点方向。在多相复合陶瓷的研究中，必须考虑各相之间的化学相容性，保证两者不发生化学反应，不引起复合材料的性能退化；同时，也要考虑基体和增强体两者之间的热膨胀系数和弹性模量等方面的物理相容性。

在陶瓷基体中，加入长纤维而制成陶瓷基复合材料是改善其韧性的重要手段。目前使用得较为普遍的是碳纤维、玻璃纤维、硼纤维等；图 6-19 为玻璃纤维生产流程。

在陶瓷基复合材料中，按纤维排布方式不同，又可将其分为单向排布纤维复合材料和多向排布纤维复合材料。前者的显著特点是具有各向异性，即沿纤维长度方向上的纵向性能要大大高于其横向性能。在纤维增韧陶瓷基复合材料中，当裂纹扩展遇到纤维时会受阻。如果要使裂纹进一步扩展，就必须提高外加应力。当外加应力进一步提高时，会引发基体与纤维

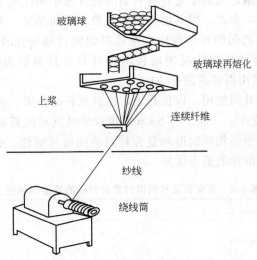

玻璃球

玻璃球再熔化

上浆

连续纤维

纱线

绕线筒

图 6-19　玻璃纤维生产流程

间的界面离解。由于纤维的强度高于基体的强度，从而将纤维从基体中拔出。当拔出的长度达到某一临界值时，又会导致纤维发生断裂。因此，裂纹的扩展必须克服由于纤维的加入而产生的拔出功和纤维断裂功，从而对复合材料起到增韧的作用。

实际材料断裂过程中，纤维的断裂并非发生在同一裂纹平面上，这样主裂纹还将沿纤维断裂位置的不同而发生裂纹转向。同样会使裂纹的扩展阻力增加，从而进一步提高材料的韧性。因此，采用高强度、高弹性的纤维与陶瓷基体复合，纤维能阻止裂纹的扩展，从而得到有优良韧性的纤维增强陶瓷基复合材料，显著提高基体的韧性和可靠性。

虽然，纤维增韧陶瓷基复合材料性能相对优越，但其制备工艺十分复杂，而且纤维在基体中不易分布均匀。因此，近年来又发展了晶须及颗粒增韧陶瓷基复合材料。晶须为具有一定长径比（直径 $0.3\sim1\mu m$，长 $0\sim100\mu m$）的小单晶体。晶须的特点是没有微裂纹、位错、孔洞和表面损伤等一类缺陷，因此其强度接近理论强度。在制备复合材料时，只需将小尺寸晶须进一步分散，再与基体粉末均匀混合。然后，对混好的粉末体进行热压烧结，即可制得相对致密的晶须增韧陶瓷基复合材料。

目前常用的是 SiC、Si_3N_4、Al_2O_3 晶须，常用的基体则为 Al_2O_3、ZrO_2、SiO_2、Si_3N_4 及莫来石等。部分晶须的性能列于表 6-7 中。

表 6-7　部分晶须的性能

材料	熔点/℃	密度/(g/cm³)	拉伸强度/GPa	比强度/×10⁶cm	弹性模量/GPa	比弹性模量/×10⁶cm
Al_2O_3	2040	3.96	21	53	430	110
BeO	2570	2.85	13	47	350	120
B_4C	2450	2.52	14	56	490	190
SiC	2690	3.18	21	66	490	190
Si_3N_4	1960	3.18	14	44	380	120
石墨	3650	1.66	20	100	710	360

晶须与颗粒对陶瓷材料的增韧均有一定作用，且各有利弊。晶须的增强增韧效果好，但是，由于晶须仍具有一定的长径比，当其所占比例较高时，相互之间产生桥架效应，致使材

料致密化过程变得相对困难，引起了复合材料制品密度减小和性能下降。

颗粒可克服晶须的这一弱点，但其增强增韧效果却不如晶须。采用颗粒来代替晶须制成复合材料，可削弱增强体之间的桥架效应。在原料的混合均匀化及复合材料烧结致密化方面，颗粒增强陶瓷基复合材料均比晶须增强陶瓷基复合材料更为容易。当所用的颗粒为 SiC、TiC 时，基体材料采用得最多的是 Al_2O_3、Si_3N_4。

也可以将晶须与颗粒共同使用，取长补短，达到更好的效果。目前，已有了这方面的研究工作，如使用 SiC_w 与 ZrO_2、SiC_w 与 SiCp 等组合来共同对陶瓷基体进行增韧。表 6-8 给出了莫来石及其不同组合增强相所制得的复合材料的强度与韧性。很明显，由 $ZrO_2 + SiC_w$ 与莫来石制得的复合材料的性能更为优异。

表 6-8　莫来石及其制得的复合材料的强度与韧性

材料	σ_f/MPa	$K_{Ic}/MPa \cdot m^{1/2}$
莫来石	244	2.8
莫来石 + SiC_w	452	4.4
莫来石 + $ZrO_2 + SiC_w$	551～580	5.4～6.7
$Si_3N_4 + SiC_w$	1000	11～12

6.3.1.3　陶瓷基复合材料的界面

一般情况下，陶瓷基体与增强材料之间的结合形式不同。当基体与增强材料发生化学反应后，在界面生成化合物，将两者结合在一起，因此形成反应结合界面；当基体与增强材料之间通过原子扩散和溶解形成结合时，其界面即是溶质的过渡带。而两者的机械结合则主要是依靠基体与纤维之间的摩擦力来实现的。实际上，陶瓷基复合材料的界面特征往往是上述几种结合方式的综合体现。

陶瓷基复合材料往往是在高温条件下制备的，增强体与陶瓷之间容易发生化学反应，形成化学黏结的界面层或反应层。若基体与增强体之间不发生反应，或控制它们之间发生反应，那么当从高温冷却下来时，陶瓷基体的收缩量将大于增强体。当基体在高温时呈现为液体（或黏性体）时，它也可渗入或浸入纤维表面的缝隙等缺陷处，冷却后形成机械结合。此外，高温下原子的活性增大，原子的扩散速度较室温大得多，由于增强体与陶瓷基体的原子扩散，在界面上也更容易形成固溶体和化合物。此时，增强体与基体之间的界面是具有一定厚度的界面反应区，它与基体和增强体都能较好地结合，但通常是脆性的。例如 Al_2O_{3f}/SiO_2 系中会发生反应，形成强的化学键结合。

对于陶瓷基复合材料来讲，界面结合性能会明显影响陶瓷基体和复合材料的断裂行为。如图 6-20 所示。

太强的界面黏结往往导致脆性破坏，裂纹可以在复合材料的任意部位形成，并迅速扩展至复合材料的横截面，导致平面断裂，并且在断裂过程中，强的界面结合不会产生额外的能量消耗。若界面结合较弱，当基体中的裂纹扩展至纤维时，将导致界面脱粘，其后裂纹发生偏转、裂纹搭桥、纤维断裂以致最后纤维拔出。裂纹的偏转、搭桥、断裂以致最后纤维拔出等过程都要吸收能量，从而提高复合材料的断裂韧性，避免突然地脆性失效。对于陶瓷基复合材料的界面强度来说，一方面应该强到足以传递轴向载荷，并具有高的横向强度；另一方面，也要弱到足以沿界面产生横向裂纹，以及裂纹偏转直到纤维的拔出。因此，陶瓷基复合材料界面要有一个最佳的界面强度。

为获得最佳的界面结合强度，应该避免界面间的化学反应或尽量降低界面间的化学反应

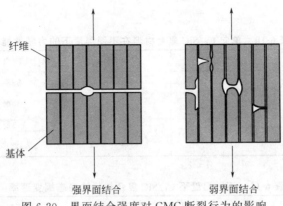

强界面结合   弱界面结合

图 6-20　界面结合强度对 CMC 断裂行为的影响

程度和范围。常采用的一些控制界面反应的方法如下。

①　改变增强材料的表面性质，如涂层等。

②　向基体中添加特定元素，降低烧结温度与缩短烧结时间。

③　改进复合工艺和设备。

在实际应用中，除选择的纤维和基体在加工和使用期间能形成稳定的热力学界面外，最常用的方法就是在与基体复合之前，往增强材料表面上沉积一层薄的涂层。C 和 BN 是最常用的涂层，此外还有 SiC、ZrO_2 和 SnO_2 涂层。涂层的厚度通常在 $0.1\sim1\mu m$，涂层的选择取决于纤维、基体、加工和应用要求。纤维上的涂层除了可以改变复合材料界面结合强度外，对纤维还可起到保护作用，避免在加工和处理过程中造成纤维的机械损坏。

6.3.1.4　陶瓷基复合材料的性能

陶瓷基复合材料具有耐高温、耐磨、抗高温蠕变、热导率低、热膨胀系数低、耐化学腐蚀、强度高、硬度大及介电、透波等特点。不同的工艺制成的复合材料，其性能亦有较大的差别。陶瓷基复合材料的性能取决于多种因素，如基体、增强体（纤维、晶须或颗粒等）及二者之间的结合等。例如，从基体方面看，与气孔的尺寸及数量，裂纹的大小以及一些其他缺陷有关；从纤维方面来看，则与纤维中的杂质、纤维的氧化程度、损伤及其他固有缺陷有关；从基体与纤维的结合情况来看，则与界面及结合效果、纤维在基体中的取向，以及载体与纤维的热膨胀系数差异度有关。

如表 6-9 中列出了不同制备工艺的 C_f/SiC 的相关性能。其中，热压法的强度和断裂韧性最好，这可能与所获得的复合材料的致密度有关。

表 6-9　不同制备工艺的 C_f/SiC 的相关性能

制备工艺	材料性能		
	σ/MPa	$K_{1c}/MPa \cdot m^{1/2}$	密度/(g/cm³)
聚合物裂解法	530	—	<1.85
泥浆浸渍热压法（纤维单向增强）	950	30.0	—
泥浆浸渍热压法	360～450	13.4～21.4	—
CVI（纤维单向增强）	约800	6.0～10.0	—
CVI	520	16.5	2.10
反应烧结	300		2.20

表 6-10 和表 6-11 分别给出了单向 C_f/SiC 复合材料在不同温度下的力学性能与其蠕变

情况。

表 6-10 单向 C_f/SiC 复合材料在不同温度下的力学性能

性能	室温	1300℃	1450℃	1650℃
拉伸强度/MPa	372	374	338	—
弯曲强度/MPa	550	392	394	574
弯曲模量/GPa	157	148	132	83
断裂韧性/MPa·$m^{1/2}$	17.9	—	12.5	—

表 6-11 不同温度下 C_f/SiC 复合材料的稳态蠕变速率

温度/℃	蠕变应力/MPa	稳态蠕变速度/($\times 10^{-5}$/min)
1300	124.5	2.05
1300	93.9	1.27
1350	109.2	1.76
1400	112.8	2.09
1450	94.2	2.52

6.3.1.5 陶瓷基复合材料的应用

陶瓷材料具有耐高温、高强度、高硬度及耐腐蚀性好等特点，但其脆性大的弱点限制了它的广泛应用。陶瓷基复合材料具有高的比强度和比模量，其韧性相对于陶瓷材料得到了极大改善，在要求重量轻的领域及高速切削方面的应用很有前景。并且，陶瓷基复合材料能够在更高的温度下保持其优良的综合性能，较好地满足现代工业发展的要求。最高使用温度主要取决于基体特性，其工作温度按下列基体材料依次提高：玻璃、玻璃陶瓷、氧化物陶瓷、非氧化物陶瓷、碳素材料，其最高工作温度可达 1900℃。目前，陶瓷基复合材料已实用化的领域包括：切削工具、滑动构件、航空航天构件、发动机制件、能源构件等。

陶瓷基复合材料可作切削刀具，如用碳化硅晶须增强氧化铝刀具切削镍基合金、铸铁和钢的零件，不但使用寿命增加，而且进刀量和切削速度都可大大提高。由美国格林利夫公司研制的 WC-300 复合材料刀具具有耐高温、稳定性好、强度高等优异性能，最大切削速度约为传统 WC-Co 硬质合金刀具切削速度的 2 倍。某燃汽轮机厂采用这种新型复合材料刀具后，机加工时间从原来的 5h 缩短到 20min，仅此一项，每年就可节约 25 万美元。用热压法制备的 SiC_w 增韧 Al_2O_3 陶瓷复合材料已成功用于工业生产中制造切削刀具。山东工业大学研制生产的 SiC_w/Al_2O_3 复合材料刀具切削镍基合金时，不但刀具使用寿命增加，而且进刀量和切削速度也大大提高。除 SiC_w/Al_2O_3 外，SiC_f/Al_2O_3、TiO_{2p}/Al_2O_3 复合材料也用于制造机加工刀具。

采用陶瓷基复合材料来代替传统高温合金已成为了目前研究的一个重点热点。通常，热机的循环压力和循环气体的温度越高，其热效率也就越高。传统使用的燃气轮机高温部件主要为镍基或钴基合金，可使汽轮机的进口温度高达 1400℃，但这些合金的耐高温极限受到了其熔点的限制。为此，美国能源部和宇航局开展了 AGT（先进的燃气轮机）、CATE（陶瓷在涡轮发动机中的应用）等计划，并且，德国、瑞典等国也进行了相关方面的研究工作。

用陶瓷基复合材料制作的导弹的头锥、雷达罩、火箭的喷管、航天飞机的结构件等在航空航天领域也收到了良好的效果。陶瓷基复合材料耐蚀性优异，生物相容性好，可用作生体材料；陶瓷基复合材料还可用于制造耐磨件，如拔丝模具、密封阀、耐蚀轴承、化工泵的活塞等。法国已将长纤维增强碳化硅复合材料应用于制作超高速列车的制动件，而且取得了传统的制动件所无法比拟的优异的耐摩擦磨损特性，取得了满意的应用效果。

新型材料的开发与应用已成为当今科技进步的一个重要标志，陶瓷基复合材料正以其优良的性能引起人们的重视。人们已开始对陶瓷基复合材料的结构、性能及制造技术等问题进行较为系统的研究，但这其中还有许多尚未研究清楚的问题，还需要陶瓷专家们对理论问题进行进一步探索。另一方面，陶瓷的制备过程是一个十分复杂的工艺过程，影响其品质的因素众多。所以，如何进一步稳定陶瓷的制造工艺，提高产品的可靠性与一致性，进一步扩大陶瓷应用范围是所面临的问题。可以预见，随着对其理论问题的不断深入研究和制备技术的不断开发与完善，它的应用范围将不断扩大，它的应用前景是十分光明的。

6.3.2 陶瓷基复合材料的成形工艺

陶瓷基复合材料的成形工艺很多。增强材料（纤维、晶须或颗粒等）不同，陶瓷基复合材料所对应的加工方法亦不同。目前，常采用料浆浸渗法、料浆浸渍后热压烧结法、化学气相渗透法、先驱体转化法和溶胶-凝胶法等几种方法制造加工纤维增强陶瓷基复合材料；晶须（短纤维与晶须相似）和颗粒增强体的陶瓷基复合材料成形工艺与陶瓷材料的加工过程基本相同，如泥浆烧铸法、热压烧结法、热等静压烧结法、固相反应烧结法等。为了能获得性能优良的陶瓷基复合材料，其加工技术也在不断被研究与改进。下面简要介绍几种成形方法。

6.3.2.1 浆料浸渍热压成形法

料浆浸渍热压成形法是将增强纤维或织物（毡）置于陶瓷粉体浆料里浸渍，然后将含有浆料的增强纤维或织物做一定结构的坯体，充分烘干，经过切割和层叠后在高温、高压下热压烧结为制品。目前，该方法在制造纤维增强陶瓷基（或玻璃陶瓷基）复合材料中应用较多，其工艺流程如图 6-21 所示。

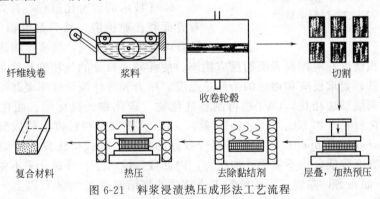

纤维线卷　　　浆料　　　　　　　　　　　　切割

收卷轮毂

复合材料　　热压　　去除黏结剂　　层叠，加热预压

图 6-21　料浆浸渍热压成形法工艺流程

如图 6-21 所示，纤维束或纤维预制件在滚筒的旋转牵引下，于浆料罐中浸渍浆料。浆料由基体粉末、水或乙醇以及有机联结剂混合而成。浸后的纤维束或预成形体被缠绕在滚筒上，然后压制切断成单层薄片，将切断的薄层预浸片按单向、十字交叉法或一定角度的堆垛次序排列成层板，然后加入加热炉中烧去联结剂，最后热压使之固化。

浆料浸渍热压法的优点是加热温度较晶体陶瓷低，增强体损伤小，工艺较简单，适用于长纤维，纤维层板的堆垛次序可任意排列，纤维分布均匀，制品气孔率低，强度高。缺点是所制零件的形状不能太复杂；基体材料必须是低熔点或低软化点陶瓷。

6.3.2.2 化学气相渗透工艺

化学气相渗透工艺（chemical vapor infiltration），又称 CVI 法，是在化学气相沉积

（chemical vapor deposition，CVD 法）的基础上发展起来的一种制备复合材料的新方法。CVI 法特别适合于制备由连续纤维增强的陶瓷基复合材料。将增强纤维编织成所需形状的预成形体，纤维预制体骨架上有开口气孔，置于一定温度的 CVI 炉反应室内，然后通入源气（即与载气混合的一种或数种气态先驱体），通过扩散或利用压力差，迫使反应气体定向流动输送至预成形体周围后，向其内部扩散，在预成形体孔穴的纤维表面上产生热分解或化学反应，所生成的固体产物沉积在孔隙壁上，直至预成形体中各孔穴被完全填满，获得高致密度、高化学气相渗透工艺强度、高韧度的制件。

目前，CVI 工艺方法包括等温 CVI（ICVI）、等温强制对流 CVI、热梯度 CVI、热梯度强制对流 CVI（FCVI）、脉冲 CVI（即间歇式变化源气成分以获得不同成分混杂的陶瓷基体）和位控 CVD（PCCVD）等。一些更新的 CVI 方法也时有报道。ICVI 和 FCVI 是最具代表性的两种 CVI 工艺方法。

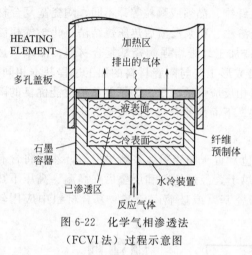

图 6-22　化学气相渗透法
（FCVI 法）过程示意图

ICVI 法，又称静态法，是把被浸渗的部件放在均热的空间内，反应物气体通过扩散渗入到多孔体内，发生化学反应并进行沉积，而副产物气体再通过扩散向外散出。

FCVI 法由美国 ORNL 首先提出，是动态 CVI 法中最典型的方法。在纤维多孔体内施加一个温度梯度，同时施加一个反向的气体压力梯度，迫使反应气体强行通过多孔体，在温度较高处发生沉积，在此过程中，沉积界面不断由高温区向低温区推移，或在适当的温度梯度沿厚度方向均匀沉积，如图 6-22 所示。

CVI 技术的致密化过程，首先是气相物质沿着界面和孔隙扩散，然后是沉积的物质被吸附，被吸附物质发生反应，反应产物进一步扩散。为了得到高的沉积密度，应控制表面的反应速率，使孔隙入口处的气相饱和度足够高，使气相的离解率足够低，要求反应和渗透的条件是温度、压力和气体流动速率要尽可能低。

与固相粉末烧结法相比，CVI 法可制备硅化物、碳化物、氮化物、硼化物和氧化物等多种陶瓷基复合材料（如 SiC_f/SiC、C_f/C 等），并能实现在微观尺度上的成分设计，能制备精确尺寸（near-net shapped）和纤维体积分数高的部件，且获得优良的高温力学性能。由于此法的制备温度较低，也不需要外加压力，内部残余应力小，纤维几乎不受损伤。例如在 800～1200℃下制备 SiC 陶瓷，而传统粉末烧结法的烧结温度在 2000℃以上；CVI 法的主要缺点是生长周期长、效率低、成本高，由于设备和模具等方面的限制，不适于生产形状复杂的制品。

6.3.2.3　聚合物浸渍裂解工艺

聚合物浸渍裂解工艺（polymer infiltration and pyrolysis，PIP 法）又称为有机先驱体转化法或高聚物先驱体热解法。该方法是先合成高分子聚合物先驱体，接着将纤维预制体浸渍，然后在一定温度下热解转化无机物质，往往经多次浸渍/热解后制备成陶瓷基复合材料。例如，用聚碳硅烷浸渍制备 C_f/SiC 陶瓷基复合材料。聚二甲基硅烷热解生成碳化硅：

$$[—SiH(CH_3)CH_2Si(CH_3)_2—] \longrightarrow SiC + CO_2 + H_2O$$

PIP 工艺常用的方法有两种：一是制备纤维增强复合材料，即先将纤维编织成所需的形状，然后浸渍高聚物先驱体，热解、再浸渍、热解……如此循环制备成陶瓷基复合材料，此法周期较长。另一种是用高聚物先驱体与陶瓷粉体直接混合，填压成形，再进行热解获得所需材料。这种方法在混料时加入金属粉可以解决高聚物先驱体热解时收缩大、气孔率高的问题。最常用的高聚物是有机烷高聚物，如含碳和硅的聚碳硅烷成形后，经直接高温分解或在氯和氨气氛中高温分解并高温烧结后，能制备单相陶瓷或陶瓷基复合材料。

图 6-23 为 PIP 法制备纤维增韧陶瓷基复合材料工艺过程。图 6-24 所示为 PIP 法制备 3D-C_f/SiC 的工艺路线

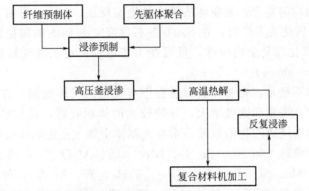

图 6-23　PIP 法制备纤维增韧陶瓷基复合材料工艺过程示意图

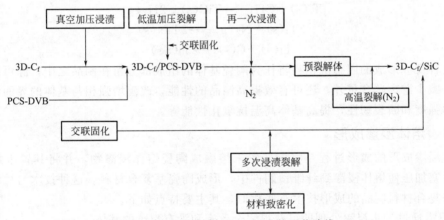

图 6-24　PIP 法制备 3D-C_f/SiC 的工艺路线

有机先驱体工艺适合于制备用碳纤维和碳化硅纤维增强 SiC 陶瓷、Si_3N_4 陶瓷和 Al_2O_3 陶瓷基复合材料。表 6-12 所列为用有机先驱体法制备的几种陶瓷基复合材料的性能。

表 6-12　PIP 工艺复合材料的性能

复合材料体系	制备工艺	弯曲强度（室温）/MPa	弯曲强度（1200℃）/MPa	断裂韧性/MPa·$m^{1/2}$
C_f/SiC	聚合物裂解	500	—	10
C_f/Si_3N_4	聚合物裂解	481	443	29
SiC_f/SiC	聚合物裂解	110	—	5
C_f/SiC	聚合物裂解	481	—	17.5
C_f/SiC	聚合物裂解	740	—	18
C_f/Al_2O_3-SiC	聚合物裂解	428	—	—
C_f/Si_2N_4	聚合物裂解	425	—	11.6

聚合物浸渍裂解工艺的特点如下。

① 有机先驱体聚合物具有可设计性。可通过有机先驱体分子设计和工艺来控制复合材料基体的组成和结构。

② 可在纤维增强陶瓷基复合材料的坯体或预成形体中加入填料或添加剂，实现制备多相组分的陶瓷基复合材料。

③ 可实现增强纤维与基体的理想复合，工艺性良好。常规方法难以实现纤维特别是其编织物与陶瓷基体的均匀复合，先驱体法能有效地实现这一过程。并且，烧结温度较低。如由聚碳硅烷（PCS）转化为 SiC 时，在 850℃左右就可完成 PCS 的陶瓷转化。

④ 能够制造形状比较复杂的构件，且可在工艺过程中对工件进行机械加工，得到精确尺寸的构件（near-net-shape）。

先驱体转化法的不足是：先驱体裂解过程中有大量的气体逸出，在产物内部留下气孔；先驱体裂解过程中伴有失重和密度增大，导致较大的体积收缩，且裂解产物中富碳。所以，为了在一定程度上抑制烧成产物的收缩，常在先驱体中加入在先驱体裂解过程中质量和体积都不发生变化的惰性填料（如 SiC、Si_3N_4、BN、AlN、Al_2O_3 等），或者加入活性填料（如 Al、B、Cr、$CrSi_2$、Mo、Si、Ta、Ti、TiB_2、TiH_2、W、Zr 等），使之与先驱体裂解气体、保护气氛反应，或者与先驱体转化过程中所生成的游离碳反应。例如，加入活性填料 Ti 的反应方程式分别如下：

$$Ti(s) + CH_4 \longrightarrow TiC(s) + 2H_2(g)$$
$$2Ti(s) + N_2(g) \longrightarrow 2TiN(s)$$
$$Ti(s) + C(s) \longrightarrow TiC(s)$$

这三种反应形成的固态沉积物将作为陶瓷基体的组成部分留在制品之中，除可减小制品收缩率、减少游离碳含量外，还可有效提高制品的性能，改善增强相与基体的界面结合，提高基体的强度和断裂韧性，提高基体高温抗氧化性能等。

6.3.2.4　熔体浸渗成形

熔体浸渗成形的成形过程是将陶瓷粉末熔融成陶瓷熔体浸渗物，并将其置于加压容器中，用活塞加压使熔体浸渗到纤维预制件中，形成陶瓷基复合材料。这种技术与短纤维增强的金属基复合材料制品的成形技术有些相似，其主要特点如下。

① 只需通过一步浸渗处理即可获得完全致密和没有裂纹的基体。

② 从预制件到成品的处理过程中，其尺寸基本不发生变化。

③ 适合制作形状复杂的结构件。

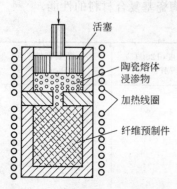

④ 陶瓷材料熔点一般很高，因此在浸渗过程中易使纤维性能受损或在纤维与基体的界面上发生化学反应。

⑤ 陶瓷熔体的强度要比金属的强度大得多，会大大降低浸渗速度。需要采用加压浸渗，并且压力愈大，纤维间距愈小，试样尺寸愈大，浸渗速度愈慢。

⑥ 在熔体凝固过程中，会因膨胀系数的变化而产生体积变化，易导致复合体系中产生残余应力。

浸渗过程的关键在于纤维与陶瓷基体的润湿性。加压浸渗等成形工艺对纤维表面进行了涂层处理。熔体浸渗成形原理如图 6-25 所示。

图 6-25　熔体浸渗成形示意图

（图中标注：活塞、陶瓷熔体浸渗物、加热线圈、纤维预制件）

6.3.2.5 压制烧结法

压制烧结法也称混合压制法，是将短纤维、晶须或颗粒与陶瓷粉末充分混合均匀后，通过冷压而制成所需要的形状，然后再进行烧结成形，或者直接进行热压烧结，获得陶瓷基复合材料制品的方法。前者称冷压烧结法，后者称热压烧结法。热压烧结法十分适合于制备短纤维、晶须或颗粒增强陶瓷基复合材料。热压烧结法过程中材料受到压力和高温的同时作用，烧结温度较低，能有效抑制界面反应，加速致密化速率，可获得增强体与基体结合好、致密度高、力学性能大大提高的复合材料制品。

短纤维、晶须与颗粒的尺寸均很小，用它们进行增韧陶瓷基复合材料的成形工艺是基本相同的，与陶瓷材料的成形工艺相似，比长纤维陶瓷基复合材料简便得多，只需将晶须或颗粒分散后并与基体粉末混合均匀，再用烧结的方法即可制得高性能的复合材料。短纤维增强体在与基体粉末混合时取向是无序的。但是，在冷压成形及热压烧结的过程中，短纤维由于在基体压实与致密化过程中沿压力方向转动，所以导致了在最终制得的复合材料中，短纤维沿加压面而择优取向，使材料性能上具有一定程度的各向异性。

压制烧结法的成形工艺大致可分为"配料→成形→烧结→精加工"几个步骤。

(1) 配料

高性能的陶瓷基复合材料应具有均质、孔隙少的微观组织。为了得到优异品质的复合材料，必须首先严格挑选原料。把几种原料粉末混合配成坯料的方法分为干法和湿法两种。

湿法主要采用水作溶剂，但在氮化硅等非氧化物系的原料混合时，为防止原料的氧化则使用有机溶剂。现今混合处理加工的微米级、超微米级粉末方法大多采用湿法，效率和可靠性更高。原料混合时的装置一般为专用球磨机，并应该采用与加工原料材质相同的陶瓷球和内衬，防止外来杂质混入原料。

(2) 成形

供给成形工序前的混合料浆在一般情况下有以下三种情况：

① 经一次干燥制成粉末坯料；

② 把结合剂添加于料浆中，不干燥坯料，保持浆状；

③ 用压滤机将料浆状的粉脱水后制成坯料。

将干燥粉料充入模型内，加压后即可成形。通常有金属模成形法、橡皮模成形法、注射成形法、注浆成形法和挤压成形法等。

金属模成形法具有装置简单、成形成本低廉的优点，但它的加压方向是单向的。粉末与金属模壁的摩擦力大，粉末间传递压力不太均匀，因此容易造成烧成后的生坯变形或开裂，只能适用于形状比较简单的制件。

橡皮模成形法是用静水压从各个方向均匀加压于橡皮模来成形，故不会发生生坯密度不均匀和具有方向性之类的问题，并适合于批量生产。但是，由于在成形过程中毛坯与橡皮模接触而压成生坯，故难以制成精密形状，通常还要用刚玉对细节部分进行修整。

注射成形法从成形过程上看与塑料的注射成形过程相类似，但是必须从陶瓷生坯里将黏合剂除去并再进行烧结，工艺均较为复杂，具有很大的局限性。

注浆成形法是历史悠久的陶瓷成形方法。它是将料浆浇入石膏模内，静置片刻，料浆中的水分被石膏模吸收。然后除去多余的料浆，将生坯和石膏模一起干燥，生坯干燥后保持一定的强度，并从石膏中取出。这种方法可成形壁薄且形状复杂的制品。

挤压成形法是把料浆放入压滤机内挤出水分，形成块状后，从安装各种挤形口的真空挤出成形机挤出成形的方法，它适用于断面形状简单的长条形坯件的成形。

（3）烧结

烧结是采用专门的窑炉把从生坯中除去黏合剂组分后的陶瓷素坯烧固成致密制品的过程。常用的烧结窑炉的种类繁多，按其功能可划分为间歇式和连续式两类。前者是指放入窑炉内生坯的硬化、烧结、冷却及制品的取出等工序是间歇地进行的。间歇式窑炉烧结条件灵活，筑炉价格也比较便宜，适合处理特殊大型制品或长尺寸制品，不适合于大规模生产。连续窑炉是把装生坯的窑车从窑的一端以一定时间间歇推进，窑车沿导轨前进，沿着窑内设定的温度分布经预热、烧结、冷却过程后，从窑的另一端取出成品。适合于大批量制品的烧结，由预热、烧结和冷却三个部分组成。

（4）精加工

烧结后的许多制品还需进行精加工处理，以满足高精度制品的需求。精加工的目的是为了提高烧成品的尺寸精度和表面平滑性，前者主要用金刚石砂轮进行磨削加工，后者则用磨料进行研磨加工。金刚石砂轮大致分为电沉积砂轮、金属结合剂砂轮、树脂结合剂砂轮等。在实际磨削操作时，除选用砂轮外，还需确定砂轮的速度、切削量、给进量等各种磨削条件，才能获得好的结果。

以上是陶瓷基复合材料制备工艺的几个主要步骤，这些过程看似简单，实则包含着相当复杂的内容，其产品质量对制造工艺中的微小变化特别敏感，而且这些微小的变化是很难在最终烧成产品前被察觉的，使得实际经验的积累变得越发重要。在实验室规模下能够稳定重复制造的材料，在扩大的生产规模下常常难以重现。随着现代科技对材料提出的要求的不断提高，还需进一步深入研究其工艺方法与设备。

目前，人们采用了等离子体烧结或微波加热烧结工艺加工陶瓷基复合材料，克服其烧结工艺耗时长的缺点。等离子烧结法工艺可将烧结时间缩短到几分钟。微波加热的速度要比传统陶瓷烧结法工艺快 100 多倍。如 B_4C，若采用微波加热工艺，在 2000℃ 以上的温度只要加热 6min 即可。微波处理还能使陶瓷材料的颗粒变得更加细微，结构也更加紧密。

6.3.2.6 其他成形方法

（1）泥浆浇铸法

泥浆浇铸法是在陶瓷泥浆中加入一定比例的分散纤维，然后再浇铸在符合制品结构的石膏模型中。这种方法比较古老，不受制品形状的限制，但对提高产品性能效果显著，成本低，工艺简单，适合于短纤维增强陶瓷基复合材料的制作。

（2）溶胶-凝胶法

溶胶-凝胶法（Sol-gel）是将纤维预制体置于由化学活性组分的化合物制备电镀有机先驱体的溶液中，经过水解、缩聚成凝胶，再经干燥、高温热处理成为氧化物陶瓷基复合材料。图 6-26 为 Sol-gel 法制备连续纤维增强陶瓷基复合材料的工艺示意图。

Sol-gel 法的优点是陶瓷基体成分容易控制，烧结加工温度低，容易浸渗和赋型，对纤维损伤小，复合材料制品均匀性好。但是，致密周期长，热处理时收缩较大。

（3）电泳沉积法

电泳沉积法是利用直流电场，使带电基体颗粒发生迁移，沉积到增强纤维预制体上，再经过干燥、热压或无压烧结（见图 6-27）。

电泳沉积法的特点是设备简单，操作方便，易于控制，制备周期短，适应范围广。缺点是不能用水作分散介质，有机分散介质对环境有污染。

（4）原位复合法

原位复合法是在一定条件下，通过化学反应在基体熔体中原位生成一种或几种增强组元

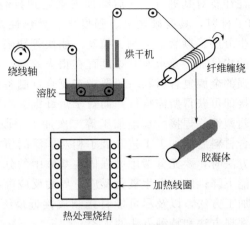

图 6-26　Sol-gel 法制备连续纤维增强陶瓷基复合材料的工艺示意图

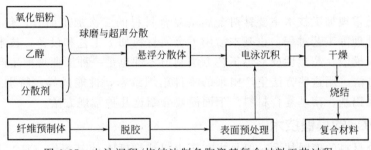

图 6-27　电泳沉积/烧结法制备陶瓷基复合材料工艺过程

（如晶须或 TiB_2、Al_2O_3、TiC 颗粒等），从而形成陶瓷基复合材料的工艺。例如，在陶瓷基体中均匀加入可生成晶须的元素或化合物，控制其生成条件，在陶瓷基体致密化过程中在原位生长出晶须，获得晶须增强陶瓷基复合材料。

该方法克服了复合材料增强相的传统外加方式的缺点，不必考虑外加相存在的相容性和热膨胀匹配问题，可获得热力学性能稳定、增强相尺寸细小、界面无污染、结合强度高的复合材料。并且，在烧结过程中晶须能够择优取向，有利于制造形状复杂的大尺寸产品。不仅能降低生产成本，同时还能有效地避免人体与晶须的直接接触，降低环境污染。表 6-13 给出了一些原位生长晶须 Si_3N_4 复合材料的工艺和性能。

表 6-13　原位生长晶须 Si_3N_4 复合材料的工艺和性能

烧结方法	添加剂	σ_f/MPa	K_{Ic}/MPa · $m^{1/2}$
Tani GPS	Y-Al	550~900	8~11
Pvzik HP	Y-Mg-Ca	1250	8~14
Luo HP	Y-La	860~960	8.4~11.4
Luo HP	Y-La	680~720	22~24(1350℃)
Wu GPS	Y-La	886	11.4(Si_3N_4 晶须)

6.4　复合材料的二次加工成形

复合材料以其高强度、高耐磨性等优点受到了世界各国的高度重视。为了获得更接近实际需要的复合材料构件，往往要对其进行二次后续加工来达到我们需要的结构尺寸。但是，大多数复合材料属于难加工材料，具有硬度高、强度大、导热性差、呈现出各向异性等特点，且在加工过程中易产生分层、撕裂、毛刺、拉丝、崩块等缺陷，加工工艺性很差。

不同种类的复合材料的构件加工要求及其难度存在很大差异。对于聚合物基、陶瓷基复合材料，以及连续纤维增强的金属复合材料一般要求在复合（制备）过程中一次成形，或者辅以少量的切削加工和连接即可获得所需构件；而对于短纤维、晶须、颗粒增强的金属基复合材料则可以采用挤压、超塑性、焊接、切削加工等二次加工手段生产相应零部件。目前，国内外相关机构已经对复合材料后续加工工艺开展了相对广泛的研究工作。

在选择二次成形加工方法时，要充分考虑增强体在基体中的分布均匀性；避免在加工过程中造成增强体和基体性能下降；防止发生氧化反应、界面反应等不利反应；尽量选用成本较低、适合于批量生产的加工方法，以及尽可能直接制成接近最终尺寸形状的零件。通常，把复合材料二次加工分为常规方法和特种方法两大类。

6.4.1　常规二次加工技术

复合材料的常规加工技术主要针对金属基复合材料的二次加工而言，包括成形、连接、机械加工和热处理等工艺过程，也基本沿用了金属材料加工工艺和设备，技术手段相对较成熟。利用挤压、模锻、超塑性成形等工艺方法制造零件也是一种工业规模生产金属基复合材料零件的有效方法。用这些方法生产出来的零件组织致密，性能优异，特别适用于短纤维、晶须、颗粒增强铝基、镁基复合材料。下面简要介绍这几种常规方法。

6.4.1.1　MMCs 的模锻技术

金属基复合材料的模锻技术一般是指在压力机或锻锤上使其料锭（坯）发生塑性形变，获得具有一定结构和尺寸锻件的方法。模锻技术通常适用于短纤维、晶须、颗粒增强金属基复合材料。金属基复合材料一般比基体材料变形抗力大，增强体会引起锻模磨损，故模锻件形状不宜太复杂，过渡圆角要稍大些，模锻温度可适当提高些，变形速度要适当降低，润滑要好些。模锻一般在加热状态下进行，模锻工艺生产率高，劳动强度低，尺寸精确，加工余量小，可以生产形状复杂的零件。航天工业中，铝基复合材料可通过模锻制成火箭发动机端头盖、接头、连杆、活塞等。

液态模锻也是复合材料成形的较好的方法之一。近年来，用液态模锻技术成形复合材料的研究也进行得非常活跃。液态模锻是传统铸造技术和热模锻技术相结合的产物，是一种复合加工方法。其工艺流程为，将熔化的金属液直接浇入金属模腔，然后通过压力机施加机械静压力，使内部液态金属在压力下结晶凝固，产生一定量的塑性变形，强制补缩，从而获得零件。对某些采用铸造工艺难以满足使用性能要求，采用锻造工艺又因形状复杂成形困难的特定产品，改用液态模锻工艺就有可能是一种上策。液态金属适合于混入颗粒或短纤维增强材料，或浸入预制体，而施加的压力可改善基体和增强体的结合界面，其工艺特点和金属基复合材料的成形特点相吻合，发挥了工艺本身的潜能。

用高强 Al-Zn-Mg-Cu 合金 LC4 为基体，以 Al_2O_3 颗粒为增强剂，采用半固态搅拌法制备出颗粒均匀、与基体结合良好的 10% $Al_2O_3p/LC4$ 复合材料，具有优异的抗拉强度和弹性模量，可以取代高锰钢来制造履带板，而采用液态模锻工艺制造的履带板板体，其质量明显优于一般铸造的方法，生产效率也较高。

6.4.1.2　MMCs 的热挤压技术

金属基复合材料的挤压技术就是利用挤压机使短纤维、晶须、颗粒增强金属基复合材料锭坯挤压变形制成管材、棒材、型材。由于金属基体中含有一定体积分数的增强物（如晶须、颗粒），大大降低了金属的塑性，变形阻力大，成形困难，坚硬的增强颗粒对模具磨损厉害，可以用润滑剂和模具表面涂层处理改善摩擦条件，有效的润滑可以使挤压力降低30%～40%。由于颗粒的加入，使基体金属变形抗力增加，塑性降低，适当地提高挤压温度，可提高材料的塑性，降低变形抗力，但挤压温度过高会发生基体合金过烧现象。增强物含量低的金属基复合材料则需用较低的挤压速度。过高的挤压速度使挤压出的型材产生严重的横向裂纹，挤压使复合材料的拉伸强度明显提高，原因在于晶须取向、基体变形强化，以及由于基体强化而导致复合材料中晶须临界长度的降低。

实际生产中一般采用润滑挤压，金属基复合材料制品的断面形状要简单，不宜加工制造薄壁，过渡圆角要大些，截面变化适中，尽量采用锥形模、曲线模等。挤压金属基复合材料时，会引起增强相取向差异和损伤，产生各向异性，使纵向性能有一定降低。研究表明，增强相体积比小于15%的颗粒增强铝基复合材料可挤压成各种制品。对于高体积比复合材料采用挤压比较困难，可以采用静挤压工艺方法进行二次挤压。

6.4.1.3　MMCs 的超塑性成形技术

超塑性是指材料在一定的变形条件下（内部自身组织条件、温度、速率等），具有极小的流变应力和极大的变形能力。目前，金属基复合材料的超塑性成形技术主要研究颗粒、晶须增强金属基复合材料，尤其铝基复合材料的生产加工。常用的超塑性成形技术方法有超塑挤压工艺、等温模锻成形工艺等。

金属基复合材料的超塑性成形技术的先决条件是坯料要获得细晶组织，主要通过在原材料制造过程中，获得细晶超塑性的组织；或者对原材料进行预处理，其中包括固溶—过时效—轧制（或挤压）—再结晶、热变形—再结晶、热挤压—轧制、均匀化—热变形等。铝基超塑性成形已有成功的产品开发实例，用 10%SiCp/7064Al 超塑性成形方法制成了机翼前缘肋条板，用 SiCw/7475Al 超塑性成形方法制成了 B-1BAPU 门部件。此外，SiC/6061 在热循环及适当应变速率下，经 723℃ 挤压延伸率能达到 250%。在一定温度和应变速率下，某些铝基复合材料的拉伸变形延伸率最高可达 500%，能够加工制造出形状相对复杂、尺寸较精确的零件。

文献表明，金属基复合材料高温超塑性的前提条件是形成过程中存在液态相。少量的液相可以调节细小晶粒实现晶界滑动；微量液相和动态恢复又可以共同协调于晶界滑动，有利于改善复合材料的塑变能力。超塑性的初始机制包括晶界滑移和层间滑移。由于金属基复合材料超塑性成形温度一般都接近或稍高于基体材料的固相线温度，因此大多数情况下，复合材料中液态相的体积分数不可能很高。

6.4.1.4　MMCs 的旋压及轧制技术

金属基复合材料的旋压技术是将金属基复合材料坯料固定在旋转的芯模上，用旋轮对坯料施加压力，制成薄壁旋转体，一般壁厚不变，采用强力旋压可变壁厚。非连续纤维、晶须、颗粒增强铝、铜基复合材料可用强力旋压制成锥形、筒形体。旋压一般都在加热状态下进行。可旋压性用不破裂所能承受的最大变形量表示。

金属基复合材料的轧制技术就是用热轧将颗粒、晶须增强铝基、铜基复合材料轧制成板材和管材。金属基复合材料一般采用挤压的坯料或锻坯轧制。粉末压制或搅拌铸造浇铸坯轧制相对比较困难，需采用塑性金属包覆法改善轧制性能，与基体金属比较，轧制温度设定需要更高一些，轧制首次变形量稍小。金属基复合材料在热轧过程中，轧辊要预热，润滑要良好，以免表面龟裂或边部开裂，影响其制品质量。

6.4.1.5　MMCs 的机械加工技术

金属基复合材料与其他金属材料一样，也可以采用车、铣、钻、切割等方法进行机械加工。采用常规的刀具和切削方法，容易破坏基体材料的连续性，造成增强体与基体之间界面分离。由于金属基复合材料的增强物（如晶须、颗粒等）均很坚硬，后续的机械加工十分困难。并且，常规切削加工刀具磨损快，其切削粉末对人身健康有害，且不易加工形状复杂的工件，影响金属基复合材料的发展和应用。

晶须、颗粒增强金属基复合材料的精加工和超精加工往往要采用金刚石刀具。工业生产中常采用硬质合金（金刚石）刀具对 SiCw/Al 复合材料进行车削加工，采用 PCD（聚金刚石刀具）端面铣刀铣削 SiC 颗粒增强铝基复合材料，采用 PCD 镶片麻花钻头钻削 SiC 和 B_4C 颗粒增强铝基复合材料。此外，复合材料机械加工（车、铣、钻）的过程中，需要不间断利用乳化液或切削液给予冷却处理，以免引起复合材料的性能损伤。

利用金刚石砂轮在平面磨床上磨削颗粒增强复合材料时，通过 SEM 可以观察到颗粒上有可见的延展性磨削痕，在少量铝和 SiC 颗粒上有极细的擦伤层，但是并没有在磨削表面发现裂纹产生。一般而言，增强体的特性和取向分布、刀具条件是决定复合材料已加工表面形貌的主要因素。微观上，复合材料切削变形区的应力状态很复杂。通常，复合材料的已加工表面会保留残余压应力，并存在大量的加工缺陷，使热应力和弹性恢复应力得以释放；复合材料的次表面层材料通常存在显著的加工硬化。

6.4.2　复合材料特种加工技术

特种加工方法所采用的刀具几乎不与工件接触或者根本不接触，刀具磨损小，容易监控，且有利于自动化的操作。刀具机械运动造成的工件切割面损伤可以忽略不计，并且不会造成工件的形状变化。但由于复合材料不同种类的特性，特种加工不具有通用性，目前应用最多的还是常规加工方法。用于复合材料机械加工的特种加工方法有：激光束加工、高压水切割、电火花加工、超声波加工、电子束加工和电化学加工等。

6.4.2.1　激光束加工

激光束加工是利用光的能量经过透镜聚焦后在焦点上达到很高的能量密度，靠光热效应来加工的。激光束加工适应性强，可以一次加工成形，大大减少了加工时间，降低了加工成本，提高了工件质量，且不存在刀具磨损问题。近 20 多年来，激光束加工已在制造业得到较大的发展，广泛应用于各种材料的加工制造领域。目前，已经成功利用激光束技术对复合材料进行加工处理。例如，切削纤维增强树脂基复合材料、纤维增强金属基复合材料和钻削陶瓷基复合材料，并且在利用激光焊接金属基复合材料方面亦开展了相关研究。

激光束加工时能会聚直径 0.1mm、能量超过 $10^8 W/cm^2$ 的光束，可用于切割各种材料。激光束切割是应用激光束聚焦后产生的高功率密度能量来实现的。与传统的板材加工方法相比，激光束切割具有切割质量好、切缝小、切割速度快、表面变形小、材料适应性广泛等优点。用激光束对复合材料进行各种加工，如打孔、切割、划片、焊接、热处理等。激光束切割能大量节省原材料，并能够沿任何方向切割出各种复杂形状的复合材料制品。

工业上常用的激光发生器主要有钇铝石榴石激光器（Nd:YAG）和二氧化碳（CO_2）激光器。其中，钇铝石榴石激光器是目前中小功率固体激光器中性能最好的一种。其波长为 1.06μm，脉冲重复频率高达 200 次/s，能有效地切割不含有机树脂的金属基复合材料，有机材料碰到这种波长的激光束会发生分解。

二氧化碳（CO_2）激光器是以 CO_2 气体作为工作物质的气体激光器。放电管通常是由玻璃或石英材料制成的。二氧化碳（CO_2）激光器发出的激光波长为 $10^6 \mu m$，加工脉冲宽度 $10 \sim 4s$，能有效地为大多数有机材料所吸收。"身"处红外区，肉眼不能觉察，它的工作方式有连续、脉冲两种。采用连续方式产生的激光功率可达 20kW 以上；而采用脉冲方式产生波长 $10^6 \mu m$ 的激光也是一种十分强大的激光。

这种激光器的优点是能减少高热影响区。CO_2 激光器已成功地用于切割玻璃纤维层板，沿切割边缘的热影响区很窄，且玻璃纤维断头被熔融，可防止纤维磨散。可采用 $1200WCO_2$ 激光器切割凯夫拉/石墨/环氧或凯夫拉/环氧的层压板，切割边缘光滑，无磨散，几乎不需要二次修整。相比较而言，凯夫拉层板的切割性能最好，其次是玻璃纤维层板，最差的是石墨纤维层板，原因是石墨有高的离散温度和高的导热性。

6.4.2.2　高压水切割

高压水切割（或统称水射流，waterjet）的原理是高压水经小孔喷嘴射向被切割材料，动能充分转化为压力，导致材料断裂而被切割。这种技术已在航天和其他工业领域获得了广泛的应用，可用于切割碳纤维/环氧、有机纤维/环氧、硼纤维/环氧和玻璃纤维/环氧等大量金属基和非金属基复合材料。

在单纯水射流加工基础上发展了高压水磨砂切割（abrasive-waterjet）技术，它是在高压水流中混有一定数量的磨砂粒子，大大改善了射流与工件之间的能量传递，可用来加工、切割金属基复合材料（B/Al、SiC/Al）和陶瓷材料。高压水磨砂切割的质量主要取决于液压参数、磨砂参数、混合室参数、流通参数、被切割材料类型参数等。

高压水切割喷嘴直径可小到 0.13mm，水压可超过 350MPa。高压水切割时射水（含有磨砂更好）速度很高（可达 800m/s），切割速度很快，对材料损伤很小，切口质量和结构完整性优于常规机械切割，且无切屑（粉末）飞扬，特别适宜于金属基复合材料的切割。

6.4.2.3　超声波加工

超声波加工以工件表面高速磨砂粒子（悬浮液中所带）的撞击为基础。超声波振子引起有关工具小振幅（$0.05 \sim 0.125 \mu m$）和高频（$20 \sim 30kHz$）直线振动。所用磨砂粒子多为 Al_2O_3、SiC、氧化硼等材料。磨砂粒度，粗加工为 100 目，精加工为 1000 目。精加工公差可达 0.013mm。超声波加工适宜于硬而脆的材料（如碳化钨、宝石和陶瓷材料）的打孔和开槽。

特种加工方法还有电火花加工法、电子束加工法、电化学加工法等。这些加工方法都有自身的优点和适宜条件，但由于自身的局限性和缺点还得不到广泛的应用。随着科学技术的发展，复合材料特种加工技术将不断得以完善。

第7章

粉末冶金成形技术

粉末冶金是以金属粉末或金属与非金属粉末的混合物作原料，经成形、烧结以及后处理等工序，制造成某些金属制品或金属材料的方法。广义上，它也包括以氧化物、氮化物、碳化物等非金属化合物粉末为原料，用成形、烧结工序制造成材料或制品的方法。粉末冶金技术的历史很长久，早在公元前3000年，埃及人就已经使用了铁粉。近代粉末冶金技术是从库利奇为爱迪生研制钨灯丝开始的。近代粉末冶金技术的发展中有三个重要标志：一是克服了难熔金属（如钨、钼等）熔铸过程中的困难，如电灯钨丝和硬质合金的出现；二是多孔含油轴承的研制成功，继之是机械零件的发展；三是向新材料、新工艺发展。

粉末冶金工艺可直接制造出尺寸准确、表面光洁的零件，是一种无切削或少切削的成形工艺，既可节约材料又可省去或大量减少切削加工工时，并能显著降低成本。目前，采用粉末冶金工艺可以制造板、带、棒、管、丝等各种型材，以及齿轮、锭轮、棘轮、轴套、轴承等各种零件；既可以制造质量仅百分之几克的小制品，也可以用热等静压法制造质量近2t的大型坯料，在工业上得到了十分广泛的应用。一般来说，粉末冶金方法的经济效果只有在大规模生产时才能表现出来。

7.1 粉末的基本性能

固态物质按分散程度不同分成致密体、粉末体和胶体三类，即大小在1mm以上的称为致密体或常说的固体，粒径在$0.1\mu m$以下的称为胶体，而介于两者之间的称为粉末体。粉末体简称粉末，是由大量颗粒及颗粒之间的孔隙所构成的集合体。粉末中能分开并独立存在的最小实体称为单颗粒。单颗粒如果以某种形式聚集就构成所谓的二次颗粒，其中的原始颗粒就称为一次颗粒。粉末的性能对其成形和烧结过程，以及粉末冶金制品的性能都有重大影响。在实践中，粉末性能通常按化学成分、物理性能和工艺性能来进行划分和测定。

(1) 化学成分

粉末的化学成分一般是指主要金属或组分、杂质以及气体等的含量。金属粉末的化学分析与常规的金属试样分析方法相同。粉末的杂质中最常存在的是氧化物夹杂物，可分为易被氢还原的金属氧化物（如铁、铜、钴、钼等的氧化物）和难还原的氧化物（如铬、锰、硅、钛、铝等的氧化物）。这些氧化物一般都比较硬，既损伤模具内壁，又使粉末的压缩性变坏。在粉末性能标准中，对主要金属含量和杂质的许用含量都要有所规定。在金属粉末中主要金属的纯度一般不低于98%~99%。

（2）物理性能

金属粉末的物理性能主要包括颗粒形状与结构、粒度和粒度分布、粉末的比表面积、颗粒密度、显微硬度，以及光学、电学、磁学和热学等诸多性质。

金属粉末的颗粒形状是决定粉末工艺性的因素之一。颗粒的形状通常有球状、树枝状、针状、海绵状、粒状、片状、角状和不规则状。粉末形状与其制造方法有关，也与制造过程的工艺参数相关。使用颗粒的维数和颗粒的表面轮廓可以定性地描述和区分颗粒形状。常采用显微镜（光学显微镜、电子显微镜）观察粉末的颗粒形状。如表7-1所列。

粉末的粒度和其分布取决于粉末制备工艺，它对粉末成形和粉末烧结的行为有很大影响。最终产品性能往往与粉末粒度、粒度分布直接相关。通常情况下，可用筛分法、显微镜测量法、沉降法、电阻法等测定颗粒大小。筛分法可采用标准筛制和非标准筛制，我国实行的是国际标准筛制，其单位是"目"。目数是指筛网上1in（2.54cm）长度内的网孔数，标准筛系列有32目、42目、48目、60目、65目、80目、100目、115目、150目、170目、200目、270目、325目、400目。目数越大，粉体粒径越细。

表 7-1　粉末颗粒形状及相应的生产方法

一维颗粒		
针状： 化学分解		不规则棒状： 化学分解 机械粉碎
二维颗粒		
树枝状： 电解		片状： 机械粉碎
三维颗粒		
球状： 雾化 羰基法(Fe) 液相析出	卵石状： 雾化 化学分解	多角状： 机械粉碎 羰基法(Ni)
不规则状： 雾化 化学分解	多孔状： 氧化物还原	

粉末的比表面积通常是指单位质量粉末的表面积。但是，有时也表示为单位体积的表面积，它等于单位质量的表面积乘以材料的密度。粉末越细，比表面积越大，具有的表面能越高。由于与铸锭冶金生产的金属相比，金属粉末具有较大的比表面积，所以与气体、液体和固体发生反应的倾向性很大。

（3）工艺性能

粉末的工艺性能包括松装密度、振实密度、流动性、压缩性与成形性等。

① 松装密度　是金属粉末的一项重要特性，是指粉末在规定条件下自由充满标准容器后所测得的堆积密度，即粉末松散填装时单位体积的质量，单位以 g/cm^3 表示，亦是粉末的一种工艺性能。松装密度取决于材料密度、颗粒形状、表面粗糙度、颗粒大小和粒度分布等，所以是粉末多种性能的综合体现。

松装密度对粉末成形时的装填与烧结极为重要。例如，在粉末压制成形时，将一定体积或质量的粉末装入压模中，然后压制到一定高度，或施加一定压力进行成形。如果粉末的松装密度不同，压坯的高度或孔隙率就必然不同。粉末松装密度的测量方法通常有3种：常规漏斗法、斯柯特容量计法、振动漏斗法。

② 流动性　测定粉体流动性的仪器称为粉末流动仪，也叫霍尔流速计，图7-1所示为MZ-102霍尔流速计。该装置主要由漏斗、支架、底座和接收器等部件组成，适用于用标准

漏斗（孔径为 2.5mm）法测定金属粉末的流动性。

图 7-1　MZ-102 霍尔流速计

流动性是粉体的一种工艺性能，以一定量（常为 50g）粉末流过规定孔径的标准漏斗所需要的时间来表示，通常用的单位是 s/50g。其数值愈小说明该粉末的流动性愈好。粉末流动性对生产流程的设计十分重要。在自动压力机压制复杂零件时，如果粉末流动性差，则不能保证自动压制的装粉速率，或容易产生搭桥现象，而使压坯尺寸或密度达不到要求，甚至局部不能成形或开裂，影响产品质量。

粉体流动性能与很多因素有关，如粉粒之间的摩擦系数、粉末颗粒尺寸、形状和粗糙度、比表面积等。其中，摩擦系数又与颗粒形状、粉体粒度、粒度分布以及表面吸收水分和气体量等情况有很大关系。一般来说，增加颗粒间的摩擦系数会使粉末流动困难；球形颗粒的粉末流动性最好，而颗粒形状不规则、尺寸小、表面粗糙的粉末，其流动性差；粉体颗粒越细，粉末的流动性越差。

③ 压缩性　压缩性是表明粉末工艺性能的一种粉末性能，表示粉末在压制过程中的压缩能力，通常用在一定压力下压制时获得的压坯密度（g/cm³）来表示。高压缩性粉末是制取具有高密度、高延伸率和尺寸稳定零件的前提。

粉体压缩性主要受粉末的硬度、塑性变形能力及其加工硬化性能的影响。此外，粉末的化学成分、颗粒形状及结构、粒度及其分布和使用润滑剂的情况等因素，也都对压缩性有影响。通常，采用测量粉末在一组压制压力下相对应的压坯密度压缩性曲线，或者测量粉末在单一压制压力下的压坯密度来测定粉末的压缩性，用来作为压模设计、预测可达到的零件密度和所需压制力大小的参考因素。

④ 成形性　是指粉末压制成形的难易程度和粉末压制后压坯保持其形状的能力，通常以压坯的强度来表示，也是用来描述粉末工艺性能的一种粉末性能。成形性好的粉末能在较低的压力下得到较高强度的压坯，适用于制造形状复杂的低密度中强度粉末冶金零件，特别是多孔性的结构件。粉末成形性与颗粒的形状及其内部结构形态有着密切关系。颗粒形状复杂、比表面大的粉末，有利于成形性的提高。并且，在粉末中加入少量润滑剂或压制剂，如硬脂酸锌、石蜡、橡胶等，可以改善成形性。

通常，测定压坯强度的方法有 4 种：测定圆柱状生坯试样的压溃强度，即轴向抗压强度；测定空心圆柱状生坯试样的径向负荷强度；测定矩形压坯的抗弯强度；测定压坯经过转筒试验后质量的损失率。

7.2　粉末冶金的工艺流程

粉末冶金的工艺过程包括粉料制备、粉料预处理、成形、烧结和烧结后的处理，其工艺流程如图 7-2 所示。

7.2.1　粉料制备

高质量的原料粉末，应该具备粒度分布范围合理、平均粒径小、颗粒外形均匀、颗粒聚集和抱团倾向小、凝聚强度低、化学纯度和化学组成均匀性易于控制等特性。金属粉末的制取方法大致可以分成三类：物理方法、化学方法和机械方法。

表 7-2 所列为常用的制取粉末的方法。

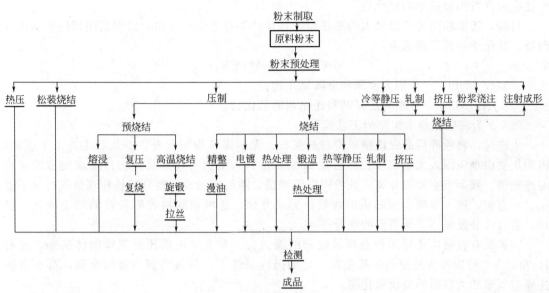

图 7-2　粉末冶金技术的工艺流程

表 7-2　常用的制取粉末的方法

化学法	还原法	碳还原,其他还原,金属热还原
	还原-化合法	碳化或碳与金属氧化物作用,硼化或碳化硼法,硅化或硅与金属氧化物作用,氮化或氮与金属氧化物作用
	气相还原法	气相氢还原,气相金属热还原
	液相沉淀法	置换,溶液氢还原,从熔盐中沉淀
	电解法	水溶液电解,熔盐电解
	电化腐蚀法	晶间腐蚀,电腐蚀
物理法	雾化法	气体雾化,水雾化,旋转圆盘雾化,旋转电极雾化
	气相冷凝	金属蒸气冷凝等
机械法	机械粉碎法	机械研磨,旋涡研磨,冷气流粉碎,机械合金化

机械法制取粉末是将原材料通过机械力进行粉碎,而化学成分基本上不发生变化的工艺过程。物理法、化学法则是借助物理的或化学的作用,改变原材料的聚集状态或化学成分而获得粉末的工艺过程。

在粉末冶金生产实践中,机械法和物理法、化学法之间并没有明显的界限,而是相互补充的。例如,可使用机械法去研磨化学还原法所制得的成块海绵状金属;应用还原退火法可将研磨或雾化所得粉末消除应力、脱碳以及减少氧化物。目前,从工业规模而言,粉末的生产中应用最广泛的是还原法、雾化法、电解法和机械法;而气相沉积法和液相沉淀法在特殊应用时亦很重要。

7.2.1.1　还原法

化学还原法是采用化学还原反应从金属氧化物或盐类制得金属粉末的方法,简称为还原法。还原法是应用较广的金属粉末的制造方法之一,铁、镍、钴、铜、钨、钼等的粉末都可用这种方法制造。还原法制得的粉末呈多面体形,为海绵状,成形性和烧结性好,可凭借原料的粒度和还原条件任意调整,易制得均质的粉末。但是中间缺少必要的精制处理,在粉料中往往包含有未被还原的氧化物。

目前,还原粉中生产量最大的是铁粉。并且,工业上生产铁粉一般都采用碳还原法生产而得。其化学还原反应式为:

$$MeO + X = Me + XO$$

式中　Me,MeO——分别为金属和金属氧化物;

　　　X,XO——分别为还原剂和还原剂的氧化物。

图 7-3 为海绵铁粉末生产的工艺流程。

生产时,将粉碎后的磁铁精矿粉与石灰石、无烟煤粉均匀混合。石灰石主要用于脱硫,因为焦炭中难免混入大量的硫。然后在 1200℃ 左右入窑进行还原反应。待反应完成后,将海绵铁饼、残余焦炭和灰分离,并粉碎海绵铁饼,随后将粉碎后得到的铁粉在氢气气氛下退火。一方面,进一步减少氧和碳的含量;另一方面,还可消除粉碎时粉粒的加工硬化。最后,通过筛分便制得了所需要的铁粉。

固体炭有较强的还原多种金属氧化物的能力。工业上应用的还原剂除固体炭外,还有 H_2 和 CO 也可以作为还原剂。凡是在一定的温度条件下,与氧亲和力强的金属,都有可能还原与氧亲和力较弱的金属氧化物。

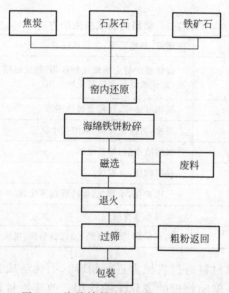

图 7-3　海绵铁粉末的生产工艺流程

7.2.1.2　雾化法

雾化法则是一种粉末的物理制备方法。它主要是利用高速的气流或水流直接击碎液体金属或合金来制取粉末。例如,熔化雾化法和旋转自耗电极雾化法。如图 7-4 所示。

熔化雾化法是利用特别设计的喷嘴喷出的气流(惰性气体或空气)或水流的能量,粉碎经坍塌漏嘴流出的金属液,使其雾化成细小粉末颗粒的方法。熔化雾化法成形颗粒的尺寸取决于金属的温度、流动的速度、喷嘴的大小及喷射特性。

旋转自耗电极雾化法是利用自耗电极在充满惰性气体的空间内迅速旋转,靠离心力破碎自耗电极熔化的尖顶,并雾化成为金属颗粒的方法。

雾化法工艺简单,易于制得高纯度粉末,生产效率较高、成本较低,适合于大量生产。该法很早就被用于制造 Pb、Sn、Zn、Al、青铜、黄铜等低熔点金属与合金的粉末。

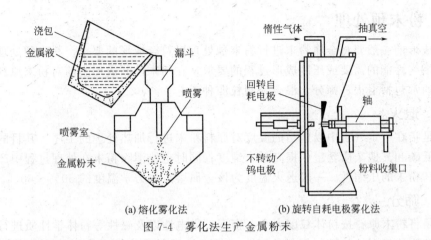

(a) 熔化雾化法　　　　　　　(b) 旋转自耗电极雾化法

图 7-4　雾化法生产金属粉末

近年来，随着雾化技术的进展，对于像 18-8 不锈钢、低合金钢、镍合金等的粉末，也已采用雾化法制造。雾化粉末的颗粒形状因雾化条件而异。金属熔液的温度越高，球化倾向越显著。依据雾化的金属，加入微量的 S、P、O 等元素，改变金属液滴的表面张力，从而制成球形颗粒粉。雾化法的缺点是合金粉末易产生成分偏析，难以制得粒度小于 300 目（粒径约为 $4\mu m$）的细粉。

7.2.1.3　电解法

常用的电解法是将电流通过金属盐水溶液或熔融态物质（熔盐），在阴极和阳极上引起氧化还原反应的过程。阳极金属发生溶解，产生所需的金属离子，并在阴极上放电析出，形成易于破碎成粉末的沉积层。该方法应用也很广泛，常用来生产铜、镍、铁、银、锡、铅等单一金属粉末，也可在一定条件下制得合金粉末。使用复合熔盐电解还可制取一些与氧的亲和力大，又不会从水溶液中析出的稀有、难熔金属粉末（如钽、钛、锆、铀和铌等）。

电解制粉法的工艺相对简单，影响粉末粒度的因素主要是电解液的组成和电解条件。一般电解粉末颗粒呈树枝状或针状。粉末纯度高，其成形性和烧结性都很好。但是，此法耗电量大，生产成本较高。

7.2.1.4　机械粉碎法

机械粉碎法是靠压碎、击碎和磨削等作用，将块状金属或合金材料机械地粉碎成一定粒度粉末的制粉方法，如图 7-5 所示。

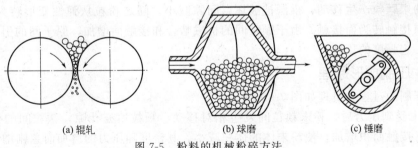

(a) 辊轧　　　　　　(b) 球磨　　　　　　(c) 锤磨

图 7-5　粉料的机械粉碎方法

虽然，所有的金属和合金都可以被机械粉碎，但实践证明，机械研磨更适用生产加工脆性材料。机械粉碎法不仅是一个独立的制粉方法，而且也常作为其他制粉方法不可缺少的补充工序，如研磨电解法制得的硬脆阴极沉积物。

7.2.2　粉末预处理

粉末成形前一般要将金属粉末进行粉末预处理以符合成形的要求。粉末预处理是指为了满足产品最终性能的需要或压制成形过程的要求，在粉末压制成形之前对粉末原料进行的预先处理，通常包括退火、筛分、混合和制粒四种工艺。

7.2.2.1　退火

退火是指在一定气氛中以适当的温度对原料粉末进行加热处理的工序。其目的是还原氧化物，降低碳和其他杂质含量，提高粉末纯度；同时也能消除粉末在处理过程中产生的加工硬化，提高粉末的压缩性。一般退火温度为该金属熔点热力学温度的50%～60%。

7.2.2.2　筛分

筛分是将粉末原料按粉体粒度大小、密度、带电性以及磁性等粉体学性质进行分级处理的方法。较粗的粉末（如铁、铜粉）通常用标准筛网制成的筛子或振动筛进行筛分，而对钨、钼等难熔金属细粉或超细粉则使用空气分级的方法，使粗细颗粒按不同的沉降速度区分开来。

7.2.2.3　混合

相同化学组成的混合叫做合批；两种以上的化学组元相混，叫做混合。性能不同的组元形成均匀的混合物，以利压制和烧结时状态均匀一致。混合时，除基本原料粉末外，其他添加组元有以下三类。

① 合金组元　如铁基中加入碳、铜、钼、锰、硅等粉末。

② 游离组元　如摩擦材料中加入的SiO_2、Al_2O_3及石棉粉等粉末。

③ 工艺性组元　如作为润滑剂的硬脂酸锌、石蜡、机油等；作为黏结剂的汽油橡胶溶液、石蜡及树脂等。

7.2.2.4　制粒

制粒是将小颗粒粉末制成大颗粒或团粒的操作过程。常用来改善粉末的流动性和稳定粉末的松装密度，以利于自动压制。

7.2.3　粉末的压制成形

粉末压制成形就是松散的粉末原料在压模内经受一定的压力后，形成具有一定尺寸、形状、密度和强度的压坯。通常情况下，松散的粉末原料在模腔中形成许多大小不一的拱洞。加压时，粉末颗粒产生移动，拱洞被破坏，间隙减小，随之粉粒从弹性变形转为塑性变形，颗粒间从点接触转为面接触。由于颗粒间的机械啮合和接触面增加，原子间的引力使粉末体形成具有一定强度的压坯。

7.2.3.1　压制成形原理

粉末压制的过程和机理如图7-6所示。

① 粉末受到压力后，粉末颗粒间发生相对移动，颗粒填充孔隙，颗粒间的架桥现象被部分消除，接触面积增加，使粉末体的体积减小。其密度随压力的增加而急剧增加，粉末颗粒迅速达到最密集的堆积状态（实线Ⅰ）。

② 当密度达到一定数值后，不同性能的粉末的坯体密度随压力的变化不同。对于硬而脆的粉末，即使再加压其孔隙也不能再减少，密度不随压力增高而明显增加（实线Ⅱ）。

对于塑性好的粉末，如Cu、Sn、Pb等粉末，粉末接触部分相继发生弹性变形和塑性变形，接触面不断增加，加压过程的能量主要消耗在粉粒的变形上，小部分消耗于粉粒与模壁之间的摩擦。因而加压过程中除了摩擦力外，还产生了剪切力，增大了加压的粉粒之间的接触。同时由于粉粒表面的氧化膜与吸附气体层的破坏，接触面进一步增大，粉粒之间可能发生原子的相互扩散，原子间的作用力增大，密度增加（虚线Ⅱ）。塑性粉体塑性变形的大小取决于粉末材料的延性，但坯体密度还与粉末的压缩性能有关。此阶段，粉末材料既会产生弹塑性变形，同时也伴随有加工硬化现象。

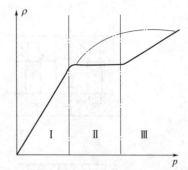

图 7-6　压坯密度与成形压力的关系曲线

③ 当压力增大到一定程度时，脆性粉粒或产生加工硬化的脆化塑性粉体发生严重的脆性断裂，粉粒表面凸凹不平，产生机械啮合力，使粉末之间结合得更加牢固，压坯密度增大，强度增加，如图 7-6 中实线Ⅲ所示。此时塑性粉粒的压坯密度随压力增高的幅度趋于减缓，表明加工硬化效果逐渐加强，如图 7-6 中虚线Ⅲ所示。

实际上，在压制过程中这三个阶段的界限并不明显，常常发生相互交叉。

粉末的压制过程中的压制压力也是不断变化的。粉体压制初期，压制压力大部分耗费于颗粒间的摩擦上。随着小颗粒填入大颗粒间隙中，粉末颗粒移动速度减慢，以及颗粒开始有变形，压制压力主要耗费于颗粒与模壁之间的摩擦上；当颗粒表面的凹凸部分被压紧且啮合成牢固接触状态时，压制压力主要耗费于粉末颗粒的变形，其中大部分用于粉末颗粒的塑性变形上；进一步增大压力时，粉末颗粒发生加工硬化，达到极限指标，粉末颗粒被破坏和结晶细化；这时，压制压力主要消耗在颗粒的变形与破坏（包括模具的变形）上。

7.2.3.2　压制成形方法

粉末冶金的压制成形方法很多，包括：封闭钢模压制成形、流体等静压压制成形、粉末锻造成形、三轴向压制成形、挤压成形、振动压制成形、连续成形等。这里主要介绍封闭钢模冷压成形。

封闭钢模冷压成形是指在常温下，于封闭钢模中用规定的比压将粉末成形为压坯的方法。它的成形过程由称粉、装粉、压制、保压及脱模组成。

在封闭钢模中冷压成形时，最基本的压制方法有四种。其他压制方式是基本方式的组合，或是用不同结构来实现的。图 7-7 所示为四种典型成形方法。

（1）单向压制

单向压制时，阴模和下模冲不动，由上模冲单向加压。在这种情况下，因摩擦力的作用使制品上、下两端密度不均匀。压坯直径越大或高度越小，压坯的密度差越小。单向压制的优点是模具简单、操作方便、生产率高；缺点是只适于压制高度小或壁厚大的制品。

（2）双向压制

双向压制时，阴模固定不动，上、下模冲以大小相等、方向相反的压力同时加压。这种压坯中间密度小，两端密度大而且相等，就好像两个条件相同的单向压坯，从尾部连接起来一样。所以，双向压制的压坯，允许高度比单向压坯高一倍，适于压制较长的制品。

双向压制的另一种方式是在单向压制结束后，在密度低的一端再进行一次反向单向压制。这种方式又称为后压，可在单向压的压力机上实现双向压制。

（3）浮动模压制

阴模由弹簧支承着，在压制过程中，下模冲固定不动，一开始在上模冲上加压，随着粉

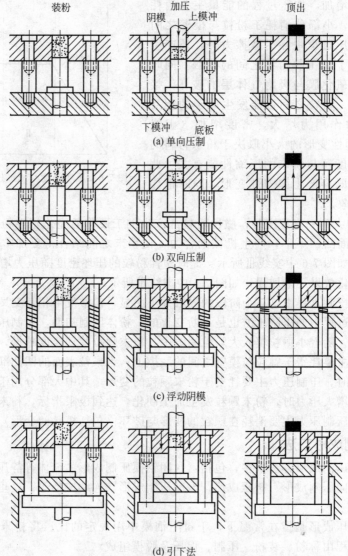

装粉　　　　　　加压　　　　　　顶出
阴模　上模冲
下模冲　底板
(a) 单向压制

(b) 双向压制

(c) 浮动阴模

(d) 引下法

图 7-7　典型成形方法示意图

末被压缩，阴模壁与粉末间的摩擦逐渐增大，当摩擦力变得大于弹簧的支承力时，阴模即与上模冲一起下降（相当于下模冲上升），实现双向压制。

（4）引下法

一开始上模冲压下既定距离，然后和阴模一起下降，阴模的下降速度可以调整。若阴模的下降速度与上模冲相同，称为非同时压制；当阴模的引下速度小于上模冲时，称为同时压制。压制终了时，上模冲回升，阴模被进一步引下，位于下模冲上的压坯即呈静止状态脱出。零件形状复杂时，宜采用这种压制方式。

不同压制方式，压坯密度的不均匀程度有差别。但无论采用哪一种方式压制，压坯的密度沿高度的分布都是不均匀的，而且沿压坯断面的分布也是不均匀的。造成压坯密度分布不均匀的原因是粉末颗粒与模腔壁在压制过程中产生的摩擦阻力。

压坯密度的均匀性是衡量其品质的重要指标，烧结后制品的强度、硬度及各部分性能的同一性，皆取决于密度分布的均匀程度。此外，压坯密度分布不均匀，在烧结时，将使制品产生很大的应力，从而导致收缩不均匀、翘曲，甚至产生裂纹。因此，压制成形时，应力大小要使压坯密度分布均匀。影响压坯密度分布均匀程度的因素较多，其中，压坯侧面积与正面积的比值、压制方式和摩擦系数是起决定性作用的。

图 7-8 所示为在使用单动压力机［图 7-8(a)、(c)］和双动压力机［图 7-8(b)、(d)］时，不同模具压实金属粉末的密度变化。

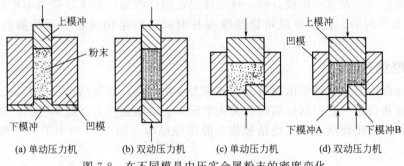

| (a) 单动压力机 | (b) 双动压力机 | (c) 单动压力机 | (d) 双动压力机 |

图 7-8　在不同模具中压实金属粉末的密度变化

这种变化可通过合理的模具设计和摩擦的控制来减到最小。例如，为了保证整个零件的密度更均匀，应用单独运动的多个模冲是必需的。注意，与图 7-8(c) 相比，图 7-8(d) 带有分别单独运动的两个模冲，压实的密度最均匀。

压坯从模具型腔中脱出是压制工序中重要的一步。压坯从模腔中脱出后，会产生弹性恢复而胀大，这种胀大现象叫做回弹或弹性后效，可用回弹率来表示，即线性相对伸长的百分率。回弹率的大小与模具尺寸计算有直接的关系。

7.2.4　烧结工艺

粉末烧结是将金属粉末或粉末压坯在低于主要成分熔点的温度下加热，由于粉末颗粒间原子扩散、固溶和化合等物理、化学作用，从而得到所要求的强度和特性的材料或制品的工序。烧结是一个非常复杂的过程，粉末的表面能大，结构缺陷多，处于活性状态的原子也多。将压坯加热到高温，为粉末原子所贮存的能量释放创造了条件，由此引起粉末物质的迁移，使粉末的接触面积增大，导致孔隙减少，密度增大，强度增加，形成了烧结。

7.2.4.1　烧结过程

烧结是使成形的粉末坯件达到强化和致密化的高温处理工艺。在烧结过程中，粉末体经历了一系列的物理变化。

粉末的等温烧结过程大致可以划分为三个阶段，如图 7-9 所示。

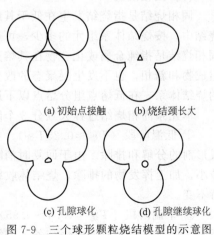

(a) 初始点接触　　(b) 烧结颈长大

(c) 孔隙球化　　(d) 孔隙继续球化

图 7-9　三个球形颗粒烧结模型的示意图

(1) 黏结阶段

烧结初期，颗粒间的原始接触点或面转变成晶体结合，即通过成核、结晶长大等原子迁移过程形成烧结颈。在这一阶段中，颗粒内的晶粒不发生变化，颗粒外形也基本未变。整个烧结体不发生收缩，密度增加也极微小，但是烧结体的强度和导电性由于颗粒结合增大而有明显增加。

（2）烧结颈长大阶段

原子向颗粒结合面的大量迁移使烧结颈扩大，颗粒间距离缩小，形成连续的孔隙网络。同时由于晶粒长大，晶界越过孔隙移动，而被晶界扫过的地方，孔隙大量消失。烧结体收缩，密度和强度增加是这个阶段的主要特点。

（3）孔隙球化和缩小阶段

当烧结体密度达到90％以后，多数孔隙被完全分隔，闭孔数量大为增加，孔隙形状趋近球形并不断缩小。在这个阶段，整个烧结体仍可缓慢收缩，但主要是靠小孔的消失和孔隙数量的减少来实现的。这一阶段可以延续很长时间，但是仍残留少量的隔离小孔隙不能消除。

7.2.4.2 烧结方法

在烧结过程中有明显液相出现的方法被称为液相烧结，而烧结过程中无明显液相出现的方法被称为固相烧结。若根据烧结时有无化学反应、所施加压力高低来分类，烧结过程还可分为反应烧结、常压烧结、热压烧结和热等静压烧结等。图 7-10 列出了一些典型粉末体烧结类型。

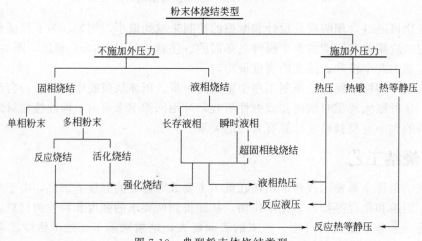

图 7-10 典型粉末体烧结类型

（1）固相烧结

固相烧结是指烧结发生在低于其组成成分熔点的温度，其各组分均不发生熔化。在固相烧结中，按烧结体系组元的多少，可进一步分为单元系固相烧结和多元系固相烧结。单元系固相烧结是指纯金属或化合物在其熔点以下进行的固相烧结过程，在整个过程中不出现新的组成物和新相，也不发生凝聚态的改变。多元系固相烧结则是指由两种或两种以上组元构成的烧结体系，在低熔点组分熔点以下进行的固相烧结过程。

单元系固相烧结过程大致分 3 个阶段。

① 低温阶段（$T_{烧} \approx 0.25 T_{熔}$） 主要发生金属的回复、吸附气体和水分的挥发、压坯内成形剂的分解和排除。由于回复时消除了压制时的弹性应力，粉末颗粒间接触面积反而相对减小，加上挥发物的排除，烧结体收缩不明显，甚至略有膨胀。此阶段内烧结体密度基本保持不变。

② 中温阶段 $[T_{烧} \approx (0.4 \sim 0.55) T_{熔}]$ 开始发生再结晶、粉末颗粒表面氧化物被完全还原，颗粒接触界面形成烧结颈，烧结体强度明显提高，而密度增加较慢。

③ 高温阶段 $[T_{烧} \approx (0.5 \sim 0.85) T_{熔}]$ 这是单元系固相烧结的主要阶段。扩散和流动

充分进行并接近完成，烧结体内的大量闭孔逐渐缩小，孔隙数量减少，烧结体密度明显增加。保温一定时间后，所有性能均达到稳定不变。影响单元系固相烧结的因素主要有烧结组元的本性、粉末特性（如粒度、形状、表面状态等）和烧结工艺条件（如烧结温度、时间、气氛等）。增加粉末颗粒间的接触面积或改善接触状态，改变物质迁移过程的激活能，增加参与物质迁移过程的原子数量以及改变物质迁移的方式或途径，均可改善单元系固相烧结过程。

多元系固相烧结除发生单元系固相烧结所发生的现象外，还由于组元之间的相互影响和作用，发生一些其他现象。对于组元不相互固溶的多元系，其烧结行为主要由混合粉末中含量较多的粉末所决定。如铜-石墨混合粉末的烧结主要是铜粉之间的烧结，石墨粉阻碍铜粉间的接触而影响收缩，对烧结体的强度、韧性等都有一定影响。对于能形成固溶体或化合物的多元系固相烧结，除发生同组元之间的烧结外，还发生异组元之间的互溶或化学反应。

烧结体因组元体系不同有的发生收缩，有的出现膨胀。异扩散对合金的形成和合金均匀化具有决定作用，一切有利于异扩散进行的因素，都能促进多元系固相烧结过程。如采用较细的粉末，提高粉末混合均匀性，采用部分预合金化粉末，提高烧结温度、消除粉末颗粒表面的吸附气体和氧化膜等。在决定烧结体性能方面，多元系固相烧结时的合金均匀化比烧结体的致密化更为重要。多元系粉末固相烧结后既可得单相组织的合金，也可得多相组织的合金，这可根据烧结体系合金状态图来判断。

（2）液相烧结

若烧结发生在两种组成成分熔点之间，烧结温度超过了其中某种组成粉粒的熔点，烧结过程中液体、固体同时存在，则产生液相烧结，但液相并不处于完全自由流动状态，固相粉粒也不是完全溶解于液相之中。液相烧结分为互不溶系液相烧结、稳定液相烧结、瞬时液相烧结三种类型。由于物质通过液相迁移比固相扩散快得多，因此烧结体的致密化速度和最终密度大大提高。该工艺多用于制造各种电接触材料、硬质合金和金属陶瓷等。

烧结初期，在不溶解的条件下，液态组元润湿于固相粉粒的表面，形成薄膜，并把孔隙填满，烧结体组织发生致密化。继续保温后，固相粉粒开始在周围液膜中溶解，致密度不断提高，烧结体进一步收缩。烧结体的质量与固液两相粉粒的湿润性有直接的关系，润湿性好，则固相粉粒周围的液膜完整，孔隙被填充得比较完善，烧结体更为致密。同时，烧结体的显微组织中各个相的分布比较均匀，否则各相各自集中，易造成显微组织的严重不均匀。为保证良好的湿润效果，配料时要注意控制液相的相对量不要过小。

（3）反应烧结

反应烧结是利用固-气、固-液化学反应，在原料合成的同时进行烧结的方法。反应烧结的特点是烧结时无收缩；晶界处低熔点组分不发生软化，从而高温性能不会降低；但坯体中气孔率较高，还会残存部分反应物。在粉末冶金领域，反应烧结属于活化烧结的一部分，它还可以使烧结温度降低，烧结过程加快，或使烧结体的密度及性能提高。

（4）常压烧结

常压烧结是将预压成形粉末在大气压力下或在较低的气体压力下进行烧结的方法。这种方法具有制作复杂形状制品、生产组织容易等优点，但制品气孔率高、收缩率大、机械强度低。常压烧结时，烧结体中有相当多的液相存在，也可归属于液相烧结方法。在粉末冶金中，液相烧结的要求源于力求获得高密度、低气孔率的烧结材料，因为有液相参与的烧结，在烧结收缩压力作用下，液相将渗入孔隙，使气孔率得到降低。

（5）热压烧结

热压烧结（简称热压）是利用耐高温模具，在加热的同时并加压的烧结方法。这种方法可以将常压下难以烧结的粉末进行烧结；可以在较低的温度下烧结出接近理论密度的烧结体；可以在短时间内达到致密化，烧结体的强度也较高。热压烧结时，在外压下，粉粒间接触部位产生塑性流动，使颗粒间距缩短。在热压烧结的基础上，又发展出了热等静压方法。该法是以气体为压力介质，将粉料一边进行各向同性压缩，一边加热的烧结方法。目前，采用热等静压法可以烧结超硬合金和氧化铝系工具。

热压烧结、热等静压烧结等实际上是成形和烧结过程同时进行和完成的。因粉末冶金制品都需要经过烧结，故粉末冶金制品也叫做烧结制品（或零件）。烧结是粉末冶金的关键工序之一，与制粉、成形工序等共同组成了粉末冶金的完整工序。

7.2.4.3　影响因素

有加热速度、烧结温度、烧结时间、冷却速度和烧结气氛。此外，烧结制品的性能也受粉末材料颗粒尺寸及形状、表面特性及压制压力等因素的影响。

(1) 加热速度和冷却速度

烧结过程中，如果加热速度过快，可能使坯块中的成形剂、水分及某些杂质剧烈挥发，导制坯块产生裂纹，并使氧化物还原不完全。冷却速度对制品性能的影响也很大，为获得所要求的金相组织，对冷却速度有一定的要求。以铁基制品为例，如果所烧结的铁基制品在冷却前是均匀的奥氏体，冷却速度不同，会出现三种性能不同的金相组织。

(2) 烧结温度和时间

烧结温度和烧结时间必须严格控制。如果烧结温度过高或时间过长，会使压坯歪曲和变形，其晶粒亦大，产生所谓"过烧"的废品；如果烧结温度过低或时间过短，则产品的结合强度等性能达不到要求，产生所谓"欠烧"的废品。通常，铁基粉末冶金制品的烧结温度为 1000～1200℃，烧结时间为 0.5～2 h。

(3) 烧结气氛

除少数制品（如金及某些氧化物和陶瓷的烧结）可在氧化性气氛中烧结外，大多数制品的烧结是在保护气氛或真空中进行的。在保护气氛或在真空中烧结，可防止制品在烧结中氧化，还原制品中的氧化物，保证制品能获得一定的物理力学性能。表 7-3 所列为常用粉末冶金制品的烧结温度与烧结气氛。粉末冶金常用的烧结气氛有还原气氛、真空气氛等。烧结气氛也直接影响到烧结体的性能。铁基、铜基制品常采用发生炉煤气或分解氨气氛烧结，硬质合金、不锈钢常采用纯氢气氛烧结。活性金属或难熔金属（如钨、钴、钼）、含 TiC 的硬质合金及不锈钢等可采用真空烧结。真空烧结可避免气氛中的有害成分（如 H_2O_2、O_2、H_2 等）的不利影响，还可适当降低烧结温度（一般可降低 100～150℃）。

表 7-3　常用粉末冶金制品烧结温度和烧结气氛

粉末冶金材料	铁基制品	铜基制品	硬质合金	不锈钢	磁性材料 (Fe-Ni-Co)	钨、铝、钒
烧结温度/℃	1050～1200	70～900	1350～1550	1250	1200	1700～3300
烧结气氛	发生炉煤气，分解氨	分解氨，发生炉煤气	真空、氢	氢	氢、真空	氢

对烧结工序的主要要求是：制品的强度要高，物理、化学性能要好，尺寸、形状及材质的偏差要小，适用于大量生产，烧结炉易于管理和维护等。

7.2.5　后处理

许多粉末冶金制品在烧结后可直接使用，但有些制品还要进行必要的后处理。粉末冶金制品的后处理，是指为了某种目的而对烧结后的制品进行的补充加工。后处理的种类很多，由产品要求来决定。其目的如下：

① 提高制品的物理及化学性能（采取的处理方法有复压、复烧、浸油、热锻和热复压、热处理及化学处理）；

② 改善制品表面的耐腐蚀性（采取的处理方法有水蒸气处理、磷化处理、电镀等）；

③ 提高制品的形状与尺寸精度（采取的处理方法有精整、机械加工等）。

例如，对于齿轮、球面轴承、钨铜管材等烧结件，常采用滚轮或标准齿轮与烧结件对滚挤压的方法进行精整，以提高制件的尺寸精度，降低其表面粗糙度，为克服粉末成形工艺的限制，对烧结制品的某些难以压制成形的外形，如螺纹、径向槽、横向孔等进行切削加工使烧结制品达到最终的形状和尺寸要求。对烧结铁基制品进行水蒸气处理，提高制品的抗蚀性、硬度和耐磨性，对含油轴承在烧结后的浸油处理，等等。

还有一种后处理方法是熔渗处理，它是将低熔点金属或合金渗入到多孔烧结制件的孔隙中去，以增加烧结件的密度、强度、塑性或冲击韧性。为了进一步提高烧结制品的使用性能、尺寸和形状精度，烧结后还对制品进行整形、机械加工、热处理等后续工序。

复压是指为提高烧结体的物理和力学性能而进行的施压处理，包括精整和整形等。精整是为达到所需尺寸而进行的复压，通过精整模对烧结体施压以提高精度。整形是为达到特定的表面形状而进行的复压，通过整形模对制品施压以校正变形并降低表面粗糙度。复压适用于要求较高且塑性较好的制品，如铁基、铜基制品。

浸渍是用非金属物质（如油、石蜡和树脂等）填充烧结体孔隙的方法。常用的浸渍方法有浸油、浸塑料、浸熔融金属等。浸油是在烧结体内浸入润滑油，改善其自润滑性能并防锈，常用于铁、铜基含油轴承。浸渍料采用聚四氟乙烯分散液，经固化后，实现无油润滑，常用于金属塑料减磨零件。浸熔融金属可提高制品的强度及耐磨性，铁基材料常采用浸铜或浸铅的方法。

热处理是指对烧结体加热到一定温度，再通过控制冷却方法等以改善制品性能的方法。常用的热处理方法有淬火、化学热处理、热机械处理等，其工艺方法一般与致密材料相似。对于不受冲击而要求耐磨的铁基制件，可采用整体淬火，由于孔隙的存在能减小内应力，一般可以不回火；而对于要求外硬内韧的铁基制件，可采用淬火或渗碳淬火。热锻是获得致密制件常用的方法，热锻造的制品晶粒细小，且强度和韧性较高。

常用的表面处理方法有蒸气处理、电镀、浸锌等。蒸气处理是指工件在 $500\sim560℃$ 的热蒸气中加热并保持一定时间，使其表面及孔隙形成一层致密氧化膜的工艺。蒸气处理可用于要求防锈、耐磨或防高压渗透的铁基制件。电镀是指应用电化学原理在制品表面沉积出不同覆层，其工艺方法同致密材料。

此外，还可通过锻压、焊接、切削加工、特种加工等方法进一步改变烧结体的形状或提高精度，以满足零件的最终要求。电火花加工、电子束加工、激光加工等特种加工方法以及离子氮化、离子注入、气相沉积、热喷涂等表面工程技术已用于粉末冶金制品的后处理，以进一步提高生产效率和制品质量。

7.3 粉末冶金模具

粉末压制模具是粉末压制的主要工具。它关系到粉末冶金制品生产的质量、成本、安全性与生产率等问题，对粉末冶金工艺和制品有着极其重要的影响。由于粉末压制方法很多，粉末压制模具也多种多样。按压制方法不同可分为压制模、精整模、复压模、锻造模等。

表 7-4 列出了粉末压制模具的分类、结构示意图和变形特点。

表 7-4　粉末压制模具的分类、结构示意图和变形特点

分类	压制模具					
名称	单向压模	双向压模	浮动阴模双向压模	引下式压模	摩擦芯杆压模	组合模冲压模
模具结构示意图	a	b	c	d	e	f
工作状态	室温,高压制压力					
变形特点	粉末体在三向压应力状态下发生致密和变形					
模具材质	钢、硬质合金					

分类	压制模具			精整模具	
名称	组合阴模压模	组合芯杆压模	旋转压模(压制斜齿轮)	径向精整模	全精整模
模具结构示意图					
工作状态	室温,高压制压力			室温,较高压制压力	
变形特点	粉末体在三向压应力状态下发生致密和变形			多孔体表面在挤压状态下发生少量塑性变形	
模具材质	铜、硬质合金			钢、硬质合金	

分类	复压模具		锻造模具	
名称	复压模	热复压模	闭式锻模	开式锻模
模具结构示意图				

材料成形工艺

分类	复压模具		锻造模具	
名称	复压模	热复压模	闭式锻模	开式锻模
工作状态	室温,高压制压力	高温,高锻造压力	高温或室温,高锻造压力	
变形特点	多孔体在三向压应力状态下发生致密和整体变形	多孔体在三向压应力下发生致密和变形	多孔体的致密和变形有三种基本方式:单轴压缩、平面应变压缩、复压	
模具材质	钢、硬质合金	钢、硬质合金		

　　粉末冶金模具设计的基本原则是:充分发挥粉末冶金少、无切削加工和近似成形的工艺特点,保证坯件达到几何形状和尺寸、精度和表面粗糙度、密度及其分布这三项基本要求。特别是压制坯和锻造坯的密度及其分布问题是模具设计中的主要技术指标。在设计中应合理地设计模具结构和选择模具材料,使模具零件具有足够高的强度、刚度和硬度,具有高的耐磨性和使用寿命,以满足高压工作容器安全可靠和便于操作的要求,同时还应注意模具结构和模具零件的可加工性和互换性,并降低模具制造成本。

　　目前,北美、日本、欧洲等一些国家和地区已在粉末压制模具的设计与制造中大力推广和应用模具的计算机辅助设计(CAD)和计算机辅助制造(CAM)技术。使用模具CAD/CAM系统能提高模具质量,减少模具制造工时,缩短生产周期,使模具设计制造一体化,满足用户"质量高,交货快,价格低"的要求。

7.4　粉末冶金制品的结构工艺性

　　用粉末冶金法制造机器零件时,除必须满足机械设计的要求外,还应考虑压坯形状是否适于压制成形,即制品的结构必须适合粉末冶金生产的工艺要求。粉末冶金制品的结构工艺性有其自己的特点。

　　① 壁厚不能过薄,一般不小于1.5mm,并尽量使壁厚均匀。法兰只宜设计在工件的一端,两端均有法兰的工件,难以成形。

　　② 沿压制方向的模截面有变化时,只能是沿压制方向逐渐缩小,而不能逐渐增大,否则无法压实。

　　③ 阶梯圆柱体每级直径之差不宜大于3mm,每级的长度与直径之比(L/D)应在3以下,否则不易压实。

　　④ 锥面和斜面需要有一段平直带,避免模具出现易损现象,同时避免在模冲和阴模及芯杆之间陷入粉末。

　　⑤ 制品中的径向孔、径向槽、螺纹和倒圆锥等,一般是不能压制的,需要在烧结后用切削加工来完成。所以,压坯的形状设计应做相应的修改。例如,有时设计人员因习惯于切削加工,常将压坯法兰和主体结合处的退刀槽设计成与压制方向相垂直。这样的径向槽也不能压制,应改为纵向槽或留待后切削加工。

　　⑥ 制品应避免内、外尖角,圆角半径R应不小于0.5mm。球面部分也应留出小块平面,便于压实。

　　⑦ 为便于简化模具结构,利用脱模。与压制方向一致的内孔、外凸台等,要有一定的

锥度以便脱模。

粉末冶金制品结构工艺性正误示例如表 7-5 所列。

表 7-5　粉末冶金制品结构工艺性正误示例

例号	原来设计	修改后的设计	说明
1		外不动改内　内不动改外	原设计孔四角距外缘太近,不易压实,修改后利于装粉均匀,利于压坯密度均匀,增强模冲及压坯
2			法兰厚度太薄,不易压实,修改后利于压坯密度均匀,减小烧结变形
3			原设计的截面沿压制方向逐渐增大,无法压实
4		垫块	梯形圆柱体各级直径之差不宜大于 3mm,上下底面之差也不能悬殊太大,否则不易压实,也不便取模。不得已时,模具上要做出垫块
5			径向退刀槽不能压制,如果需要退刀槽,可做成与压制方向一致的凹槽,或留待切削加工
6			粉末冶金制品上无法压出网纹花
7			把与压制方向平行的内孔做成一定的锥度,可简化模冲结构,利于脱模
8			在斜面的一端加 0.5mm 的平直带,避免压制时模具损坏
9			粉末冶金制品应避免内、外尖角,圆角半径不小于 0.5mm 以减轻模具应力集中,并利于粉末移动,减少裂纹

例号	原来设计	修改后的设计	说明
10			键槽底部太薄（<1.5mm），改成凸键后利于装粉均匀，利于增强压坯及模冲
11			粉末冶金制品上应避免狭窄的深槽。修改后的设计易压制、容易顶出工件，模具也简单

7.5 粉末冶金常见缺陷及改进措施

粉末冶金制品常见缺陷的形式、产生原因及改进措施如表 7-6 所列。

表 7-6 粉末冶金制品的常见缺陷形式、产生原因及改进措施

缺陷形式		简图	产生原因	改进措施
局部密度超差	中间密度过低		1. 侧面积过大，双向压制仍不适用； 2. 模壁表面粗糙度高； 3. 模壁润滑性差； 4. 粉料压制性差	1. 大孔薄壁件可改用双向摩擦压制； 2. 降低模壁表面粗糙度； 3. 在模壁或粉料中加润滑剂； 4. 粉料还原退火
	一端密度过低		1. 长径比或长厚比过大，单向压制不适用； 2. 模壁表面粗糙度高； 3. 模壁润滑性差； 4. 粉料压制性差	1. 改用双向压、双向摩擦压及后压等； 2. 降低模壁表面粗糙度； 3. 在模壁或粉料中加润滑剂； 4. 粉料还原退火
	薄壁处密度过小		局部长厚比过大，单向压不适用	1. 采用双向压或薄壁处局部双向摩擦压制； 2. 降低模壁表面粗糙度； 3. 模壁局部加强润滑
裂纹	拐角处裂纹		1. 补偿装粉不当，密度差过大； 2. 粉料压制性能差； 3. 脱模方式不对	1. 调整补偿装粉方式； 2. 改善粉料压制性； 3. 采用正确脱模方式；带内台产品应先脱薄壁部分，带外台产品应带压套,用压套先脱凸缘
	侧面龟裂		1. 凹模内孔沿脱模方向尺寸变小，如加工中的倒锥，成形部位已严重磨损，出口处有毛刺； 2. 粉料中石墨粉偏析分层； 3. 压力机上下台面不平，或模具垂直度和平行度超差； 4. 粉末压制性差	1. 凹模沿脱模方向加工出脱模斜度； 2. 粉料中加些润滑油,避免石墨偏析； 3. 改善压力机和模具的平直度； 4. 改善粉料压制性能
	对角裂纹		1. 模具刚性差； 2. 压制压力过大； 3. 粉料压制性能差	1. 增大凹模壁厚，改用圆形模套； 2. 降低压制压力； 3. 改善粉料压制性

缺陷形式		简图	产生原因	改进措施
皱纹（即轻度重皮）	内台拐角皱纹		大孔芯棒过早压下，端台先已成形，薄壁套继续压制时，已成形部位被粉末流冲破后，又重新成形，多次反复则出现皱纹	1. 加大大孔芯棒最终压下量，适当降低薄壁部位的密度； 2. 适当减小拐角处的圆角
	外球面皱纹		压制过程中，已成形的球面，不断地被粉末流冲破，又不断重新成形	1. 适当降低压坯密度； 2. 采用松装密度较大的粉末； 3. 最终滚压消除； 4. 改用弹性模压制
	过压皱纹		局部压力过大，已成形处表面被压碎，失去塑性，进一步压制时不能重新成形	1. 合理补偿装粉，避免局部过压； 2. 改善粉末压制性能
缺角掉边	掉棱角		1. 密度不均，局部密度过小； 2. 脱模不当，如脱模时不平直，模具结构不合理，或脱模时有弹跳； 3. 存放、搬运时被碰伤	1. 改进压制方式，避免局部密度过低； 2. 改善脱模条件； 3. 操作时细心
	侧面局部剥落		1. 镶拼凹模接缝处离缝； 2. 镶拼凹模接缝处有倒台阶，压坯脱模时必然局部剥落	1. 拼模时应无缝； 2. 拼缝处只许有不影响脱模的台阶
表面划伤			1. 模腔表面粗糙度高，或硬度在使用中变差； 2. 模壁产生模瘤； 3. 模腔表面局部被啃或划伤	1. 提高模壁硬度； 2. 降低模壁表面粗糙度； 3. 减小摩擦，加强润滑
尺寸超差		—	1. 模具磨损过大； 2. 工艺参数选择不合适	1. 采用硬质合金模； 2. 调整工艺参数
同轴度超差			1. 模具安装调中不精确； 2. 装粉不均； 3. 模具间隙过大； 4. 冲模导向段短	1. 调模对中要好； 2. 采用振动或吸入式装粉； 3. 合理选择间隙； 4. 增长冲模导向部分

7.6 粉末冶金技术的新进展

现代粉末冶金工艺的发展已经远远超出了传统工艺的范畴，而日趋多样化，如同时实现粉末压制和烧结的热压、热等静压法。随着机械合金化、高温合金工艺、粉末注射成形等新技术、新工艺的相继出现，使得整个粉末冶金领域出现了一个崭新的局面。

7.6.1 粉末的制备新工艺

7.6.1.1 快速冷凝技术

从实验室首次采用快速冷凝技术（RST）获得非晶态硅合金的片状粉末开始，至今已有30余年，现已进入工业实用阶段。从液态金属制取快速冷凝粉末的方法有：熔体喷纺法、熔体沾出法（冷却速度为 $10^6 \sim 10^8\,℃/s$）、旋转盘雾化法、旋转杯雾化法、超声气体雾化法（冷却速度为 $10^4 \sim 10^6\,℃/s$）等，如图7-11所示。

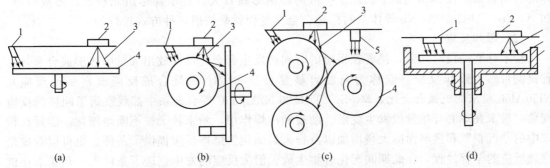

图7-11　几种制备微细粉末的多级快速冷凝装置
1—冷却剂；2—雾化喷嘴；3—金属液粒 4—旋转圆盘；5—反向旋转罩

其工作原理为，首先将金属熔体加热到一个比较高的温度，然后采用气体雾化装置（也可采用超声雾化装置）将熔体雾化成很小的液粒。然后把雾化液体喷在高速旋转装置上，通过离心破碎成微小液粒。与此同时，向高速旋转装置喷入冷却剂。冷却剂一般为水、油、液氮或其他液体惰性介质。冷却剂也被高速旋转装置离心雾化成雾珠。雾珠和金属液粒发生机械混合，起着隔离金属液粒的作用。冷却剂雾珠和金属液粒再经高速旋转盘、辊单次或多次粉碎变得愈来愈细。在粉碎过程中，尽量避免金属液粒在充分破碎前发生凝固，被充分粉碎的金属液粒最终被冷却剂冷却和带出，整个过程可连续不断地进行。

7.6.1.2　机械合金化

机械合金化（mechanical alloying，简称MA）是指金属或合金粉末在高能球磨机中通过粉末颗粒与磨球之间长时间激烈的冲击、碰撞，使粉末颗粒反复产生冷焊、断裂，导致粉末颗粒中原子扩散，从而通过固相反应获得合金化粉末的一种粉末制备技术。

MA可以应用于制备高性能的结构材料，还应用于制备其他各种先进材料，例如：高性能磁性材料、超导材料、功能陶瓷、形状记忆合金以及贮氢材料等。目前，ODS铁基高温合金的制备大多采用机械合金化方法，其工艺流程如图7-12所示。

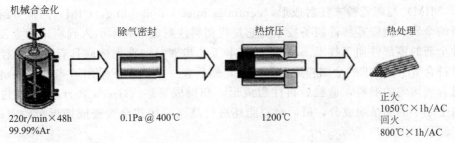

机械合金化　　　除气密封　　　热挤压　　　热处理

220r/min×48h　　0.1Pa @ 400℃　　1200℃　　正火
99.99%Ar　　　　　　　　　　　　　　　　1050℃×1h/AC
　　　　　　　　　　　　　　　　　　　　回火
　　　　　　　　　　　　　　　　　　　　800℃×1h/AC

图7-12　机械合金化制备ODS合金工艺流程

目前公认的机械合金化的反应机制，主要有以下两种方式。

（1）通过原子扩散逐渐实现合金化

在球磨过程中粉末颗粒在球磨罐中受到高能球的碰撞、挤压，颗粒发生严重的塑性变形、断裂和冷焊，粉末被不断细化，新鲜未反应的表面不断地暴露出来，晶体逐渐被细化形成层状结构，粉末通过新鲜表面而结合在一起。这显著增加了原子反应的接触面积，缩短了原子的扩散距离,增大了扩散系数。多数合金体系的 MA 形成过程是受扩散控制的,因为 MA 使混合粉末在该过程中产生高密度的晶体缺陷和大量扩散偶,在自由能的驱动下,由晶体的自由表面、晶界和晶格上的原子扩散而逐渐形核长大,直至耗尽组元粉末,形成合金。如 Al-Zn、Al-Cu、Al-Nb 等体系的机械合金化过程就是按照这种方式进行的。

(2) 爆炸反应

粉末球磨一段时间后,接着在很短的时间内发生合金化反应放出大量的热形成合金,这种机制可称为爆炸反应(或称为高温自蔓延反应 SHS、燃烧合成反应或自驱动反应)。Ni50Al50 粉末的机械合金化、Mo-Si、Ti-C 和 NiAl/TiC 等合金系中都观察到了同样的反应现象。粉末在球磨开始阶段发生变形、断裂和冷焊作用,粉末粒子被不断地细化。能量在粉末中的"沉积"和接触面的大量增加以及粉末的细化为爆炸反应提供了条件。也可以看成是燃烧反应的孕育过程,在此期间无化合物生成,但为反应的发生创造了条件。一旦粉末在机械碰撞中产生局部高温,就可以"点燃"粉末,反应一旦"点燃"后,将会放出大量的生成热,这些热量又激活邻近临界状态的粉末发生反应,从而使反应得以继续进行。

机械合金化是一种新型合成细晶合金粉末材料的有效方法,已受到材料工作者的普遍重视。TiAl 基合金采用快冷方法无法获得非晶,而采用机械合金化则可以形成非晶。利用机械合金化制得的非晶态 TiAl 基合金粉末,在其玻璃点温度以上压实时,粉末的流动性非常好,可以得到形状复杂、致密度近似于理想状态的合金试件。机械合金化工艺采用的原料既可以是单质元素粉末,也可以是预合金粉。Ti、Al 单质混合粉经机械合金化,很容易使 Ti、Al 组元尺寸细化、形成一种颗粒细小的 Ti/Al 复合粉;进一步延长球磨时间,则发生合金化或形成非晶。TiAl 预合金粉经机械合金化,其晶粒尺寸能显著细化。两种经机械合金化方法处理的粉末,其烧结行为有些差异,但均可烧结成致密度大于 96% 的 TiAl 基合金材料。

7.6.2 新型粉末成形技术

近 20 年来,各种粉末成形技术均有新的发展,例如三轴向压制成形、粉末轧制、连续挤压等,其中具有代表性的成形技术有粉末注射成形、喷射成形和温压成形等。

7.6.2.1 粉末注射成形

粉末注射成形(powder injection molding,PIM)由金属粉末注射成形(metal injection molding,MIM)与陶瓷粉末注射成形(ceramics injection molding,CIM)两部分组成,它是一种新的金属、陶瓷零部件制备技术,它是将塑料注射成形技术引入到粉末冶金领域而形成的一种全新的零部件加工技术。MIM 的基本工艺步骤是:首先选取具有特定粒径和表面特性的且符合 MIM 要求的金属粉末和黏结剂,然后在一定温度下采用适当的方法将粉末和黏结剂混合成均匀的喂料,造粒后再注射成形,获得成形坯(Green Part),再经过脱脂处理,排除生坯中的黏结剂成分,最后对脱脂坯进行烧结,得到全致密或接近全致密的产品。基本工艺流程如图 7-13 所示。

PIM 技术利用粉末冶金技术的特点,烧结生产出致密的、力学性能及表面质量良好的

图 7-13　粉末注射成形工艺的主要步骤

零件；利用塑料注射成形技术的特点，大批量、高效率地生产形状复杂的零件。突破了传统粉末冶金模压成形工艺在复杂形状产品生产上的限制，特别适合大批量自动化地生产体积小、熔点高、形状复杂和材质难切削加工的异形零件。

但是对于形状简单或者轴对称几何形状产品，PIM 技术在成本上与传统的模压成形技术相比并不具有竞争力。同时，制造缺陷、生产时间等因素限制了产品的尺寸，注射成形用的粉末也限制 PIM 技术更快速地发展。工艺的经济性使粉末注射成形应用倾向于原材料相对较贵、机械加工难度大、高硬度、高熔点、几何形状复杂的小零部件。典型的 PIM 产品、应用领域及材料如表 7-7 所列。

表 7-7　典型的 PIM 产品、应用领域及材料

应用领域与相关材料	典型产品
航空航天	飞机机翼铰链、飞机用螺钉密封环、火箭用燃料推进器、导弹尾翼、燃烧室腔体
军工	枪扳机、手枪零件、地雷转子、穿甲弹弹芯、准星座、集束箭弹小箭
汽车制造业	点火控制锁部件、涡轮增压器转子、阀门导轨部件、刹车装置部件、分配器
电子通信业	磁盘驱动器部件、电缆连接器、电子封装件、打印机打印头、手机振子、微型发动机
医疗	牙齿矫形架、体内缝合针、活性组织取样钳、剪刀、注射器防辐射屏罩
日用休闲品	电动牙刷、手表零件、高尔夫球杆球头、体育枪械零件、打孔器、钓鱼坠子
机械及工具行业	纺织和办公机械、电动和手工工具、钻头、异性铣刀、微型齿轮、刀头等
难熔金属	微电子器件热沉、振子(手机和 BP 机)、偏心重锤、鱼坠、集束弹
硬质合金及金属陶瓷	各种异形刀具模具、微型齿轮、耐磨件、高压水喷嘴、水不磨损表壳带等

7.6.2.2　喷射成形

喷射成形（spray forming）也称雾化沉积（spray deposition），顾名思义，其实质是由雾化和沉积两个基本过程所组成的。喷射成形具有一般快速凝固工艺所特有的优点，细化金属组织、消除了宏观偏析，且初生相细小弥散分布，合金元素固溶度高，从而使得金属及合金性能大幅度提高。喷射成形工艺采用惰性气体作为雾化气体，能直接从液态金属制得固态成品或半成品，省去了一系列的中间加工工艺，大幅度减轻了氧化污染，提高了材料力学性能，与粉末冶金相比成本降低 40% 左右。

喷射成形工艺的基本原理是：采用高压惰性气体将金属液流雾化成细小弥散的熔滴，熔滴在高速气体的作用下飞行，并被雾化冷却成过冷态，将这些过冷熔滴在完全凝固前沉积到具有一定形状的收集器上，通过改变熔滴射流与沉积器的相对位置和沉积器的形状及运动形式可以得到锭（柱）、管（环）、板（带）等各种形状的半成品坯件。其工艺如图 7-14 所示。

喷射成形技术实现产业化的第一个产品是日本住友重工制造的高铬铸铁和高碳高速钢轧辊，用于圆钢、扁钢、线材和型钢轧机上。利用喷射成形制造的另一个重要冶金产品是以 Sandvik 为代表的大口径不锈钢管和高合金复合管。Sandvik 公司在世界上最早建立了大型 Osprey 设备。到目前为止已经掌握了制造不锈钢、高合金无缝管的技术，而且已经开始了特殊用途耐热合金无缝管的制造和销售。喷射成形复合管坯的

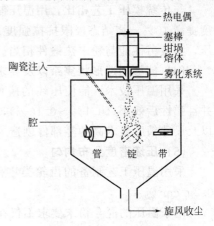

图 7-14　喷射成形工艺示意图

制造也取得了重大成果。例如该公司一种复合管内层为碳钢，保证了管的强度，外层为 Sanicro63（Ni-21Cr-8.5Mo-3.4Nb-Fe），保证了管的良好抵抗废气的高温腐蚀性能。复合管的制造是将合金喷射沉积到碳钢芯棒的外表面后经常规加工成无缝管。这种复合管已成功应用于垃圾焚化炉，使用寿命是原来普通碳钢管的十倍以上。

目前，美国海军用世界上最大的一个 5t 喷射成形设备可制造直径 1m 长 6m 的管材，喷射成形技术制造大直径管比一些离心铸造管有更大的市场竞争力。目前世界上将喷射成形技术应用于制造高合金工具钢较为成功的是丹麦 Dan Spray 公司。Dan Spray 用 4t 的熔炼炉生产直径 500mm、长 2.4m 的工具钢棒坯，生产时采用双喷嘴，可使收得率提高到 90%，氮气消耗量降低 25%。在该设备上生产出的工具钢棒坯是目前世界上同类产品中最大的。

7.6.2.3　粉末温压成形

所谓温压，就是指采用特殊的粉末加温、粉末输送和模具加热系统，将加有特殊润滑剂的预合金粉末和模具加热至 130～150℃，同时为保证良好的粉末流动性和粉末充填行为，将温度波动控制在±2.5℃以内，然后按传统粉末压制工艺进行压制的一项技术。

温压工艺是美国 Hoganas 公司在加拿大多伦多举行的国际粉末冶金和颗粒材料会议上首次公布的。它被公布之后，很快被用于实际生产中，现已被认为是进入 20 世纪 90 年代以来粉末冶金零件生产技术方面最为重要的一项技术进步。而国际粉末冶金学界称誉温压技术为"开创铁基粉末冶金零部件应用新纪元"和"导致粉末冶金技术革命"的新型成形技术。目前世界上已推出的受专利保护的温压工艺有瑞典、美国和加拿大的多家公司研制的技术。

与传统的粉末冶金压制工艺相比，温压工艺具有以下一些技术特点。

(1) 制造成本较低

由于与普通的模压相比较，粉末及模具仅加热到 150℃ 左右，故在普通粉末压机上添加加热系统就可改造为温压机，所需投入较少。而且采用温压工艺生产的压坯强度高，又可直接进行附加的机械加工，如连杆大头的钻孔与攻丝，并且切削加工的废料经处理后可回收利用而降低成本。此外压制压力和脱模压力均能较低，故模具寿命长，可大大降低成本，是一种不复杂，但效益高的新技术。

(2) 零部件压坯密度高

通过采用温压技术，通常能使铁基粉末冶金零部件的压坯密度达到 7.25～7.60g/cm³，与传统一次压制烧结工艺相比提高了 0.15～0.3g/cm³。

(3) 产品具有高强度

与传统模压工艺相比，用温压制造的零件的疲劳强度可提高 10%～40%，极限抗拉强度提高 10%，烧结态极限抗拉强度＞1200MPa。特别是零件经温压、烧结后进行适度的复压，其疲劳性能与粉末热锻件相当。

(4) 能够制造形状复杂以及要求精度高的零部件

采用温压技术，能使压坯的脱模压力降低 30% 以上，而压坯强度提高 125%～200%，并且弹性后效小（0.1%～0.16%），烧结收缩率也只有 0.025%～0.08%。为制造形状复杂以及尺寸精度要求高的零部件创造了良好的条件。

(5) 压坯密度分布均匀

采用温压工艺制备的齿轮类零件，其齿部与根部间的密度差比常规压制工艺低 0.1～0.2g/cm³。

用于温压的混合粉末要求不仅在加热、传送及压制过程中都应具有良好的压缩性、流动性和始终如一的松装密度，而且制成的零件之间性能一致性也应该很好。目前，最常用的温

　材料成形工艺

压粉末为铁粉，但是不锈钢粉、铝粉、铜粉以及一些复合材料粉、钨粉、高密度钨合金粉等也得到了相应研究。国内尚没有一种国产品牌粉末可以直接以供货态用于温压工艺。

7.6.2.4　粉末锻造

粉末锻造是将传统的粉末冶金和精密锻造相结合的一种新的成形工艺，其工艺实质是先将粉末冶金零件按传统工艺制成预成形坯，预成形坯形状可以和最终制品形状相近，也可以比零件形状相对简单，然后放入闭式锻模中锻造成形。粉末锻造以粉末为原料，采用粉末冶金方法先制取一定形状和尺寸的多孔预成形坯，简称预型件，在保护气氛下烧结、冷却后再加热到锻造温度，很快转移到闭式热锻模中一次锻造成形。为了节省能耗，有时将烧结和锻前加热合并成一个工序。图 7-15 所示为典型的粉末热锻工艺路线。

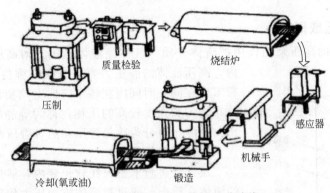

图 7-15　典型的粉末热锻工艺路线

粉末锻造零件具有高精度、高性能、高的材料利用率、低成本等优点，在汽车上零部件领域内得到了广泛的应用。主要包括连杆、齿轮、离合器、万向联轴器、侧齿轮、轮毂等，涵盖汽车的发动机、变速器、底盘三大部分。据统计，1999 年欧洲生产的粉末冶金零件 80％用于汽车，在日本为 88％，在北美为 75％。

粉末锻造起源于 20 世纪 60 年代初期。1964 年美国 GM 通用汽车公司研究了粉末锻造连杆，同年英国 GKN 公司研究了粉末锻造材料、工艺及预成形坯的物理力学性能。1968 年，通用汽车公司首先用粉末锻造的方法，成功试制了汽车后桥差速器行星齿轮，并于 1970 年与辛辛那提公司合作，建立了世界上第一条粉末锻造自动生产线。同年在纽约召开的第三届国际粉末冶金会议对世界粉末冶金技术的发展起了巨大的推动作用。1976 年福特公司建立了两条粉末锻造生产线，主要用于生产汽车传动装置，月产量达 60 万件。英国 GKN 公司生产粉末锻件的种类达 15 种以上，产量约 1000t，主要用于汽车零件。1984 年用 4600 系低合金钢粉生产的粉末锻件已达 1 亿件。

近年来国外粉末热锻研究致力于缩短工序、提高性能和降低成本，取得了丰硕的成果。其中，美国成功实验了松装锻造法，降低了普通粉末锻造的成本。日本研究使用处理后的金属废料进行锻造。同时，有色金属和高合金的锻造也得到了世界各国的重视。例如，美国研究航空发动机耐热零件的粉末锻造，瑞典、日本研究粉末锻造高速钢。

7.6.2.5　粉末轧制

粉末轧制是将金属粉末喂入一对转动的轧辊中，由于摩擦力的作用，粉末被轧辊连续压缩成形的方法。它是生产板带状粉末冶金材料的主要工艺。一般包括粉末直接轧制、粉末粘接轧制和粉末热轧等。粉末轧制的特点是：能生产特殊结构和性能的材料，成材率高，工序少，设备投资小，生产成本低。经过热处理等工序，就可制成有一定孔径，经预烧结、烧结，又经轧制加工的致密的粉末冶金板带材（见图7-16）。粉末轧制法与模压法相比，优点是制品的长度原则上不受限制，轧制的制品密度比较均匀。

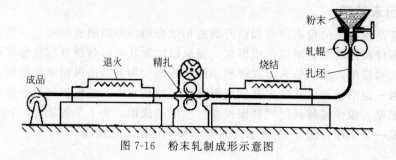

图 7-16　粉末轧制成形示意图

7.6.2.6　等静压成形

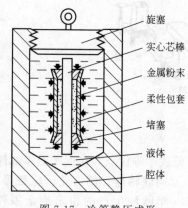

图 7-17　冷等静压成形

这种方法是借助高压泵的作用把流体介质（气体或液体）压入耐高压的钢质密封容器内，高压流体的静压力直接作用在弹性模套内的粉末上；粉末体在同一时间内在各个方向上均衡地受压，获得密度分布均匀和强度较高的压坯，称为等静压压制，简称等静压。等静压可分为冷等静压和热等静压两种。

（1）冷等静压

通常是将粉末密封在软包套内，然后放到高压容器内的液体介质中，通过对液体施加压力使粉末体各向均匀受压，从而获得所需要的压坯。液体介质可以是油、水或甘油。包套材料为橡胶类弹塑性材料。如图7-17所示。

金属粉末可直接装套或横压后装套。由于粉末在包套内各向均匀受压，所以可获得密度较均匀的压坯，烧结时不易变形和开裂。冷等静压已广泛用于硬质合金、难熔金属及其他各种粉末材料的成形。

（2）热等静压

将金属粉末装入高温下易于变形的包套内，然后置于可密闭的缸体中（内壁配有加热体的高压容器），关严缸体后用压缩机打入气体并通电加热。随着温度的升高，缸内气体压力增大。粉末在这种各向均匀的压力和温度的作用下成为具有一定形状的制品。如图7-18所示。

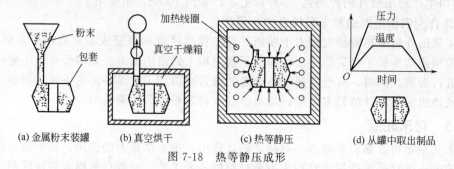

(a) 金属粉末装罐　　(b) 真空烘干　　(c) 热等静压　　(d) 从罐中取出制品

图 7-18　热等静压成形

加压介质一般用氮气，常用的包套材料为金属（低碳钢、不锈钢、钛），还可用玻璃和陶瓷。HIP 的最大优点是：被压制的材料在高温高压下有很好的黏性流动，且因其各向均匀受压，所以在较低的温度（一般为物料熔点的 50%～70%）和较低的压力下就可得到晶粒细小、显微结构优良、接近理论密度、性能优良的产品。

　　HIP 已成为现代粉末冶金技术中制取大型复杂形状制品和高性能材料的先进工艺，已广泛应用于硬质合金、金属陶瓷、粉末高速钢、粉末钛合金、放射性物料等的成形与烧结。用 HIP 制造的镍基耐热合金涡轮盘、钛合金飞机零件、人造金刚石、压机顶锤等，其性能和经济效果都是其他工艺无法比拟的。

7.6.3　新型烧结工艺

7.6.3.1　放电等离子体烧结

　　放电等离子体烧结（SPS）是指在粉末颗粒间直接通入脉冲电流进行的加热烧结，也称为等离子体活化烧结或等离子体辅助烧结。它是制备材料的一种全新技术，具有升温速度快、烧结时间短、组织结构可控、节能、环保等鲜明特点，可用来制备金属材料、陶瓷材料、复合材料，也可用来制备纳米块体材料、梯度材料等。

　　放电等离子体烧结系统如图 7-19 所示。

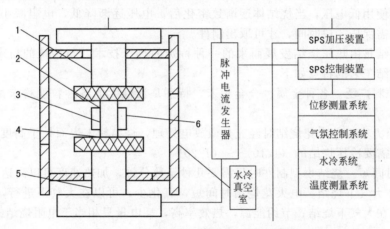

图 7-19　放电等离子体烧结系统示意图
1—上电极；2—下电极；3—粉末；4—下压头；5—下电极；6—模具

　　它是利用通/断式直流脉冲电流直接通电烧结的一种加压烧结法。通/断式直流脉冲电流的主要作用是产生放电等离子体、放电冲击压力、焦耳热和电场扩散作用。烧结时，脉冲电流通过粉末颗粒时瞬间产生的放电等离子体使烧结体内部各个颗粒自身均匀地产生焦耳热，并使颗粒表面活化，制备出均质、致密、高质量的烧结体。

　　放电等离子烧结法工艺的优点十分明显：加热均匀，热效率极高，升温速度快，烧结温度低，能够实现均匀加热，烧结时间短，生产效率高，产品组织细小均匀。该方法能够得到高致密度的材料，也可以烧结梯度材料以及复杂形状工件等。

7.6.3.2　电火花烧结

　　电火花烧结是将金属等粉末装入石墨或其他导电材料制成的模具内，利用上、下凸模兼通电电极将特定烧结电源和压制压力施于烧结粉末，经放电活化、热塑变形和冷却，完成制取高性能材料或制品的一种方法。

　　电火花烧结工艺的全过程一般由放电、致密化和冷却三个阶段组成，其烧结电源的电流、电压和压力等工艺参数由烧结粉末品种、粒度和对制件形状、密度等特性的要求来决定。图 7-20 为电火花烧结工艺周期示意图。

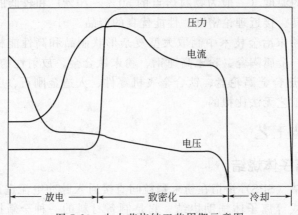

图 7-20　电火花烧结工艺周期示意图

（图中文字：压力、电流、电压；放电、致密化、冷却）

如图 7-20 所示，初始阶段的压力应尽可能低，便于放电，初始电流也较小；随后压力上升，电流增加，粉体很快达到烧结温度。成形阶段即致密化阶段，烧结粉末产生塑性变形。整个周期使用低电压，当烧结体逐渐致密化后，电压逐渐降低，电阻减小。冷却阶段，切断电流后仍需保压一段时间，才可取出制件。

电火花烧结是由热压烧结发展而来的一种特殊的热压技术。与传统的粉末冶金工艺相比，电火花烧结工艺的特点如下。

① 粉末原料广泛。各种金属、合金粉末，特别是活性大的各种粒度粉末都可以用作电火花烧结原料。

② 成形压力小。电火花烧结时经充分微放电处理，烧结粉末表面处于高度活性化状态，其成形压力只需要冷压烧结的（1/10）～（1/20）。

③ 烧结时间短。烧结小型制件时只需要几秒至数分钟，加热速度可以高达 $10^6 ℃/s$。

④ 可以在大气下烧结。电火花烧结时间短，氧化少，可以在大气下进行，甚至高活性铍制件也可以在大气下烧结；节约能源，热效率高，耗电量只相当于电阻烧结的 1/10。

第8章

新型快速成形技术

20世纪90年代以后，市场环境发生了巨大的变化。用户需求的个性化和多变性，迫使企业不得不逐步抛弃原来以"规模效益第一"为特点的少品种、大批量的生产方式，进而采取多品种、小批量、按订单组织生产的现代生产方式。同时，全球市场的激烈竞争，更要求企业具有高度的灵敏性和迅速的市场响应。面对瞬息万变的市场环境，产品制造商必须不断地迅速开发新产品，并且要能够快速生产制造出来。市场响应速度成为制造业竞争的关键。在这种背景下，快速制造成形（rapid prototyping）技术也就应运而生了。本章主要介绍几种常用的快速成形方法、设备和应用。

快速成形技术是先进制造技术的重要分支，它的出现使得产品设计生产的周期大大缩短，降低了产品开发成本，提高了产品设计、制造的一次性成品率，使企业能够快速响应市场需求，提高产品的市场竞争力和企业的综合竞争能力。利用快速成形技术可对产品设计进行迅速评价、修改，并自动快速地将设计转化为具有相应结构和功能的原型产品或直接制造出零部件。快速成形技术已经逐步得到全世界制造企业的普遍重视，在机械、汽车、国防、航空航天及医学领域得到了非常广泛的应用。

8.1 快速成形的原理及过程

快速成形（rapid prototyping）是20世纪80年代末期开始发展起来的一种新型制造技术。它综合了计算机、电子、机械、材料等学科的知识，是计算机辅助设计（CAD）、计算机辅助制造（CAM）、计算机数字控制（CNC）、激光、新材料、精密伺服等多项技术的发展和融合。快速成形以自动、直接、快速、精确为特征，可以迅速地将任意形状的产品设计转变为三维实体模型。快速成形技术根据成形方法主要分为两类：基于激光（有光固化成形、分层实体制造和选择性激光烧结方法等）和其他光源的成形技术（主要有熔融沉积、三维印刷、多相喷射沉积等）。

快速成形的优点有很多：可以通过修改CAD模型成形任意结构复杂的零件，柔性强，特别适用于有复杂型腔、复杂型面的零件；设计制造一体，且没有或很少有废弃物产生，绿色环保，占地面积小，工作环境好，便于操作；不需要传统加工工具，开发周期和开发成本都有所降低，几个小时到几十个小时就可以制造出零件。

8.1.1　快速成形技术的原理

根据现代成形学可以把成形方式分为去除成形、添加成形、受迫成形和生长成形四种。传统的成形方式主要是去除成形和受迫成形两种，而快速成形则属于添加成形。严格地讲，快速成形应该属于离散/堆积成形，也可称为分层制造，是通过材料逐层堆积制造零件的方法。快速成形时，首先将计算机上制作的零件三维设计模型进行网格化处理并存储，对其进行分层切片处理，得到各层截面的二维轮廓信息，然后按照这些轮廓信息自动生成加工路径，将成形材料做成各个截面轮廓薄片，并逐步顺序叠加成三维实体，然后进行零件的后处理，形成零件，如图 8-1 所示。

分层制造虽然增加了工作量，但是分层切片处理将三维问题转化为二维问题，大大简化了数据处理的难度，而且零件的形状复杂程度也不会对制造产生任何影响。这个新技术的思路是成形加工原理中一种全新的思维模式，它源于三维实体被切割成微小单元的逆过程，通过不断地把材料按指定路径添加到零件上，采用聚合、黏结、烧结等化学或物理的手段，有选择性地固化液体或黏结固体材料，从而制作出所要求形状的原型或零部件。

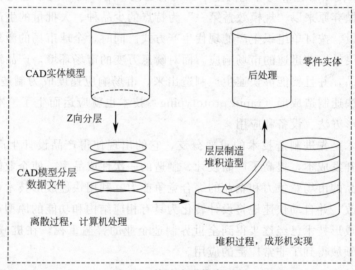

图 8-1　快速成形技术原理

8.1.2　快速成形的工艺过程

快速成形的工艺过程可以分为三大块：前处理、成形加工和后处理。

8.1.2.1　前处理

它包括产品三维模型的构建、三维模型的近似处理、模型的切片处理、抛光和表面强化处理等。

(1) 产品三维模型的构建

因为快速成形过程是由三维 CAD 模型直接驱动，所以首先要构建所加工工件的三维 CAD 模型。此模型的构建方法有：利用计算机辅助设计软件（如 UG 等）直接构建，将已有产品的二维图样进行转换而形成，或对产品实体进行激光扫描、CT 断层扫描，得到点云数据，然后利用反求工程（逆向工程）的方法来构造三维模型。

(2) 三维模型的近似处理

部分产品往往有一些不规则的自由曲面，所以加工前要对模型进行近似处理，以方便后续的数据处理工作。由于 STL 文件格式简单、实用，目前已经成为快速成形领域的标准接口文件。

(3) 三维模型的切片处理

根据被加工模型的特征选择合适的加工方向，在成形高度方向上用一系列一定间隔的平面切割近似后的模型，以便提取截面的轮廓信息。间隔一般取 0.05～0.5mm，常用0.1mm。间隔越小，成形精度越高，但成形时间也越长，效率也就越低。

8.1.2.2 成形加工

根据切片处理的二维截面轮廓，在计算机控制下，相应的成形头（激光头或喷头）按各截面轮廓信息作扫描运动，在工作台上一层一层地堆积材料，然后将各层相黏结，最终得到原型产品。

8.1.2.3 成形零件的后处理

从成形系统里取出成形件，进行剥离、后固化、修补、抛光、涂挂或放在高温炉中进行后烧结，进一步提高其强度。

8.2 快速成形工艺

8.2.1 光固化成形工艺

光固化成形工艺（stereo lithography appearance，SLA）又称光敏树脂法或立体光刻法，简称 SLA。世界上第一台快速成形机就是 1988 年由美国 3D System 公司推出的 SLA-250 液态光敏树脂选择性固化成形机。SLA 方法是目前快速成形技术领域中研究得最多的方法，也是技术上最为成熟的方法。SLA 工艺成形的零件精度较高，加工精度一般可达到0.1mm，原材料利用率近 100%，能制造复杂、精细的零件，生产率高。

8.2.1.1 光固化成形工艺过程

光固化技术是基于液态光敏树脂的光聚合原理工作的，通过一定波长的紫外激光照射液态光敏树脂，能迅速引发光聚合反应，使材料从液态转变成固态。图 8-2 所示为光固化成形工作原理图。把液槽中盛满液态光固化树脂，让一束紫外激光束在偏转镜的作用下在液面上扫描，扫描的轨迹及光线的有无均由计算机控制，光束照到的地方，液体就固化。成形开始时，工作平台在液面下一个确定的深度。聚焦后的光斑在液面上按计算机的指令逐点扫描，即逐点固化。

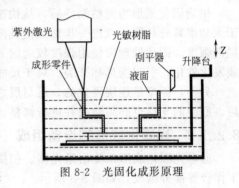

图 8-2 光固化成形原理

当一层扫描完成后，未被照射的地方仍是液态树脂，然后升降台带动平台下降一层高度，已成形的层面上又布满一层树脂，刮板将黏度较大的树脂液面刮平，然后再进行下一层的扫描，新固化的一层牢固地粘在前一层上，如此重复直到整个零件制造完毕，得到一个三维实体模型。

由于光聚合反应是基于光的作用，故在工作时只需要较低功率的激光器。因为没有热扩散，加上链式反应能够得到很好的控制，保证了聚合反应不发生在激光点以外的地方，所以加工精度高，表面质量好，能制造形状复杂、精细的零件，生产率高。

光固化成形工艺步骤包括模型设计、切片、数据准备、生成模型和后固化等。在实际操作中，无论在哪一步发现问题，都可以终止操作，返回。

(1) 模型的设计

立体印刷成形工艺的第一步是在三维 CAD 造型系统中完成原型的设计。所构造的三维 CAD 图形既可以是实体模型，也可以是表面模型，这些模型应具有完整的壁厚和内部描述功能。第二步是把 CAD 存储的文件转换成标准文件（STL 文件）格式，并以此作为切片计算机的输入文件。

(2) 模型切片和数据处理

将模型内外表面按等距离或不等距离的处理方法剖切模型，形成从底部到顶部一系列相互平行的水平截面片层，利用扫描线算出对每个截面片层产生包括截面轮廓路径和内部扫描路径两方面的最佳路径。同时在成形系统上对模型定位，设计支撑结构。切片信息及生成的路径信息作为控制成形机的命令文件，并编出各个层面的数控指令送入成形机。分层越薄，生成的零件精度越高，采用不等厚度分层的目的在于加快成形速度。

(3) 生成模型

计算机从下层开始按顺序将数据取出，通过一个扫描头控制紫外激光束，在液态光敏树脂表面扫描出第一层模型的截面形状。被紫外激光照射过的部分，由于光引发剂的作用，发生聚合而固化产生一个薄固化层。而后计算机程序控制快速成形机的可升降工作台下降一个设定的高度，使液态树脂浸没已固化的树脂表面，控制涂覆板水平运动，在该固化层表面再涂覆一层液态树脂。接着用第二层截面的数据进行扫描、曝光、固化。然后逐层固化和粘接，直至形成完整的三维实体模型。

对采用激光偏转镜扫描的成形机来说，由于激光束被偏转而斜射时，焦距和液面光点尺寸是变化的，这直接影响薄层的固化。为了补偿焦距和光点尺寸变化带来的影响，激光束扫描的速度也必须是实时调整的。另外，制作各薄层时，扫描速度也必须根据被加工材料层厚度变化（分层厚度变化）而作调整。

(4) 后固化及后处理

树脂固化成形为完整制件后，从快速成形机上取下制件，去除支撑结构，然后将制件置于大功率紫外灯箱中或进一步加热使其内腔进一步固化。这一步的目的是使零件充分固化，提高强度。固化处理应使用强度较弱的光源，避免内部温度急剧上升，导致制件产生内应力或发生软化，引起变形和开裂。对于尺寸较大的原型，这是快速固化的有效手段。

另外，原型是逐层硬化的，层与层之间不可避免地会出现台阶，必须去除。在造型结束后，原型的支撑也必须除去并进行修整，对要求较高的原型还需进行喷砂处理。

8.2.1.2 光固化成形的设备组成

通常光固化成形系统由激光器、扫描装置、光敏性液态聚合物、液槽、控制软件和升降工作台等部分组成，如图 8-3 所示。

(1) 光学部分

① 紫外激光器　因为仅需很低的激光能量密度就可以使树脂固化，所以多数激光器是紫外线式。一种是传统的氦-镉（He-Cd）激光器，输出功率为 15～50mW，输出波长为 325nm；另一种是氩（Ar）激光器，输出功率为 100～500mW，输出波长为 351～365nm。这两种激光器的输出是连续的，近年来开始研究半导体激光器，输出功率可达 500mW 或更高，寿命可达 5000h，且更换激光二极管的费用比更换气体激光管的费用要低得多。

② 激光束扫描装置　数控的激光束扫描装置有两种形式。一种是电流计驱动式的扫描镜方式，适合于制造尺寸较小的高精度原型件；另一种是 x-y 绘图仪方式，主要适用于高精度、大尺寸的样件制造。

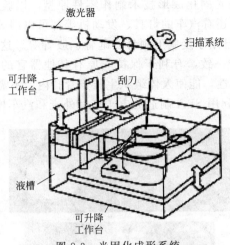

图 8-3 光固化成形系统

(2) 树脂容器系统

① 树脂容器及材料 盛装液态树脂的容器由不锈钢制成。液态树脂是能够在光能作用下发生液固转变的树脂材料,如丙烯酸树脂和环氧树脂。在光敏树脂中掺入陶瓷粉末或金属粉末,可以形成复合材料光固化成形技术。光固化树脂必须具备以下性质:可见光下不发生反应,性能稳定;黏度低,流动性好,易于铺展;光敏性好,固化速度快;固化后收缩率小,固化过程中不变形、膨胀、产生气泡等;毒性小,绿色环保。

② 可升降工作台 可升降工作台由步进电机驱动,沿高度方向作往复运动。最小步距可达 0.2mm 以下,在 225mm 的工作范围内位置精度为 0.05mm。

③ 重涂层装置 使液态光敏树脂能迅速、均匀地覆盖在已固化层上面,保持每一层片厚度的一致性,从而提高原型的制造精度。

(3) 数控系统和控制软件

数控系统和控制软件主要由数据处理计算机、控制计算机以及 CAD 接口软件和控制软件组成。数据处理计算机主要是对 CAD 模型进行面化处理使之变成适合于光固化成形的文件格式,然后对模型定向切片。控制计算机主要用于 x-y 扫描系统、z 方向工作平台上下运动和重涂层系统的控制。CAD 接口软件的功能包括确定 CAD 数据模型的通信格式、接受CAD 文件的曲面表示、设定过程参数等。控制软件用于对激光器光束反射镜扫描驱动器、x-y 扫描系统、升降工作台和重涂层装置等的控制。

8.2.1.3 光固化成形技术的应用

目前,光固化成形技术在航空、航天、汽车、电子产品、生物医学等各个领域都得到了广泛的应用,并且有广阔的应用前景。特别是产品开发过程中,难以用传统工艺加工的具有复杂结构的零部件,都可以由光固化成形技术成功地制造出来。

① 航空领域中发动机上许多零件都是经过精密铸造工艺来制造的,对于高精度的母模制作,传统工艺成本极高且制作时间也很长。采用光固化成形技术,可以直接由 CAD 数字模型制作熔模铸造的母模,时间和成本可以得到显著的降低。数小时之内,就可以由 CAD数字模型得到成本较低、结构又十分复杂的 SLA 快速原型母模。

② 现代汽车生产的特点就是产品的多型号、短周期。为了满足不同的生产需求,就需要不断地改型。虽然现代计算机模拟技术不断完善,可以完成各种动力、强度、刚度分析,但研究开发中仍需要做成实物以验证其外观形象、工装可安装性和可拆卸性。对于形状、结

构十分复杂的零件，可以用光固化成形技术制作零件原型，以验证设计人员的设计是否合理，大大节约了试验费用。还有汽车的灯具、发动机等都可以用 SLA 生产出模型进行试验。

③ 在医学领域，SLA 已用于复制下颌骨、眶骨、股骨等。这些人工骨具有生产周期短的优点，与替代骨形状基本一致，有利于保持与原有其他器官的匹配，强度能达到使用要求。人工骨具有较好的相容性，能使人体组织生长于骨孔内。不需模具，降低了制造成本。

图 8-4 和图 8-5 分别为利用 SLA 制造的电子产品外壳和汽车模型。

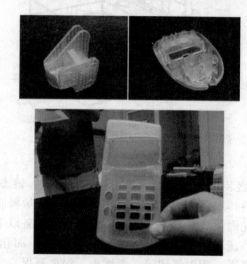

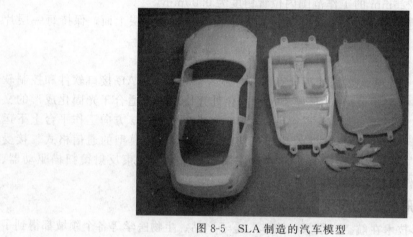

图 8-4　SLA 制造的电子产品外壳

图 8-5　SLA 制造的汽车模型

8.2.1.4　存在的问题

光固化成形法是最早出现的快速原型制造工艺，经过长期的工业化应用，已经有较高的成熟度。光固化成形法加工速度快，产品生产周期短，无需切削工具与模具，可以加工结构外形复杂或使用传统手段难以成形的原型和模具。但是，它也存在一些问题，阻碍了光固化成形技术的应用推广。

① 材料方面的问题　光敏树脂种类和性能的多样化是研究的重要课题。大部分树脂从液态变成固态时产生收缩，由此引起内部残余应力并发生变形。且由于光固化树脂的表面张力，薄层树脂的涂覆是一个比较困难的问题，表现为大平面涂不满、涂层不均匀和产生气

泡。另一方面，光敏树脂硬化后的力学性能较差，材料性脆，易断裂，不便进行切削加工，还有导电性、易燃性、抗化学腐蚀的能力等都是需要考虑的问题。而且光敏树脂种类少，价格高。因此，还需研制适用于快速成形技术的性能较好、价格便宜的新材料。

② 成型机理不明确　目前树脂硬化的机理尚不十分清楚，还有材料的其他特性如光学特性、化学特性和力学特性相互作用，过程现象复杂，还需要进一步研究这些问题。

③ 价格和使用成本方面的问题　这也是光固化成形工艺最大的问题。它的研究和开发费用高昂，严重阻碍了该技术的推广和工业应用。不仅是机器的价格贵，运行成本以及材料成本也很高。因此，价格问题显得非常突出，一旦加工成本远远高于零件本身，那光固化成形技术用于小批量生产的理由就变得非常不充分，因为人们可以继续用传统加工方式去加工。所以降低光固化成形系统的整机售价、运行成本、材料成本等是亟待解决的问题。

④ 成形精度问题　光固化成形精度的影响因素主要来源于分层制造的台阶效应和光敏树脂的固化收缩等。其他还有数字建模、成形材料、成形工艺、后处理过程中都会有精度的损失。

⑤ 环境问题　光敏聚合物粉尘对人体有害，如吸入未固化的光敏聚合物粉末就会产生中毒。

8.2.2 分层实体制造工艺

分层实体制造工艺（laminated object manufacturing，LOM）又称叠层实体制造或薄层材料选择性切割，由美国 Helisys 公司的 Michael Feygin 于 1988 年研制成功，是几种较成熟的快速成形制造技术之一。LOM 技术采用的是薄片材料，如纸、塑料薄膜等，采用低能 CO_2 激光器，成形制件无盈余、无变形，精度较高。

8.2.2.1 分层实体制造的工艺原理

将片材表面先涂上一层热熔胶，再将片材卷成料带卷。加工时，用热压辊压片材，使之在一定的温度和压力下与下面已成形的工件牢固黏结；按照 CAD 分层模型所获得的数据，用激光束将材料切割成欲制原型，在该层平面的内外轮廓，并在截面轮廓与外框之间多余的区域内切割出上下对齐的网格；然后工作台下降一个材料厚度（一般为 0.025～0.125mm），材料传送机构继续送入一层材料，并通过加热辊滚压，使刚刚切好的一层与下面已切割层粘接在一起。通过逐层切割、黏合，最后将不需要的材料剥离，得到欲制的原型，如图 8-6 所示。

分层实体制造与光固化成形工艺的主要区别是将光固化成形中的光敏树脂固化的扫描运动变为激光切割薄膜运动。激光束只需要按照分层信息提供的截面轮廓线逐层切割而无需对整个截面进行扫描，所以成形厚壁零件的速度较快，易于制造大型零件。且工艺过程中不存在材料相变，因此不会引起翘曲变形。工件外框与截面轮廓之间的多余材料在加工中起到了支撑作用，所以不需支撑。

分层实体制造的成形材料为热敏感类薄层材料，目前主要是单面涂有热熔胶的纸。纸的成本低，材料易得，成形过程中始终为固态，没有相变，成形加工容易。纸内部有改性添加剂，可以改善纸和成形件的性能，使其具有优良的黏性、机械强度、硬度、抛光性、收缩率、工作温度等。

8.2.2.2 分层实体制造的设备组成

分层实体制造系统主要由计算机、激光切割系统、箔带供给系统、压实系统、可升降工作台和数控系统、模型取出装置和机架组成，如图 8-7 所示。

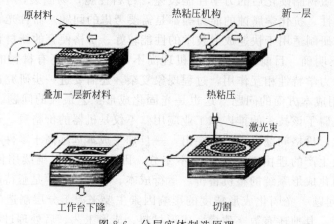

叠加一层新材料　　　　　　　　　热粘压

工作台下降　　　　　　　　　　　切割

图 8-6　分层实体制造原理

图 8-7　分层实体制造系统

（1）计算机

计算机用于接受和存储工件的三维模型，并沿模型的高度方向提取一系列的横截面轮廓线，发出控制指令。在计算机中一般配有 STL 格式文件的纠错和修补软件、三维模型的切片软件、激光切割速度与切割功率的自动匹配软件和激光光束宽度的自动补偿软件。

（2）激光切割系统

激光切割系统主要按照计算机提取的横截面轮廓线，逐一在工作台上方的材料上切割出轮廓线，并将无轮廓的区域切割成网格，为了方便成形后剔除废料，网格越小，越容易剔除废料，但花费时间较长。

（3）箔带供给系统、压实系统和可升降工作台

箔带供给系统是将原材料按每层所需材料的送进量逐步送至工作台的上方，并保证材料处于张紧状态；压实系统是将一层层材料黏合在一起；可升降工作台由伺服电动机经精密滚珠丝杠驱动，用精密直线滚珠导轨导向，从而可以往复运动，并且支撑正在成形的工件，在每层成形后降低一个材料厚度，以便送进、黏合和切割新一层的材料。

（4）数控系统

数控系统主要执行计算机发出的指令，使一段段的材料逐步送至工作台的上方，然后黏合、切割，最终形成三维工件。

（5）模型取出装置和机架

模型取出装置用于方便地卸下已成形的模具，机架是整个机器的支撑，由方管焊接而成，安装台板固定在其中部，x-y 工作台、热粘压机构、激光器和可升降工作台都是以该台板为基准进行安装的。

8.2.2.3　分层实体制造技术的应用

分层实体制造是较早出现的快速成形方法之一，与其他快速成形方式相比，分层实体制造技术具有成形厚壁零件速度较快、易于制造大型零件、制作精度高、成本低、成形效率高、工艺简单等优点。由于成形材料为纸张、塑料等材料，自身强度低，所以分层实体制造技术一般被广泛应用在汽车、铸造等行业，用来制作功能原型或母模。

如通用、福特等公司就拥有数十台各类激光快速成形制造设备，大力发展 RP 的制模技术，不仅全面提高了模具设计制造质量，而且缩减了制造周期，取得了较好的应用效果。首先采用计算机造型软件建立车身的数学模型，在计算机上进行板料成形的模拟分析。然后采用 LOM 技术制造大、中型汽车车身原型，经过快速模具工艺转换，翻制低熔点合金模，可以快速获得汽车车身试制模具。如奥迪汽车采用 LOM 工艺制造的制动钳体和支架精密铸造模型，制件尺寸精度高，稳定性好，表面光洁。还可以利用 LOM 技术加工原型件作为硅橡胶模具的母样，再通过真空注塑机制造硅橡胶软模。用硅橡胶软模在真空注型机中浇注出高分子材料制件，用于试制小批量新产品。

分层实体制造技术还可以用于直接制造铸造熔模。传统数控机床加工设备价格昂贵，周期长、精度低，而用 LOM 技术制造的原型件硬度高，表面平整光滑、成本低、速度快，制作精度高，可以进行复杂模具的整体制造，如图 8-8 所示。

图 8-8　用 LOM 技术制造的复杂结构件

8.2.2.4　存在的问题

目前，分层实体制造技术存在的问题有以下几个方面。

① 材料浪费问题。由于分层实体制造的特点之一就是成形后的模型完全埋在废料中，需要用激光将废料划分成网格碎块才能与零件分离。所以分层实体制造技术对材料浪费严重，每一层中根据成形件的分层图像，一般只有 50% 以内的材料可以得到利用，其余被用作边框被切为方块，无法重新利用。这是由分层实体制造技术本身的工艺所决定的。网格的划分直接影响模型的加工效率和废料的可剥离性，网格过密虽然废料剥离容易，但加工时间过长，而稀疏的网格会导致废料难剥离，甚至损坏制件的细节部分。

② 成本问题。因为 CO_2 激光系统价格较贵，所以增加了设备成本和运行成本。在成本价格上分层实体制造无法与基于喷射技术的快速成形工艺竞争。

③ 金属板材的连接问题。分层实体制造技术的主要材料是纸张、塑料等，但这些材料自身强度低，使得制作成的零件应用范围受到很大限制。而用金属薄板材制作造型材料可以显示出广阔的应用前景，但是需要解决的首要问题就是金属层片制件的有效连接。现在有低熔点合金粘接法、螺栓紧固加电弧焊接法等工艺，但是这些连接工艺均未获得满意的效果。

④ 分层材料的变形和精度问题。分层实体制造成形过程中的热压和冷却以及最终冷却到室温的过程中，成形材料会发生体积收缩，导致制件内部形成复杂的内应力，使制件产生不可恢复的翘曲变形和开裂。成形件尺寸越大，内应力和翘曲变形就越大。另外，分层板厚度越薄，成形精度越高。但是现有的 LOM 技术一般以纸张、塑料为材料，分层板厚度为 0.05～0.1mm，而用金属板材作材料时，分层板厚度为 0.2～0.5mm。商品化运行稳定的

LOM 设备精度均在 0.15~0.25mm，远达不到光固化工艺的水平。且工件表面有台阶纹，高度等于材料的厚度（0.1mm 左右），因此表面质量较差，需要进行表面打磨。

⑤ 工作稳定性问题。LOM 设备系统复杂，稳定性也比不上其他基于喷射技术的 RP 技术，直接制作塑料零件较为困难，所用成形工艺的抗拉强度和弹性不够好。

8.2.3 选区激光烧结

选区激光烧结（selective laser sintering，SLS）又称选择性激光烧结，是一种先进的快速制造技术。SLS 工艺利用粉末材料成形，由美国德克萨斯大学奥斯汀分校的 C. R. Dechard 于 1989 年研制成功。选区激光烧结工艺不受零件几何形状的限制，不需要任何模具，可以缩短产品研发周期，降低生产成本，提高产品的市场竞争力。

8.2.3.1 选区激光烧结的成形原理

SLS 工艺原理是利用粉末的烧结进行的。将粉末材料及黏结剂的粉末混合物铺撒在一个平面基地上并刮平，用高强度的激光器在粉末表面上按零件截面形状扫描，材料粉末在高强度的激光照射下被烧结在一起，得到零件的截面，而未在烧结区域内的粉末仍然呈松散状态；一层截面烧结完后，铺上一层新的材料粉末，按照新的零件形状用激光器选择性地烧结成形，并保证新的一层与已经烧结成形的部分连接在一起；这样逐层地烧结成形直至形成完整的三维实体零件，如图 8-9 所示。

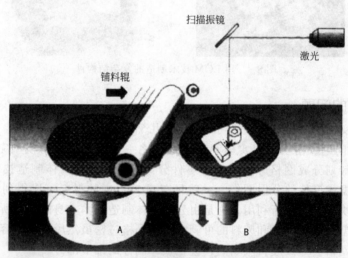

图 8-9　选区激光烧结工艺原理

烧结完毕后去掉多余的粉末，再进行打磨、烘干等处理。选区激光烧结工艺是建立在粉末烧结理论基础上的。烧结的驱动力是具有较高表面能的粉末材料在热力学上处于不稳定状态。第一阶段是聚结阶段，相邻颗粒之间发生联系，形成界面；第二阶段是压实阶段，粉末内部孔隙消除，致密度提高。烧结后从完全分散的颗粒系统变成比较致密的实体，总表面能降低。

选区激光烧结工艺的特点有以下几个方面。

① 材料适应面广。选区激光烧结使用的粉末材料品种丰富，大部分材料都可以制成粉末形式，如尼龙、钢、青铜和钛。另外，未使用的松散粉末可再回收利用，不会浪费材料。理论上讲，所有受热后能互相粘接的粉末材料或者表面覆有热塑（固）性黏结剂的粉末都可以作为 SLS 的材料。但目前的研究表明，真正的 SLS 烧结的材料必须有良好的热塑（固）

性、适度的导热性、较窄的软化-固化温度范围，烧结后要有一定的黏结强度。至此，SLS 技术不仅能制造塑料、陶瓷、蜡等材料零件，也可以制造金属三维实体零件。这使得此工艺颇具吸引力。制造金属和陶瓷制件是其他快速成形工艺所不具备的，也是 SLS 系统的显著特点。

② 高精度。一般可以达到全工件范围内 $\pm(0.05 \sim 2.5\text{mm})$ 的公差。当粉末粒径为 0.1mm 以下时，成形后的原型精度可达 $\pm 1\%$。

③ 制造工艺简单，速度快，成本低。激光选区烧结技术可以制造几乎任意形状的零件，特别适合制造复杂结构的零件，且造型速度快，一般制品只需要 $1 \sim 2$ 天即可完成。因为可以采用多种材料，可以直接生产复杂形状的原型、三维构件等，所以能广泛用于设计和变化等。

④ 加工过程中无切削力的作用，未熔化的粉末可以作为内部支撑，所以无需夹具与支撑物，对机床刚度、定位等要求与传统机床相比有所降低。

⑤ 就缺点而言，激光选区烧结制造的物体表面往往不光滑、多孔。目前还不能同时成形不同类型的粉末材料，不适合家庭或办公室使用。由于某些粉末若处理不当还会引发爆炸，所以激光选区烧结系统还必须用氮气填充密封腔。另外，激光选区烧结工艺过程是个高温过程，所以需要冷却时间，视材料尺寸和厚度的不同，大型物体可能需要一天的冷却时间。

8.2.3.2 选区激光烧结的工艺过程

选区激光烧结的具体工艺过程可以分为两个部分。

(1) 信息处理过程

首先在计算机上建模 CAD 三维立体造型零件，或通过逆向工程得到三维实体图形文件，将其转换成 STL 文件格式。再用离散（切片）软件从 STL 文件离散出一系列给定厚度的有序片层，或者直接从 CAD 文件进行切片。然后，将上述的离散（切片）数据传递到成形机中去，成形机在计算机信息的控制下逐层进行扫描烧结。

(2) 成形过程

成形系统的主体结构置于一个封闭的成形室中。用红外线板将粉末材料预热至恰好低于烧结点的某一温度，供粉缸内活塞上移一给定量，铺粉滚筒将粉料均匀地铺在成形缸加工表面。预热是一个重要环节。不预热或预热温度不均匀会增加成形时间，导致成形件性能降低、质量变差，烧结过程甚至不能进行。预先加热可以使工作台与周围环境的热量交换达到平衡，机器温度达到稳定，减小成形过程中制件的热应力和变形，改善和稳定成形质量。

然后，计算机控制激光束以给定的速度和能量按原型或零件的截面形状进行扫描。激光束扫过之处的材料粉末受热熔化或烧结，未烧结的粉末被用来作为支撑。这时，成形缸活塞下移一给定量，供料缸活塞上移，用热辊将粉末材料均匀地分布在前一个烧结层上，再用激光束按第二层信息进行扫描烧结。如此逐层反复，直至烧结成形。

这种工艺与光固化成形基本相同，只是将光固化成形中的液态树脂换成在激光照射下可以烧结的粉末材料，并由一个温度控制单元优化的辊子铺平材料以保证粉末的流动性，同时控制工作腔热量使粉末牢固黏结。它的创新之处在于把激光、光学、温度控制和材料联系，借助精确引导的激光束使材料粉末烧结或熔融后凝固形成三维原型或制件。

待制件冷却到室温后，将制件从成形机中取出，用压缩空气将表面浮粉吹掉，根据需要进行表面打磨、浸渗石蜡、树脂，以及低熔点浸渗等后处理。最终形成形状和尺寸精度满足要求、结构致密和具有一定强度的零件成品。

烧结件的后处理常用的有高温烧结、热等静压、熔浸、浸渍等。

① 高温烧结　金属和陶瓷坯体可以用高温烧结的方法进行，使坯体内部孔隙减少，密度、强度增加，其他性能也得到改善。一般来说，升高温度有助于界面反应，延长保温时间有利于通过界面反应建立平衡，使制件的密度、强度增加，均匀性和其他性能得到改善。但是内部孔隙减少也会导致体积收缩，影响尺寸精度，所以高温烧结处理应尽量保持温度梯度均匀分布。

② 热等静压　通过流体介质将高温和高压同时均匀地作用于坯体表面，消除其内部气孔，提高密度和强度，改善其他性能。热等静压处理可以使制件非常致密，这是其他后处理难以达到的，但制件的收缩也大。如对 Al_2O_3 陶瓷坯体进行热等静压处理，可以使最后制件的相对密度达到 $96\%\sim98\%$。

③ 熔浸　为获得足够的强度或密度，又希望收缩和变形较小，可以采用熔浸的方法进行后处理。熔浸是将金属或陶瓷制件与另一种低熔点的液体金属接触或浸埋在液态金属内，让液态金属填充内部的孔隙，冷却后就可以得到致密的零件。熔浸过程依靠金属液在毛细管力作用下进行，液态金属沿着颗粒间隙流动，直到完全填充孔隙为止。所以熔浸处理的零件基本不收缩，得到的零件致密度高，强度大，而且尺寸变化很小。

④ 浸渍　和熔浸相似，不同的是将液态非金属物质填入多孔的选区激光烧结坯体的孔隙内。和熔浸相似，经过处理后的制件尺寸变化很小。浸渍完毕后要在某一环境下干燥。干燥过程中温度、湿度和气流等对干燥后坯体的质量有很大的影响。如果干燥控制得不好，会导致坯体开裂，严重影响零件的质量。

8.2.3.3　选区激光烧结的系统组成

选区激光烧结快速成形系统一般由主机、控制系统和冷却器组成。

(1) 主机

主机主要由成形工作缸、铺粉筒、供粉筒、废料桶、激光器、光学扫描系统和加热装置等组成。

① 成形工作缸　在缸中完成零件的加工，工作缸每次下降的距离即为层厚。零件加工完后缸升起，以便取出制件和为下一次加工作准备。工作缸的升降由电动机通过滚珠丝杆驱动。

② 铺粉筒、供粉筒、废料桶　铺粉筒包括铺粉辊及其驱动系统。供粉筒提供烧结所需的粉末材料，将其均匀地铺在工作缸上。废料筒则是回收铺粉时溢出的粉末材料。

③ 激光器　目前用于粉末烧结的激光器主要有 CO_2 和 YAG 两种，提供烧结粉末材料所需的能源。激光器类型选择主要取决于粉末材料对激光的吸收情况。CO_2 激光器的波长为 $10.6\mu m$，所以适用于高分子材料如聚碳酸酯，因为聚碳酸酯在 $5.0\sim10.0\mu m$ 波长内具有很高的吸收率。而 Nd：YAG 激光器的波长为 $1.06\mu m$，适用于金属粉末和陶瓷粉末。

④ 光学扫描系统　用于实现激光束的扫描。SLS 的光学系统采用振镜式动态聚焦扫描方式，具有高速高效的特点。扫描头上的两片很小的反射镜片在高速往复伺服电动机的控制下，把激光束反射到工作面预定的坐标点。动态聚能系统通过伺服电动机调节 z 方向的焦距，使反射到坐标点上的激光束始终聚焦在同一平面上。

⑤ 加热装置　加热装置给送料装置和工作缸中的粉末提供预加热，以减少激光能量的消耗和零件烧结过程中的翘曲变形。

(2) 计算机控制系统

主要由计算机、应用软件、传感检测单元和驱动单元组成。主机完成 CAD 数据处理和总体控制任务，子机进行成形运动控制，即机电一体运动控制。它按照预定的顺序与主机相互触发，接受控制命令和运动参数等数控代码，对运动状态进行控制。传感检测单元包括温度、氮气浓度和工作缸升降位移传感器。驱动单元主要控制各种电动机完成铺粉辊的平移和自转、工作缸的上下升降和光学扫描系统的驱动。

（3）冷却器

由可调恒温水冷却器及外管路组成，用于冷却激光器，以提高激光能量的稳定性。

8.2.3.4 选区激光烧结技术的应用

几十年来，SLS 工艺已经成功应用于汽车、造船、航天和航空等诸多行业，为许多传统制造业注入了新的生命力和创造力。采用 SLS 工艺可直接烧结金属模具和陶瓷模具，用作注塑、压铸、挤塑等塑料成形模及钣金成形模。对于形状复杂和精细结构的零件，可以采用 SLS 工艺快速成形技术，用零件的 CAD 模型直接成形精密铸造用的蜡模，然后再用蜡模生产金属零件，效率高，效果好。在汽车生产领域，采用 SLS 工艺可以快速制作由复杂的自由曲面构成的内燃机进气管模型，可以直接与相关零部件安装在一起，进行功能验证，快速地对不同的进气管方案进行试验，检测内燃机运行效果以评价设计的优劣，然后进行针对性的改进，以达到内燃机进气管产品的设计要求，如图 8-10 所示。

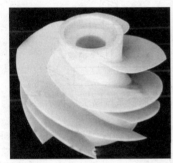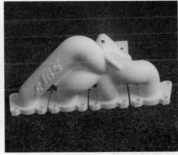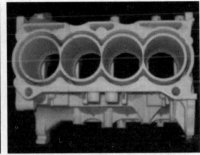

图 8-10　选区激光烧结工艺制备的产品

8.2.4　熔融沉积制造

熔融沉积制造（fused deposition modeling，FDM）又称丝状材料选择性溶覆、熔融挤出成模（melted extrusion molding，MEM）或简称熔积成形。由美国学者 Scott Crump 于 1988 年研制成功。FDM 的材料一般是热塑性材料，如蜡、ABS、尼龙等，以丝状供料。熔融沉积法主要适用于成形小塑料件。由于这种工艺具有一些显著优点，该工艺发展极为迅速，目前 FDM 系统占全球已安装快速成形系统中的份额大约为 30%。

8.2.4.1 熔融沉积制造工艺原理

熔融沉积制造工艺原理如图 8-11 所示。

首先将丝状成形材料和支撑材料从供丝机构送至各自对应的喷头，材料在喷头内被加热熔化。同时三维喷头在计算机的控制下，根据截面轮廓信息沿零件截面轮廓和填充轨迹运动，同时挤压并控制液体流量，将材料选择性地挤出涂覆在工作台上，材料迅速凝固形成截面轮廓，并与已经成形的下层牢固地黏结在一起。这一层成形完成后，喷头上升一截面层的高度，进行下一层截面的熔喷沉积。如此循环直至形成整个实体造型。

8.2.4.2 熔融沉积制造系统组成

以清华大学推出的 MEM-250 为例说明。该制造系统主要包括硬件系统、软件系统、供料系统。硬件系统分为两个部分，一部分以机械运动承载、加工为主，另一部分以电气运动控制和温度控制为主。

（1）机械系统

MEM-250 机械系统包括运动、喷头、成形室、材料室、喷制室和电源室等单元。采用模块化设计，各个单元相互独立。

该系统关键部件是喷头。喷头内的螺杆与送丝机构用可沿 R 方向旋转的同一步进电动机驱动。当外部计算机发出指令后，步进电动机驱动螺杆，同时，又通过同步齿形带传动与送料辊将塑料丝送入成形头。在喷头中，由于电热棒的作用，丝料呈熔融状态，并在螺杆的推挤下，通过铜质喷嘴涂覆在工作台上，如图 8-12 所示。

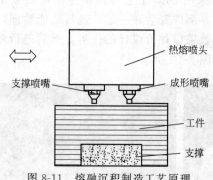

图 8-11　熔融沉积制造工艺原理

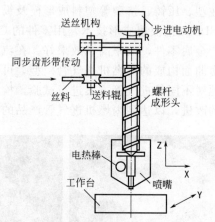

图 8-12　熔融沉积制造系统喷头结构示意图

（2）软件系统

软件系统包括几何建模和信息处理两部分。

（3）供料系统

MEM-250 制造系统要求成形材料及支撑材料为直径 2mm 的丝材，并且具有低的凝固收缩率、陡的黏度-温度曲线和一定的强度、硬度、柔韧性。一般的塑料、蜡等热塑性材料经适当改性后都可以便用。日前已成功开发了多种颜色的精密铸造用蜡丝、ABS 材料丝。

8.2.4.3　熔融沉积制造的优缺点

熔融沉积制造成形的优点主要有以下几个方面。

① 成形材料广泛。熔融沉积制造所用材料主要为石蜡、ABS、人造橡胶、铸蜡和聚酯热塑性塑料等低熔点材料和低熔点金属、陶瓷等的线材或粉料。可以直接制备金属或其他材料的原型，也可以制造蜡、尼龙和 ABS 塑料零件。

② 成本低，成形速度快。用熔融沉积方法生产出来的产品，不需要 SLA 中的刮板再加工这一道工序。且因为熔融沉积制造技术用液化器代替了激光器，制作费用和维护成本大大降低，由于热融挤压头系统构造原理和操作简单，支撑去除简单，无需化学清洗，分离容易，系统运行安全无公害，因此可以在办公室环境下进行。

③ 用蜡成形的零件原型，可以直接用于熔模铸造。可以成形任意复杂程度的零件，常用于成形具有很复杂的内腔、孔等的零件。

④ 原材料在成形过程中无化学变化，制件的翘曲变形小。原材料利用率高，且材料寿命长。

缺点有以下几个方面。

① 成形件的表面有较明显的条纹，沿成形轴垂直方向的强度比较弱，制件精度低，复

杂构件不易制造。

② 需要设计与制作支撑结构，且要对整个截面进行扫描涂覆，成形时间较长。

③ 适合于产品的概念建模及形状和功能测试，适合中等复杂程度的中小原型，不适合制造大型零件。

8.2.4.4 熔融沉积制造的应用

由于熔融沉积技术具有成形材料广泛、成本低、体积小、无污染等优点，所以是办公室环境的理想桌面制造系统。如上海富力奇公司推出的 TSJ 系列快速成形机体积小，在成形时不需要保温的成形室，可以方便地在办公室内使用。

另外，用 ABS 制造的原型因具有较高强度而在产品设计、测试与评估等方面得到广泛应用。近年来又开发出 PC、PC/ABS、PPSF 等更高强度的成形材料，使得该工艺有可能直接制造功能性零件，如图 8-13 所示。

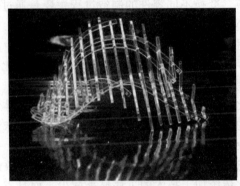

图 8-13　熔融沉积制造的产品

8.2.5　激光立体成形

激光立体成形技术又称为激光近净成形制造（laser engineered net shaping，LENS）、直接光制造技术（directed laser fabrication，DLF）、金属直接沉积技术（direct metal deposit，DMD）或激光固化技术（laser consolidation）。激光立体成形技术是在激光多层熔覆和快速原型制造技术的基础上发展起来的，是将快速原型制造的成形原理和同步送粉激光熔覆技术的逐层叠加制造相结合，形成的一种制造高性能致密金属零件的快速成形工艺。

前面几种快速成形方式除了选区激光烧结工艺能制造部分金属零件外，其余大部分只能制造出非金属原型（如聚合物、蜡、纸或包覆粉末），它们虽然具有良好的形状精度，但是不具备机械强度和力学性能，需经过二次铸造才能得到最终的金属原型。而激光立体成形以形成可以直接使用的承载力学载荷的金属零件为目标，不仅关注其快速成形特性，同时也关注其获得很高的力学性能。

8.2.5.1 激光立体成形的原理和工艺方法

激光立体成形来源于激光熔覆技术和快速成形的结合。

激光熔覆技术是在一种金属的表面熔覆另一种金属材料，以改善其耐磨、耐蚀等性能的表面改性技术。激光熔覆技术是利用一定功率密度的激光束照射被覆金属表层上的具有某种特殊性能的材料，使之完全熔化，而基体金属微熔，冷凝后在基材表面形成一个低稀释度的包覆层，从而达到使基材改性的目的。激光立体成形比一般激光熔覆更特别的是，由于是同种材料的多层熔覆，熔覆层间的结合质量更容易得到保证。同时，由于激光的高能量密度特性，熔覆层金属的显微组织十分细小均匀，因而具有良好的硬度、塑性和耐腐蚀性能。

激光立体成形的基本原理是，首先在计算机中生成零件的三维 CAD 实体模型，然后将模型按一定的厚度切片分层，即将零件的三维形状信息转换成一系列二维轮廓信息，随后在数控系统的控制下，用同步送粉激光熔覆的方法将金属粉末材料按照一定的填充路径在一定的基材上逐点填满给定的二维形状，重复这一过程逐层堆积形成三维实体零件。原则上也可以采用同步送丝激光熔覆的方法来成形零件，但实践中很少采用这种方法。

激光立体成形目前的工艺方法有两种：一种是预置涂层法，就是用电镀、真空蒸镀、热喷涂、化学黏结的方法将要涂覆的合金预先涂覆在基材表面，然后用激光重熔；另一种是同步送粉法，即在激光照射过程中，同时将粉末用送粉器送入熔池内熔化、凝固。

8.2.5.2　激光立体成形的特点

① 制造过程柔性化程度高。由于摆脱了模具、专用工具和卡具的约束，因而能够方便地实现多品种、变批量零件加工的快速转换。变换不同零件的制造过程主要是通过修改计算机文件来实现的，硬件基本不变或变化很小。

② 零件力学性能和化学性能高，不但强度高，而且塑性也非常好，耐腐蚀性能十分突出。激光立体成形的原材料为金属粉末，零件成形是在高能激光作用下的快速熔化和凝固过程中完成的，使涂层与基体形成牢固的冶金结合，组织细小，零件材料完全致密，没有传统铸件和锻件的宏观组织缺陷。另外，由于此工艺热量输入少，热循环很短，对基体的热损害和热变形小，晶粒也不易长大。这种优越的组织可以提高材料性能，而且合金粉末选择范围广，能实现耐磨损、耐腐蚀、耐冲蚀、耐疲劳、抗高温氧化等多种性能。

③ 产品研制周期短，加工速度快。生产全过程简化为零件的计算机设计、激光立体成形零件近净形毛坯和少量机械加工三步，比传统加工技术的工序显著减少，而且省去了设计和加工模具的时间和费用，使产品研制周期短、加工速度快。一般从 CAD 设计到零件的加工完成只需要几个小时到几十个小时，特别适用于新产品的开发。

④ 真正实现制造的数字化、智能化、无纸化和并行化。零件设计、几何建模、分层和工艺设计全过程均在计算机中完成，实际的制造过程也在计算机控制下进行。通过计算机控制，使基体对熔覆层的稀释度可控，熔覆层性能也有所保证。还可以控制熔层成分、浓度、形状和区域大小。

⑤ 合金粉末选择范围广，可以完全改变材料的表面性能。既可以节约大量贵金属，又可以充分利用廉价材料。提高了材料的利用率，改变人们对材料的选择原则，还可以实现多种材料以任意方式复合。由于是逐点制造，原则上可以在制造过程中根据零件的实际使用需要任意改变各部分的成分和组织。它给零件设计最大限度地发挥开创了无尽的可能。

⑥ 产品零件的尺寸大小和复杂程度对加工难度影响很小。只要采用不同种类、不同功率大小的激光器，控制不同的光斑尺寸大小，采用不同大小的工作台，就可以制造出小至毫米级、大至数米级的金属零件。

不过，激光立体成形在提高金属零件力学性能上的潜力还没有被充分发掘出来。这是因为激光立体成形是在近些年才发展起来的新技术，目前还没有激光立体成形专用金属粉末。现在激光立体成形的原材料主要用的是热喷涂和粉末冶金的金属粉末，或者用铸造合金或锻造合金制成的粉末。根据激光立体成形工艺特性设计专用合金，还有进一步提高零件力学性能和化学性能的空间。

8.2.5.3　激光立体成形系统的组成

对激光立体成形装备系统来说，主要有激光器和光路系统、多坐标数控机床和送粉系统，还有辅助装置，包括气氛控制系统、监测与反馈控制系统。

(1) 激光器

目前常用的主要是 YAG 激光器和 CO_2 激光器，其能量范围从百瓦级到万瓦级不等。一般而言，激光束的能量越大，所产生的熔池面积就越大，金属堆积速度就越快。但是，熔池面积和金属堆积速度增大会导致成形精度降低。通常情况下，由于 YAG 激光器能够采用光纤进行传输，在制造过程中具有突出的灵活性优势，所以一些精确成形的系统中主要采用 YAG 激光器，功率在百瓦级范围。而 CO_2 激光器在大功率范围内有优势，所以在某些要求成形效率高的系统中多采用大功率 CO_2 激光器。CO_2 激光器除了在高功率方面相比 YAG 激光器具有明显优势以外，其光束模式一般也比 YAG 激光器好，所以 CO_2 激光器的实际能量利用率相对要低。

(2) 数控系统

数控系统是激光立体成形系统的另一个必备部分。除了对数控系统速度、精度等最基本的要求之外，一个主要的要求就是数控系统的坐标数。理论上讲立体成形加工只需要一个三轴（X，Y，Z）的数控系统就能够满足"离散＋堆积"的加工要求，但对于实际情况而言要实现任意复杂形状的成形还是需要至少 5 轴的数控系统。

(3) 送粉系统

送粉系统是金属零件精确成形的重要保证，是整个成形系统中最为关键和核心的部分。送粉系统主要包括送粉器、粉末传输通道和喷嘴三个部分。

送粉器的功能是按照工艺要求向加工部位均匀、准确地输送粉末，所以送粉器的性能将直接影响熔覆层的质量。送粉流要保持连续均匀，不能出现忽大忽小和暂停的现象。一般而言，送粉速率的波动值应控制在一定数值范围内，这里的波动值指的是总的送粉速率波动，也指在连续情况下的波动值（前后两秒的送粉速率的差值）。特别是在低送粉速率的情况下（1g/min 或以下），这个波动值就显得尤为突出。影响送粉器送粉速率均匀性的因素主要有送粉器自身因素和粉末因素两大类。目前常用的送粉器主要有螺杆式、刮板式、鼓轮式和流化式几种。

喷嘴是送粉系统另一个核心部位，按照喷嘴与激光束制件的相对位置关系，喷嘴种类大致上可分为两种：同轴喷嘴和侧向喷嘴。侧向喷嘴是指其轴线与激光束轴线之间存在夹角的喷嘴。而同轴喷嘴是指粉末流轴线与激光束轴线重合的喷嘴。

(4) 辅助装置

气氛控制系统是能够控制成形过程环境气氛的装置，即创造一个通常以惰性气体为主的保护环境，所需要的气氛环境可根据所使用的材料进行调整。该系统对于某些性质活泼、容易发生氧化反应的材料（如钛合金）来说是必需的。气氛控制系统通常包括排气/充气装置、保护罩、气氛检测系统等。

反馈控制系统主要是收集成形过程的信息，将之与设定的稳定信号相比较，并据此调整工艺参数，使成形过程保持稳定。反馈系统所监测的信号可以是熔池的几何信息，也可以是熔池的温度信息，需根据所监测的信号选择适当的传感器。

8.2.5.4 激光立体成形技术的应用

激光立体成形在最近十年获得快速发展。最初主要应用在航空、航天等高科技领域，成形材料也主要是涉及钛合金、高温合金、高强钢等航空、航天用先进材料。随着这项技术在成形原理、工艺装备、材料制备和成形件性能等方面研究工作的不断深化，以及激光材料加工技术直接成本的不断降低，激光立体成形技术开始逐渐用于汽车工业、模具设计与制造、医学等更广阔的领域。

现在，飞机的重量和成本控制已逐渐成为一项更为重要的指标要求，所以需要新材料和新工艺来延长飞机的使用寿命和降低生产成本。例如，钛合金梁、接头、隔框等是飞机结构中的重要承力构件。以前，为了保证零件性能，通常采用锻造成形方法，但是这种方法材料利用率极低（通常不到10%，有时甚至只有2%~5%），研制周期长，制造成本高等。自1995年以来，美国国防部开展了激光立体成形技术的研究，使钛合金激光立体成形技术首先在先进飞机中获得实际应用。

激光立体成形技术已逐步在汽车工业中得到应用。利用激光立体成形可逐点逐层成形的特点，Optomec公司利用两种钛合金制造了赛车用排气阀。排气阀管由TC4钛合金进行成形，使这部分具有很好的强度和疲劳性能；排气阀的头部则使用另一种Ti合金成形，具有较好的高温性能。这种梯度材料制造方法，可以使零件结构、性能得到更加合理的优化。

图8-14所示为西北工业大学利用激光立体成形技术制备的一些产品。

图8-14 西北工业大学利用激光立体成形技术制备的产品

迄今为止，金属植入体的制造采用锻造或铸造方法，加工工艺复杂，加工周期长，难以根据患者个体实现个性化设计与制造。而激光立体成形技术可以针对人体骨组织不同缺损部位和缺损形状，实现金属修复体快速制备，制作出个性化的、外形复杂的、性能优越的颌骨、股骨、颅骨、关节等人工代用器官，可应用于颌面外科、骨科、颅面外科、眼耳鼻喉科、整形科等科学领域。

激光立体成形因为具有无模具、短周期、低成本的特点，特别适合于模具的快速制造，同时也可用于已有模具的改进试制，以及损坏模具的修复。由于其逐点逐层制造的特点，可以用于制造成分梯度变化的功能模具，这些都是其他制造方法无法达到的。

8.2.6 三维打印技术

三维打印（three dimension printing，3DP）也称3D打印，又称为粉末材料选择性黏结，是美国麻省理工学院Emanual Sachs等人于1989年研制成功的，现已被美国的Soligen公司以DSPC（Direct Shell Production Casting）名义商品化，用以制造铸造用的陶瓷壳体和型芯。由于其具有成形速度快、成形设备便宜等优点，成为近两年发展得非常迅速的一种快速成形方法。有些人也将这种类型的成形机称作小型快速成形机，它以小巧、方便、价廉而迅速获得了用户的欢迎。现在生产的三维打印快速成形机，主要有三维喷涂黏结（也称为粉末材料选择性黏结）和喷墨式三维打印两类。

8.2.6.1 三维喷涂黏结

(1) 工作原理

三维喷涂黏结的工作原理类似于喷墨打印机，喷头在计算机的控制下，按照截面轮廓信息，将液态黏结剂喷在预先铺好的一层粉末材料的特定区域内，使这部分粉末黏结，形成截面层。然后逐层处理就可以得到三维形状的产品。其工作原理如图 8-15 所示。此工艺与选区激光烧结工艺类似，采用粉末材料成形，如陶瓷粉末、金属粉末、塑料粉末，也可以直接逐层喷陶瓷粉浆，得到所需形状。所不同的是材料粉末不是通过烧结连接起来的，而是通过喷头用粘接剂（如硅胶）将零件的截面"印刷"在材料粉末上面，所以三维印刷技术的关键是配制合乎要求的黏结剂。另外，三维打印中所用的陶瓷粉末是单一成分的陶瓷粉末，而激光选区烧结中所用的陶瓷粉末实际上是陶瓷粉末和黏结剂粉末按一定比例均匀混合的混合体。

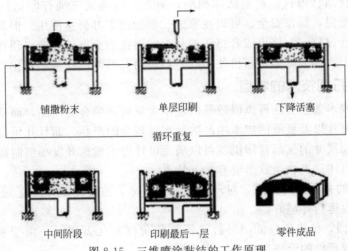

铺撒粉末　　　　单层印刷　　　　下降活塞

循环重复

中间阶段　　　　印刷最后一层　　　　零件成品

图 8-15　三维喷涂黏结的工作原理

(2) 工艺过程

① 三维设计　先通过计算机辅助设计（CAD）或计算机动画建模软件完成所需零件或原型的模型设计。所设计的模型是实心的或者空心的，并且具有最终尺寸和内部细节。设计完成后，再将建成的三维模型"分区"成逐层的截面，从而指导打印机逐层打印。每层的厚度由操作者决定，在需要高精度的区域通常切得比较薄。

② 打印过程　先用专用的铺粉装置（陶瓷粉喷头）将陶瓷粉末铺撒在活塞台面上，用校平鼓将粉末滚平，并控制压平后粉末的厚度等于计算机模型中相应片层的厚度。打印机通过读取文件中的横截面信息，控制喷射头对分层矢量网格数据进行扫描，进行喷涂黏结。喷有黏结剂的部位粉末黏结硬化在一起，周围无黏结剂的粉末起支撑黏结层的作用。一层完成后，计算机控制活塞下降一定高度，然后重复操作以上过程，再将各层截面以各种方式黏合起来从而制造出一个实体。取出原型或零件坯体，去除未黏结的粉末，并将这些粉末回收。

③ 后处理　用粘接剂粘接的零件强度较低，还需后处理。在高温炉中进行焙烧，使零件或原型致密化，有足够的力学性能和耐热性能。

(3) 特点

① 工艺简单。由于是在原材料内挤入黏结剂，所以不需要激光，也不需要高功率的组件，操作的能源效率高。但是不用激光的缺点就是很难制造出很薄的层，制造出来的物体表

面比较粗糙。

② 材料丰富。三维喷涂黏结使用粉末状材料，从可生产出砂岩状纹理的淀粉类材料到需要从火炉中硬化的粉状陶土，都可以作为材料。有些还可以使用玻璃粉末、骨骼粉末、轮胎碎片甚至是锯末。有的打印机还可以使用青铜等金属粉末，不过完成后还需要放入熔炉烧结成固体。

8.2.6.2　喷墨式三维打印

喷墨式三维打印机是三维打印快速成形机的一种，它的喷头喷射出来的材料呈液态，更像喷墨式打印头。原理和工艺过程与三维喷涂黏结类似，只是通过打印头注射、喷洒或挤压液体、胶状物或者粉末状的原材料，将其沉积在打印台上形成三维实体。打印过程中，打印头事先勾勒出要打印的物体的轮廓，然后来回扫描以填充轮廓，打完一层后重复操作，即可完成三维实体的打印。

喷墨式三维打印的优点在于可使用材料范围广，任何可以通过喷嘴挤压的材料都可以进行三维打印，如食品、塑料，甚至活体细胞；另外，喷墨式三维打印运行环境好，运行安静，打印头相对低温，操作安全，可以在家庭、学校或者办公室使用。但是喷墨式三维打印只能打印出可以通过打印头挤出或者挤压的材料，熔化的金属或玻璃必须在不同的条件下成形，目前，市场上大部分此类打印机使用的材料是为其特制的一种塑料。

8.2.6.3　三维打印技术的特点

传统的制造技术如注塑法可以以较低的成本大量制造聚合物产品，而三维打印技术则可以以更快、更有弹性以及更低的成本生产数量相对较少的产品，而且几乎可以造出任何形状的物品。一个桌面尺寸的三维打印机就可以满足设计者或概念开发小组制造模型的需要。

总之，三维打印这类快速成形机有如下特点。

① 可在普通的办公室内使用，对环境无特殊要求，在整个成形工艺过程中，材料在密封的容器内，所以运行环境好。

② 不需激光器，价格比较低，每台机器的售价仅为几万美元。由于机器本身较便宜，容易操作，因此成形件的价格也较低，易于普及。

③ 速度快。用传统方法制造出一个模型通常需要数小时到数天，根据模型的尺寸以及复杂程度而定。而用三维打印的技术则可以将时间缩短为数个小时。

但它的缺点是，目前能成形的零件的尺寸还不够大，适合成形小件，成形件的精度往往还不如其他的快速成形机。但是三维打印机的分辨率对大多数应用来说已经足够（在弯曲的表面可能会比较粗糙，像图像上的锯齿一样），要获得更高分辨率的物品可以采用如下方法：先用当前的三维打印机打出稍大一点的物体，再稍微经过表面打磨即可得到表面光滑的"高分辨率"物品。

8.2.6.4　三维打印的应用

三维打印过去其常在模具制造、工业设计等领域被用于制造模型，现正逐渐用于一些产品的直接制造。特别是一些高价值应用（比如髋关节或牙齿，或一些飞机零部件）中已经有使用这种技术打印而成的零部件，如图 8-16 所示。这种打印机的产量以及销量在 21 世纪以来就已经得到了极大的增长，其价格也正逐年下降。该技术在珠宝、鞋类、工业设计、建筑工程和施工、汽车、航空航天、牙科和医疗产业、教育、地理信息系统、土木工程、枪支以及其他领域都有所应用。

① 医疗行业。三维打印的骨植入物、牙冠、隐形眼镜与助听器等无生命修复形式如今已存在于世界各地成千上万的人体内。一位 83 岁的老人由于患有慢性的骨头感染，因此换

上了由 3D 打印机"打印"出来的下颚骨。

② 科学研究。美国德雷塞尔大学的研究人员通过对化石进行 3D 扫描，利用 3D 打印技术做出了适合研究的 3D 模型，不但保留了原化石所有的外在特征，同时还做了比例缩减，更适合研究。

③ 产品原型。比如微软的 3D 模型打印车间，在产品设计出来之后，通过 3D 打印机打印出来模型，能够让设计制造部门更好地改良产品，打造出更出色的产品。

④ 文物保护。博物馆里常常会用很多复杂的替代品来保护原始作品不受环境或意外事件的伤害，同时复制品也能将艺术文化传给更多的人。

⑤ 建筑设计。在建筑业里，工程师和设计师们已经接受了用 3D 打印机打印的建筑模型，这种方法快速、成本低、环保，同时制作精美。完全合乎设计者的要求，同时又能节省大量材料。

⑥ 汽车制造业。汽车行业在进行安全性测试等工作时，会将一些非关键部件用 3D 打印的产品替代，在追求效率的同时降低成本。

⑦ 配件、饰品。这是最广阔的一个市场。在未来不管是你的个性笔筒，还是有你半身浮雕的手机外壳，或是你和爱人拥有的世界上独一无二的戒指，都有可能是通过 3D 打印机打印出来的。甚至不用等到未来，现在就可以实现。

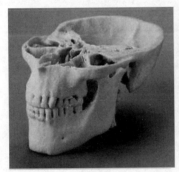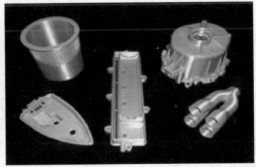

图 8-16　三维打印的产品

总之，三维打印机将作为一种置于办公室的计算机辅助设计输出设备，与现有的二维打印机、绘图机相竞争，并在快速成形行业占据一席重要之地。

参 考 文 献

[1]　高红霞. 材料成形技术. 北京：中国轻工业出版社，2011.
[2]　曾珊琪，丁毅. 材料成型基础. 北京：化学工业出版社，2011.
[3]　吴智华，杨其. 高分子材料成型工艺学. 成都：四川大学出版社，2010.
[4]　刘建华. 材料成型工艺基础. 西安：西安电子科技大学出版社，2007.
[5]　李光. 高分子材料加工工艺学. 北京：中国纺织出版社，2010.
[6]　沈新元. 高分子材料加工原理. 北京：中国纺织出版社，2009.
[7]　程晓敏，史初例. 高分子材料导论. 合肥：安徽大学出版社，2006.
[8]　胡迪·利普森，梅尔芭·库曼. 3D打印，从想象到现实. 北京：中信出版社，2013.
[9]　刘伟军. 快速成型技术及应用. 北京：机械工业出版社，2005.
[10]　余世浩，杨梅. 材料成型概论. 北京：清华大学出版社，2012.
[11]　周建忠，刘会霞. 激光快速制造技术及应用. 北京：化学工业出版社，2009.
[12]　黄卫东. 激光立体成形. 西安：西北工业大学出版社，2007.
[13]　许春香. 材料制备新技术. 北京：化学工业出版社，2010.
[14]　史玉升，李远才，杨劲松. 高分子材料成型工艺. 北京：化学工业出版社，2006.
[15]　杜丽娟. 材料成形工艺. 哈尔滨：哈尔滨工业大学出版社，2009.
[16]　陈继民，徐向阳，肖荣诗. 激光现代制造技术. 北京：国防工业出版社，2007.
[17]　周达飞，唐颂超. 高分子材料成型加工. 北京：中国轻工业出版社，2005.